高职高专新能源类专业系列教材

光伏组件生产技术

主　编　徐云龙

副主编　殷　侠　张新峰
参　编　孙宏伟　黄印君　李颖华
　　　　陈　方　吴泉辉　唐　珺　李　强

机械工业出版社

全书共分4章。第1章为光伏组件基础,介绍了由光伏组件组成的系统、相关的产业及政策;第2章为光伏组件的构成,分析钢化玻璃、EVA胶膜、光伏电池片、TPT背板、铝合金边框等构成光伏组件的材料;第3章为光伏组件生产工艺与生产设备,结合生产设备介绍生产技术,包括划片、焊接、层压、测试、组框等工艺;第4章为光伏组件实训,对应光伏组件各生产技术环节设计实训,将实训内容、典型例题与基本理论融为一体。

本书强化技能训练,注重案例分析及自测,突出知识的应用性。

本书可作为高等职业技术院校、高等专科学校、成人高校等新能源类专业的教材,也可供从事光伏发电技术的工程技术人员学习参考。

为方便教学,本书配有电子课件、习题解答、模拟试卷及解答等,凡选用本书作为教材的学校,均可来电索取。咨询电话:010-88379758;电子邮箱:wangzongf@163.com。

图书在版编目(CIP)数据

光伏组件生产技术/徐云龙主编. —北京:机械工业出版社,2015.9(2025.6重印)
高职高专新能源类专业系列教材
ISBN 978-7-111-51391-9

Ⅰ.①光⋯ Ⅱ.①徐⋯ Ⅲ.①太阳能电池—生产工艺—高等职业教育—教材 Ⅳ.①TM914.4

中国版本图书馆CIP数据核字(2015)第198042号

机械工业出版社(北京市百万庄大街22号 邮政编码100037)
策划编辑:王宗锋 责任编辑:王宗锋
版式设计:霍永明 责任校对:刘怡丹
封面设计:陈 沛 责任印制:张 博
固安县铭成印刷有限公司印刷
2025年6月第1版第6次印刷
184mm×260mm · 16印张 · 393千字
标准书号:ISBN 978-7-111-51391-9
定价:49.90元

电话服务 网络服务
客服电话:010-88361066 机 工 官 网:www.cmpbook.com
　　　　　010-88379833 机 工 官 博:weibo.com/cmp1952
　　　　　010-68326294 金 书 网:www.golden-book.com
封底无防伪标均为盗版 机工教育服务网:www.cmpedu.com

前言

近年来各国积极推动新能源的应用，2010年全球光伏装机总容量为40GW，2012年全球累计光伏装机容量达120GW。如今，光伏组件的应用已经遍及全球，读者迫切需要了解和掌握光伏组件生产技术。

本书以地面用光伏组件生产为核心内容，注重基本知识应用，减少理论推导。本书编写了4章，紧扣光伏组件的结构与生产技术，从光伏组件的认识，到构成，再到生产环节，最后辅以实训强化，方便读者清晰本书脉络。第1章介绍了光伏组件基础，包括光伏系统、光伏产业及政策。第2章详细介绍光伏组件构成，对钢化玻璃、EVA胶膜、光伏电池片、TPT背板、铝合金边框等材料进行详细分析。第3章将光伏组件生产技术融入生产实际进行描述，结合生产设备介绍生产技术，包括划片、焊接、层压、测试、组框等工艺。第4章光伏组件实训，更贴近于高校教学。本书是关于光伏组件生产技术及应用方面的技术图书，专注于光伏组件及其生产技术，适用于新能源应用技术专业和光伏材料应用与加工技术专业教学，参考学时为60学时。本书架构了从光伏电池片、光伏组件到光伏方阵连贯的知识体系，对光伏组件的结构分析、板型设计、生产工艺、生产管理以及各项技术参数做了详细分析。

本书由徐云龙统稿。第1章由九江职业技术学院殷侠编写，第2章由徐云龙和张新峰共同编写，第3章由黄印君和吴泉辉共同编写，第4章由徐云龙和孙宏伟共同编写，润峰集团技术主管张新峰和杭州中瑞思创科技股份有限公司系统设计工程师吴泉辉提供了技术支持。本书编写过程中，得到润峰集团、中瑞思创科技股份有限公司、九江职业技术学院、四川航天职业技术学院的大力支持，明德学院教师李颖华、中科院上海微系统与信息技术研究所陈方以及九江职业技术学院唐珺、李强对本书的编写做了许多工作。九江职业技术学院电气工程学院院长汪临伟审阅了全书，李伟明、马永军、徐敏和四川航天职业技术学院孙宏伟对本书的编写给予了指导和帮助，提供了相关资料，在此一并表示感谢。由于时间仓促，编者水平有限，不妥之处敬请同行们给予批评指正。

编　者

目 录

前言
第1章 光伏组件基础 ... 1
1.1 概述 ... 1
1.1.1 名称比较 ... 1
1.1.2 历史印记 ... 4
1.1.3 分类比较 ... 5
1.1.4 使用安全 ... 7
1.2 光伏政策 ... 9
1.2.1 国内外政策 ... 10
1.2.2 太阳能的利用 ... 12
1.3 光伏产业 ... 20
1.3.1 设备 ... 20
1.3.2 装机容量 ... 20
1.3.3 产业基地 ... 21
1.3.4 面临挑战 ... 22
1.4 光伏系统 ... 24
1.4.1 工作原理 ... 24
1.4.2 系统的优、缺点 ... 26
1.4.3 光伏系统现状 ... 28
1.5 光伏方阵 ... 37
1.5.1 孤岛效应 ... 37
1.5.2 热斑效应 ... 42
1.5.3 功率计算 ... 49
1.5.4 角度设计 ... 51
本章小结 ... 52
习题 ... 52
第2章 光伏组件的构成 ... 54
2.1 构成之一：电池片 ... 54
2.1.1 特点 ... 54
2.1.2 发展历程 ... 56
2.1.3 光电转换效率 ... 58
2.1.4 晶硅电池片 ... 59
2.1.5 非晶硅电池片 ... 60
2.1.6 等效电路 ... 65
2.1.7 检验 ... 67
2.1.8 质量分级 ... 71
2.1.9 生产 ... 77
2.2 构成之二：玻璃 ... 83
2.2.1 钢化玻璃 ... 84
2.2.2 双面玻璃 ... 86
2.2.3 钢化玻璃的检验 ... 88
2.3 构成之三：胶膜 ... 94
2.3.1 胶膜的分类 ... 94
2.3.2 EVA胶膜 ... 100
2.3.3 EVA胶膜的检验 ... 105
2.4 构成之四：背板 ... 107
2.4.1 简介 ... 107
2.4.2 产品比较 ... 111
2.4.3 TPT背板检验 ... 113
2.5 构成之五：焊带 ... 117
2.5.1 焊带的使用及制造 ... 118
2.5.2 焊带的检验 ... 121
2.5.3 助焊剂 ... 122
2.6 构成之六：边框 ... 133
2.6.1 边框构成 ... 134
2.6.2 铝合金 ... 137
2.7 构成之七：硅胶 ... 146
2.7.1 硅胶使用要求 ... 147

2.7.2 硅胶 UL 测试 …… 148	3.2.3 光伏组件层压机 …… 193
2.7.3 有机硅胶 …… 149	3.2.4 光伏组件测试仪 …… 206
2.7.4 无机硅胶 …… 152	3.2.5 焊接机 …… 207
2.8 构成之八：接线盒 …… 154	3.2.6 装框机 …… 208
2.8.1 构成 …… 154	3.2.7 打包机 …… 211
2.8.2 功能 …… 156	3.2.8 恒温焊台 …… 215
2.8.3 检验 …… 160	本章小结 …… 216
本章小结 …… 162	习题 …… 216
习题 …… 162	第4章 光伏组件实训 …… 218
第3章 光伏组件生产工艺与设备 …… 164	4.1 实训一 场地及内容熟悉 …… 218
3.1 光伏组件的生产工艺 …… 164	4.2 实训二 光伏组件设计 …… 220
3.1.1 分检与划片 …… 167	4.3 实训三 光伏电池片划片 …… 225
3.1.2 正面单片焊接 …… 168	4.4 实训四 光伏电池片互连 …… 230
3.1.3 背面串接 …… 169	4.5 实训五 敷设 …… 232
3.1.4 敷设 …… 172	4.6 实训六 层压 …… 233
3.1.5 光伏组件层压 …… 174	4.7 实训七 光伏组件组框 …… 236
3.1.6 装框 …… 175	4.8 实训八 光伏组件测试 …… 238
3.1.7 安装接线盒 …… 176	4.9 实训九 成品完善 …… 240
3.1.8 光伏组件清洗 …… 178	本章小结 …… 240
3.1.9 光伏组件测试 …… 178	习题 …… 241
3.1.10 包装入库 …… 181	附录 …… 242
3.1.11 生产技术管理 …… 181	附录A 光伏组件术语 …… 242
3.2 光伏组件的生产设备 …… 188	附录B 晶硅光伏组件参数 …… 244
3.2.1 单片测试仪 …… 191	参考文献 …… 249
3.2.2 激光划片机 …… 192	

第1章 光伏组件基础

本章着重对光伏组件背景进行介绍,从多个角度对光伏组件相关的知识进行梳理,旨在让初学者从较广的视野来理解光伏组件在光伏系统中的核心作用,增加读者的兴趣。

1.1 概述

光伏组件是光伏电池片被封装而成的,是光伏系统中具有封装和内部联结的不可分割的组合发电装置。光伏组件的主要形式为晶硅光伏组件,发电材料为晶体硅,它将太阳辐射能量通过光电效应转换成电能,输出直流电。如图1-1所示,光伏组件输出到控制器的是直流电。控制器控制蓄电池将直流电储存起来,或控制蓄电池驱动直流负载;蓄电池通过控制器的控制还可放电到逆变器,再通过逆变器输出交流电,并驱动交流负载。

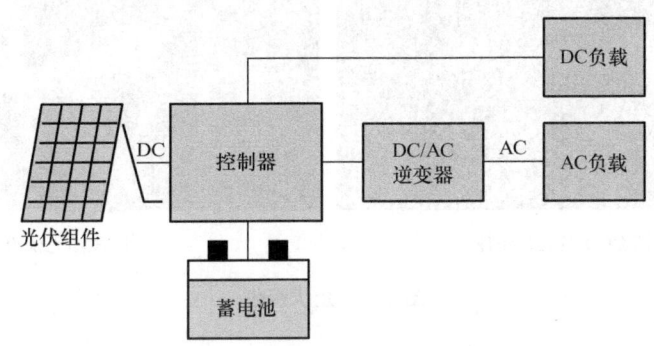

图1-1 光伏系统中的光伏组件

光伏系统的目的是发电,而光伏组件是光伏系统中唯一可以发电的装置。晶体硅光伏组件从1970年开始在地面应用,1980年地面用晶体硅光伏组件产量超过空间用晶体硅光伏组件产量,生产成本开始下降。之后,由于石油危机和发电能源日渐短缺,光伏组件的应用逐渐发展,现在全球光伏组件的安装功率已经超过60GW,仍在加速增长。

1.1.1 名称比较

1. 光伏组件

由于单体光伏电池片的电流和电压都很小,把若干单体光伏电池片先串联获得较高电压,再并联获得较大电流后,接入一个防反充二极管(防止电流反向回流)然后输出。单体光伏电池片只能产生约0.5V的电压,远低于实际使用所需电压。为了满足实际电压应用的需要,需要把单体光伏电池片串联。满足电压的要求后,再将电池串、并联满足实际功率应用的要求。光伏组件包含了若干单体光伏电池片,单体光伏电池片是通过导线连接起来的。例如：一块光伏组件串联了单体光伏电池片的数量是36片，这表示一块光伏组件约产生18V（每片0.5V左右）电压。

光伏组件是单体光伏电池片通过导线连接后被密封成的物理单元，具有较强的防腐、防风、防雹、防雨能力，广泛应用于各个领域和系统。光伏组件最外面的封装是一个边框（不锈钢、铝或其他非金属）、钢化玻璃（正表面为光面接受阳光照射）、背板（不透光或透光的背面），这样密封好的光伏组件内部可以充入氮气，提高可靠性。光伏组件将太阳能转化为电能，送往蓄电池中存储起来，还可通过控制器和逆变器来驱动直流负载或交流负载。图1-2a是太空飞船上的光伏组件，主要用来将太空中的光能转化成电能供飞船用；图1-2b是一块不到手掌大的软质光伏组件，光电转换的电流较小，适合只需微小电流的器件。光伏组件（PV module）的同类名称有：

太阳电池模组（Solar Cell module）、光伏电池模板（Photovoltaic Module、PV Module）、光伏电池板（Photovoltaic Cell Panel）、太阳能模组（Solar Module）、太阳能板（Solarpanel）、光伏板（Photovoltaic Panel）。

a) 太空飞船上的光伏组件　　　　　　　b) 软质光伏组件

图1-2　光伏组件

2. 光伏电池片

光伏组件的各构成部分中，只有光伏电池片具备发电能力。图1-3a为一片完整的单体光伏电池片，它的工作电压小于0.6V，功率小于4W，且太薄易碎，易被大气腐蚀，不能直接将所发的电接入电路。应用时应将若干单体电池片串联或并联连接，再严密封装成光伏组件。图1-3b为地面安装好可以用来发电的光伏组件。光伏组件由单体光伏电池片组合在一起构成，也就是说光伏组件是将许多光伏电池片互连并封装的产物。生产过程中，光伏电池片的不同规格是由激光切割机或钢线切割机切割的，出厂的整片单体光伏电池片规格有：124mm×124mm、125mm×125mm、156mm×156mm。光伏电池片（Photovoltaic Cell）的同类名称有：

太阳能芯片、光伏电池、光电池。

光伏发电过程中不产生温室气体CO_2，因此不对环境造成污染。光伏组件的发电核心——光伏电池片，按照制作材料分为硅基半导体电池片（简称硅电池片）、CdTe（碲化镉）薄膜电池片、CIGS薄膜电池片、染料敏化薄膜电池片、有机材料电池片。其中硅电池片又分为单晶硅电池片、多晶硅电池片和非晶硅（无定形硅）薄膜电池片。对于光伏电池

第1章 光伏组件基础

a) 单体光伏电池片

b) 安装在户外的光伏组件

图 1-3 光伏电池片

片来说，最重要的参数是转换效率，目前在试验室研发的硅基光伏电池片中，单晶硅电池片的效率可达 25.0%，多晶硅电池片的效率达到 20.4%，非晶硅薄膜电池片的效率达到 10.1%，另外，CIGS 薄膜电池片的效率达到 19.6%，CdTe 薄膜电池片的效率达到 16.7%。各种电池片的发电效率、成本不同，使用的场合也不同。其他发电方式如火电、水电的成本比光伏发电相对较低，所以光伏电池片还需进一步提升效率、降低成本，才能促进光伏发电广泛普及。

3. 两种功率描述 W 和 Wp[○]

W（瓦）和 Wp（瓦匹）都是用来衡量光伏组件功率的单位名称。

1kW（千瓦）= 1000W；1MW（兆瓦）= 1000kW；1GW（吉瓦）= 1000MW。

光伏电池片通过光伏效应将太阳能转化成直流电，但一块光伏组件能够产生的电流不够一般住宅使用，应用时将数块光伏组件连接在一起形成光伏方阵。所以当需要较高的电压和电流，而单个光伏组件不能满足要求时，可把多个光伏组件组成光伏方阵获得所需要的高电压和大电流。具体来讲，单个光伏组件只能产生一定的功率，典型的发电功率范围是 100~320W，将多个光伏组件互相连接成光伏方阵，这是实际光伏发电应用的方式。光伏方阵在使用中会配备控制器、逆变器、蓄电池组与互连所需的电缆线路。光伏方阵是多块光伏组件的连接，也是更多光伏电池片的连接，光伏方阵是最大规模的光伏发电单元，能够利用逆变器将直流电转成交流电供交流负载使用。光伏方阵能达到一定发电规模，为商业大楼、住宅供电。关于光伏组件容量（功率）的描述单位 MW 和 MWp 的理解，举例说明如下：

- 宁夏 40MW 大型光伏电站成功并网。
- 在宁夏回族自治区吴忠市太阳山隆重举行宁夏 40MWp 大型光伏电站并网仪式。

以上是同一件事情的两种不同描述，有微小区别。MWp 指兆瓦级的峰值输出功率，通常直接缩略为 MW。

○ Wp 是工程上采用的，指工作在最佳条件下能达到的最大功率，即峰值功率。

1.1.2　历史印记

按照光电效应理论，当光线照射在导体或半导体上时，光子与导体或半导体中的电子作用，会引发电子流动，而光的波长越短（频率越高），光子能量就越高。例如，光波长小的紫外线所具有的能量高于光波长大的红外线，因此，同一材料被紫外线照射产生的流动电子能量较高。并非所有波长的光都能转化为电能，只有光波频率超越电子产生光电效应所需的阈值时，电流才能产生。半导体光伏电池通过适当的能阶设计，便可有效地吸收太阳所发出的光，并产生电压与电流，这便是光电效应。

1839 年，光电效应（也叫光生伏特效应：Photovoltaic effect）第一次由法国物理学家 A. E. Becquerel（贝克勒尔）发现。1849 年，术语"光－伏"（photo-voltaic）出现在英语中，意思是"由光产生电动势"。

1883 年，Charles Fritts（查尔斯·弗里茨）制造了第一块光伏电池片，在硒半导体上覆上一层极薄的金层，形成半导体金属结。这块光伏电池片的发电效率只有 1%。

1930 年，照相机曝光开始应用光电效应。

1946 年，Russell Ohl（罗素·奥尔）申请了光伏电池的专利。随着半导体物理性质的逐渐深入研究，半导体加工技术不断进步。8 年后的 1954 年，美国贝尔试验室的研究员发现，在硅材料中掺入一定量的杂质，导致硅基对光更加敏感，接着便制作出了第一块有实际应用价值的光伏电池。1960 年，美国发射的人造卫星开始使用光伏电池片封装成的光伏组件作为卫星太空运行时部分能量的来源。1970 年，能源危机使各国意识到能源开发的重要。1973 年，全世界陷入石油危机，各国政府和企业开始把光伏组件应用到普通民生当中。随后各国相继研发光伏产品，光伏企业与光伏电站如雨后春笋般建立。美国、日本、德国、西班牙和以色列等国大量使用光伏装置，光伏产业商业化速度加快。

1983 年，美国建立当时世界上最大的光伏电厂，发电量可达 16MW。南非、博茨瓦纳、纳米比亚等非洲国家也设立专案，鼓励偏远的乡村地区安装低成本的光伏系统。

1991 年，光伏系统的寿命达到 10 年，光伏组件封装技术、焊接材料、加工方法及光伏系统控制芯片大幅改良。

1994 年，推行光伏发电最积极的国家首推日本。日本实施补助奖励办法，推广每户 3kW 的"市电互补型光伏系统"。第一年政府补助 49%，补助逐年递减。市电互补型光伏系统是在日照充足的时候，由光伏方阵供电，多余电能另行储存。当光伏发电发电量不足或者不发电的时候，用户所需电力由国家电力公司提供。

1995 年，光伏系统的寿命达到 20 年，仅美国市场的光伏电池片销售额就达 35 亿美元。

1996 年，日本 2600 户家庭装设光伏系统，装设总容量已经有 8MW，一年后装机家庭达到 9400 户，装设的总容量也达到了 32MW。

2000 年，光伏系统的寿命达到 25 年，全球光伏电池片销售额数倍增长。

2005 年，德国出台了新建筑法规，光伏组件需求量大增，国际市场严重缺货，这使得全球光伏产业蓬勃发展。光伏产业带动传统制造业转型，投入光伏相关商品的开发、应用。

2009 年，中国财政部对光伏建筑工程进行补贴，中国光伏产业得到政府大力支持。

2012 年，全世界光伏产业出现了低谷，中国光伏产业面临调整。2013 年，中国光伏产业逐渐恢复，光伏组件生产企业迎来新的机遇。2014 年，我国光伏产业布局向更加合理的方向迈进。全球新能源产业及光伏产业日益复苏，成为世界经济发展的新亮点。

1.1.3 分类比较

晶体硅光伏组件是最早被应用的光伏组件，而单晶硅光伏组件是最早被应用的晶体硅光伏组件。硅是地球储存量很大的一种元素，可说是取之不尽，用硅来制造光伏电池，原料可谓不缺。但是提炼硅却不是一件容易的事。在生产单晶硅光伏电池片的同时，试验室和企业还研发了多晶硅光伏电池和非晶硅光伏电池。目前，达到商业规模生产的光伏企业，生产的光伏组件大多是硅系列的产品。随着材料工业的发展、光伏组件的品种越来越多。目前正在研究的光伏组件，除了硅系列，还有硫化镉、砷化镓、铜铟硒光伏组件。阳光充足的同等条件下，单晶硅光伏组件转换出的电能是非晶硅光伏组件的两倍以上，但单晶硅光伏组件价格是非晶硅光伏组件的3倍以上，阴天非晶体硅光伏组件与晶体硅光伏组件转换的光能几乎一样。

1. 单晶硅光伏组件

单晶硅光伏组件是当前研发最快的一种光伏组件，它的构成和生产工艺已定型，产品已广泛用于宇宙空间和地面设施。单晶硅光伏组件串联的单晶硅光伏电池片以高纯的单晶硅棒为原料，纯度要求99.999%。为了降低生产成本，现在地面应用的单晶硅光伏组件中的光伏电池片原料采用太阳能级（>99.99%）的单晶硅棒。这样，单晶硅材料性能指标比之前有所放宽，可以使用半导体器件加工的头尾料和废次单晶硅材料，经过复拉制成单晶光伏电池片专用的单晶硅棒。将单晶硅棒切成片，厚约0.3mm，硅片再经过成形、抛磨、清洗工序，制成待加工的原始单晶硅片。加工单晶光伏电池片，首先要在单晶硅片上掺杂和扩散，一般掺杂物为微量的硼、磷、锑元素，扩散的容器是石英管制作的高温扩散炉。这样就在单晶硅片上形成PN结，然后通过丝网印刷法，将配好的银浆印在单晶硅片上做成栅线（正面副栅线）。再经过烧结，同时制成背电极（正极主栅线），并在有栅线的面涂覆减反射膜，这样可以防止过多的光子被光滑的单晶硅片表面反射掉。此时，单晶硅光伏电池片的单体片就制成了。单体光伏电池片经过抽查检验进行分检（分选），便可以按照要求的规格划片，制作成光伏组件。单晶硅光伏组件通过串联和并联单晶硅电池片来达到较高的输出电压和输出电流，最后用铝边框和硅胶材料进行封装。根据用户光伏系统要求，将光伏组件再进行串、并联组成大小不同的光伏方阵。目前单晶硅光伏电池片的光电转换效率为17%左右，试验室有25%的，用于宇宙空间站的还有高达50%的单晶硅光伏组件。

2. 多晶硅光伏组件

单晶硅光伏电池片的生产需要消耗大量的高纯硅原始材料，而生产这些高纯单晶硅材料工艺复杂，电耗很大。在单晶硅光伏电池片生产总成本中，高纯单晶硅的成本已超1/2，加之拉制的单晶硅棒呈圆柱状，切片制作出的单晶硅光伏电池片也是圆片，构成单晶光伏组件平面利用率不高。基于单晶硅光伏组件生产中的以上因素，1980年，欧美国家开始进行多晶硅光伏电池片的研制。目前多晶硅光伏电池片使用的多晶硅材料，大多是含有大量单晶硅颗粒的集合体，或用废次单晶硅料和冶金级（>90%）硅材料熔化浇铸而成。多晶硅光伏电池片工艺过程选择电阻率为100~300Ω·cm的多晶硅块料或单晶硅头尾料，经破碎后，用1:5的氢氟酸和硝酸混合液进行腐蚀，然后用去离子水冲洗呈中性，再烘干。用石英坩埚装好多晶硅料，加适量硼硅，放入浇铸炉，在真空状态中加热熔化。熔化后保温约20min，然后注入石墨铸模中，待慢慢凝固冷却后，便可以得到多晶硅锭。这种多晶硅锭可铸成立体，以便切片加工成方形多晶硅光伏电池片，提高了硅原料的利用率，还能按要求制作出多晶硅光伏电池片。多晶硅光伏电池片的制作工艺与单晶硅光伏电池片差不多，其光电转换效率约12%，略低于单晶硅光伏电池片。尽管如此，多晶硅原料制作简单，节约电耗，总的生产成本较低，发展很快。随着多晶硅锭生产技术的改良，多晶硅光伏电池片的光电转换效率已达到16%。

3. 非晶硅光伏组件

非晶硅光伏组件的核心部分是非晶硅光伏电池片。非晶硅光伏电池片是1976年出现的新型薄膜式光伏电池，它与单晶硅光伏电池片和多晶硅光伏电池片的制作方法完全不同，硅材料消耗很少，电耗更低。制造非晶硅光伏电池片的方法有多种，最常见的是辉光放电法，此外还有反应溅射法、化学气相沉积法、电子束蒸发法和热分解硅烷法。

辉光放电法是将石英容器抽成真空，充入氢气或氩气稀释的硅烷，用射频电源加热，使硅烷电离，形成等离子体。非晶硅膜就沉积在被加热的衬底上。若硅烷中掺入适量的氢化磷或氢化硼，就可以形成N型或P型的非晶硅膜。衬底材料一般用玻璃或不锈钢板。这种制备非晶硅薄膜的工艺，主要取决于严格控制的气压、气流速度和电源射频功率，同时对衬底的温度也有要求。不同非晶硅光伏电池片的结构不同，常用的是PiN结构。PiN结构非晶硅光伏电池片的生产工艺，是先在衬底上沉积一层掺磷的N型非晶硅，然后沉积一层未掺杂的i层，再沉积一层掺硼的P型非晶硅，最后用电子束蒸发一层减反射膜，并蒸镀银电极。这种制作工艺允许采用一连串沉积室，可以在生产中构成连续过程，实现大批量生产。非晶硅光伏电池片很薄，可以制作成叠层，还可采用集成电路的方法制造。在一个平面上，用适当的掩模工艺，一次制作多个串联非晶硅光伏电池片，使光伏组件得到较高的电压。单片晶体硅光伏电池片开路电压只有0.5V左右，日本生产的非晶硅串联光伏电池片的开路电压达到2.4V。

非晶硅光伏电池片的光电转换效率最高达10%，效率偏低又不稳定，工作时转换效率会衰减降低。非晶硅光伏组件还没广泛用于大型光伏电源系统，大多用于弱光电源系统中，如袖珍式光能电子计算器、光能电子钟表及光能复印机。如果非晶硅光伏组件的效率衰降问题解决，再加之非晶硅光伏组件成本低、重量轻、结构灵活，都将使其应用更为方便，例如，非晶硅光伏组件与房屋的屋面结合构成住户的独立电源。

4. 光伏方阵

光伏方阵（Photovoltaic Array，PV Array）也叫太阳能方阵（Solar Array）或光伏阵列，是由若干个光伏组件在机械和电气上按一定方式组合在一起的方阵结构，是具有固定的支撑结构的直流发电单元。光伏方阵是多块光伏组件的连接，也是更多光伏电池片的连接，是最大规模的光伏发电单元。光伏组件通过光电效应将光能转换成直流电，但一块光伏组件产生的电压和电流一般不够住宅使用，所以要将几块光伏组件连接在一起组成光伏方阵，然后利用逆变器将直流电转成交流电供给交流负载。

图1-4所示为应用在建筑上的光伏方阵，每个光伏方阵是由多块光伏组件组合而成的，图1-4a为楼顶外表面安装的光伏方阵，由31块光伏组件组合在一起为用户供电；图1-4b为两层洋楼房顶的光伏方阵，为用户提供电。光伏方阵满足高电压、大功率的发电要求，由多个光伏组件串并联组合而成，以一定的机械方式固定在一起，同时配接防反充（防逆流）

二极管、旁路二极管、避雷器和专用直流接线箱。光伏方阵固定在钢结构支架上，对支架的强度和刚度要求较高。

a) 楼顶安装

b) 房顶安装

图1-4 光伏方阵

1.1.4 使用安全

太阳能是光伏组件的能量来源，可以随时随地获取，所以光伏组件的应用场合广泛，光伏系统正在大范围普及，各领域都出现了基于光伏组件的光伏系统。

1. 应用领域

（1）光伏电源

1）小型电源（10～100W）。100W以下用于高原、海岛、牧区、边防哨所军民生活用电，如照明、电视、收录机。10W左右的太阳能灯用途很广，如庭院灯、路灯、手提灯、野营灯、登山灯、垂钓灯、黑光灯、割胶灯和节能灯。

2）3～5kW并网系统。家用3kW左右的屋顶光伏系统是在房屋顶部装设的光伏发电装置。为落实节能减排目标，扶持新能源经济战略，国家相关部委推出太阳能屋顶计划，利用光伏技术在城乡建筑范围普及发电，以达到节能减排目标。

3）光伏充电。光伏充电是将光伏电池应用在消费性电子商品上。电子产品大多有充电的问题，过去一般的充电对象采用镍氢或镍镉干电池，但是镍氢干电池无法抗高温，镍镉干电池有环保污染的问题。近年来超级电容发展快、容量大、面积小、价格低，因此有部分光伏产品采用超级电容为充电对象。超级电容使光伏充电速度变快，改善了光伏充电慢的问题。光伏可以延长充电电池寿命，充电温度范围广，光伏电池还可以低压充电。

4）光伏水泵。光伏水泵解决无电地区深水井饮用及引河水农田灌溉。

（2）光伏电站　光伏电站有大型的，也有小型的。

1）大型光伏系统，如10kW～50MW独立光伏电站、风光（柴）互补电站、大型停车场光伏充电站。

2）中型光伏系统，如给通信设备供电的无人值守微波中继站、光缆维护站、广播/通信/寻呼电源系统；农村载波电话光伏系统、小型通信机、士兵GPS电源。

3）中小型供电系统，如交通领域的航标灯、交通/铁路信号灯、交通警示/标志灯、高空障碍灯、高速公路/铁路无线电话亭、无人值守道班电源。

（3）光伏建筑　将光伏发电与建筑材料相结合，使得大型建筑实现电力自给，这便是光伏建筑一体化（Building Integrated Photovoltaic，BIPV）。BIPV技术是将光伏发电产品集成到建筑上的技术，是未来重要的发展方向。光伏建筑一体化（BIPV）不同于光伏系统附着在建筑上（Building Attached PV，BAPV）的形式，它是伴随建筑过程形成的光伏系统。现代生活要求舒适的建筑热环境，建筑采暖和空调能耗日益增长，发达国家的建筑用能已占全国总能耗的30%～40%，从能源角度制约着经济发展。

（4）其他领域

1）与汽车等配套的光伏产品。包括光伏汽车、光伏电动车、光伏汽车空调、光伏换气扇和光伏冷饮箱。图1-5a为电动车光伏充电站；图1-5b为一艘以光伏组件作为遮阳板的游艇。

a) 电动车光伏充电站　　　　　　　　　　b) 游艇

图1-5　光伏组件的应用

2）航空航天、航海石油海洋、气象领域。应用于航空航天领域的光伏组件如飞机、卫星、航天器、空间光伏电站；石油海洋领域如石油管道和水库闸门阴极保护用的光伏电源，石油钻井平台及生活应急电源，海洋检测设备电源，海水淡化设备电源；气象领域如气象/水文观测设备电源。

2. 应用安全

光伏组件可以单个使用，也可以组合成光伏方阵使用。实际应用时，要注意高电压和大电流对人体造成的伤害，本着安全第一的原则进行施工及维护。

1）光伏系统安装要求专业的光伏技能和知识储备，必须由具备专业资格的工程师来完成。安装、操作和维护光伏组件时，应确保完全理解安装说明手册的内容，要预判安装过程中的风险。

2）光伏组件在光照或其他光源照射时都可发电，操作时应有防护意识，避免接触DC 30V以上电压。

3）光伏组件能把光能转换成直流电能，电量的大小会随着光强的变化而变化，当光伏组件有电流或配有外部电源时，不得随意连接或断开光伏组件，以免触电。

4）光伏组件安装、使用或进行接线时，应使用不透光材料覆盖在光伏组件的正面，使光伏方阵停止发电。

5)遵守法规,必要时应先获得建筑许可证方可进行光伏组件安装。在维修光伏组件时,不要拆解、移动或更改光伏组件的任何附属部件。

6)光伏组件安装时,不能穿戴金属戒指、表带、耳环、鼻环、唇环或其他的金属配饰。在潮湿或风力较大的情况下,不要安装或操作光伏组件。

7)不能使用损坏的光伏组件,不要人为地给光伏组件聚光,只有相同型号的光伏组件才能组合在一起。避免光伏组件的表面产生不均匀阴影,因为被遮阴的光伏组件部分会变热,容易导致光伏组件损坏。

8)意外发生时,立即关闭逆变器和断路器,因为缺陷或损坏的光伏组件仍然会发电。搬运光伏组件时务必遮挡表面,确保光伏组件完全遮阴,避免发电。

9)运输和安装光伏组件时,儿童不得靠近,光伏组件安装前应保存在原包装箱内。

1.2 光伏政策

光伏发电的能量来源太阳能(Solar Energy),作为世界上最清洁的能源,取之不尽。太阳能的利用技术多样化过程中,将其利用最多的还是将太阳能用来发电。太阳能发电分为光热发电和光伏发电,通常说的太阳能发电指的是光伏发电,简称"光电"。光伏系统利用太阳能,不论是独立进行发电,还是并网发电,其主要组成是光伏组件、控制器和逆变器三大部分。光伏系统各部分主要由电子元器件构成,不涉及机械部件,所以光伏发电设备区分比较简单、可靠稳定、寿命长、安装维护也比较方便,光伏系统还具有建设周期短的特点,还可利用建筑屋面的优势。光伏发电技术可以用于任何需要电源的场合,上至航天器,下至家用电源,大到MW级电站,小到玩具,可见光伏电源无处不在。光伏发电的最基本单元各类光伏组件中,单晶硅光伏组件和多晶硅光伏组件用量最大,非晶硅光伏组件和薄膜光伏组件主要用于一些小系统和计算器辅助电源中。与光伏组件相关的光伏企业比较多,世界大型光伏公司已经成熟。

美国第一太阳能(First Solar)公司,是第一家价格跨过\$1/W关口的光伏电池片供应商,这一成本与传统能源的成本基本相当。2009年,该公司成为世界上最大的光伏组件制造商,生产出1100MW的光伏组件产品,占当时13%的市场份额。2009年底,光伏电池的成本达到\$0.85/W,创当时光伏行业的最低生产成本。

中国尚德电力(无锡尚德太阳能电力有限公司),2009年的光伏组件生产能力为595MW,7%的市场份额排在第二位。尚德电力由施正荣博士于2001年1月建立,是一家集研发、生产、销售为一体的外商独资高新技术光伏企业,主要从事晶体硅光伏电池片、光伏组件、光伏系统工程、光伏应用产品的研究、制造、销售和售后服务。2013年尚德电力虽然破产重组,但无锡市政府已经接管,从身陷绝境,到破产重整,再到获得新生,2014年订单超过2GW,接近其巅峰时期。2015年尚德电力正在逐渐实现扭亏为盈。

美国太阳能源(SunPower)公司,是一家大型光伏企业。SunPower公司成立于1985年,公司总部位于美国加州的San Jose(圣何塞)。公司于2005年在NASDAQ(纳斯达克)上市,拥有5千多名员工,在中国、瑞士、德国、意大利、西班牙、韩国、美国、澳大利亚、英国、希腊、以色列和菲律宾均有办事机构。2010年的销售额超过22亿美金,在光伏行业排在前列,它和First Solar公司拥有的光伏系统装机容量累计达1GW。2013年是SunPower

公司突破性的一年，继2012年巨额亏损之后，在2013年恢复元气。

爱迪生太阳能（sunedison）公司，不仅是一家项目开发商还是硅晶片生产商。2012年，美国休斯电子材料公司（Memc electronic materials，简称Memc）更名为爱迪生太阳能公司，专注于太阳能业务。Memc公司之前是一家长期服务于芯片行业的硅晶片生产商，并于2009年收购了项目开发商爱迪生太阳能。硅晶片不温不火的需求致使该公司关闭了其位于意大利的硅工厂，并对其硅晶体业务进行了整合。

美国enphase energy公司于2006年成立，是为光伏组件生产动力电子元件的公司，是美国太阳能微型逆变器供应商，2012年，enphase公司上市。日本夏普公司累计生产出580MW的光伏组件，德国Q-Cells公司累计有540 MW的光伏组件产量。中国英利绿色能源公司、中国晶澳太阳能控股公司、日本京瓷公司等都是光伏行业的佼佼者。

1.2.1 国内外政策

我国推广较快的是太阳能屋顶计划。为落实节能减排目标，加强政策扶持新能源经济战略，加快推进太阳能光电技术在城乡建筑领域的应用，国家相关部委推出太阳能屋顶计划。太阳能屋顶计划着力突破与解决一些问题，如光伏建筑一体化设计能力不足、光电产品与建筑结合程度不高、光电并网困难、市场认识低。太阳能屋顶计划综合考虑经济性和社会效益因素，现阶段在经济发达、产业基础较好的大中城市积极推进光伏建筑一体化示范，如太阳能屋顶、光伏幕墙；积极支持在农村与偏远地区发展离网式发电，实施送电下乡，落实国家惠民政策。太阳能屋顶计划通过示范工程调动社会各方的发展积极性，促进落实国家相关政策，加强示范工程宣传，扩大影响，增强市场认知度，形成发展太阳能光电产品的社会氛围。太阳能屋顶计划促进落实上网分摊电价政策，将光电建筑应用作为建筑节能的重要内容，在建筑节能改造、城市照明中推广。

太阳能屋顶政策限定示范项目必须大于50kW，即需要至少400m^2的安装面积，一般居民建筑很难参与，符合资格的业主将集中在学校、医院和政府等公用和商用建筑。考虑财政部补贴之后，成本可降至0.58元/kW·h。光伏并网电价是否能在现行的火力发电上网电价上提高电价（溢价）仍不明确，但即使没有溢价，由于发电成本低于电网销售电价，业主仍有动力建设光伏系统以替代从电网购电。如果地方政府能给予额外的补贴政策，则发电成本将进一步下降。

1. 中国光伏政策

我国光伏发电政策体系逐步形成。可再生能源的发展动力有环境保护、气候变化、能源结构调整的战略需求，光伏发电是可再生能源利用的重要技术手段。

我国陆续出台政策作为光伏发电的法律保障。2006年1月1日，《中华人民共和国可再生能源法》生效。2009年修订了《可再生能源法》，涵盖了全额保障性收购、分类电价、全网分摊，指定了五种制度：总量目标、强制上网、费用分摊、分类电价、专项资金。相关法规还有《节约能源法》《清洁生产促进法》和《电力法》。

我国出台的光伏发电相关的发展规划有可再生能源中长期发展规划、"十二五"发展规划、工信部《太阳能光伏产业"十二五"发展规划》、科技部《太阳能发电科技发展"十二五"专项规划》、国家能源局《太阳能发电发展"十二五"规划》。我国计划2015年光伏发电20~35GW，实现用户光伏发电平价上网；2020年光伏发电50~100GW，实现供电方光伏发电平价上网。

2006年6月，中国成立风能太阳能资源评估中心。

2009年3月23日，中华人民共和国财政部印发《太阳能光电建筑应用财政补助资金管理暂行办法》，对太阳能光电建筑等大型太阳能工程进行补贴。

2011年7月24日，中国国家发展和改革委员会发布《国家发展改革委关于完善光伏发电上网电价政策的通知》。

2012年9月13日，中国国家能源局发布《太阳能发电发展"十二五"规划》提出，到2015年底，中国光伏发电装机容量达到21GW以上，这意味着2015年之前中国光伏发电装机容量有望扩大6倍以上，加快推动光伏产业发展。

2013年，我国陆续发布光伏政策。7月15日，国务院发布《关于促进光伏产业健康发展的若干意见》；7月18日，国家发改委发布《分布式发电管理暂行办法》；7月24日，财政部发布《关于分布式光伏发电实行按照电量补贴政策等有关问题的通知》；10月11日，工信业和信息化部发布《光伏制造行业规范公告管理暂行办法》；10月22日，中国银监会发布《关于促进银行业支持光伏产业健康发展的通知》；11月18日，国家能源局发布《分布式光伏发电管理暂行办法》；11月29日，国家电网公司发布《关于做好分布式电源并网服务工作的意见（修订版）》。

我国出台如此多的光伏发电相关政策，支持发展光伏企业目的很明确。分析国内光伏电站建设的各种补贴，对两种补贴方式进行比较。

1）初始投资补贴。特点如下：补贴资金使用集中，资金一次投入量大；投资人融资压力小，容易注重眼前利益，忽视质量；相对补贴力度大，投资风险小；项目建设权获得相对困难；外部政策环境有限；多余电量不能上网。

2）按照发电量补贴。特点如下：补贴资金逐步到位，资金投入总量大，但使用效率高；投资人融资压力大，为保证长远利益，会重视系统的品质；相对补贴力度小，资金回收期长，财务费用高；发电总量平衡下的控制发电规模，可以逐步做到资金先到先得；政策环境相对配套，市场机制和政策扶持发挥双重作用；多余电量可以上网销售。

2. 欧美光伏政策

（1）德国　2000年4月，德国出台《可再生能源法》，其前身是1991年生效的《强制输电法案》，是开发和利用可再生能源、加强节能环保的纲领性法规，后随时间推移和形势变化多次修改补充。

2009年，德国修订《可再生能源法》，2020年德国的可再生能源在电力消费中的占比目标为30%。德国《可再生能源法》的基本政策是可再生能源优先以固定费率入网（feed-in tariffs），即依法强制电网运营商必须以法律规定的固定费率，收购可再生能源供应商的电力。然后供电商再根据全部入电网的可再生能源和传统能源成本状况，整合（厘定）电价。这样一来，尽管可再生能源发电目前的成本还高于传统能源的发电成本，但《可再生能源法》为可再生能源发电提供了和传统能源发电同样的机会；再加上可再生能源还有其他方面优惠，使其发展风险得以降低。德国是世界顶级的光伏（PV）安装国家之一，2011年光伏发电的容量达到25GW，2012年累计有31GW光伏发电并入电网。德国政府已制定目标，到2030年安装的光伏发电容量66GW，年均增长将达到2.5~3.5GW，到2050年，80%的电力来自可再生能源发电。

（2）西班牙　2007年3月30日，欧洲第一座商业太阳能发电厂（PS10太阳能发电塔）启用，这座电厂自2001年7月于西班牙南部的塞维利亚西方25km的桑路卡拉马尤（Sanlucar la Mayor）开始兴建，直到2005年12月31日完工，费时4年多建造完成。2011年10月，Gemasolar Thermosolar Plant太阳能热电厂启用，这座电厂位于西班牙南部的塞维利亚丰特斯德亚恩达卢西亚，发电容量19.9MW。

（3）澳大利亚　2005年，澳大利亚"光伏城计划"（Solar Cities initiative）资助圣地爱丽丝泉、阿得雷德、佩斯、汤士维尔与布莱克顿五城市，打造光伏系统城市。

（4）美国　2006年8月，美国加州参院以36票对4票获得压倒性的胜利，通过"百万太阳能屋顶法案"，计划未来10年，在加州百万个屋顶上装设光伏系统，将光伏发电占总发电百分比的目标由0.5%提升为2.5%，光伏发电规模将达3GW。

1.2.2　太阳能的利用

太阳能的利用是指将太阳辐射用于实际当中，除了地热能和潮汐能以外，所有其他的可再生能源都是来自太阳的能量。太阳能技术分为主动式（有源）及被动式（无源）两种，以此转换和分配太阳光。

主动式太阳能技术有光伏发电及光热转换，使用电力或机械设备来进行太阳能收集，而这些设备是依靠外部能源运作的，因此称为有源。主动式太阳能技术，利用光伏板、泵、风机将阳光转换为有用的输出。

被动式太阳能技术指在建筑物引入太阳光照明，根据建筑物的设计来选择建筑材料，达到利用太阳能的目的，太阳能照明不需要外部提供能源，因此称为被动式太阳能技术。被动式太阳能技术，包括选择材料具有良好的热性能，设计自然空气流通的空间，并参考太阳光来安排建筑物的位置。

主动式太阳能技术需要增加能源供应，被认为是供应端的技术；而被动式太阳能技术，可以减少替代资源的需要，通常被认为是需求端的技术。利用太阳能的方法很多。

1）加热。使用太阳能热水器，利用太阳光的热量把水加热。或透过机械及硬件设备来收集、传送太阳能的热量，以供应暖气设备。可分为主动式太阳能加热系统及被动式太阳能加热系统。

2）制冷。利用太阳的热能来进行吸附式制冷。

3）海水淡化。利用太阳能作为热源进行海水淡化。

4）能源作物。依赖太阳能生长的作物。

5）发电。

- 利用太阳光的热量加热水，再用水蒸气来驱动斯特林发动机发电。
- 利用太阳能加热盐类，再用盐类储存的热量发电（在夜间仍会继续发电）。
- 集中太阳能于定点制造龙卷风，利用龙卷风来做高效能的风力发电。
- 利用光伏组件通过光伏转换把太阳光中包含的能量转化为电能。
- 将吸收太阳能热量的系统整合于光伏组件上。利用便宜的镜面，将阳光反射至昂贵高效能光伏组件上，可以降低发电成本，但需要注意散热。
- 太空太阳能转换电能储存，输送到地面电能接收站、信号接收站。
- 根据环境与太阳日照的长短强弱，可移动式和固定式太阳能发电。

第 1 章 光伏组件基础

- 太阳能运输（汽车、船、飞机）、太阳能公共设施（路灯、红绿灯、招牌）、建筑整合太阳能（房屋、厂房、电厂、水厂）。
- 太阳能装置，如太阳能计算机、太阳能背包、太阳能台灯、太阳能手电筒。

利用太阳能发电还需解决相对成本高的问题和光电转换效率低的问题。从光伏组件为人造卫星提供能源开始，太阳能的利用逐渐普及，位于德国南部比兹塔特（Bürstadt）的屋顶光伏系统面积为 4 万 m^2，每年的发电量为 $4.5GW \cdot h$，为当时全球最大的屋顶光伏系统。日本达成了京都议定书的 CO_2 减量要求，不断普及光伏组件，日本中部的长野县饭田市，居民在屋顶装配光伏组件的比率达 2%，为日本第一。

1. 光热转换利用

太阳能是地球上许多能量的来源，如风能、化学能、水的势能、化石燃料可以称为远古的太阳能。太阳能资源丰富，既可免费使用，又无须运输，对环境无任何污染。太阳能为人类创造了一种新的生活形态，使人类进入一个节约能源、减少污染的时代。地球在上层大气传入太阳辐射（日照），接收了 174PW（$1PW = 10^{15}W$）。太阳能以光辐射的形式每秒钟向太空发射约 $3.8 \times 10^{20}MJ$ 能量，有 22 亿分之一投射到地球上。30% 的太阳能被反射回太空，而其余的太阳能则被云层、海洋和陆地吸收，太阳光被大气层反射、吸收之后，还有 70% 透射到地面。尽管如此，地球上一年中接收到的太阳能仍然高达 $1.8 \times 10^{18}kW \cdot h$。地表太阳能光谱分布在一小部分近紫外线，全部可见光和近红外线的范围。

能源消费用 EJ 为单位来表示，$1EJ = 10^{18}J$。地球的大气，海洋和陆地吸收的太阳能每年大约是 3850000EJ。一小时内的太阳能比 2002 年全世界一年内所用的能量还要更多。光合作用获得的生物质能每年约 3000 EJ，在适当地点，太阳能的长期使用成本已经接近甚至低于传统的化石燃料。人类取得和开采的所有在地球上不可再生资源的煤、石油、天然气和铀等相结合的总能源，是一年中到达地球表面的一半。太阳的能量数量是如此巨大，在世界各地，主要根据纬度的不同来利用太阳能。光热相关的利用有烹饪、加热、水处理。

太阳能烹饪通过太阳灶利用太阳光蒸煮、干燥和杀菌，太阳灶有箱灶、面板灶和反射灶，也可以利用太阳能加热、冷却和通风。在美国，商业楼宇使用能量为 15.5EJ，暖通空调（Heating, Ventilation and Air Conditioning, HVAC）系统使用能量为 4.65 EJ，住宅建筑使用能量为 10.1 EJ，可见，暖通空调系统使用能量是住宅建筑使用能量的 46%。太阳能加热、冷却和通风技术加速了太阳能的能量利用。

太阳能水处理是将太阳能用于蒸馏处理盐水或将半咸水处理成可饮用水。太阳能水处理应用的首次记录是在 16 世纪的阿拉伯炼金术士。最先构建的一个大型的太阳能蒸馏项目于 1872 年在智利的矿业城市拉斯维加斯萨利纳斯（Las Salinas）建成工厂，有 $4700m^2$ 的太阳能集热面积，每天可产生高达 $22.7m^3$ 淡水，持续经营了 40 年。

普及的太阳能利用是光热转换。光热转换器将阳光聚合，并运用其能量产生热水、蒸汽和电力。运用适当的技术来收集太阳能，在建筑物上利用太阳的光和热能，方法是在设计时加入合适的装置，例如巨型的向南窗户或使用能吸收及慢慢释放太阳热力的建筑材料。

太阳能热水器在中国使用非常广泛，房顶的太阳能热水器在国内随处可见。如图 1-6 所示，2009 年，世界范围新的太阳能热水器安装中，中国占了 80.3%。软能源科技是太阳能技术应用的典型，如位于建筑物之上的太阳能热水器，提供热能给建筑物。图 1-7 所示为湖北省黄石市铁山区的一个新建的小区。

以太阳能热水器为代表的太阳能热水系统，利用太阳辐射来将水加热。在较低的地理纬度（<40°），60%~70%的生活热水由太阳能加热系统提供，热水温度可达60℃。最常见的太阳能热水器是真空管集热器（44%）和玻璃平板集热器（34%），一般用于生活热水，还有无釉的塑料收集器（21%），主要用于加热游泳池。2005年，中国的太阳能热水系统装机容量为18GW。2006年，中国累计安装了70GW太阳能热水器；2007年，中国太阳能热水系统的总装机容量约为154GW，是世界上太阳能热水器安装容量最多的国家；中国计划到2020年累计安装210GW的太阳能热水系统。以色列和塞浦路斯是世界上太阳能热水系统人均使用量最多的国家，超过90%的家庭使用太阳能热水系统。美国、加拿大和澳大利亚占主导地位的应用是加热游泳池。

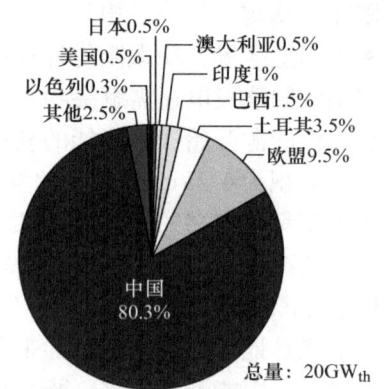

图1-6　各国光热利用比例图

a）小区屋顶利用太阳能　　　　　　　　b）太阳能热水器

图1-7　小区安装了太阳能热水器

2. 光电转换利用

太阳能发电的原理是光电转换，典型的两种太阳能发电方式是光-热-电转换方式和光-电直接转换方式。

（1）光-热-电转换　光-热-电转换方式利用太阳辐射产生的热能发电，一般是由太阳能集热器吸收热能，将非气态的物质加热成蒸气，再驱动汽轮机发电。光-热-电转换方式发电的前一个过程是光-热转换过程，后一个过程是热-电转换过程，与普通的火力发电的以热为中间环节的发电方式一样。太阳能热发电的缺点是效率很低而成本很高，它的投资比普通火电站贵5~10倍。一座1GW的太阳能热电站需要投资20~25亿美元，平均1kW的投资为2000~2500美元。因此光-热-电转换方式发电适用小规模特殊的场合，而大规模利用在经济上很不合算，还不能与普通的火电站或核电站相竞争。

聚光太阳能发电（Concentrating Solar Power，CSP）系统使用透镜或反射镜以及跟踪系统，把大面积的阳光聚焦成一个小光束。然后将集中的热量用作常规发电厂的热源。最发达的技术是抛物槽、集中线性菲涅尔反射镜、斯特林盘和太阳能发电塔，跟踪太阳和光线聚焦使用到各种技术。在这些系统中，驱动发电的工作流体被聚光后的太阳光加热，变为气态，用于发电或能量存储。光－热－电方式发电比较发达的是西班牙、美国、德国，而德国的技术是最先进的。

1）西班牙Solúcar平台发电厂。西班牙西南部是一个光照充足的地区，很适合大型太阳能发电项目建设。借助于政府的补贴，安达卢西亚和埃斯特雷马杜拉等光照充足的地区大力发展太阳能发电项目。虽然没有持续很久，但在伊比利亚半岛，太阳能技术不断发展，西班牙太阳能公司还向美国、南美洲国家以及其他欧盟国家出口太阳能技术。1970年能源危机之后，美国在莫哈韦沙漠研发试验性太阳能发电塔，30多年后的2007年，世界上第一个商业太阳能发电塔在西班牙大桑卢卡尔南部塞维利亚西部15mile（约合24km）处并入电网。据美国国家地理网站报道，2008年，世界上40%的太阳能装置都安装在西班牙。在经历了太阳能市场过热发展和全球金融危机之后，西班牙政府的太阳能补贴大幅减少。西班牙已经建成了PS20太阳能发电塔（20MW）和PS10太阳能发电塔（11MW）。

2007年，西班牙跨国巨头Abengoa的太阳能事业部的阿本戈太阳能公司（Abengoa Solar）公司建成了第一个槽式太阳能电厂。Abengoa公司的技术经验丰富，与西班牙政府的能源环境技术研究中心、德国航空航天中心以及很多大学合作研发太阳能发电技术。Abengoa Solar公司2007年创建了塔式模型，2009年建立了世界上第二座塔式太阳能发电厂，2010年在西班牙塞维利亚建成50MW的太阳能热电厂，这也是Solúcar平台的采用太阳能发电塔发电。西班牙是世界领先的太阳能发电国，建成的50MW太阳能发电厂已经可以满足25700户家庭用电需求。

Solnova 1项目是由Abengoa Solar公司建设，位于桑路卡拉马尤镇（Sanlucar la Mayor），由98万ft^2的抛物面槽式反光镜组成，占地面积约280acre（合1.13km^2）。Solnova 1是Abengoa Solar在Solúcar平台建设的3个50MW抛物面槽形太阳能项目中的一个。如图1-8所示，Solúcar平台占地800acre，利用各种技术生产的总电力达300MW。Solúcar平台的Solnova 2项目在2007年与Solnova 1同时开始建设，Solnova 3在2008年开始建设，2013年Solúcar平台的所有项目完成。Solúcar平台项目提供300个长期就业机会，总投资额达12亿欧元（约15亿美元）。

图1-8所示的西班牙PS10太阳能发电塔，建在西班牙塞维利亚，采用624个双轴反射镜（定日镜）追踪阳光，并将其反射到中央发电塔的接收器上。每个定日镜的面积达到1291ft^2（约合120m^2），整个太阳能电场的占地面积达到140acre（约合849亩）。发电塔高度达到377ft（约合115m），发电量能够满足5500户家庭用电需求，电量存储时间最长达到30min。与所有集光式太阳能电场一样，太阳能发电塔也利用蒸汽轮机驱动发电机发电。使用镜子构成的圆形阵列将阳光聚焦到中央的发电塔上是一种比其他反射镜阵列更有效的方式，同时更容易将技术与太阳能整合到一起。从远处看，镜子圆形阵列好似一个高科技版的麦田怪圈或者外星球的圆形竞技场。近距离观察，这个阵列又好似一片巨型机械向日葵，将闪闪发光的"脸庞"朝向中央的发电塔。

图1-9c所示PS20太阳能发电塔装机容量为20MW，建在PS10附近，2009年建成，安达卢西亚区政府共为这一项目提供了190万欧元（约合250万美元）资金。PS20的年发电量超过40GW·h，足以满足1万户家庭用电需求。这个太阳能电场使用了1255面镜子，占地面积达到210acre（约合1274亩），负责将阳光集中到中央发电塔的接收器上。水被泵入541ft（约合160m）高的发电塔，穿过接收器后变成蒸汽，蒸汽驱动涡轮机发电。

图1-8 矩形布局为Solnova 1~3发电厂,后面圆形布局为PS10、PS20塔楼发电站

a) 集热式的太阳能发电厂

b) 定日镜圆形阵列

c) 太阳能发电塔,左起:PS10,PS20

图1-9 西班牙集热式的太阳能发电厂

PS20 和 PS10 是 Solúcar 太阳能电场的一部分，项目占地面积超过 10km², 投资 12 亿欧元（约合 16 亿美元），能够满足 9.4 万户家庭的用电需求。此外，Solúcar 太阳能电场也是 Abengoa 公司研究设施的所在地。PS20 和 PS10 均采用这家公司研发的槽型抛物面太阳能发电技术。图 1-10a 为西班牙集热式太阳能发电厂远景，图 1-10b 为发电厂定日镜圆形阵列。

Abengoa 公司致力于向国外出口太阳能技术。2011 年，Abengoa 公司从美国能源部获得 12 亿美元贷款担保，在加利福尼亚州南部建造一座采用槽型抛物面太阳能发电技术的太阳能电场。这个坐落于莫哈韦的太阳能项目旨在将美国的太阳热能发电量提高 50%。Abengoa 公司承诺莫哈韦太阳能电场 80% 的零部件从美国供应商采购。美国油式太阳能集热阵列比光伏成本低，纯粹采用镜面集热，成为最先达到经济规模的太阳电厂，量产后成本可继续降低。

2）西班牙 Gemasolar 发电厂。Gemasolar 发电厂是集热式的太阳能发电厂，坐落于西班牙安达卢西亚，每天能有 15h 热存储（允许电场在没有日照情况下发电 15h），能 24h 供电，发电容量为 19.9 MW，是世界上第一座全天候商业太阳能电场。Gemasolar 太阳能发电厂 2011 年投入运营，占地 185acre（约合 1123 亩），利用定日镜将阳光反射到中央的发电塔，同时利用熔盐存储热量，熔盐的温度可超过 500℃，不管遭遇何种天气都能日夜发电。

Gemasolar 太阳能发电厂在设计上利用蒸汽驱动涡轮机发电。集热式太阳能（Solar Thermal）是将镜面反射的太阳光，聚焦在一条叫接收器的玻璃管上，而该中空的玻璃管可以让油流过。从镜子反射的太阳光会令管子内的油升温，产生蒸气，再由蒸气推动涡轮机发电，最终将所发的电输入电网。首先，将盐从地面的一个盐池泵入发电塔顶部，在阳光接收器内加热，而后落入另一个储存池储存，温度可超过 500℃。从这个储存池，热盐被输入热交换器，随着盐的温度降低，所释放的蒸汽驱动涡轮发电。电首先穿过一个变压器，而后并入电网。

西班牙建筑工程公司 Sener 与阿布扎比政府旗下的可再生能源公司 Masdar 的一家合资企业，Torresol 能源公司负责 Gemasolar 太阳能电场的运营。抛物槽面镜是一个巨大弯曲的镜子，可以安装在移动的基座上，可以随着太阳的运动而运动。镜子的抛物线形状使它可以收集大量的阳光并反射到一个点。集中点有一个接收器管吸收所有的阳光，管子里面充满了合成导热油，油受热变成高压蒸汽，推动汽轮机发电。

3）西班牙 Andasol 太阳能电站。坐落于西班牙的太阳能热电厂 Andasol 1（150MW）位于安达卢西亚格拉纳达省，是一个商业运作的抛物槽式的光热发电场，采用熔盐槽来存储太阳能，以便电站即使在没有光照的情况下可以继续发电。2009 年建成 Andasol 1 太阳能热电厂，是当时世界上最大的太阳能热发电厂。

西班牙格拉纳达的 Andasol 2 号太阳能电场也采用槽形抛物面太阳能发电技术，Andasol 1 热电厂和 Andasol 2 热电厂分别于 2008 年和 2009 年并入电网。在这两个太阳能电场，抛物面反射镜排成长排，弯曲并向上倾斜，好似一个沟槽。这一设计用于捕获和集中阳光，利用获得的高温产生蒸汽，随后驱动与发电机相连的涡轮机发电。Andasol 2 号的年发电量可达到 175GW·h，可向 20 万人口提供电能，可以使每年节省 15 万吨 CO_2 的排放。在接近 2km² 的地面上安装了 600 余个抛物槽集热器，其中每个单元是 150m 长，5.7m 宽，总共的反射镜面总面积超过 50 万 m²。

两个巨大的 14m 高和 36m 直径的大罐子，可以把中午时分的多余能量储存在熔盐中。

太阳能可以把盐（或导热油）加热到摄氏390℃。电站可以凭着储存热量在太阳下山之后继续提供7.5小时的50MW满负荷电力（借助于熔盐储能池在没有阳光情况下发电7.5h），这种可预期的发电模式是太阳能热发电相比风力或光伏发电系统的一个优势。

德国航空航天中心被委托物色最佳位置，大量参与了关键技术的开发。按照与项目开发商"太阳千年世纪公司"的合同，德国航空航天中心的技术热力学所太阳能研究部通过卫星数据选择了合适地点，从离科研站阿尔梅里亚太阳能研究平台大约50km远的地方寻找合适的厂址。此外他们的测量方法辅助了抛物线集热槽精确施工。决定的依据是德国航空航天中心根据地面测量站的气象测量以及长年卫星观测数据而测算出的长年太阳能统计平均值。

集热器技术的研发是由德国航空航天中心在联邦环境部的数个支持项目下开展的。项目的工业合作伙伴在参与了集热反射器的样机以及集热管设计和测试时，都得到了在西班牙阿尔梅里亚太阳能测试中心的德国航空航天中心工作人员的支持。西班牙建筑集团（ACS）在进行设备的安装施工期间，还采用了德国航空航天中心研制的用于抛物面集热器精确安装的快速光学测量方法。准确到位的安装可以把能量采集效率提高10%，这对于设备的经济运行非常关键。

Andasol电站的总投资大约3亿欧元。Andasol 1电站项目的一个重要资助来自于欧盟，投入了500万欧元的筹备以及科研配套经费。西班牙Andasol 1号精密的镜面保证高的经济效益，是一个太阳能热发电厂和一个所谓的抛物槽电厂，在这种情况下共焦的镜子以抛物截面形态形成一个长槽。槽的每个单元，即集热器，可以围绕太阳长轴旋转。这样垂直投射在槽开口处太阳光能够以点或线的形式被聚焦80倍。聚焦线的位置是吸热管，是一个由绝热并且抽真空的玻璃管包裹的钢管，钢管的表面镀有一个有利于光辐射的吸收并转换为热的特殊涂层。钢管表面温度可以超过400℃，在这些吸热的钢管内部流动的是被加热到近400℃高温的"热油"，它又把收集的热传导到换热器，后者产生高温高压的蒸汽。同常规电厂一样，蒸汽驱动耦合发电机的汽轮机，这样就可以发电。

4）美国莫哈维沙漠发电塔。在美国加州-内华达州交界附近的莫哈韦沙漠，Bright Source能源公司2013年建造了一座太阳能发电塔，同样采用熔盐存储热能。这座"新月丘"（Crescent Dunes）太阳能发电塔高540ft（约合164m），在内华达州托洛帕附近的莫哈韦沙漠拔地而起，是世界上最大的熔盐技术太阳能电场。

5）德国的被动式节能屋。德国达姆施塔特工业大学设计的位于华盛顿特区的光能被动式节能屋，是专门为了潮湿和炎热的亚热带气候而设计的。该设计赢得了2007年的国际太阳能十项全能竞赛（Solar Decathlon）。

（2）光电直接转换 光-电直接转换方式是利用光电效应，将太阳辐射能直接转换成电能，基本装置就是光伏组件。光伏组件是一种暴露在阳光下便会产生直流电的发电装置，由硅半导体材料制成的薄片固体光伏电池组成。光伏组件由于没有活动的部分，可以长时间操作而不会导致损耗（薄膜光伏电池会有光衰退的现象）。光伏组件的基础光伏电池基于光电（光生伏特、光伏转换，简称光伏）效应而将太阳光能直接转化为电能，相当于一个半导体光敏二极管。当太阳光照到光敏二极管上时，光敏二极管就会把太阳的光能变成电能，光伏电池就是这样产生电流的。当许多个光伏电池片串联或并联起来，就可以成为有比较大的输出功率的光伏组件，继而形成更大功率的光伏方阵。光伏组件的应用有大型、中型、小型的光伏发电系统，大到GW级的大型电站，小到只供一户用的kW级光伏系统，甚至更小

第1章 光伏组件基础

的光伏系统应用,这是光伏发电相比其他电源比较独特的地方。简单的光伏组件可为手表及计算机供电,较大的光伏系统可为房屋照明,并为电网供电。

1954年,贝尔试验室制成效率为6%的光伏电池。1958年,光伏效应以光伏电池的形式在空间卫星的供能领域首次得到应用。如今小至自动停车计费器的供能系统和屋顶光伏系统,大至面积广阔的太阳能发电中心,光伏发电在发电领域的应用已经遍及全球。美国加州阳光充沛,适合利用太阳能发电,洗衣房在楼顶安装了光伏发电系统供电。图1-10a所示为军用光伏组件应用;图1-10b所示为军用光伏方阵,可以在一个轴上跟踪太阳;图1-10c所示为一个军事指挥部屋顶的光伏组件,军事应用的光伏组件将进一步增加。

a) 军用光伏组件　　　　　　　　　　b) 军用光伏方阵

c) 军用指挥部屋顶的光伏组件

图1-10 军事应用的光伏组件

光伏组件可以制成不同形状,然后连接成更大功率的方阵。天台及建筑物表面使用光伏组件作窗户、天窗或遮蔽装置的一部分,这些光伏设施通常被称为附设在建筑物上的光伏系统。台湾太阳能体育场场馆屋顶采用多达8844片的光伏组件,是全球第一座具有峰值输出功率1MWp(MegaWatt Peak)的光伏发电容量的运动场。

1980~1990年,光伏组件主要被用在偏远地区的光伏发电系统中,1995年开始,新能源行业界发展建筑整合太阳能的应用,以及对电网接通光伏电站的应用。世界上日照充足的地区,如在美国南部、西班牙、中东、北非、印度和中国部分地区,光伏发电系统逐步实现并入电网，价格与电网价格持平。靠近北欧的国家，如德国、法国和捷克，计划2015年光伏发电实现电网平价。

光伏技术应用成本的下降和化石燃料成本的上升，都促使光伏电厂的投资进一步扩大。2011中国格尔木太阳能园区建成了当时世界上最大的200MW的光伏电厂。其他国家也在光伏电站建设有重大进展，如加拿大安大略省97MW的电站、意大利84.2MW的电站，德国80.7MW的电站、乌克兰80MW的电站、西班牙60MW的电站等。更大型的光伏电站——沙漠阳光太阳能农场（Desert Sunlight Solar Farm）是一个位于美国加州河滨县的550MW的太阳能电厂，使用到由第一太阳能（First Solar）公司制造的薄膜光伏组件。此外，美国还有加利福尼亚州圣路易斯-奥比斯波县550MW的光伏电站、加利福尼亚州河滨县500MW的光伏电站、亚利桑那州尤马县290MW的光伏电站、加利福尼亚州谷东北部的卡里佐平原（Carrizo Plain）250MW的光伏电站、羚羊谷地区的西部莫哈韦沙漠230MW的光伏电站。2011年的全球总容量为67GW，相当于全球电力需求量的0.5%，占比较小，然而光伏产业正在快速增长，超过100个国家和地区使用光伏发电。

1.3 光伏产业

光伏组件最终应用于光伏系统，所以有必要从宏观的角度，对光伏系统及光伏产业做一初步认识。光伏系统构成了光伏产业最重要的一环，可以为无电场合提供电源，如无电地区居民生活电源、微波中继电源、通信电源以及一些移动电源和备用电源；光伏系统用于日用电子产品，制成如光伏充电器、光伏路灯和光伏草坪灯；光伏系统还用于并网发电，发达国家，如美国、德国、日本已经大面积推广，中国并网发电量正逐年增长。

1.3.1 设备

中国半导体设备行业依靠多年来的技术积累，同时和世界一流光伏企业深度合作，大大提升了中国光伏设备企业的产品制造整线装备能力。国内国产设备及进口设备混搭的主流建线方案中，国产设备在数量上已占多数。

中国光伏设备企业从硅材料生产、硅片加工、光伏电池的生产，以及相应的纯水制备、环保处理、净化工程，已经初步具备成套供应能力。国产设备如扩散炉、等离子刻蚀机、单晶炉、多晶铸锭炉开始出口，可提供10种光伏电池大生产线设备中的8种。6种设备如扩散炉、等离子刻蚀机、清洗/制绒机、石英管清洗机、低温烘干炉，已在国内生产线上占据主导地位；两种设备如管式等离子体增强化学气相沉积系统（PECVD）、快速烧结炉与进口设备并存，份额逐步增大。然而，国内的全自动丝网印刷机、自动分拣机、平板式PECVD则完全依赖进口。硅材料加工设备中单晶炉以优良的性价比占据了国内市场的主导地位，并批量出口亚洲其他国家。国内光伏组件生产用的设备如层压机、太阳能模拟器在光伏行业应用广泛，多线切割机、多晶硅铸锭炉在国内光伏企业中大量使用。2008年，中国光伏设备销售收入已经达到7.69亿元，占当时全部半导体设备销售收入的58.6%。

1.3.2 装机容量

中国光伏产业增长较快，有400多个光伏企业。2007年，中国生产出1.7GW光伏组件，99%用于出口，接近全世界3.8GW光伏组件产量的一半，但光伏发电量在中国总发电量比例较小。2010年，光伏发电容量隶属国家电网约900MW，约占总容量的0.1%。2011年，中国光伏组件发电量增加了2.2GW，从0.9GW上升到3.1GW。"十二五"期间，可再生能源规划中光伏发电装机容量将达到15GW，2012年增加了4GW的光伏组件发电量，计划2015年建成200个绿色能源示范县。中国青海省格尔木市建成了世界级光伏发电基地，24个光伏电站投入运行，并网发电容量573MW，累计发电超过2.44亿kW·h。光伏组件生产容量及实际安装容量见表1-1。

表1-1 光伏组件生产容量及实际安装容量

年份	2002	2003	2004	2005	2006	2007	2008	2009	2010	2011	2012
安装容量/MW	8.5	10	10	8	10	20	40	160	500	2500	5000
累积容量/MW	42	52	62	70	80	100	140	300	800	3300	8300

1.3.3 产业基地

中国形成了以长三角为制造基地，中西部为原材料供应基地的光伏产业分布格局。长三角地区是中国最早的光伏产业基地，随着产业链延伸，江西新余、河南洛阳和四川乐山等地成为中国硅片制造和原料多晶硅基地。长三角地区集中了中国60%的光伏企业，西北地区凭借丰富的太阳能，集聚了中国90%以上光伏发电项目，西南地区则是中国重要的硅材料基地。由于俄罗斯对于中国光伏产业的技术出口，已经向中国转移千吨级多晶硅（改良西门子法）技术，这使得中国光伏行业快速增长。

1. 长三角产业基地

长三角产业基地包括上海、江苏和浙江，但这三省（市）没有形成地区共同产业，彼此的竞争十分激烈。2010年，江苏的光伏产业占中国光伏产业超一半，95%的光伏产品销往欧美，江苏的光伏产业主要集中在南京、无锡、苏州、徐州、常州、南通。浙江的光伏产业主要集中在杭州、温州、湖州、嘉兴和海宁，浙江的光伏产能占据了中国的1/4，仅次于江苏，2010年中国光伏产品出口321亿美元，浙江占了10.6%，约33亿美元。上海的光伏产业继江苏和浙江之后，吸引了许多光伏研发机构，闵行浦江高科技园为上海最大光伏产业基地。

2. 环渤海产业基地

环渤海产业基地主要包括北京、山东、河北和天津。2011年，河北光伏企业出口总额为21.2亿美元，河北努力打造以保定、邢台、廊坊为主的产业基地。天津则成立英利光伏产业基地，北京建设了北京的光伏产业园平谷区马坊工业园区、八达岭新能源产业基地、燕郊开发区、亦庄经济开发区和通州光机电基地。而山东省的光伏产业则是以德州市为中心，建立了有名的中国太阳谷。中国太阳谷项目是由世界上最大的太阳能热水器生产企业皇明太阳能集团领导的。

3. 西部产业基地

西部产业基地包括新疆、内蒙古、四川、青海等。四川在成都和乐山拥有大量光伏企业。2011年，中国青海格尔木计划建立世界级光伏发电基地，格尔木24个光伏电站投入运行以来，已累计发电2.44亿kW·h。截至2014年已建成投运40个光伏项目，913MW全部实现安全并网发电，750kV柴达木输变电工程和格尔木东出口330kV聚明汇集站于2011年

底建成投运。形成了格尔木东出口、德令哈西出口、乌兰老虎口及大柴旦锡铁山四大光伏产业园区，共建成国电龙源、国投华靖、华能、省发投、中国协合、中节能等40个光伏发电项目，已形成1GW并网容量。

近年来青海在柴达木等地区重点发展光伏发电。截至2013年8月底，全省已建成大型集中并网光伏电站80座，总装机容量2GW，太阳能清洁能源占青海能源总量的13%，已成为国内最大的光伏发电基地。青海太阳能资源丰富，尤其是柴达木盆地，更是全国光照资源最丰富的地区，年日照时数为3200~3600h，年总辐射量可达7000~8000MJ/m^2，为全国第二高值区（第一高值为青藏高原），而且大部分地区地广人稀，有未利用荒漠面积20万km^2以上，且并网条件优越，是发展光伏发电产业的优选区域。

为解决光伏发电昼夜不均、上网存在瓶颈问题，青海在柴达木建设了调峰电站，完善青藏电网、青新电网等外送电网，为光伏发电集中并网修建"高速公路"。同时，利用当地水电的价格优势，将光伏发电与其"打捆"外送，实现光伏电量的跨区消纳。

1.3.4 面临挑战

我国太阳能资源十分丰富，具有良好的太阳能利用条件，国土面积2/3以上区域太阳能都比较丰富，年辐射量超过60亿J/m^2，每年地表吸收的太阳能大约相当于1.7万亿t标准煤。特别是西北、西藏和云南等地区，太阳能资源更加丰富。

1. 我国光伏发电技术现状

目前，我国已掌握成熟的光伏发电技术，但主要问题是成本较高和硅材料短缺，制约了商业化利用。光伏发电技术是利用半导体材料的光电效应直接将太阳能转换为电能。光伏发电的能量转换器件是光伏电池，光伏发电具有不消耗燃料、不受地域限制、规模灵活、清洁无污染、安全可靠、运行稳定等优点。在国际光伏市场尤其是德国、日本市场强大需求的拉动下，我国光伏产品生产能力迅速扩张，晶体硅片和光伏电池片的生产能力以及光伏组件的封装能力大大提升，形成了一批具有国际竞争力和国际知名度的光伏电池生产企业。

我国目前已成为世界第一的光伏生产大国，但光伏产业链发展不平衡，上游环节如硅锭、硅片的生产能力小，下游环节如光伏组件的封装能力大，造成国际市场多晶硅原料的紧缺和涨价。我国实施"送电到乡"工程，中央和地方财政共同提供支持，在内蒙古、青海、新疆、四川、西藏和陕西等地区乡镇，建设了一批独立的光伏、风光互补等可再生能源电站，大大促进了光伏产业兴起。

我国光伏市场发展一直处于稳步发展和上升状态，特别是各地结合城镇建设，推广屋顶计划、路灯等光伏发电产品的应用，使得光伏发电应用呈上升趋势。光伏发电主要用于解决电网覆盖不到的偏远地区居民用电问题，将以户用光伏系统和建设小型光伏电站为主，解决偏远地区无电村和无电户的供电问题，为偏远地区农、牧民提供最基本的生活用电。我国借鉴发达国家发展屋顶系统的经验，在大中城市，公益性建筑物、其他建筑物以及道路、公园、车站公共设施照明中推广使用光伏电源。与此同时，我国建设大型并网光伏系统，当光伏发电成本下降到一定水平后，大型并网光伏系统便可大规模应用。

2. 光伏产业面临的挑战

（1）人才紧缺　由于光伏产业在我国是个新兴产业，所以国内人才稀少，许多高校甚至是理工大学光伏专业设置滞后，还有许多学校甚至没有光伏专业，导致人才和师资短缺。

培养一个成熟的学科需要5~10年，但中国才刚刚起步。

（2）核心技术缺乏　改良西门子法是国内多晶硅企业一般采用的方法。多晶硅核心技术——三氯氢硅还原法被美国、德国、日本的六七家企业垄断，中国企业很难获得关键技术。改良西门子法属于欧美淘汰的旧技术，相对国外最先进的硅烷法，成本较高，而且能耗高、污染重。

2001年以来，我国在光伏领域的研发日趋活跃，相关专利申请数量逐年攀升，至2010年，我国光伏专利申请已占全球1/4。但是，在晶体硅、光伏电池主流技术方面，核心技术被国外掌握，我国仍有差距。

（3）亏损　中国光伏企业在2012年的业绩大幅减少，甚至是亏损。当时中国光伏产品严重依赖国外市场，而不是主要依靠国内的内需市场，同时还依赖外国的核心技术、进口生产设备，甚至一些原材料。由于我国的光伏产品90%出口欧美，但欧美市场由于经济危机和竞争保护等种种原因订单下降。伴随国外订单的减少而来的是中国国内产能过剩，2011年光伏产能过剩为8GW，2012年产能过剩约为22GW，仅2012年中国大陆晶体硅光伏组件就有1.6GWp的库存待售。

在美国以及欧盟相继针对中国光伏企业提出反补贴、反倾销的"双反"调查和惩罚性关税后，中国光伏企业在外市场陷入困局。尽管2013年光伏困境有所好转，但有待时日复苏。

（4）电价劣势　现有的多晶硅光伏电池的发电成本一直昂贵，还完全没有达到可以真正能跟普通化石燃料发电成本竞争的水平。以长三角产业基地为例，浙江的瓶颈是太阳能电价高出普通化石燃料电价一倍以上，江苏和上海也面临同样问题。

（5）污染　我国是一个巨大的多晶硅生产国，多晶硅在第一代光伏电池中采用。目前，国内在建多晶硅生产厂所用改良西门子生产法是向俄罗斯购买的技术，而该技术与美国、日本企业还有较大差距，其缺点是气体回收率低、污染大、产出率低、耗能高。在生产多晶硅的过程中，会产生一种叫四氯化硅的副产物。四氯化硅是一种高度有毒的物质，会对环境造成严重污染。2010年，我国多晶硅产能达到20000t/年左右，而生产1000t多晶硅就会产生8000t四氯化硅。照此计算，2010年，四氯化硅的产生量达到16万t，对四氯化硅的无害化处理成为制约多晶硅发展的瓶颈。在发达国家通常是处理和回收成本较高，回收多晶硅副产品的正常成本是\$84500/t，但中国企业只有\$21000~56000/t，有的企业甚至直接倾倒。

（6）布局不合理　2007年以来，中国光伏电池产值连续4年居国际第一，变成全球最大的光伏产业基地。2010年国际光伏市场回暖，国内一批上市公司上马光伏发电项目，甚至一些不够专业的厂家只有几台多晶硅生产炉或几台硅片线切机就一哄而上、盲目无序地进行生产，这导致中国光伏发电产业最终陷入困境。中国光伏发电工业布局还存在一些问题。

1）产品布局不合理。高端质料、配备测验仪器设备制作企业规模、数量小，多晶硅占50%左右、银浆100%、配备20%需求进口，绝大多数测验设备仪器依靠进口；低端光伏电池片和光伏组件产能占全世界60%，95%的产品依赖出口。

2）技术布局不合理。我国最具优势的是光伏电池片和光伏组件技术，以及新型光伏电池的开发技术，但上游产品配备和原材料并没有核心技术，基本上都被发达国家控制。我国是光伏产品生产大国，而不是光伏强国，利润主要是加工费。国内消耗不到10%，国内光伏发电的总装机量仅占全球装机总量的1%，企业严重依靠出口。

1.4 光伏系统

光伏系统是指利用光伏半导体材料的光电效应将太阳能转化为直流电能的设备。光伏系统中的光伏组件发电的最基本元件是光伏电池片,有单晶硅、多晶硅、非晶硅和薄膜电池等。目前,单晶硅和多晶硅电池用量最大,非晶硅电池用于一些小系统和计算器辅助电源等。

光伏(Photovoltaics,PV),意指由光产生电的现象,最早出现的纪录在 1839 年。字源 photo(光),希腊语 voltaics,由 volta 演变而来,用来纪念意大利物理学家亚历山德罗·伏特(Alessandro Volta)。

1.4.1 工作原理

光伏发电是根据光生伏特原理,利用光伏电池将太阳光能直接转化为电能,光伏电池经过串、并联后进行封装保护可形成大面积的光伏组件,再配合上功率控制器等部件就形成了光伏发电装置。电磁波辐射入射到物体表面使其内部产生电动势的现象为光生伏特效应,是内光电效应的一种。内光电效应又可分为光电导效应和光生伏特效应。内光电效应是光电效应的一种,主要由于光量子作用,引发物质电化学性质变化。

1. 光生伏特效应

光生伏特效应:指光照射非均匀半导体(如 PN 结)后使其内部产生光电后的现象,光伏发电的基本原理是利用光伏电池(类似于晶体二极管)的光生伏特效应直接把太阳的辐射能转变为电能的一种发电方式,光伏的能量转换器件就是光伏电池。如图 1-11 所示,光伏电池的基本构造是运用 P 型与 N 型半导体接合而成的一个 PN 结。当太阳光照射到由 P、N 型两种不同导电类型的同质硅半导体材料构成的光伏电池上时,其中一部分光线被反射,一部分光线被吸收,还有一部分光线透过电池片。被吸收的光能激发被束缚的高能级状态下的电子,产生电子-空穴对,在 PN 结的内建电场作用下,电子、空穴相互运动,N 区的空穴向 P 区运动,P 区的电子向 N 区运动,使光伏电池的受光面有大量负电荷(电子)

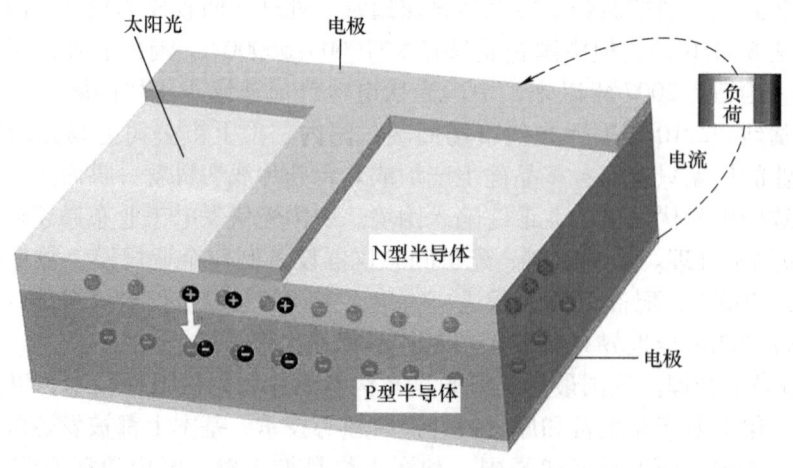

图 1-11 光伏电池结构

积累,而在电池的背光面有大量正电荷(空穴)积累。电子和空穴很快结合,并且将能量转换成光子或声子(热),因此电子与空穴的生命期甚短;在P型半导体中,由于具有较高的空穴密度,光产生的空穴具有较长的生命期;在N型半导体中,电子有较长的生命期。若在电池两端接上负载,负载上就有电流通过,当光线一直照射时,负载上将源源不断地有电流流过。这就是光电效应光伏电池的工作原理。

在P型、N型半导体接合处,由于有效载流子浓度不同而造成的扩散,将会产生一个由N型半导体指向P型半导体的电场,因此当光子被接合处的半导体吸收时,所产生的电子将会受电场作用而移动至N型半导体处,空穴则移动至P型半导体处,因此便能在两侧累积电荷,若以导线连接,则可产生电流。从太阳来的光线,能量大部分落于1~3eV之间,因此就单一个PN结而言,若经适当地设计,使吸收光能的高峰落于约1.5eV,则能有最好的效率。

对正负电荷,由于在PN结区域的正负电荷被分离,因而可以产生一个外电流场,电流从晶体硅片电池的底端经过负载流至电池的顶端。将一个负载连接在光伏电池的上、下两表面间时,将有电流流过该负载,于是光伏电池就产生了电流;光伏电池吸收的光子越多,产生的电流也就越大。光子的能量由波长决定,低于基能能量的光子不能产生自由电子,一个高于基能能量的光子将仅产生一个自由电子,多余的能量使电池发热,伴随电能损失使光伏电池的效率下降。当光线一直照射时,负载上源源不断的有电流流过。单体光伏电池片就是一个薄片状的半导体PN结。标准光照条件下,额定输出电压为0.48V。为了获得较高的输出电压和较大的功率容量,往往要把多片光伏电池连接在一起构成光伏组件和光伏方阵。光伏电池的输出功率是随机的,不同时间、不同地点、不同安装方式下,同一块光伏电池的输出功率也是不同的。

2. 系统工作方式

如图1-12所示,是一个典型的供应直流负载的光伏系统示意图,包含了光伏系统中的主要部件。光伏系统的基本工作原理就是在太阳光的照射下,将光伏组件产生的电能通过控制器的控制给蓄电池充电或者在满足负载需求的情况下直接给负载供电,如果日照不足或者在夜间,则由蓄电池在控制器的控制下给直流负载供电,对于含有交流负载的光伏系统而言,还需要增加逆变器将直流电转换成交流电。

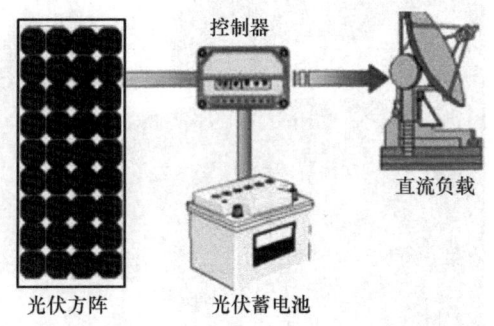

图1-12 直流负载的光伏系统

白天有光照条件,光伏组件产生一定的电动势,通过光伏组件的串、并联形成光伏方阵,使得光伏方阵电压达到系统输入电压的要求。再通过充、放电控制器对蓄电池进行充电,将由光能转换而来的电能储存起来。蓄电池组的放电情况由控制器进行控制,保证蓄电池的正常使用。

夜间,蓄电池组为逆变器提供输入电,通过逆变器的作用,将直流电转换成交流电,输送到配电柜,由配电柜的切换作用进行供电。光伏电站系统还应有限载保护和防雷装置,以保护系统设备的过负载运行及免遭雷击,维护系统设备的安全使用。

1.4.2 系统的优、缺点

光伏系统发电过程简单，理论上光伏发电与化石能源、风能和生物质能等新型发电技术相比，是一种具有丰富的资源和洁净的发电过程的可再生能源发电技术，具有潜在优点。

1. 优点

（1）输电损失小　照射到地球上的太阳能要比人类目前消耗的能量大 6000 倍，不受地域、海拔等因素的限制，可就近供电，不必长距离输送，避免了长距离输电线路的损失。

（2）技术开发潜力大　光伏发电是直接从光子到电子的转换，没有中间过程（如热能－机械能、机械能－电磁能转换）和机械运动，不存在机械磨损。根据热力学分析，具有很高的理论发电效率，最高可达 80% 以上。

（3）绿色环保　光伏发电本身不用燃料，不排放包括温室气体和其他废气的任何物质，不污染空气，不产生噪声，对环境友好，不会遭受能源危机或燃料市场不稳定的冲击，是绿色环保可再生新能源。

（4）光伏建筑一体化（BIPV）　光伏发电过程不需要冷却水，可以安装在没有水的荒漠戈壁上。光伏组件可以方便地与建筑物结合，构成光伏建筑一体化发电系统，光伏系统可以大规模安装在地表上成为光伏电站，也可以置于建筑物的房顶或外墙上，形成光伏建筑一体化。图 1-13a 所示为屋顶发电，图 1-13b 所示为墙壁外侧发电。BIPV 首先是一个建筑，它是建筑师的艺术品，其成功与否关键一点就是建筑物的外观效果。在 BIPV 中，可通过相关设计将接线盒、旁路二极管、连接线等隐藏在幕墙结构中。这样既可防阳光直射和雨水侵蚀，又不会影响建筑物的外观效果，达到与建筑物的完美结合。

a）屋顶光伏方阵

b）屋侧面光伏方阵

图 1-13　建筑整合的光伏方阵

BIPV 中的光伏组件不仅需要满足光伏组件的性能要求，同时要满足幕墙的三性试验要求和建筑物安全性能要求，因此需要有比普通光伏组件更高的力学性能和采用不同的结构方式。在不同的地点、不同的楼层高度、不同的安装方式，对玻璃力学性能要求就可能是完全不同的。BIPV 中使用的双玻璃光伏组件是由两片钢化玻璃，中间用 EVA 胶膜复合光伏电池片组成复合层，电池片之间由导线串、并联汇集引线端的整体构件。钢化玻璃的厚度是按照国家建筑规范和幕墙规范，通过严格的力学计算得出的结果。而光伏组件中间的 EVA 胶膜有良好的黏结性、韧性和弹性，具有吸收冲击的作用，可防止冲击物穿透，即使玻璃破损，碎片也会牢牢黏附在 PVB 胶片上，不会脱落四散伤人，从而使产生的伤害可能减少到最低程度，提高建筑物的安全性能。

发展 BIPV 优势明显。据统计，建筑在建造和使用过程中消耗了全球能源的 50%，产生了 34% 的污染，光伏和建筑的结合可以有效地减少建筑耗能，降低污染。光伏与建筑结合构件可就地安装、就地发电、就地并网。光伏发电没有噪声，没有废弃物排放，不消耗任何燃料，也不需要水，安装在城市和居民的屋顶上，不会给生活带来任何不便，所有的人都容易接受。可以有效利用围护表面（屋顶和墙面），无需额外占地或加建其他设施。这对于人口密集、土地昂贵的城市建筑尤为重要。

夏季，由于空调器、制冷器、电扇等设备的起动，形成用电高峰，而这时也正是光伏方阵发电最多的时期，联网光伏系统不仅对公共电网起到一定的调峰作用，甚至有可能在保证了自身建筑用电外，还可以向电网供电，解决电网的"峰谷"供需矛盾，具有极大的社会效益。如用光伏方阵墙代替建筑物的玻璃幕墙，可减少建筑物的整体造价，同时在夏季可适当降低室内温度，降低了空调器负荷，并改善了室内环境。BIPV 具有良好的遮阳功能和隔热功能。太阳的热系数 G 值越小，遮光率越高，遮阳效果越好；BIPV 的隔热功能与建筑物外形材料的传热系数 U 值有关，U 值越小，隔热效果越好。

（5）维护简单　光伏发电无机械传动部件，操作、维护简单，运行稳定可靠。一套光伏系统只要有阳光，光伏组件就能发电，加之结合控制技术，可实现无人值守，维护成本低。光伏组件结构简单、体积小、重量轻，便于运输和安装。光伏系统建设周期短，而且根据用电负荷容量可大可小，方便灵活，极易组合、扩容，串联后供家庭使用的光伏方阵，维护方便。世界海拔最高的新疆神仙湾边防哨所安装的 3kWp 独立光伏电站，用于解决当地官兵的照明、电视机和计算机的用电问题；另外两套 150Wp 家用光伏系统用于分别用于电台、笔记本式计算机供电。同时配备了一套监控系统，保证祖国边远边防地区的巡逻困难问题。

（6）寿命长　光伏系统工作性能稳定可靠，使用寿命可以达到 30 年。晶硅光伏电池寿命可达 35 年。在光伏系统中，只要设计合理、选型适当，蓄电池的寿命可达 10~15 年。

2. 缺点

（1）能量密度低　尽管太阳投向地球的能量总和极其巨大，但由于地球表面积也很大，而且地球表面大部分被海洋覆盖，真正能够到达陆地表面的能量只有到达地球范围辐射能量的 10% 左右，致使单位面积上能够直接获得的太阳能较少。通常以太阳辐照度来表示，地球表面最高值约为 $1.2\text{kW}\cdot\text{h/m}^2$，绝大多数地区和大多数的日照时间内都低于 $1\text{kW}\cdot\text{h/m}^2$。太阳能的利用实际上是低密度能量的收集、利用。

（2）占地面积大　由于太阳能能量密度低，这就使得光伏系统的占地面积会很大，每 10kW 光伏发电功率占地约需 100m^2，平均每平方米的发电功率为 100W。随着 BIPV 技术的成熟和发展，越来越多的光伏系统占用空间和建、构筑物的屋顶、侧面，将逐渐克服光伏发电占地面积大的不足。

（3）转换效率低　光伏发电的最基本单元是光伏组件。光伏发电的转换效率指的是光能转换为电能的比率。目前晶体硅光伏电池的转换效率为 13%~17%，非晶硅光伏电池只有 6%~8%。由于光电转换效率太低，从而使光伏发电功率密度低，难以形成高功率发电系统。因此，光伏电池的转换效率低是阻碍光伏发电大面积推广的瓶颈。

(4) 间歇性工作　在地球表面，光伏系统只能在白天发电，晚上不能发电，除非在太空中没有昼夜之分，光伏电池才可以连续发电，和人们的用电习惯不符。

(5) 受气候环境因素影响大　光伏发电的能源直接来源于太阳光的照射，而地球表面上的太阳照射受气候的影响很大。雨雪天、阴天、雾天甚至云层的变化都会严重影响系统的发电状态。另外，由于环境污染的影响，特别是空气中的颗粒物灰尘等降落在光伏组件表面，也会阻挡部分光线的照射，使光伏组件转换效率降低，发电量减少。

(6) 地域依赖性强　地理位置和气候的不同，使各地区日照资源各异。光伏系统只有在太阳能资源丰富的地区应用效果才好。

(7) 系统成本高　由于光伏发电效率低，到目前，光伏发电的成本仍然是其他常规发电方式（火力和水力发电）的几倍。这是制约其广泛应用的最主要因素。但是我们也应看到，随着光伏电池产能的不断扩大及电池片光电转换效率的不断提高，光伏系统成本下降也非常快，光伏组件的价格几十年来已经从最初的每瓦70多美元下降至目前的每瓦2.5美元左右。

(8) 晶体硅电池的制造过程高污染、高能耗　晶体硅电池的主要原料是纯净的硅。硅是地球上含量仅次于氧的元素，主要存在形式是沙子（二氧化硅）。从沙子一步步变成含量为99.9999%以上纯净的晶体硅，期间要经过多道化学和物理工序的处理，不仅要消耗大量能源，还会造成一定的环境污染。

3. 改进

尽管光伏发电有上述不足和缺点，但是随着全球化石能源的逐渐枯竭以及因化石能源过度消耗而引发的全球变暖和生态环境恶化，已经给人类带来了很大的生存威胁，因此大力发展可再生能源特别是光伏发电是解决这个问题的主要措施。我国政府出台了一系列有关新能源及光伏产业的政策法规，使得光伏产业迅猛发展，光伏发电技术和水平不断提高，应用范围逐步扩大，并将在全球能源结构中占有越来越大的比例。

光伏电池在夜间无法发电，并且容易受气候干扰，因此，可能的应变方案为研发高效能的电池技术以储存太阳能，例如蓄电池、飞轮装置、压缩空气、抽蓄发电厂等。

另外，利用卫星发电亦可避免此二项干扰，例如美国和日本两国提出的"卫星光伏发电厂"（Satellite Solar Power Station，SSPS）计划，目标是将具有光伏电池或热能发电系统的卫星，发射到太空中一个能够不断接收太阳光的地方，例如在赤道附近上空，便可以连续不停且稳定地接收太阳能，再转换为电能，并以微波的方式传回地球。

1.4.3　光伏系统现状

由于光伏电池产生的电是直流电，若要提供电力给家电用品或各式电器，则需加装直－交流转换器，才能加以利用。光伏系统应用的基本形式可分为两大类：独立发电系统和并网发电系统。近年来全球各国都在积极推动可再生能源的应用，光伏产业的发展十分迅速。

虽然光伏发电容量仍只占人类用电总量的很小一部分，但从2004年开始，接入电网的光伏发电量以年均60%的速度增长。2009年，总发电量已经达到21GW，光伏发电是当前发展速度最快的能源。2010年，光伏项目在全世界上百个国家投入使用。2011年后，光伏经历了一段低潮与反思的时期，2013年光伏产业逐渐恢复，2014年光伏产业开始有序发展，没有联入电网的光伏系统容量约为4GW。

光伏电池问世以来，光伏材料、技术不断进步，光伏制造产业日趋成熟，这些都驱使光伏系统的价格变得更加便宜。不仅如此，许多国家投入大量研发经费提高光伏组件的转换效率，给予光伏制造企业财政补贴。上网电价补贴政策以及可再生能源比例标准政策极大地促进了光伏在各国的应用。光伏系统应用主要领域主要在太空航空器、通信系统、微波中继站、电视差转台、光伏水泵和无电缺电地区户用供电。理论上讲，光伏发电技术可以用于任何需要电源的场合，上至航天器，下至家用电源，大到MW级电站，小到玩具。发达国家正在有计划地推广城市光伏并网发电，主要是建设户用屋顶光伏系统和MW级集中型大型并网发电系统，同时推广交通工具和城市照明。图1-14所示为欧洲国家奥地利施蒂利亚州的"光伏树"，可用于城市照明。

光伏系统的规模和应用形式各异，如系统规模跨度很大，小到0.3~2W的太阳能庭院灯，大到MW级的光伏电站。其应用形式也多种多样，在家用、交通、通信、空间应用等诸多领域都能得到广泛应用。光伏系统

图1-14 光伏树

已经用于工业、农业、科技、国防及人民生活。光伏发电将成为重要的发电方式，在可再生能源结构中占有一定比例。已经开发了形式多样的光伏系统。

1) 通信领域的应用。包括太阳能无人值守微波中继站，光缆通信系统及维护站，移动通信基站，广播、通信、无线寻呼电源系统，卫星通信和卫星电视接收系统，农村程控电话、载波电话光伏系统，小型通信机，部队通信系统，士兵GPS供电等。

2) 公路、铁路、航运交通领域的应用。包括铁路和公路信号系统（如铁路信号灯、交通警示灯、标志灯等），公路太阳能路灯，高空障碍灯，高速公路监控系统，高速公路、铁路无线电话亭，无人值守道班供电，航标灯灯塔和航标灯电源等。

3) 石油、海洋、气象领域的应用。包括石油管道阴极保护和水库闸门阴极保护光伏电源系统、石油钻井平台生活及应急电源、海洋检测设备、气象和水文观测设备、观测站电源系统。

4) 农村和边远无电地区的应用。农村和边远无电地区如高原、海岛、牧区、边防哨所等用光伏户用系统、小型风光互补发电系统等解决日常生活用电，如照明、电视机、收录机、DVD播放机、卫星接收机等，也解决了为手机、MP3等随身小电器充电的问题，发电功率大多在十几瓦到几百瓦。用1~5kW的独立光伏系统或并网发电系统作为村庄、学校、医院、饭馆、旅社、商店等的供电系统。用光伏水泵，解决无电地区的深水井饮用、农田灌溉等。另外还有太阳能喷雾器、太阳能电围栏、太阳能黑光灭虫灯等。

5) 光伏照明方面的应用。光伏照明包括太阳能路灯、庭院灯、草坪灯，太阳能景观照

明、太阳能路标志牌、信号指示、广告灯箱照明等；还有家庭照明灯具及手提灯、野营灯、登山灯、垂钓灯、割胶灯、节能灯、手电等。

6) 大型光伏系统（光伏电站）。大型光伏系统（电站）是10kW～50MW的地面独立或并网光伏电站、风光（柴）互补电站、各种大型停车场充电站等。新疆皮山县并网光伏发电站项目，工程由20个1MWp光伏发电分系统组成；采用280Wp多晶硅光伏组件，每16块串联在一起，配500kW并网逆变器时的组串并联路数为112路，并以此组成一个500kWp光伏方阵；每个1MWp光伏发电分系统经逆变器后再经箱式变电站升压，每1个1MWp光伏发电分系统设一个逆变器室。2个500kWp光伏方阵接入1000kV·A箱式变电站升压至35kV，接一个35kV开关站，再通过一条长度为6km的35kV线路，接入皮山县110kV变电站。四川省会理县并网光伏电站项目，工程采用"分区发电、集中并网"方案：根据地形及方位不同将光伏系统分为9个分系统，每个光伏发电分系统容量略高于1MW，每个分系统通过2台500kW逆变器逆变输出三相交流电后，再通过一台1000kV·A变压器升压后，通过集电线路送至电控楼内10kV配电装置，再通过主变压器升压至110kV，然后以110kV电压等级并入电网。

7) 光伏建筑一体化（BIPV）并网发电系统。将光伏发电与建筑材料相结合，充分利用建筑的屋顶和外立面，使得大型建筑能实现电力自给、并网发电，是今后的一大发展方向。

8) 太阳能商品及玩具的应用。包括太阳能收音机、太阳能钟、太阳能充电器、太阳能手表、太阳能计算器、太阳能玩具。

9) 其他领域的应用。包括太阳能电动汽车、电动自行车，太阳能游艇，电池充电设备，太阳能汽车空调、换气扇、冷饮箱等；还有太阳能制氢加燃料电池的再生发电系统，海水淡化设备供电，卫星、航天器、空间太阳能电站等。

1. 民用光伏系统

（1）光伏系统适合民用　利用太阳能发电的形式有光热发电和光伏发电。不论产/销量、发展速度，发展前景，光热发电都比不上光伏发电。光热发电是大型发电使用，不适合民用。通常民用光伏系统分为独立使用和并网发电，光伏系统主要由光伏组件、控制器和逆变器三大部分组成，它们主要由电子元器件构成，不涉及机械部件，所以光伏发电设备极为精炼、可靠、稳定、寿命长、安装维护简便。光伏发电技术可以用于任何需要电源的场合使用。光伏发电有绿色环保、没有机械光伏组件、无噪声、随时取用、维护简单、可靠性高等特点。光伏系统使用简单，安装好光伏组件，经过太阳光照射就能发电使用。光伏系统适合民用，可以安装在自己家院子里、房顶、墙面。

随着世界不可再生能源的消耗，光伏发电技术也逐渐成熟，它的重要性和发展也显示出来了，越来越多的居民会选择安装一套光伏系统。通常民用光伏发电都是将光伏组件安装在房顶、墙面等地方，不占用别的地方，外观上又不会影响建筑物的外观效果，达到与建筑物完美结合的效果。光伏发电电压稳定、电源质量高，广泛应用于各种用电设备上，运行安全可靠、无噪声、无辐射、无需消耗燃料、无机械转动部件、故障率低、寿命长；并且环保美观、不受地理位置限制、建设周期短、规模大小随意、拆装简易、移动方便；即装即用、拆装损毁成本低，可以方便地与建筑物相结合，无需预埋架高输电线路，可免去远距离敷设电缆时对植被和环境的破坏及工程费用。

（2）屋顶光伏系统　这是典型的民用光伏系统，在房屋顶部安装光伏组件，利用光伏技术在城乡建筑领域进行发电,以达到节能减排目标。为落实中国对世界承诺的节能减排目标,加强政策扶持新能源经济战略,国家相关部委推出太阳能屋顶计划。太阳能屋顶计划着力解决 BIPV 设计能力不足、光伏产品与建筑结合程度不高、光伏并网困难问题。综合考虑经济性和社会效益因素,现阶段在国内经济发达、光伏产业基础较好的大中城市积极推进 BIPV 如太阳能屋顶、光伏幕墙项目,支持农村与偏远地区发展离网式发电,落实送电下乡、上网分摊电价等政策,在新建建筑、既有建筑节能改造、城市照明中推广使用。

(3) 户用光伏系统容量分析　光伏系统的容量大小是没有规范的,最小的为 5W 或 10W 的小型太阳能照明体系,大的却可大到几十兆瓦乃至是吉瓦的超大型光伏发电站。由于每个家庭的用电状况都不相同,光伏系统需求依据用户的实际用电状况及系统安装地点来进行设计和装备。

1) 地理位置不同。全国地域广阔,各个地点的光照条件大不相同,这决定了光伏系统的发电量,相同容量的光伏发电体系在不一样的地点运用时的发电量都有很大的不同。

2) 家用电器不同。每个家庭的电器品种、数量和用电量都大不相同。有的家庭只供照明和一台小型电机(如农户家里的粮食粉碎机),有的家庭就有两三台电视还有电冰箱等各种电器,有的家庭用电量少,有的家庭用电量大,这决定了户用光伏系统容量。

3) 供电时刻长短不相同。有的家庭是短时间用电;有的家庭需求保持 3~5 天持续用电,但会碰到正好连续阴雨;有的用户只需照明,但大多数家庭仍需要对一般家用电器供电。

(4) 户用光伏系统容量确定　一般来讲,光伏系统容量越大越好,可容量越大,成本也越大。从经济性和实用性角度考虑,满足家庭用电状况的光伏系统追求高性价比。要确定多大的体系合适家庭,需要解决几个问题:①发电体系在哪里运用?②详细有哪些电器及总负载是多少(各种电器功率之和及使用时间)?③需求保持几个阴雨天运用?

2. 独立光伏系统

根据光伏系统的应用形式、应用规模和负载的类型,对光伏供电系统进行比较细致的划分,分为六种类型:小型光伏系统(Small DC)、简单直流系统(Simple DC)、大型光伏系统(Large DC)、交流、直流供电系统(AC/DC)、并网系统(Utility Grid Connect)、混合供电系统(Hybrid)、并网混合系统。一般将光伏系统分为独立系统、并网系统和混合系统。

光伏系统从大类上可分为独立(离网)光伏系统和并网光伏系统两大类。图 1-15 所示为独立型光伏系统的工作原理。

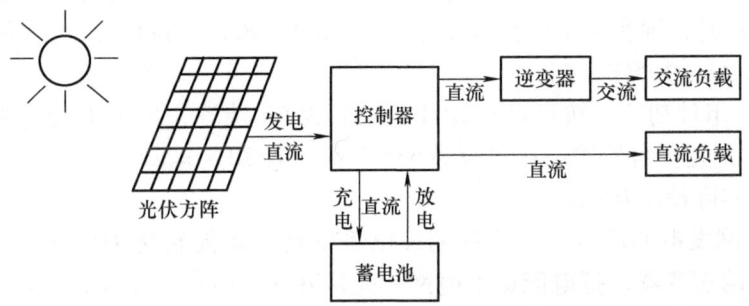

图 1-15　独立型光伏系统的工作原理

独立型光伏系统的核心部件是光伏组件,它将太阳光的光能直接转换成电能,并通过控制器把光伏组件产生的电能存储于蓄电池中。当负载用电时,蓄电池中的电能通过控制器合理地分配到各个负载上。光伏组件所产生的电流为直流电,可以直接以直流电的形式应用,也可以用交流逆变器将其转换成为交流电,供交流负载使用。光伏发电的电能可以即发即用,也可以用蓄电池等储能装置将电能存储起来,在需要时使用。

3. 并网光伏系统

图 1-16 所示是并网型光伏系统示意图。并网型光伏系统由光伏方阵将光能转变成电能,并经直流配线箱进入并网逆变器,有些类型的并网型光伏系统还要配置蓄电池组存储直流电能。并网逆变器由充放电控制、功率调节、交流逆变、并网保护切换等部分构成。经逆变器输出的交流电供负载使用,多余的电能通过电力变压器等设备馈入公共电网(可称为卖电)。当并网光伏系统因气候原因发电不足或自身用电量偏大时,可由公共电网向交流负载供电(称为买电)。系统还配备有监控、测试及显示系统,用于对整个系统工作状态的监控、检测及发电量等各种数据的统计,还可以利用计算机网络系统远程传输控制和显示数据。

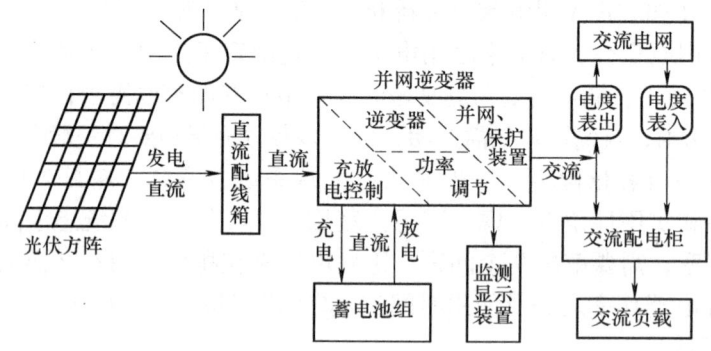

图 1-16　并网型光伏系统

（1）光伏并网发电功率计算　光伏交流发电系统是由光伏组件、充电控制器、逆变器和蓄电池共同组成,如图 1-16 所示。光伏直流发电系统则不包括逆变器。为了使光伏系统能为负载提供足够的电源,就要根据用电器的功率,合理选择各部件。以每日有效日照时间 6h,100W 输出功率,每日用电 5h 为例计算。

1) 计算每天消耗的用电量(考虑逆变器的损耗)。若逆变器的转换效率为 90%,则当输出功率为 100W 时,则实际需要输入功率应为 100W/90% = 111W;若按每日使用 5h,则耗电量为 111W×5h = 555W·h。

2) 计算光伏组件功率。按每日有效日照时间为 6h 计算,再考虑到充电效率和充电过程中的损耗 30%,光伏组件输出功率应为 555W·h/6h/70% = 132W。其中 70% 是充电过程中,光伏组件的实际使用功率。

（2）光伏并网发电的优点　光伏并网发电系统把太阳能转化为电能,不经过蓄电池储能,直接通过并网逆变器,把电能送上电网。光伏并网发电代表了光伏发电的发展方向,是 21 世纪最具吸引力的能源利用技术。与离网光伏系统相比,并网发电系统优点明显。

1) 利用清洁干净,充分利用资源。可再生的自然能源光伏发电,不耗用不可再生的、资源有限的含碳化石能源,使用中无气体和污染物排放,与生态环境和谐。光伏组件与建筑物完美结合,既可发电,又能作为建筑材料和装饰材料,使物质资源充分利用,有利于降低建设费用,提升建筑物科技水平。

2)降低综合成本。所发电能馈入电网,以电网为储能装置,省掉蓄电池,比独立光伏系统的建设投资可减少达25%~45%,从而使发电成本大为降低。省掉蓄电池并可提高系统的平均无故障时间和蓄电池的二次污染。

3)降低损耗。分布式建设,就近就地分散发供电,进入和退出电网灵活,既有利于增强电力系统抵御战争和灾害的能力,又利于改善电力系统的负荷平衡,并可降低线路损耗。

4)可起调峰作用。并网光伏系统是世界各发达国家在光伏应用领域竞相发展的热点和重点,是世界光伏发电的主流发展趋势。并网光伏系统主要由光伏方阵和并网逆变器两部分组成。白天有日照时,光伏方阵发出的电经过并网逆变器将电能直接输送到交流电网上,或将光伏系统发出的电经过并网逆变器直接供给交流负载。

(3)光伏并网逆变器 逆变器是将直流电变换成交流电的设备。由于光伏组件发出的是直流电,而一般的负载是交流负载,所以逆变器是不可缺少的。逆变器按运行方式,可分为独立运行逆变器和并网逆变器。独立运行逆变器用于独立运行的光伏发电系统,为独立负载供电。并网逆变器用于并网运行的光伏发电系统将发出的电能馈入电网。逆变器按输出波形又可分为方波逆变器和正弦波逆变器。

1)光伏方阵连接要求。光伏组件在排布方阵安装时应根据可能选用逆变器的额定工作电压范围和功率容量等参数进行分组设计。光伏组件可以通过同类型光伏组件的串联叠加电压和功率形成一串光伏组件。为了保证光伏组件正常工作,只允许相同型号的光伏组件进行串联。多个光伏组件串联后可以再进行并联,并联的光伏组件端电压相差不应超过10%。一串或多串(相同电压、功率)光伏组件通过并联即形成光伏方阵,总功率为所有光伏组件功率的总和。同一光伏方阵中的光伏组件在安装时,应尽可能保证具有相同的太阳辐射条件(朝向、倾角等)。

2)逆变器选配要求。光伏组件一般经过串、并联组成光伏方阵接入逆变器的直流侧,逆变器对于接入的光伏分组方阵有以下要求:

① 光伏方阵的端电压应满足逆变器直流输入电压范围。当电压低于其范围下限时,逆变器将停止运行。此时光伏系统不输出电力,即认为系统不能发电,应在发电量计算中予以剔除。为简化计算,在此可通过电池表面太阳光辐照阈值(光伏组件启动发电时其表面所应接收到的最低辐射量限值,单晶硅和多晶硅电池启动发电的表面总辐射量$\geqslant 80W/m^2$、薄膜电池表面总辐射量$\geqslant 30W/m^2$)进行判断。

② 光伏方阵的最大功率不能超过逆变器的额定容量。根据光伏方阵的输出电压和总功率选配相应工作电压和功率的逆变器,或根据逆变器的参数调整设计光伏方阵串,并联的方式以满足相应的输出电压和总功率。逆变器选配容量应大于或等于光伏组件分组安装的容量。

4. 风光互补发电

风光互补发电是风能和光能互补发电应用系统,风力发电机和光伏方阵两种发电设备共同发电。光伏方阵、风力发电机(将交流电转化为直流电)发出的电能存储到蓄电池组中,当用户需要用电时,逆变器将蓄电池组中储存的直流电转变为交流电,通过输电线路送到用户负载处。

风光互补发电站是针对通信基站、微波站、边防哨所、边远牧区、无电户地区及海岛，在远离大电网，处于无电状态、人烟稀少、用电负荷低且交通不便的情况下，利用本地区充裕的风能、太阳能建设的一种经济实用性发电站。随着能源危机日益临近，新能源已经成为今后世界上的主要能源之一。其中太阳能已经逐渐走入我们寻常的生活，风力发电也经常可以看到，可是它们作为新能源如何在实际中去应用？新能源的发展究竟会是怎样的格局？这些问题将是今后很长时间需要解决的问题。

（1）技术构成　风光互补发电系统由光伏组件、小型风力发电机组、系统控制器、蓄电池组和逆变器等部分组成，如图 1-17 所示，风光互补发电系统由风力发电机、光伏方阵、智能控制器、蓄电池组、多功能逆变器、电缆及支撑和辅助件等组成。

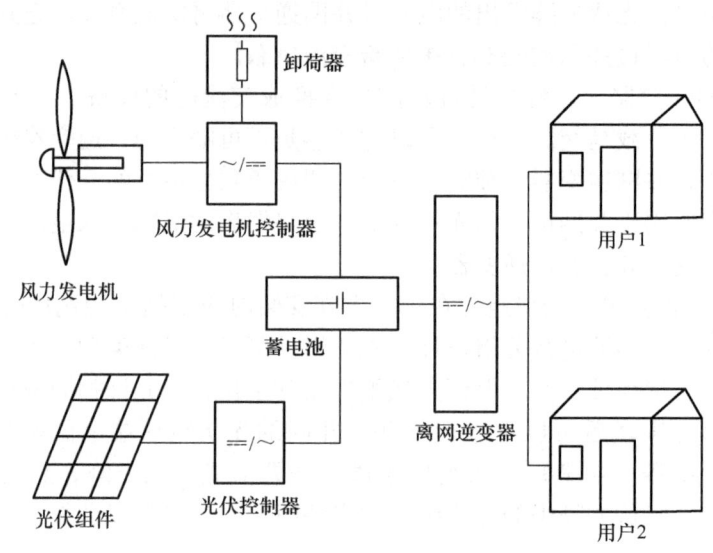

图 1-17　风光互补发电系统图

1）发电部分。由一台或者几台风力发电机和光伏方阵组成，完成风－电、光－电的转换，并且通过充电控制器与直流中心完成给蓄电池组自动充电的工作。

2）蓄电部分。由多节蓄电池组成，完成系统的全部电能储备任务。

3）充电控制器及直流中心部分。由风能和太阳能充电控制器、直流中心、控制柜、避雷器等组成，完成系统各部分的连接、组合以及对于蓄电池组充电的自动控制。

4）供电部分。由一台或者几台逆变电源组成，可把蓄电池中的直流电能变换成标准的220V 交流电能，供给各种用电器。

（2）技术特点　由于太阳能与风能的互补性强，风光互补发电系统在资源上弥补了风电和光电独立系统在资源上的缺陷。同时，风电和光电系统在蓄电池组和逆变环节是可以通用的，所以风光互补发电系统的造价可以降低，系统成本趋于合理。

使用风光互补发电系统，夜间和阴雨天无阳光时，由风能发电，晴天由光伏发电，在既有风又有太阳的情况下，两者同时发挥作用，实现了全天候的发电功能，比单用风机和太阳能更经济、科学、实用，适用于道路照明、农业、牧业、种植、养殖业、旅游业、广告业、服务业、港口、山区、林区、铁路、石油、部队边防哨所、通信中继站、公路和铁路信号站、地质勘探和野外考察工作站及其他用电不便地区。风光互补技术完全利用风能和太阳能来互补发电,无需外界供电,免除建变电站、架设高低压线路和高低压配电系统等工程,具有昼夜互补、季节性互补的特点。风光互补系统稳定可靠、性价比高,电力设施维护工作量及相应的费用开销大幅度下降,独立供电,在遇到自然灾害时不会影响到全部用户的用电,低压供电,运行安全、维护简单。

2009 年,中国兵器装备集团自主研制了一套具有国内先进水平的 40kW 风光互补电站,除了实现风光互补发电,还可以高精度实时跟踪太阳位置,使光伏系统日发电量比传统的固定式系统提高了 30%以上,采用的先进并网逆变器技术可确保发电站可靠高效运行,风光合一的调度与控制系统实现了柔性并网发电,减少对电网的冲击。

5. 水光互补发电

目前世界上最大规模的水光互补光伏电站是位于青海省的龙羊峡水光互补 320MW 并网光伏电站。青海龙羊峡水光互补并网光伏电站于 2013 年 3 月开始修建,占地约 9.16km^2,生产运行期为 25 年,以 330kV 电压等级接入龙羊峡水电站,与龙羊峡水电站联合运行,运行期年平均上网电量约为 4 亿 kW·h。龙羊峡大坝水力发电和光伏发电,二者互补,并网后利用水光互补性发电,从电源端解决光伏发电稳定性差的问题,为电网提供较优质的电力电量。

光伏发电受天气影响较大,具有随机性、间歇性和周期性的特点,只在白天发电,晚上出电为零。龙羊峡水光互补并网光伏电站旨在优化龙羊峡年际丰水期、枯水期发电量偏差,解决光伏电站储能难、电网吸纳难等问题。水光互补性发电,能够改善光伏发电的电能质量,通过协调运行,可以满足电网的稳定运行。图 1-18 为水光互补发电系统示意图,水力发电和光伏发电互补协调运行,是新能源协调运行方式的一种探索。龙羊峡水光互补项目最大的亮点就是水电与光伏发电的协调运行,目前国外没有如此大规模成熟的经验。

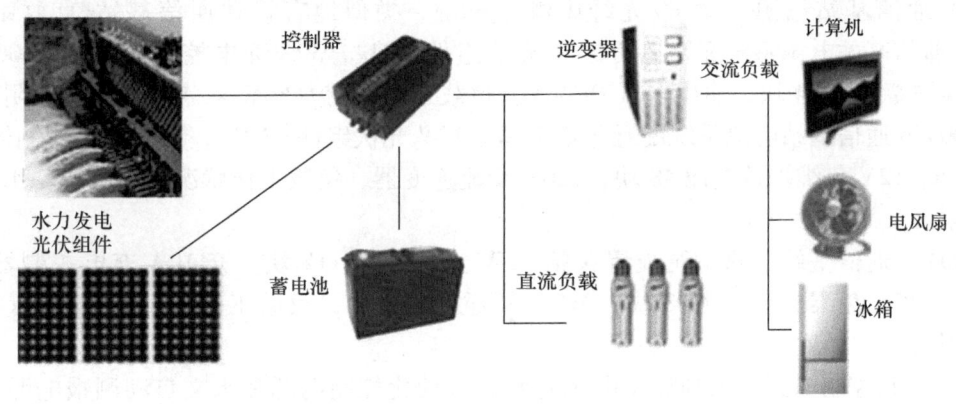

图 1-18 水光互补发电系统图

6. 中国西部光伏电站情况

光伏组件的应用主要分布在西部、长三角地区的大中小型电站。2014 年之前,中国西部地区如陕西(西安)、青海(西宁、格尔木、德令哈)、甘肃(武威、金昌、张掖、敦煌、阿克塞、嘉峪关)、新疆(哈密、乌鲁木齐)已经建立了超过 70 座光伏电站。但有些问题依然存在,如"光伏电站可行性研究报告"中的编凑内部收益率问题。实际上,在中国光伏市场的政策落实和环境改善理顺之前,大多数项目无法达到预期收益,电站业主迟迟收不到可再生能源补贴电费。国家电网电科院对逆变器进行检测收费太高造成电站业主不满。2014年后，光伏电站存在的问题正在得到改善，运营朝更合理的方向发展。

7. 中小型光伏系统

家用照明及家电设备供电的光伏系统一般小于10kW就够了，一些kW级的用电设备也可以用光伏系统驱动。

（1）户用光伏电源　用户光伏电源系统简称SHS系统。100Wp光伏系统配置包括100W光伏组件1块，10A充电控制器1台，100A·h、12V免维护蓄电池1块，输出220V交流逆变器1台，日发电量可达0.3kW·h。500Wp光伏系统配置包括50W光伏组件10块，20A充电控制器1台，150A·h、12V免维护蓄电池4块，220V交流逆变器1台，日发电量为1.5kW·h。

（2）光伏提水系统　600Wp光伏提水系统配置包括50W光伏组件12块，30A充电控制器1台，150A·h、12V免维护蓄电池4块，220V交流逆变器1台，日发电量为1.8kWh，日提水量30m^3，扬程20m。

（3）光伏边防供电系统　1800Wp光伏边防供电系统配置包括75W光伏组件24块，30A充电控制器1台，200A·h、12V免维护蓄电池12块，220V交流逆变器1台，日发电量5.5kW·h。

5kW光伏+20kW风力发电系统配置，50W光伏组件100块，10kW风力发电机2台，50A充电控制器1台，800A·h、12V免维护蓄电池220块，220V交流逆变器1台，日发电量70~100kW·h。

（4）石油管道保护电源系统　6400Wp石油管道保护电源系统配置包括50W光伏组件128块，10A充电控制器1台，1500A·h、12V免维护蓄电池48块，500W（48V—24V）直流变换器1台，负载工作状况为550W×24h。

（5）通信基站电源　微波/光纤中继站电源，类似地有移动通信基站/直放站电源。1000Wp通信基站电源系统配置包括50W光伏组件20块，30A充电控制器1台，300A·h、12V免维护蓄电池24块，输出电压DC48V，负载工作状况为50W×24h×7个连续阴雨天。

5100Wp通信基站电源系统配置包括75W、12V光伏组件68块，10A充电控制器1台，1200A·h、12V免维护蓄电池48块，220V交流逆变器，负载工作状况为500W×24h×5个连续阴雨天。

8400Wp通信基站电源系统配置包括75W光伏组件112块，充10A充电控制器2台，200A·h、12V免维护蓄电池48块，AC220V逆变器1台，负载工作状况为650W×24h×7个连续阴雨天。

（6）水利控制电源　水利控制电源有水利自动化控制电源和水文自动测报电源，40Wp水文监测光伏供电系统配置有40W、12V光伏组件1块，8.8A充电控制器1台，65A·h、12V免维护蓄电池1块，输出电压DC12V。300Wp水利自动化光伏供电系统配置50W、12V光伏组件4块，12A充电控制器1台，100A·h、12V免维护蓄电池4块，输出电压DC24V。800Wp水利自动化光伏供电系统配置50W、12V光伏组件16块，30A充电控制器1台，200A·h、12V免维护蓄电池6块，AC220V逆变器。

（7）屋顶光伏供电系统　5000Wp独立型屋顶光伏供电系统配置50W、12V光伏组件100块，10A充电控制器1台，1000A·h、12V免维护蓄电池48块，AC220V逆变器，日发电量为15kW·h。

5000Wp 并网屋顶光伏供电系统配置 50W、12V 光伏组件 100 块，AC220V 并网逆变器 1 台，日发电量为 16kW·h。

(8) 大型光伏电站　大型光伏发电有独立型和并网型电站。54kWp 独立型光伏供电系统配置 100W、12V 光伏组件 540 块，20A 充电控制器 1 台，2000A·h、12V 免维护蓄电池 110 块，AC380V 逆变器 1 台，日发电量为 162kW·h。

100kWp 并网型光伏供电系统配置 100W、12V 光伏组件 1000 块，AC220V 并网逆变器 20 台，日发电量为 350kW·h。

(9) 道路应用　高速公路的户外信息显示屏、视频监控系统可采用太阳能供电。300Wp 高速公路视频监控光伏供电系统配置 75W、12V 光伏组件 4 块，20A 充电控制器 1 台，200A·h、12V 免维护蓄电池 2 块，DC220V 逆变器，负载有云台、摄像机、无线传输设备。

以上是光伏发电系统在不同领域里的应用，另外光伏电源还可为森林防火监控、地震监测、气象站、广播电视通信站等提供可靠工作电源。

1.5　光伏方阵

光伏系统应用形式多样，规模跨度大，从小到零点几瓦的太阳能草坪灯，到几百 kW 甚至几 MW 的大型光伏发电站，光伏系统的组成结构和工作原理基本相同。光伏系统是由光伏方阵（由光伏组件串、并联组成）、蓄电池组（由蓄电池串联组成）、光伏控制器（充放电控制）、逆变器（需要交流电时用），交流配电柜、光伏跟踪系统、测试仪表、计算机监控、光伏组件除尘系统等电力电子设备，以及蓄电池相关的蓄能和辅助发电设备组成。

光伏方阵由光伏组件按照系统需求串、并联而成，在太阳光照射下将太阳能转换成电能输出。光伏组件是光伏系统中的核心部分，是价值最高的部分，将太阳光的辐射能量转换为电能，可以送往蓄电池中存储起来，也可以直接用于驱动直流负载工作。在有光照（无论是太阳光，还是其他发光体产生的光照）情况下，光伏组件吸收光能，在光生伏特效应的作用下产生电动势，将光能转换成电能。一个光伏方阵包含两个或两个以上的光伏组件，需要多少块光伏组件及如何连接光伏组件取决于光伏系统所需电压（电流）及各光伏组件的参数。地面用光伏组件是光伏方阵的最小可换单元，大多数是由单晶或多晶硅光伏电池片组成。

1.5.1　孤岛效应

"孤岛"是指公共电网停止供电后，由于分布式发电的存在（与电网相连并输送电能），使电网停电区的部分线路仍维持带电状态，形成自给电力供应的孤岛。在孤岛状态下，电力公司失去对线路电压、频率的控制，会带来安全隐患及事故纠纷，危害人身安全，造成设备损害。因而，电力公司要求并网的分布式发电系统利用反孤岛检测技术及时检测出孤岛并及时将分布式发电装置与公共电网隔离。

光伏系统与市电系统并联供电时会发生孤岛效应，当市电发生故障系统未能及时检知并切离市电系统，便产生光伏系统独立供电现象。孤岛效应是指并入公共电网中的光伏系统，在电网断电的情况下，检测不到断网或根本没有相应检测手段，仍然向公共电网馈送电量的现象（光伏系统卖电给电网）。一旦发生孤岛运转现象时，会造成人员受伤与设备损坏，所以系统设计必须具备孤岛效应侦测保护功能，改善的方法就是采用"反孤岛检测"。由于孤

岛效应的潜在危险性和对设备的损坏性,光伏并网逆变器的反孤岛控制备受关注。因此,在并网光伏系统的应用中必须防止孤岛效应。

孤岛效应对整个光伏配电系统的设备及用户端的设备造成不利影响,危害电力维修人员的生命安全,影响配电系统的保护开关动作程序。孤岛区域所发生的供电电压与频率的不稳定性质会破坏用电设备。当供电恢复时造成的电压相位不同步将会产生浪涌电流,可能会引起再次跳闸或对光伏系统、负载和供电系统带来损坏。光伏并网发电系统因单相供电而造成系统三相负载的欠相供电问题。由此可见,一个安全可靠的并网逆变装置,必须能及时检测出孤岛效应并将其避免。

1. 反孤岛效应标准

根据国际标准 IEEE Std. 2000.929 和 UL1741 规定,所有的并网逆变器必须具有反孤岛效应的功能,同时这两个标准给出了并网逆变器在电网断电后检测到孤岛现象并将逆变器与电网断开的时间限制,表 1-2 所示为具体参数。

表 1-2 并网逆变器对孤岛效应的检测参数

电 压	动作时间
$U < 50\% U_{norm}$	连续 6 个周期的时间
$50\% U_{norm} < U < 88\% U_{norm}$	2s
$88\% U_{norm} < U < 110\% U_{norm}$	正常运行
$110\% U_{norm} < U < 137\% U_{norm}$	2s
$U > 137\% U_{norm}$	连续 2 个周期的时间
频率 (50±0.5) Hz	0.2s
$f > f_{norm} + 0.5 Hz$	连续 6 个周期的时间
$f < f_{norm} - 0.7 Hz$	连续 6 个周期的时间

注:U_{norm} 指电网电压幅值的额定值,对于我国单相市电为交流 220V (有效值);f_{norm} 指电网电压频率的额定值,对于我国的单相市电为 50Hz。

在我国的 GB/T 19939—2005《光伏系统并网技术要求》中,对频率偏移、电压异常、防孤岛效应也有明确的要求。光伏系统并网运行时应与电网同步运行,电网额定频率为 50Hz,光伏系统并网后的频率允许偏差应符合 GB/T 15945—2008 的规定,即偏差值允许为 ±0.5Hz,当超出频率范围时,应当在 0.2s 内动作,将光伏系统与电网断开。具体的异常频率响应时间规定见表 1-3。

表 1-3 异常频率响应时间参数

频率范围 f/Hz	响应时间 t/s	频率范围 f/Hz	响应时间 t/s
<49.5	0.16	47.0~49.3	0.16~300
>50.5	0.16	>50.5	0.16
<47.0	0.16		

我国 2006 年实施孤岛效应相关国家标准,即光伏系统并网的技术要求,标准中对孤岛检测要求电网失电压时,防孤岛效应保护必须在 2s 内完成,将光伏系统与电网断开,应至少采用主动与被动孤岛检测方法各一种。

2. 检测方法

孤岛现象的检测方法根据技术特点，可以分为三大类：被动检测方法、主动检测方法和开关状态监测方法（基于通信的方法）。

（1）被动检测方法　被动式孤岛检测方法通过检测逆变器的输出是否偏离并网标准规定的范围（如电压、频率或相位），判断孤岛效应是否发生。其工作原理简单，实现容易，但在逆变器输出功率与局部负载功率平衡时无法检测出孤岛效应的发生。被动检测方法利用电网断电时逆变器输出端电压、频率、相位或谐波的变化进行孤岛效应检测。但当光伏系统输出功率与局部负载功率平衡时，被动检测方法将失去孤岛效应检测能力，存在较大的非检测区域（Non-Detection Zone，NDZ）。并网逆变器的被动式反孤岛方案不需要增加硬件电路，也不需要单独的保护继电器。

1）电压和频率检测法。过/欠电压和高/低频率检测法是在公共耦合点的电压幅值和频率超过正常范围时，停止逆变器并网运行的一种检测方法。逆变器工作时，电压、频率的工作范围要合理设置，允许电网电压和频率的正常波动，一般对220V/50Hz电网，电压和频率的工作范围分别为$194V \leq U \leq 242V$，$49.5Hz \leq f \leq 50.5Hz$。如果电压或频率偏移达到孤岛检测设定阈值，则可检测到孤岛发生。然而当逆变器所带的本地负荷与其输出功率接近于匹配时，则电压和频率的偏移将非常小甚至为零，因此该方法存在非检测区。这种方法的经济性较好，但由于非检测区较大，所以单独使用OVR/UVR和OFR/UFR孤岛检测是不够的。

光伏并网发电系统并网运行过程中，要保证逆变器的输出电压与电网同步，系统对电网不断进行检测，以防止出现过电压、欠电压、过频现象。电压、频率进行检测的被动式孤岛检测方法只需进行判断，无需增加检测电路。该方法的缺点是当负载功率平衡情况下，电网断电后逆变器仍有输出，会引起孤岛检测的漏判。

2）电压谐波检测法。电压谐波检测法（Harmonic Detection）通过检测并网逆变器的输出电压的总谐波失真（Total Harmonic Distortion，THD）是否越限来防止孤岛现象的发生，这种方法依据工作分支电网功率变压器的非线性原理。发电系统并网工作时，其输出电流谐波将通过公共耦合点a点流入电网。由于电网的网络阻抗很小，因此a点电压的总谐波畸变率通常较低，一般此时U_a的THD总是低于阈值（一般要求并网逆变器的THD小于额定电流的5%）。当电网断开时，由于负载阻抗通常要比电网阻抗大得多，因此a点电压（谐波电流与负载阻抗的乘积）将产生很大的谐波，通过检测电压谐波或谐波的变化就能有效地检测到孤岛效应的发生。但是在实际应用中，由于非线性负载等因素的存在，电网电压的谐波很大，谐波检测的动作阈值不容易确定，因此，该方法具有局限性。

谐波检测方法是指根据谐波的变化情况判断电网状态，因为当发生故障停止工作时电网失去平衡，光伏发电系统输出电流经过变压会产生大量的谐波。多年以来，电网中安装了大量的非线性设备，因此需要制定统一的用于孤岛效应检测的谐波标准。

3）电压相位突变检测法。电压相位突变检测法（Phase Jump Detection，PJD）是通过检测光伏并网逆变器的输出电压与电流的相位差变化来检测孤岛现象的发生。光伏并网发电系统并网运行时通常工作在单位功率因数模式，即光伏并网发电系统输出电流电压（电网电压）同频同相。当电网断开后，出现了光伏并网发电系统单独给负载供电的孤岛现象，此时，输出电压由输出电流和负载阻抗所决定。由于锁相环的作用，输出电流与输出电压仅仅在过零点发生同步，在过零点之间，输出电流跟随系统内部的参考电流而不会发生突变，因

此，对于非阻性负载，输出电压的相位将会发生突变，从而可以采用相位突变检测方法来判断孤岛现象是否发生。相位突变检测算法简单，易于实现。但当负载阻抗角接近零时，即负载近似呈阻性，由于所设阈值的限制，该方法失效。被动检测法一般实现起来比较简单，然而当并网逆变器的输出功率与局部电网负载的功率基本接近，导致局部电网的电压和频率变化很小时，被动检测方法就会失效，此方法存在较大的非检测区。

电网出现故障时，光伏逆变器带的负电会导致电网相位发生变化，因此，电压相位突发检测法只需检测逆变器输出电压和输出电流相位的变化情况，便可判断电网是否出现故障。由于电网中感性负载较普遍，因此该方法效果优于电压、频率检测方法。但是当阻性负载的阻抗特性保持不变时，该方法便无法检测孤岛效应。

（2）主动检测方法　主动式孤岛检测方法是指通过控制逆变器，使其输出功率、频率或相位存在一定的扰动。电网正常工作时，由于电网的平衡作用，这些扰动检测不到。一旦电网出现故障，逆变器输出的扰动将快速累积并超出并网标准允许的范围，从而触发孤岛效应的保护电路。该方法检测精度高，检测盲区（Non-deteetion Zone，NDZ）小，但是控制较复杂且降低了逆变器输出电能的质量。目前并网逆变器的反孤岛策略采用被动式检测方案与主动式检测方案相结合。

1）主动频率偏移检测法。主动频率偏移检测法（Active Frequency Drift，AFD）是目前一种常见的主动扰动检测方法。采用主动频率偏移方案使其并网逆变器输出频率略微失真的电流，以形成一个连续改变频率的趋势，最终导致输出电压和电流超过频率保护的界限值，从而达到反孤岛效应的目的。

2）滑模频率漂移检测法。滑模频率漂移检测法（Slip-Mode Frequency Shift，SMS）是一种主动式孤岛检测方法。它控制逆变器的输出电流，使其与公共点电压间存在一定的相位差，以期在电网失电压后公共点的频率偏离正常范围而判别孤岛。正常情况下，逆变器相角响应曲线设计在系统频率附近范围内，单位功率因数时，逆变器相角比 RLC 负载增加得快。当逆变器与配电网并联运行时，配电网通过提供固定的参考相角和频率，使逆变器工作点稳定在工频。当孤岛形成后，如果逆变器输出电压频率有微小波动逆变器相位响应曲线会使相位误差增加，到达一个新的稳定状态点。新状态点的频率必会超出 OFR/UFR 动作阈值，逆变器因频率误差而关闭。此检测方法实际是通过移相达到移频，与主动频率偏移检测法（AFD）一样有实现简单、无需额外硬件、孤岛检测可靠性高的特点，也有类似的弱点，即随着负载品质因数增加，孤岛检测失败的可能性变大。

3）周期电流扰动法。周期电流扰动法（Alternate Current Disturbances，ACD）是一种主动式孤岛检测法。对于电流源控制型的逆变器来说，每隔一定周期，减小光伏并网逆变器输出电流，则改变其输出有功功率。当逆变器并网运行时，其输出电压恒定为电网电压；当电网断电时，逆变器输出电压由负载决定。每当到达电流扰动时刻，输出电流幅值改变，则负载上电压随之变化，当电压达到欠电压范围即可检测到孤岛发生。

4）频率突变检测法。频率突变检测法是对 AFD 的修改，与阻抗测量法相类似。FJ 检测在输出电流波形（不是每个周期）中加入死区，频率按照预先设置的模式振动。例如，在第 4 个周期加入死区，正常情况下，逆变器电流引起频率突变，但是电网阻止其波动。孤岛形成后，FJ 通过对频率加入偏差，检测逆变器输出电压频率的振动模式是否符合预先设定的振动模式来检测孤岛现象是否发生。这种检测方法的优点是：如果振动模式足够成熟，使用单台逆变器工作时，FJ 防止孤岛现象的发生是有效的，但是在多台逆变器运行的情况下，如果频率偏移方向不相同，会降低孤岛检测的效率和有效性。

5) 有源频率漂移法。

① 系统通过控制逆变器使其输出电压的频率与电网电压的频率存在一定的误差 Δf（Δf 在并网标准允许范围内）。

② 当电网正常工作时，由于锁相环电路的矫正作用，逆变器输出电压频率与电网电压频率的误差 Δf 始终在一个较小的范围内。

③ 当电网出现故障时，逆变器输出端电压的频率将发生变化，在逆变器下一个工频周期内，系统电压将以上一工频周期的电压频率为基准，加上设定的频率误差 Δf 去控制逆变器，会使逆变器输出电压的频率与电网电压的频率误差进一步增加。该过程不断重复，直至逆变器输出电压的频率超出并网标准的规定，从而触发孤岛效应的保护电路动作，切断逆变器与电网的连接。

有源频率扰动法是指在电网正常工作情况下，周期性地、不间断地对逆变器的输出进行正、反两个方向的频率扰动，以消除负载特性对单一方向频率扰动的平衡作用。检测中频率扰动波形如图 1-19 所示。图中曲线为工频周期的电流波形及其扰动控制信号，纵坐标为电流，横坐标为时间。设定有源频率扰动法中电压为零的时段为 t_z，它与基波电压半个周期 T_{grid} 的比值称为扰动信号 cf（choping fraction），则 $cf = t_z / T_{grid}$。

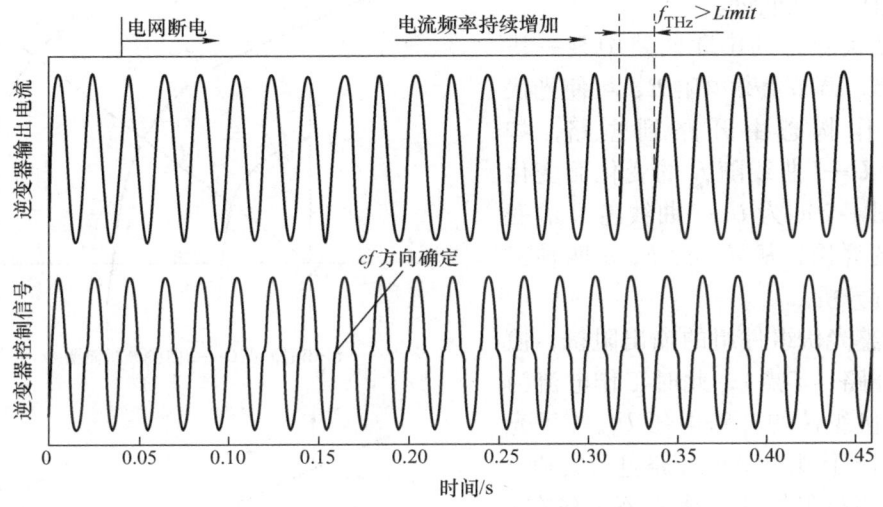

图 1-19 孤岛效应检测频率扰动波形

(3) 其他方法 孤岛效应检测除了上述普遍采用的被动检测方法和主动检测方法，还有一些逆变器外部的检测方法，如"网侧阻抗插值法"，该方法是指电网出现故障时在电网负载侧自动插入一个大的阻抗，使网侧的阻抗突然发生显著变化，从而破坏系统功率平衡，造成电压、频率及相位的变化。还有运用电网系统的故障信号进行控制。一旦电网出现故障，电网侧自身的监控系统就向光伏发电系统发出控制信号，以便能够及时切断分布式能源系统与电网的并联运行。

1.5.2 热斑效应

光伏组件通常安装在地域开阔、阳光充足的地带。在长期使用中难免落上飞鸟、尘土、落叶等遮挡物，这些遮挡物在光伏组件上就形成了阴影，在大型光伏方阵的行间距不适合也能互相形成阴影。由于局部阴影的存在，光伏组件中某些单体光伏电池片的电流、电压发生了变化，使光伏组件局部电流与电压之积增大，从而在这些光伏组件上产生了局部温升。光伏组件中单体电池片本身缺陷也会使光伏组件在工作时局部发热，产生"热斑效应"。

1. 串联回路热斑效应

如图1-20a所示，在一定条件下，一串联支路中被遮蔽的光伏组件，将被当作负载消耗其他有光照的光伏组件所产生的能量。被遮蔽的光伏组件此时会发热，这就是串联回路的热斑效应。这种效应能严重的破坏光伏组件。有光照的光伏组件所产生的部分能量，都可能被遮蔽的电池所消耗。为了防止光伏组件由于热斑效应而遭受破坏，可以在光伏组件的正、负极间并联一个旁路二极管，避免受遮蔽的光伏组件消耗能量。

假定光伏组件的串联回路中某一块被部分遮挡，调节负载电阻 R，可使光伏组件的工作状态由开路到短路，如图1-20b为 $U—I$ 曲线随 R 的变化而变化的简图，图1-20c为 $U—I$ 曲线随 R 的变化而变化的详图，从 d、c、b、a 四种工作状态进行分析。

1) 调整光伏组件组的输出阻抗，使其工作在开路（d点），此时工作电流为0，两块光伏组件的开路电压 U_{Gd} 等于光伏组件1和光伏组件2的开路电压之和。

2) 当调整阻抗使光伏方阵工作在 c 点，光伏组件1和光伏组件2都有正的功率输出。

3) 当光伏方阵工作在 b 点，此时光伏组件1仍然工作在正功率输出，而受遮挡的光伏组件2已经工作在短路状态，没有功率输出，但也还没有成为功率的接收体，还没有成为光伏组件1的负载。

4) 当光伏组件工作在短路状态（a点）时，光伏组件1仍然有正的功率输

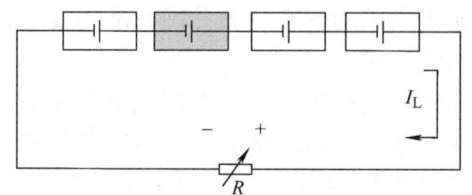

a) 串联回路光伏组件受遮挡示意图

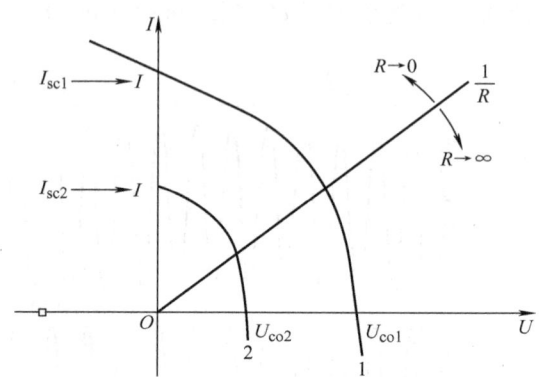

b) 串联回路 $U-I-R$ 曲线分析简图

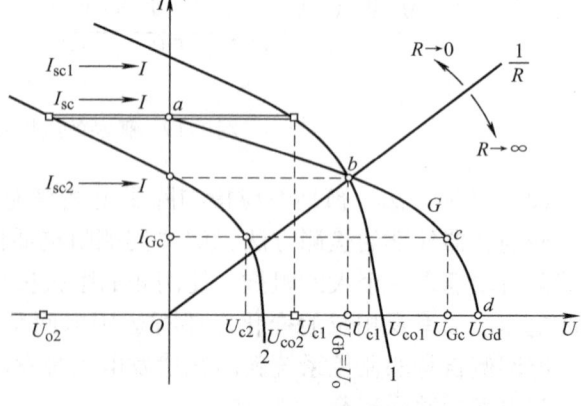

c) 串联回路 $U-I-R$ 曲线分析详图

图1-20 串联回路光伏组件的"热斑效应"分析

出,而光伏组件2上的电压已经反向,光伏组件2成为光伏组件1的负载,不考虑回路中串联电阻的话,此时光伏组件1的功率全部加到了光伏组件2上,如果这种状态持续时间很长或光伏组件1的功率很大,就会在被遮挡的光伏组件2上造成热斑损伤。

5)应当注意到,并不是仅在光伏方阵处于短路状态才会发生"热斑效应",从 b 点到 a 点的工作区间,光伏组件2都处于接收功率的状态,这在实际工作中会经常发生,如旁路型控制器在蓄电池充满时将通过旁路开关将光伏组件短路,此时就很容易形成热斑。

2. 并联回路热斑效应

如图1-21a所示,假定多组并联的光伏组件其中一块被部分遮挡,调节负载电阻 R,可使这组光伏组件的工作状态由开路到短路。受遮挡光伏组件定义为2号,用曲线2表示;其余光伏组件合起来定义为1号,用曲线1表示;两者的串联光伏方阵为组(G),用曲线 G 表示。图1-21b为 $U—I$ 曲线随 R 的变化而变化的简图,图1-21c为 $U—I$ 曲线随 R 的变化而变化的详图,可以从 a、b、c、d 四种工作状态进行分析。

1)调整光伏组件组的输出阻抗,使其工作在短路状态(a 点),此时光伏方阵的工作电压为0,两块光伏组件的短路电流 I_{sc} 等于光伏组件1和光伏组件2的短路电流之和。

2)当调整阻抗使光伏方阵工作在 b 点,光伏组件1和光伏组件2都有正的功率。

3)当光伏方阵工作在 c 点,此时光伏组件1仍然工作在正功率输出,而受遮挡的光伏组件2已经工作在开路状态,没有功率输出,但也还没有成为功率的接收体,还没有成为光伏组件1的负载。

4)当光伏方阵工作在开路状态(d 点),此时光伏组件1仍然有正的功率输出,而光伏组件2上的电流已经反向,光伏组件2成为光伏组件1的负载,不考虑回路中其他旁路电流的话,此时光伏组件1的功率全部加到了光伏组件2上,如果这种状态持续时间很长或光伏组件1的功率很大,也会在被遮挡的光伏组件2上造成热斑损伤。

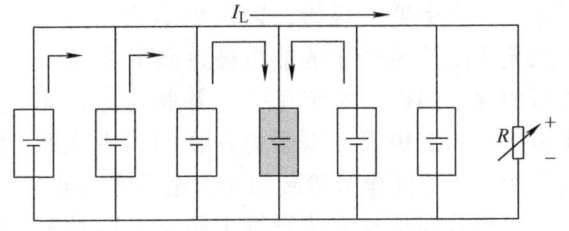

a)并联回路光伏组件受遮挡示意图

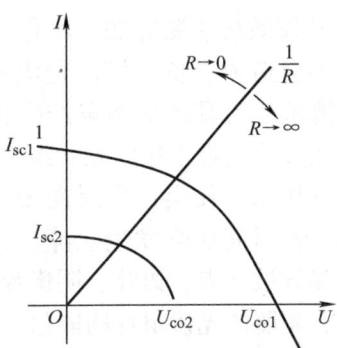

b)并联回路 $U–I–R$ 曲线分析简图

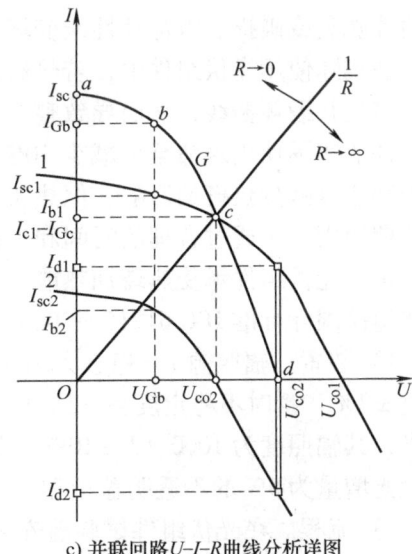

c)并联回路 $U–I–R$ 曲线分析详图

图1-21 并联回路光伏组件"热斑效应"分析

5)应当注意到,从 c 点到 d 点的工作区间,光伏组件2都处于接收功率的状态。并联光伏方阵处于开路或接近开路状态在实际工作中也有可能,脉宽调制控制器要求只有一个输入端,当系统功率较大,光伏组件会采用多组并联,在蓄电池接近充满时,脉冲宽度变窄,开关晶体管处于临近截止状态,光伏组件的工作点向开路方向移动,如果没有在各并联支路上加装阻断二极管,发生热斑效应的概率就会很大。

3. 热斑效应防护

如图 1-22 所示,为防止光伏组件由于热斑效应而被破坏,需要在光伏组件的正、负极间并联一个旁路二极管,以避免串联回路中光照光伏组件所产生的能量被遮蔽的光伏组件所消耗。同样,对于每一个并联支路,需要串接一只二极管,以避免并联回路中光照组件所产生的能量被遮蔽的光伏组件所吸收,串接二极管在独立光伏系统中防止蓄电池夜间反充电。

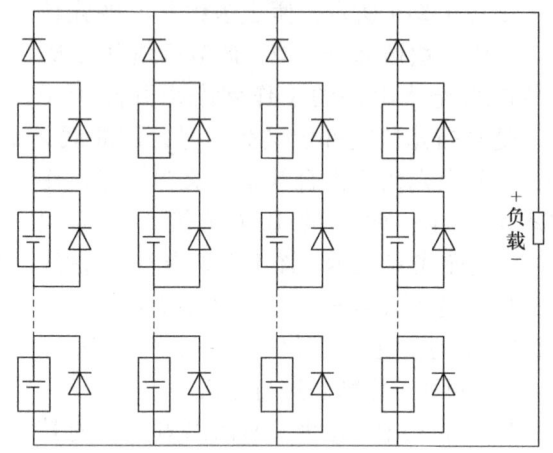

图 1-22 光伏方阵"热斑效应"防护

(1)热斑效应检测方法 不像太阳能集热器遮挡不会造成设备损坏,光伏方阵的任何部分被遮蔽后容易造成不再产生正向电流的状态。在其他正常工作的光伏组件作用下,被遮蔽的光伏组件便会产生反向偏压,消耗功率发热,长时间后会发生故障。当光伏组件或某一部分被鸟粪、树叶、阴影覆盖的时候,被覆盖部分不仅不能发电,还会被当作负载消耗其他有光照的光伏组件的能量,引起局部发热,这就是热斑效应。热斑效应破坏光伏组件,严重的可能会使焊点熔化、封装材料破坏,甚至会使整个光伏组件失效。产生热斑效应的原因除了被遮蔽外,还可能是由于个别质量不好的电池片混入光伏组件,电极焊片虚焊、电池片隐裂或破损、电池片性能变坏等,需要引起注意。

在实际使用光伏组件中,若热斑效应产生的温度超过了一定极限,将会使光伏组件上的焊点熔化并毁坏栅线,从而导致整个光伏组件的报废。据国外权威机构统计,热斑效应使光伏组件的实际使用寿命至少减少10%。尽管光伏组件安装时都要考虑阴影的影响,并加配保护装置以减少热斑的影响,但热斑现象是不可避免的。为表明光伏组件能够在规定的条件下长期使用,需通过合理的时间和过程对光伏组件进行检测,确定其承受热斑效应加热的能力。确定光伏组件承受热斑加热能力的检测试验叫"热斑耐久试验"。热斑耐久试验过程需严格遵循国际标准 IEC 61215—2005,试验过程如下。

1)装置。辐照源1,稳态太阳模拟器或自然光,辐照度不低于 $700W/m^2$,不均匀度不超过 $\pm2\%$,瞬时不稳定度在 $\pm5\%$ 以内。辐照源2,C类(或更好)的稳态太阳模拟器或自然光,其辐照度为 $1000(1\pm10\%)W/m^2$。光伏组件伏安曲线测试仪、一组对试验光伏组件遮光增量为5%的不透明盖板和一个温度探测器。

2)流程。在光伏组件试验前安装光伏组件厂商推荐的热斑保护装置。先将不遮光的光伏组件在辐照源1下照射,测试其伏安特性和最大功率点。再使光伏组件短路,在稳定的辐照源1照射下,用适当的温度探测器测定最热的单体光伏电池片;完全挡住选定的单体光伏电池片，用辐照源 2 照射光伏组件，在此过程中光伏组件的温度应该在 (50±10)℃；保持此状态经过 5h 的曝晒；再次测定光伏组件的伏安特性和最大功率点。

试验结果要求，光伏组件无严重外观缺陷，最大输出功率的衰减不超过试验前测试值的 5%。由热斑耐久试验过程得知，试验的最终目的是对光伏组件质量严格要求，试验过程对试验装置也有严格的规定。试验中，关键装置辐照源的选择有稳态太阳模拟器和自然光这两种。众所周知，自然光具有众多非人为的不稳定因素，诸如地区分布、气候变化、风向、温度等。根据实地测试，上海地区夏季正常晴天的中午自然光辐照度仅为 700~800W/m^2，很难达到 1000W/m^2 的试验要求，更谈何持续 5h 的曝晒。所以，热斑耐久试验通常使用稳态太阳模拟器对光伏组件进行检测。如表 1-4 所示，热斑耐久检测设备是试验室模拟热斑条件的必需设备，进行热斑耐久加速试验可以尽早暴露质量问题，不仅适用于光伏组件热斑试验，同时也满足早期光衰减试验要求。

表 1-4 热斑耐久检测设备参数

有效照射面积	1600mm×1000mm
最大辐射强度	>1000W/m^2
光源光谱分布	C 级
均匀度	±9.2%，C 级或更好
瞬时不稳定度	±3%，C 级
人机界面控制	PLC 控制，样品温度、稳定度、辐照度实时显示和积分功能

(2) 光伏组件的串、并联组合　光伏方阵的连接有串联、并联、串并联混合三种方式，当每个光伏组件性能一致时，多个光伏组件的串联连接可在不改变输出电流的情况下，使光伏方阵输出电压成比例增加。光伏组件并联时，则可在不改变输出电压的情况下，使仿真的输出电流成比例增加。串并联混合连接时，既可增加光伏方阵的输出电压，又可增加光伏方阵的输出电流。但是组成光伏方阵的所有光伏组件性能参数不可能完全一致，电缆、插头、插座的接触电阻也不相同，于是会造成各串联光伏组件的工作电流受限于电流最小的光伏组件；而并联光伏组件的输出电压又会被电压最低的光伏组件钳制。

光伏组件组合成光伏方阵会产生组合连接损失，致使光伏方阵的总效率总是低于所有单个光伏组件的效率之和。组合连接损失的大小取决于光伏组件性能参数的离散性，因此除了在光伏组件的生产工艺过程中尽量提高性能参数的一致性外，还可以对光伏组件进行测试、筛选、组合，即把特性相近的光伏组件组合在一起。例如，串联组合的各光伏组件的工作电流要相近，每串的总电压考虑搭配得尽量相近，最大幅度减少组合连接损失，遵循以下原则：

- 串联时需要工作电流相同的光伏组件，每个光伏组件并接旁路二极管。
- 并联时需要工作电压相同的光伏组件，每条并联线路中串接防反充二极管。
- 连接线路尽量短，并用较粗的导线。
- 严格防止性能变坏的光伏组件混入光伏方阵。

在光伏方阵中，二极管是很重要的器件，常用的二极管是硅整流二极管，选用时规格参数要留余量，防止击穿损坏。一般反向峰值击穿电压和最大工作电流都要取最大运行工作电压和工作电流的两倍以上。二极管在光伏系统中主要分防反充二极管和旁路二极管。

1）旁路二极管。光伏方阵实际工作时，有些偶然的遮挡是不可避免的，所以需要用旁路二极管来起保护作用。当有较多光伏组件串联成光伏方阵时，需要在每块光伏组件的正负极输出端反向并联1只（或2~3只）二极管，这只并联在光伏组件两端的二极管就叫旁路二极管。如果所有的光伏组件是并联的，就不需要旁路二极管，即如果要求阵列输出电压为12V，而每个光伏组件的输出恰为12V，则不需要对每个光伏组件加旁路二极管，如果要求24V阵列（或者更高），那么必须有2个（或者更多的）光伏组件串联，这时需要加上旁路二极管，如图1-23所示。

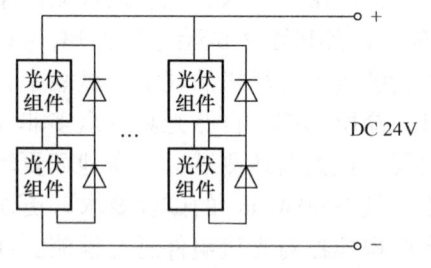

图1-23 带旁路二极管的光伏组件

如图1-24所示，旁路二极管的作用是防止光伏方阵中某个光伏组件被阴影遮挡或出现故障停止发电时，在该光伏组件旁路二极管两端会形成正向偏压使二极管导通，光伏组件串工作电流绕过故障光伏组件，经二极管旁路流过，不影响其他正常光伏组件的发电，同时也保护被旁路光伏组件避免受到较高的正向偏压或由于"热斑效应"发热而损坏。

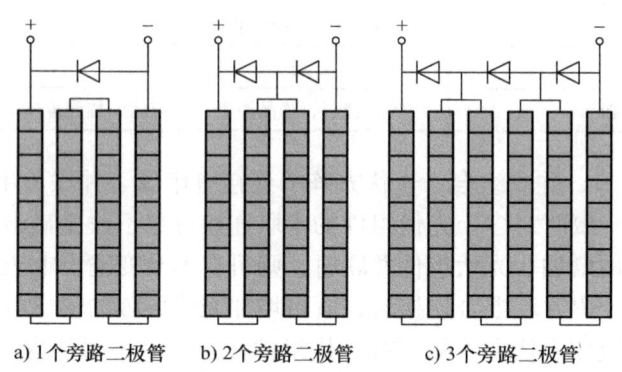

a) 1个旁路二极管　　b) 2个旁路二极管　　c) 3个旁路二极管

图1-24 旁路二极管接法示意图

旁路二极管一般都直接安装在光伏组件接线盒内，根据光伏组件功率大小和光伏电池片串的多少，安装1~3个二极管。还可以采用如图1-24所示的旁路二极管电路接法，图1-24a中，当该光伏组件被遮挡或有故障时，光伏组件将被全部旁路；图1-24b所示，采用2个旁路二极管，当该光伏组件某一部分被遮挡或有故障时，光伏组件一半被旁路；图1-24c所示，采用3个旁路二极管，当该光伏组件一部分被遮挡或有故障时，光伏组件1/3被旁路，其余部分仍然可以继续工作。

2）防反充二极管。防反充二极管是用来控制光伏系统中电流的，任何一个独立的光伏系统都必须有防止从蓄电池流向方阵的反向电流的方法或有保护或失效的单元的方法。如果控制器没有这项功能的话，就要用到防反充二极管。如图1-25所示，防反充二极管既可在每一并联支路，又可在方阵与控制器之间的干路上，但是当多条支路并联接成一个大系统，则应在每条支路上用防反充二极管以防止由于支路故障或遮蔽引起的电流由强电流支路流向弱电流支路的现象。在小系统中，在干路上用一个防反充二极管就够了，不要两种都用，因为每个二极管会降压0.4~0.7V，最高已达到一个12V系统的6%，这也是不小的一个比例。

防反充二极管也叫防逆流二极管,可以防止光伏系统中蓄电池的电流反过来向光伏方阵倒送,不仅消耗能量,而且会使光伏组件发热损坏;还可以防止光伏方阵各支路之间的电流倒送。因为串联各支路的输出电压不可能绝对相等,某一支路因为故障、阴影遮蔽使该支路的输出电压降低,高电压支路的电流就会流向低电压支路,甚至会使光伏方阵总输出电压降低。各支路中接入防反充二极管避免了以上现象的发生。

在独立光伏系统中,有些光伏控制器的电路上已经接入了防反充二极管,控制器带有防反充功能,光伏组件输出就不需接防反充二极管了。如图1-26所示,防反充二极管存在正向导通压降,串联在电路中会消耗功率,一般使用硅整流二极管压降为0.7V左右,大功率管可达1~2V。肖特基二极管虽然管压降降低,为0.2~0.3V,但其耐压和功率都较小,只适合小功率场合。表1-5所示为整流二极管参数和肖特基二极管参数对比。

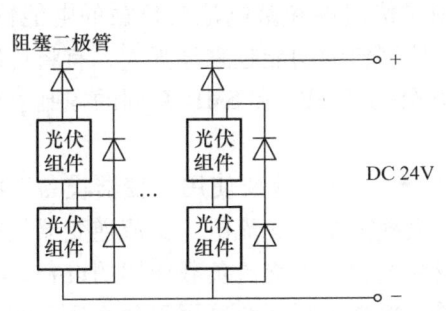

图1-25 对于24V方阵防反充二极管的接法

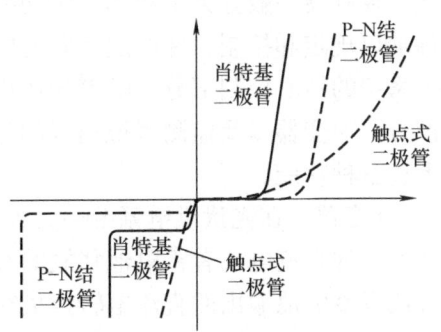

图1-26 二极管性能对比

表1-5 光伏组件接线盒用旁路二极管参数

型号	类别	最大工作电流/A	反向峰值击穿电压/V	正向压降/V	反向漏电流/μA	结温/℃
10A10	整流	10	1000	0.9	<10	-55~175
10SQ050	肖特基	10	50	0.7	<500	-55~200
10SQ045	肖特基	12	45	0.55	<500	-65~175
10SQ05	肖特基	8	45	0.55	<150	-50~200
F1200D	整流	12	200	0.82	<25	-50~200
SB1240	肖特基	12	40	0.55	<500	-50~200

3)光伏方阵蓄电池。蓄电池将光伏方阵产生的电能储存起来,当光照不足或晚上、或者负载需求大于光伏组件所发的电量时,蓄电池电能释放以满足负载的能量需求,它是光伏系统的储能部件。目前光伏系统常用的是铅酸蓄电池,对于较高要求的系统,通常采用深放电阀控式密封铅酸蓄电池、深放电吸液式铅酸蓄电池,也可用镍氢电池、镉镉电池、锂电池或超级电容器。当需要大容量电能存储时,就需要将多只蓄电池串、并联起来构成蓄电池。蓄电池的作用是储存光伏方阵受光照时发出的电能,并可随时向负载供电。光伏组件发电对所用蓄电池的基本要求是:自放电率低、使用寿命长、深放电能力强、充电效率高、少维护

或免维护、工作温度范围宽、价格低廉。目前我国与光伏系统配套使用的蓄电池主要是铅酸蓄电池和镉镍蓄电池。配套200A·h以上的铅酸蓄电池，一般选用固定式或工业密封式免维护铅酸蓄电池，每只蓄电池的额定电压为DC 2V；配套200A·h以下的铅酸蓄电池，一般选用小型密封免维护铅酸蓄电池，每只蓄电池的额定电压为DC 12V。

4）光伏控制器。光伏控制器是能自动防止蓄电池过充电和过放电的设备。由于蓄电池的循环充放电次数及放电深度是决定蓄电池使用寿命的重要因素，因此能控制光伏方阵过充电或过放电的充放电控制器是必不可少的设备。光伏控制器的作用是控制整个系统的工作状态，其功能主要有防止蓄电池过充电保护、防止蓄电池过放电保护、系统短路电子保护、系统极性反接保护和夜间防反充保护等。在温差较大的地方，控制器还具有温度补偿的功能。另外控制器还有光控开关、时控开关等工作模式，以及充电状态、蓄电池电量等各种工作状态的显示功能。

光伏控制器一般分为小功率、中功率、大功率和风光互补控制器，它对蓄电池的充、放电条件加以规定和控制，并按照负载的电源需求控制光伏组件和蓄电池对负载的电能输出，是整个系统的核心控制部分。随着光伏产业的发展，控制器的功能越来越强大，有将传统的控制部分、逆变器以及监测系统集成的趋势，如AES公司的SPP和SMD系列的控制器就集成了上述三种功能。

5）逆变器。在光伏供电系统中，如果含有交流负载，那么就要使用逆变器设备，将光伏组件产生的直流电或者蓄电池释放的直流电转化为负载需要的交流电。交流逆变器是把光伏组件或者蓄电池输出的直流电转换成交流电，供应给电网或者交流负载使用的设备。逆变器按运行方式，可分为独立运行逆变器和并网逆变器。独立运行逆变器用于独立运行的光伏系统，为独立负载供电。并网逆变器用于并网运行的光伏系统。逆变器是将直流电转换成交流电的设备。由于光伏组件和蓄电池是直流电源，而负载是交流负载时，逆变器是必不可少的。逆变器按运行方式，可分为独立运行逆变器和并网逆变器。独立运行逆变器用于独立运行的光伏组件发电系统，为独立负载供电。并网逆变器用于并网运行的光伏组件发电系统。逆变器按输出波形可分为方波逆变器和正弦波逆变器。方波逆变器电路简单，造价低，但谐波分量大，一般用于几百瓦及以下和对谐波要求不高的系统。正弦波逆变器成本高，但可以适用于各种负载。逆变器的保护功能有过载保护、短路保护、接反保护、欠电压保护、过电压保护和过热保护。

6）直流接线箱。光伏方阵后续的接线通过直流接线箱来完成直流配线系统的功能，包括防雷和接地。

7）交流配电柜。其在电站系统的主要作用是对备用逆变器的切换功能，保证系统的正常供电，同时还有对线路电能的计量。

8）光伏跟踪系统。光伏跟踪系统是能够保持光伏组件随时正对太阳，使太阳光的光线随时垂直照射光伏组件的动力装置，能够显著提高光伏组件的发电效率，完成运行监控和系统检测。太阳空间定位跟踪仪能够不受地域和外部条件的限制，可以在 -50~70℃环境温度范围内正常使用；跟踪精度可以达到 ±0.001°。把加装了光伏跟踪系统的光伏系统安装在高速行驶的汽车、火车，以及通信应急车、特种军用汽车、军舰或轮船上，不论系统向何方行驶、如何调头、拐弯，该自动光伏跟踪系统都能保证设备的要求跟踪部位正对太阳。

1.5.3 功率计算

光伏方阵是根据负载需要将光伏组件通过串、并联组合连接，得到所需输出电流和电压，为负载供电。光伏方阵的输出功率与光伏组件串并联的数量有关，串联是为了获得高的工作电压，并联是为了获得高工作电流。

1. 电路组合

光伏方阵的基本电路由光伏组件串、旁路二极管、防反充二极管、避雷器和直流接线箱构成，常见电路形式有并联阵列电路、串联阵列电路、串并联混合阵列电路。图1-27a所示为光伏方阵串、并联基本电路，图1-27b所示为光伏方阵串并联混合基本电路。

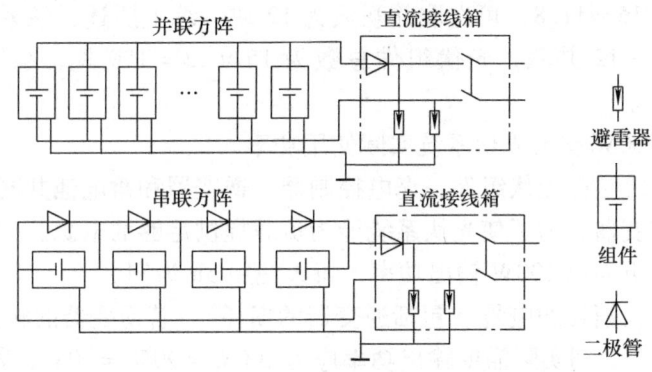

a) 光伏方阵串、并联基本电路示意图

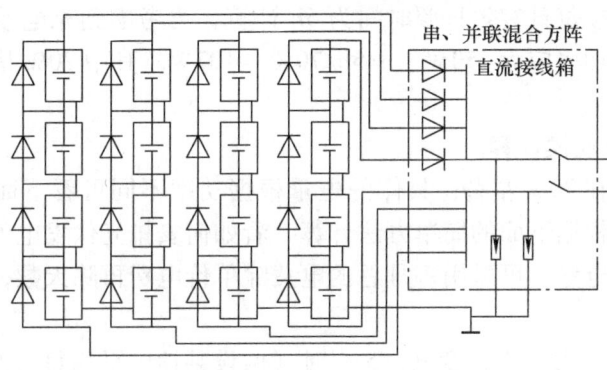

b) 光伏方阵串并联混合电路示意图

图1-27 光伏方阵基本电路

2. 计算实例

一般独立光伏系统的工作电压被设计成蓄电池的标称电压或者是其整数倍，而且与家用电器的电压等级一致，如220V、110V、48V、36V、24V、12V。交流光伏系统和并网光伏系统的光伏方阵等级通常为110V、220V。对电压等级更高的光伏系统，则采用多个光伏方阵进行串、并联，组合成与电网等级相同的电压等级，如组合成600V、10kV，再通过逆变器后与电网连接。光伏方阵所需串联的光伏组件数量主要由系统工作电压或逆变器的额定电压来确定，同时要考虑蓄电池的浮充电压、线路损耗以及温度变化等因素。一般带蓄电池的光伏系统的光伏方阵输出电压为蓄电池标称电压的1.43倍。对于不带蓄电池的光伏系统，在计算光伏方阵的输出电压时一般将其额定电压提高10%，再选定光伏组件的串联数。

【例1-1】计算30kW功率交流光伏系统需要的光伏组件数量。

一个光伏组件的最大输出功率为170W，最大工作电压为36.0V，设选用交流三相逆变器（转换效率为81.7%），额定电压380V，逆变器采取三相桥式接法，则直流输出电压$U_p = U_{ab}/0.817 = 380V/0.817 \approx 465V$。再来考虑电压余量，光伏方阵的输出电压应增大到$1.1 \times 465V = 512V$，则计算出光伏组件的串联数为$512V/36.0V \approx 15$块。

再从系统输出功率30kW角度来计算光伏组件的总数，$30kW/170W \approx 177$块，从而计算出模块并联数为$177/15 \approx 11.8$，可选取并联数为12块。综上所述，该系统应选择170W功率的光伏组件15串联12并联，光伏组件总数为$15 \times 12 = 180$块，系统输出最大功率为$180 \times 170W \approx 30.6kW$。

【例1-2】计算100W交流光伏系统实际使用功率。

交流光伏发电系统是由光伏组件、充电控制器、逆变器和蓄电池共同组成；太阳能直流发电系统则不包括逆变器。为了使光伏系统能为负载提供足够的电源，就要根据用电器的功率合理选择各部件。下面以100W输出功率，每天使用6h为例。

首先应计算出每天消耗的电量（包括逆变器的损耗）。若逆变器的转换效率为90%，则当输出功率为100W时，则实际需要输出功率应为$100W \times 90\% = 90W$；若按每天使用5h计算，则耗电量为$90W \times 5h = 450W \cdot h$。

再计算光伏组件。按每日有效日照时间为6h计算，再考虑到充电效率和充电过程中的损耗，光伏组件的输出功率应为$450W \cdot h/6h/70\% \approx 107W$。其中70%是充电过程中，光伏组件的实际使用功率。

【例1-3】光伏发电规模计算。

一般太阳能转化率在70%左右，具体的电量根据功率不同可看下面的简单公式；关于大概的成本计算，可以根据下面的简单方法计算，看如何安排光伏发电的规模。

先计算每天总的耗电量，可以用每月总的电费除单价电费再除天数，一般家庭每天用电应该在$5 \sim 10kW \cdot h$。

再套用公式5kW（假设每天5度电）/5小时（假设某地区平均每天的有效光照时间，各地区不同）/0.7（光伏组件的实际效率）/0.9（各种损耗）= 1600W，然后还要加上5%的余量，就是差不多1700W了。

上面的数字就是系统的功率，目前系统的平均单价就算是60元/W（包括所有材料和安装费用）的话，那么总的投入就是1700W×60元/W = 102000元。现在大部分地区的电价以0.6元计算，$102000/0.6 = 170000kW \cdot h$，每天$5kW \cdot h$，可以用90年了。

从上面看来，无论是家庭还是单位，采用光伏系统发电的性价比很高，但国内家庭用电完全靠光伏发电基本是不现实的。首先如果采用一套能达到为全套家电供电的系统，初期成本很高，以家用光伏系统为例，2kW光伏系统安装需要约5万元，单个家庭一次性投入这么多资金并不容易，而国外有国家补贴，所以发展很好。我国的补贴政策正在完善，如果光伏系统成本能大幅降低，光伏系统发电会真正走进普通用户家庭。

1.5.4 角度设计

建设光伏系统的成本较高,从我国现阶段的光伏系统成本来看,光伏组件的费用占60%～70%,为了有效地利用太阳能,选取合适的光伏方阵方位角与倾斜角尤为重要。

1. 方位角

方位角是光伏方阵的垂直面与正南方向的夹角(向东偏设定为负角度,向西偏设定为正角度)。一般情况下,光伏方阵朝向正南(即光伏方阵垂直面与正南的夹角为0°)时,光伏组件发电量是最大的。在偏离正南(北半球)30°时,光伏方阵的发电量将减少10%～15%;在偏离正南(北半球)60°时,光伏方阵的发电量将减少20%～30%。但是,在晴朗的夏天,太阳辐射能量的最大时刻是在中午稍后,因此光伏方阵的方位稍微向西偏一些时,在午后时刻可获得最大发电功率。在不同的季节,光伏方阵的方位稍微向东或西一些都有获得发电量最大的时候。光伏方阵设置场所受到许多条件的制约,例如,在地面上设置时土地的方位角、在屋顶上设置时屋顶的方位角,或者是为了躲避太阳阴影时的方位角,以及布置规划、发电效率、设计规划、建设目的等许多因素都有关系。如果要将方位角调整到在一天中负荷的峰值时刻与发电峰值时刻一致时,参考下述的公式。

方位角 = [一天中负荷的峰值时刻(24h制) − 12] × 15 + (经度 − 116)

并网发电的场合综合考虑以上各方面的情况来选定方位角。在不同的季节,各个方位的日射量峰值产生时刻是不一样的。

2. 倾斜角

倾斜角是光伏方阵平面与水平地面的夹角,并希望此夹角是光伏方阵一年中发电量为最大时的最佳倾斜角度。一年中的最佳倾斜角与当地的地理纬度有关,当纬度较高时,相应的倾斜角也大。但是,和方位角一样,在设计中也要考虑到屋顶的倾斜角及积雪滑落的倾斜角(斜率大于50%～60%)等方面的限制条件。对于积雪滑落的倾斜角,即使在积雪期发电量少而年总发电量也存在增加的情况,因此,特别是在并网发电的光伏系统中,并不一定优先考虑积雪的滑落,此外,还要进一步考虑其他因素。

对于正南(方位角为0°),倾斜角从水平(倾斜角为0°)开始逐渐向最佳的倾斜角过渡时,其日射量不断增加直到最大值,然后再增加倾斜角其日射量不断减少。特别是在倾斜角大于50°～60°以后,日射量急剧下降,直至到最后的垂直放置时,发电量下降到最小。光伏方阵从垂直放置到10°～20°的倾斜放置都有实际的例子。对于方位角不为0°的情况,斜面日射量的值普遍偏低,最大日射量的值是在与水平面接近的倾斜角度附近。以上所述为方位角、倾斜角与发电量之间的关系,对于具体设计某一个光伏方阵的方位角和倾斜角,还应综合地进一步同实际情况结合起来考虑。

3. 阴影

阴影对光伏系统的发电量有很大影响。一般情况下,我们在计算发电量时,是在光伏方阵面完全没有阴影的前提下得到的。因此,如果太阳电池不能被日光直接照到,那么只有散射光用来发电,此时的发电量比无阴影的要减少10%～20%。针对这种情况,我们要对理论计算值进行校正。通常,在光伏方阵周围有建筑物及山峰等物体时,太阳出来后,建筑物及山的周围会存在阴影,因此在选择敷设光伏方阵的地方时应尽量避开阴影。如果实在无法躲开,也应从光伏方阵的接线方法上进行解决,使阴影对发电量的影响降低到最低程度。另外，如果光伏方阵是前后放置时，后面的光伏方阵与前面的光伏方阵之间距离接近后，前边光伏方阵的阴影会对后边光伏方阵的发电量产生影响。

有一个高为 L_1 的竹竿，其南北方向的阴影长度为 L_2，太阳高度（仰角）为 A，在方位角为 B 时，假设阴影的倍率为 R，则

$$R = L_2 / L_1 = \cot A \cdot \cos B$$

此式应按冬至这天进行计算，因为，冬至这天的阴影最长。例如光伏方阵的上边缘的高度为 h_1，下边缘的高度为 h_2，则光伏方阵之间的距离为

$$a = (h_1 - h_2) R$$

当纬度较高时，光伏方阵之间的距离加大，相应地设置场所的面积也会增加。对于有防积雪措施的光伏方阵来说，其倾斜角度大，因此使光伏方阵的高度增大，为避免阴影的影响，相应地也会使光伏方阵之间的距离加大。通常在排布光伏方阵时，应分别选取每一个光伏方阵的构造尺寸，将其高度调整到合适值，从而利用其高度差使光伏方阵之间的距离调整到最小。具体的光伏方阵设计，在合理确定方位角与倾斜角的同时，还应进行全面的考虑，才能使光伏方阵达到最佳状态。

本章小结

本章先介绍光伏组件名称、历史印记、工艺介绍、构成材料、分类比较、使用安全等知识；再介绍光伏组件的能量来源，光能利用的中外政策，光能的光热、光电转换利用；然后介绍了光伏组件的宏观应用系统，梳理了全球光伏设备产业，罗列了国内光伏系统装机总容量，光伏系统产业基地，以及光伏产业面临的挑战；接着将光伏系统的原理及分类做了介绍，再列举了中小型光伏系统以及大型光伏系统；最后介绍光伏方阵组合、孤岛效应、热斑效应，分析了光伏方阵的等效电路、功率计算、角度设计，包括方位角、倾斜角、阴影。通过本章学习，读者可以对光伏组件常识有初步了解。

习题

1. 光伏组件有哪些名称？英文名称如何理解？
2. 光电效应何时开始用于光伏电池片生产？
3. 光伏组件的主要工艺有哪些？
4. 光伏组件的构成材料有哪些？
5. 光伏组件有几种分类？
6. 光伏组件在使用中应注意哪些安全事项？
7. 光伏组件的能量来源有哪些？
8. 我国的光伏政策有哪些？
9. 太阳能通过什么样的转换原理达到应用的目的？
10. 光电转化与光热转换的区别是什么？
11. 光电直接转换和光热电转换的区别是什么？
12. 光伏组件在光伏系统里的作用是什么？
13. 我国的光伏设备产业状况如何？
14. 简述光伏系统的工作原理。
15. 光伏系统有哪些类型？

16. 风光互补发电光伏系统有什么特点？
17. 简述水光互补发电光伏系统与风光互补发电系统的区别。
18. 西部光伏电站有哪些？
19. 光伏方阵有哪些组合？
20. 孤岛效应的原理是什么？
21. 热斑效应是如何产生的？
22. 请画出光伏方阵的等效电路。
23. 光伏方阵功率怎么计算？
24. 光伏方阵的角度设计该如何考虑？

第 2 章

光伏组件的构成

要掌握光伏组件的生产技术，需要先熟悉其构成，光伏组件包括光伏电池片、玻璃、胶膜、背板、焊带、边框、密封胶和接线盒。在此基础上再深入光伏组件生产各个环节便得心应手。

2.1 构成之一：电池片

电池片是光伏组件最核心的部分，它是将光能转化成电能的器件。硅是地壳中含量最高的固态元素，其含量为地壳的1/4，但在自然界不存在单体硅，多呈氧化物或硅酸盐状态。硅的原子价主要为4价，其次为2价；在常温下它的化学性质稳定，不溶于单一的强酸，易溶于碱；在高温下化学性质活泼，能与许多元素化合。硅材料资源丰富，又是无毒的单质半导体材料，较易制作大直径无位错低微缺陷单晶。晶体力学性能优越，易于实现产业化，是半导体的主体材料。多晶硅材料是以工业硅为原料经一系列的物理化学反应提纯后达到一定纯度的电子材料，是硅产品产业链中的一个极为重要的中间产品，是制造硅抛光片、光伏电池片及高纯硅制品的主要原料，是信息产业和新能源产业最基础的原材料。

2.1.1 特点

电池片将光能直接转化为电能。图2-1a所示为方角多晶硅电池片，图2-1b所示为圆角单晶硅电池片。目前地面光伏系统大量使用的是以硅为基底的硅电池片，主要有单晶硅、多晶硅、非晶硅三种。单晶硅的制法通常是先制得多晶硅或无定形硅，然后用直拉法或悬浮区熔法从熔体中生长出棒状单晶硅，如图2-1c所示。熔融的单质硅在凝固时硅原子以金刚石晶格排列成许多晶核，如果这些晶核长成晶面取向相同的晶粒，则这些晶粒平行结合起来便结晶成单晶硅。单晶硅棒是生产单晶硅片的原材料，随着国内和国际市场对单晶硅片需求量的快速增加，单晶硅棒的市场需求也呈快速增长的趋势。单晶硅圆片按其直径分为150mm、200mm、300mm及450mm。直径越大的圆片，芯片的成本也就越低。但大尺寸晶片对材料和技术的要求也越高。单晶硅按晶体生长方法的不同，分为直拉法（CZ）、区熔法（FZ）和外延法。直拉法、区熔法生长单晶硅棒材，外延法生长单晶硅薄膜。直拉法生长的单晶硅主要用于半导体集成电路、二极管、外延片衬底、太阳能电池。晶体直径可控制在75～200mm。区熔法单晶主要用于高压大功率可控整流器件领域，广泛用于大功率输变电、电力机车、整流、变频、机电一体化、节能灯、电视机产品。目前晶体直径可控制在75～150mm。外延片主要用于集成电路领域。

单晶硅也称硅单晶，是电子信息材料和光伏行业中最基础性材料，属于半导体材料类，已渗透到国民经济和国防科技的各个领域。硅片直径越大，技术要求越高，越有市场前景，

a) 方角多晶硅电池片　　　　b) 圆角单晶硅电池片

c) 单晶硅棒

图 2-1　光伏电池片

价值也就越高。日本、美国和德国是主要的硅材料生产国。中国硅材料工业与日本同时起步，但总体而言，生产技术水平仍然相对较低，而且大部分为 63mm、75mm、100mm、125mm 硅锭和小直径硅片。中国消耗的大部分集成电路及其硅片仍然依赖进口。但我国科技人员正迎头赶上，于 1998 年成功地制造出了 300mm 单晶硅，标志着我国单晶硅生产进入了新的发展时期。全世界单晶硅的产能大于 1 万 t/年，年消耗量大于 6kt，全球单晶硅材料发展呈现以下趋势。

1. 大直径化趋势明显

单晶硅产品以 300mm 为主，随着半导体材料技术的发展，对硅片的规格和质量也提出了更高的要求，适合微细加工的大直径硅片在市场中的需求加大。截至 2014 年，硅片主流产品直径是 300mm，研制水平达到 450mm。300mm 硅片的全球用量过半，其余为 200mm、150mm 及更小尺寸。日、美、韩等国家都已经在 1999 年开始逐步扩大 300mm 硅片产量。全球 40 多条 300mm 硅器件生产线主要分布在美国和我国台湾，其次是日、韩、新及欧洲国家。世界半导体设备及材料协会（SEMI）预计，300mm 以上到 450mm 晶圆时代的来临至少要在 2018 年甚至更晚的 2020 年，未来很长一段时间内，300mm 晶圆仍将主导市场，所以其原材料300mm硅片也将继续主导市场。当前国内所有300mm硅片全部依赖进口，月需求量在30万片左右。

2. 生产高度集中

硅材料工业发展日趋国际化、集团化，研发及建厂成本日渐增高，加上现有行销与品牌的优势，使得硅材料产业被大企业垄断，少数集约化的大型集团公司垄断材料市场。1990年后，日本、德国和韩国（主要是日、德两国）资本控制的8大硅片公司的销量占世界硅片销量的90%以上。根据SEMI提供的2002年世界硅材料生产商的市场份额显示，Shinetsu、SUMCO、Wacker、MEMC、Komatsu 5家公司占市场总额的比重达到89%。

3. 硅材料工业发展的重要方向

随着光电子和通信产业的发展，硅基材料成为硅材料工业发展的重要方向。硅基材料是在常规硅材料上制作的，是常规硅材料的发展和延续，其器件工艺与硅工艺相容。主要的硅基材料包括SOI（绝缘体上硅）、GeSi和应力硅。SOI技术在世界上被广泛使用，2010年SOI材料占整个半导体材料市场的份额从30%升到50%，Soitec公司是世界最大的SOI生产商。

4. 硅片制造技术升级

半导体芯片及集成电路制造工艺普遍采用切、磨、抛和洁净封装工艺来改进制片技术。在日本，200mm硅片有50%采用线切割机进行切片，不但能提高硅片质量，而且可使切割损失减少10%。日本大型半导体厂家已经向300mm硅片转型，并向0.13μm以下的微细化发展。SOI高功能晶片批量生产，硅片生产厂家增加了对300mm硅片的设备投资，针对设计规则的进一步微细化，还开发了高平坦度硅片和无缺陷硅片。

电池片最早问世的是单晶硅电池片。硅是地球上极丰富的一种元素，几乎遍地都有硅的存在，用硅来制造电池片，原料可谓不缺，但是提炼它却不容易。所以人们在生产单晶硅电池片的同时，又研究了多晶硅电池片和非晶硅电池片，至今商业规模生产的电池片，还没有跳出硅的系列。其实可供制造电池片的半导体材料很多，随着材料工业的发展、电池片的品种越来越多。目前已进行研究和试制的电池片，除硅系列外，还有硫化镉、砷化镓、铜铟硒等许多类型的电池片。不同电池片的发电效率略有差异。单晶硅电池片的光电转换效率最高可达24%，这是目前应用的电池片中光电转换效率最高的。但是单晶硅电池片的制作成本很大，这影响了它的广泛使用。多晶硅电池片制作成本比单晶硅电池片低，价格便宜，但是光电转换效率不高，使用寿命也比单晶硅电池片短。在光电转换效率和使用寿命等综合性能方面，单晶硅和多晶硅电池片优于非晶硅电池片。

2.1.2 发展历程

光伏组件是光伏系统中将太阳光辐射能直接转换为电能的器件，图2-2a所示为单晶光伏组件，图2-2b所示为多晶光伏组件。由电池片附加其他材料封装成光伏组件，再按需要将一定数量的光伏组件组合成一定功率的光伏方阵，经与蓄电池、测量控制设备及DC-AC（直流-交流）变换器，构成光伏系统。光伏组件最核心的器件是电池片，而电池片的发展从1800年贝克勒尔发现光伏效应至今，历经了200多年历程。从总的发展来看，基础研究和技术进步都起到了积极推进的作用，至今为止，电池片的基本结构和机理没有发生改变。

就电池片的发展时间而言，可区分为4个时代：第一代为基板硅晶（Silicon Based）电

第2章 光伏组件的构成

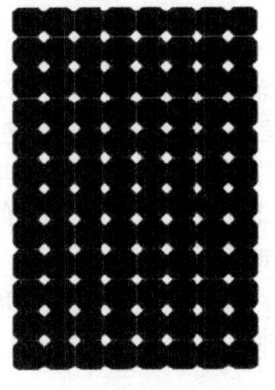

a) 单晶光伏组件　　　　　b) 多晶光伏组件

图 2-2　晶硅光伏组件

池片、第二代为薄膜（Thin Film）电池片、第三代为新观念研发（New Concept）电池片、第四代为复合薄膜材料电池片。

第一代：第一代电池片发展最长久，技术也最成熟。种类可分为单晶硅（Monocrystalline Silicon）、多晶硅（Polycrystalline Silicon）、非晶硅（Amorphous Silicon）。从应用角度来讲，单晶硅与多晶硅两种最普遍，大约占电池片产品市场的89.9%（见图2-3）。第一代电池片基于硅晶片，主要采用单晶硅、多晶硅。其中，单晶硅电池片转换效率最高，可达到20%，但生产成本高。

第二代：第二代电池片基于薄膜技术，薄膜电池片以薄膜工艺来制造电池，主要采用非晶硅及氧化物等为材料。效率比第一代低，最高的转换效率为13%，但生产成本最低，薄膜电池片占电池片产品市场的9.9%。薄膜电池片种类有碲化镉（CdTe）、铜铟硒化物（CIS）、铜铟镓硒化物（CIGS）、砷化镓（GaAs）。

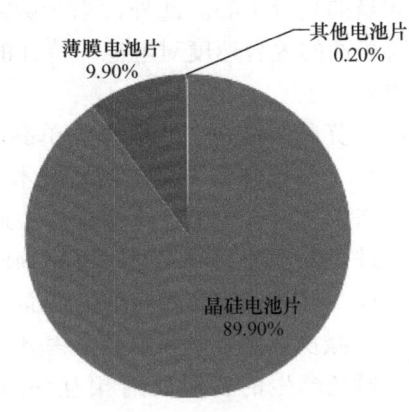

图 2-3　电池片生产份额

第三代：铜铟硒（CIS）等化合物薄膜电池片及薄膜晶硅（Si）系列电池片，主要处于试验室生产状态。由于第三代电池片潜在的高效率、低成本，所以它有巨大的经济吸引力。第三代电池片与上一代电池片最大的不同是制程中导入有机物和采用纳米科技，种类有光化学电池片、染料光敏化电池片、高分子电池片、纳米结晶电池片。第三代电池片是超高效率的电池片，除了运用新元件结构设计来尝试突破其物理限制外，也尝试新材料的引进，以达成大幅增加转换效率的目的。另外，也有许多后续的封装技术和光学技术，例如聚光型电池片，透过光学的方式将太阳光聚集于太阳能面板上，而此类型的电池片必须能承受高温环境。

第四代：电池片针对电池吸收光的薄膜做出多层结构。一种电池制造技术并非仅能制造一种类型的电池，例如在多晶硅制程，既可制造出硅晶类型，也可以制造薄膜类型。

2.1.3 光电转换效率

电池片的主要作用就是发电，发电市场上主流的是晶硅电池片、薄膜电池片（也叫非晶硅电池片），两者各有优劣。晶硅电池片生产设备成本相对较低，但消耗大，电池片生产成本很高，光电转换效率也高。非晶硅薄膜电池片是第二代电池片，当前已经发展到更先进的第三代铜铟硒薄膜电池片和晶硅薄膜电池片，其设备成本较高，但消耗小，电池片生产成本很低，弱光效应好，在普通灯光下也能发电，如计算器上的电池片。

电池片的转换效率受到光吸收，载流子输送、收集的限制。对于单晶硅电池片，由于上带隙光子的多余能量透射给下带隙的光子，其转换效率的理论最高值是28%，所以只有尽量减少损失，才能开发出效率足够高的电池片。

下面结合晶硅电池片的转换效率损失机理，分析影响晶硅电池片转换效率的原因。首先是光学损失，包括电池前表面反射损失、接触栅线的阴影损失以及长波段的非吸收损失。其次是电学损失，它包括半导体表面及体内的光生载流子复合、半导体和金属栅线的接触电阻，以及金属和半导体的接触电阻等的损失。电学损失中最关键的是降低光生载流子的复合，它直接影响电池片的开路电压。光生载流子的复合主要是由于高浓度的扩散层在前表面引入大量的复合中心。此外，当少数载流子的扩散长度与硅片的厚度相当或超过硅片厚度时，背表面的复合速度对电池片特性的影响也很明显。所以提高晶硅电池片转换效率的方法尤为重要。

（1）光陷阱结构 一般高效单晶硅电池片采用化学腐蚀制绒技术，制得绒面的反射率小于10%。目前较为先进的制绒技术是反应等离子蚀刻技术（RIE），该技术的优点是和晶硅的晶向无关，适用于较薄的硅片，通常使用SF_6与O_2混合气体，在蚀刻过程中，F自由基对硅进行化学蚀刻形成可挥发的SiF_4，O自由基形成$Si_xO_yF_z$对侧墙进行钝化处理，形成绒面结构。目前光伏公司使用的绒面反射率为2%~10%。

（2）减反射膜 减反射膜的基本原理是位于介质和电池表面具有一定折射率的膜，可以使入射光产生的各级反射相互间进行干涉从而完全抵消。单晶硅电池片一般可以采用TiO_2、SiO_2、SnO_2、Zn_S、MgF_2单层或双层减反射膜。在制好绒面的电池表面上蒸镀减反射膜后可以使反射率降至2%左右。

（3）钝化层 钝化工艺能有效地减弱光生载流子在某些区域的复合。一般高效光伏电池片可采用热氧钝化、原子氢钝化，或利用磷、硼、铝表面扩散进行钝化。热氧钝化是在电池的正面和背面形成氧化硅膜，可以有效地阻止载流子在表面处的复合。原子氢钝化是因为硅的表面有大量的悬挂键，这些悬挂键是载流子的有效复合中心，而原子氢可以中和悬挂键，所以减弱了复合。

（4）增加背场 如在P型材料的电池中，背面增加一层P^+浓掺杂层，形成P^+/P的结构，在P^+/P的界面就产生了一个由P区指向P^+的内建电场。由于内建电场所分离出的光生载流子的积累，形成一个以P^+端为正，P端为负的光生电压，这个光生电压与电池结构本身的PN结两端的光生电压极性相同，从而提高了开路电压V_{oc}。同时由于背电场的存在，使光生载流子受到加速，这也可以看作是增加了载流子的有效扩散长度，因而增加了这部分少子的收集概率，短路电流I_{sc}也就得到提高。

（5）改善衬底材料 选用优质硅材料，如N型硅载流子寿命长、制结后硼氧反应小、电导率好、饱和电流低。

2.1.4 晶硅电池片

电池片按形式分类有基板式与薄膜式，基板式在材料上又可分单晶式和多晶式；薄膜式则可和建筑物有较佳的结合性，它具有曲度，有可挠、可折叠等特性，材料上较常用非晶硅，还有有机或纳米材料制作的电池片，目前仍处于研发阶段。电池片按结构分类有同质结电池片、异质结电池片、肖特基电池片。按材料分类有硅电池片、有机化合物电池片、敏化纳米晶电池片、聚合物多层修饰电极型电池片、无机化合物半导体电池片、多元化合物薄膜电池片（塑料电池片）。按工作方式分类有平板电池片、聚光电池片、分光电池片。按光电转换机理有传统无机固态电池片（基于半导体 PN 结中载流子运输过程）和光电化学激子光伏电池片（基于半有机分子材料中光电子化学过程）。按材料分类有晶体硅电池片和非晶体硅电池片，其中，晶体硅电池片有多晶硅电池片、单晶硅电池片，非晶体硅电池片有薄膜电池片、有机电池片。化学染料电池片主要是染料敏化电池片。

当前，晶体硅材料（包括多晶硅和单晶硅）是最主要的光伏材料，其市场占有率在 90% 左右，而且在今后相当长的一段时期也依然是电池片的主流材料。多晶硅材料的生产技术主要掌握在美、日、德 3 个国家 7 家公司的 10 家工厂中，形成技术封锁和市场垄断的状况。随着光伏产业的迅猛发展，电池片对多晶硅需求量的增长速度高于半导体多晶硅的发展，多晶硅的需求主要来自于半导体和电池片，按纯度要求不同，多晶硅分为电子级和太阳能级，其中用于电子级多晶硅占 55% 左右，太阳能级多晶硅占 45%，如图 2-4 所示。1994 年全世界电池片的总产量只有 69MW，到 2004 年就达到 1200MW，在短短的 10 年里就增长了 17 倍。截至 2014 年，全球光伏电池总产量 66GW，相比 2004 年的 1.2GW，十年间增长了 55 倍。光伏产业发展如此迅猛，有望在 2050 年将超过核电成为最为重要的基础能源之一。

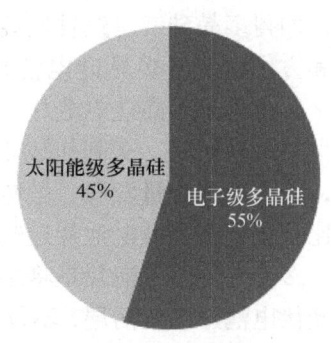

图 2-4 多晶硅比例

1. 单晶硅电池片

单晶硅电池片是当前开发得最快的一种电池片，它的构成和生产工艺已定型，产品已广泛用于宇宙空间和地面设施。这种电池片以高纯的单晶硅棒为原料，纯度要求为 99.999%。为了降低生产成本，现在地面应用的电池片采用太阳能级的单晶硅棒（99.99%），材料性能指标有所放宽。有的也可使用半导体器件加工的头尾料和废次单晶硅材料，经过复拉制成电池片专用的单晶硅棒。将单晶硅棒切成片，一般片厚约 0.3mm。硅片经过成形、抛磨、清洗工序，制成待加工的原料硅片。加工电池片，首先要在硅片上掺杂和扩散，一般掺杂物为微量的硼、磷、锑等。扩散是在石英管制成的高温扩散炉中进行的。这样就在硅片上形成了 PN 结。然后采用丝网印刷法，将配好的银浆印在硅片上做成栅线，经过烧结，同时制成背电极，并在有栅线的面涂覆减反射源，以防大量的光子被光滑的硅片表面反射掉，至此，单晶硅电池片的单体电池片就制成了。单体电池片经过抽查检验，即可按所需要的规格组装成光伏组件，用串联和并联的方法构成一定的输出电压和电流，最后用框架和封装材料进行封装。用户根据系统设计，可将光伏组件组成各种大小不同的电池片光伏方阵。

单晶硅电池片是开发较早、转换率最高和产量较大的一种电池片。单晶硅电池片转换效率在我国已经平均达到16.5%，而实验室记录的最高转换效率达到24.7%，用于宇宙空间站的单晶硅电池片光电转换效率高达50%。由于单晶硅光伏组件一般采用钢化玻璃以及防水树脂进行封装，因此其坚固耐用，使用寿命一般可达15年，最高可达25年。

2. 多晶硅电池片

单晶硅电池片的生产需要消耗大量的高纯硅材料，而制造这些材料工艺复杂，电耗很大，在电池片生产总成本中已超1/2，加上拉制的单晶硅棒呈圆柱状，切片制作电池片也是圆片，组成光伏组件平面利用率低。因此，20世纪80年代以来，欧美一些国家投入了多晶硅电池片的研制。目前电池片使用的多晶硅材料，多半是含有大量单晶颗粒的集合体，或用废次单晶硅料和冶金级硅材料熔化浇铸而成。其工艺过程是选择电阻率为100～300Ω·cm的多晶块料或单晶硅头尾料，经破碎，用1:5的氢氟酸和硝酸混合液进行适当的腐蚀，然后用去离子水冲洗呈中性，并烘干。用石英坩埚装好多晶硅料，加入适量硼硅，放入浇铸炉，在真空状态中加热熔化。熔化后应保温约20min，然后注入石墨铸模中，待慢慢凝固冷却后，即得多晶硅锭。这种硅锭可铸成立方体，以便切片加工成方形电池片，可提高材质利用率和方便组装。多晶硅电池片的制作工艺与单晶硅电池片差不多，其光电转换效率约为12%，稍低于单晶硅电池片。2004年，日本夏普公司的多晶硅电池片效率为14.8%，为当时世界最高效率。从制作成本上来讲，多晶硅比单晶硅电池片低，材料制造简便，节约电耗，因此得到大量发展。虽然多晶硅电池片的使用寿命也要比单晶硅电池片短，但从性能价格比来讲，多晶硅电池片还略好。随着技术的提高，多晶硅的转换效率可以达到16%。

多晶硅薄膜电池片是将多晶硅薄膜生长在低成本的衬底材料上，用相对薄的晶体硅层作为光伏电池片的激活层，不仅保持了晶体硅电池的高性能和稳定性，而且材料的用量大幅度下降，明显地降低了电池成本。多晶硅薄膜光伏电池片的工作原理与其他光伏电池片一样，是基于太阳光与半导体材料的作用而形成光伏效应。多晶硅电池片是以多晶硅材料为基体的电池片。由于多晶硅材料多以浇铸代替了单晶硅的拉制过程，因而生产时间缩短，制造成本大幅度降低。再加之单晶硅硅棒呈圆柱状，用此制作的电池片也是圆片，因而组成光伏组件后平面利用率较低。由此看来，与单晶硅电池片相比，多晶硅电池片具有竞争优势。

2.1.5 非晶硅电池片

非晶硅电池片是用非晶态硅为原料制成的一种新型薄膜电池。非晶态硅是一种不定形晶体结构的半导体。用它制作的电池片只有1μm厚度，相当于单晶硅电池片的1/300。它的工艺制造过程与单晶硅和多晶硅相比大大简化，硅材料消耗少，单位电耗也降低了很多。非晶硅电池片是1976年出现的新型薄膜式电池片，它与单晶硅和多晶硅电池片的制作方法完全不同，工艺过程大大简化，硅材料消耗很少，电耗更低，它的主要优点是在弱光条件也能发电。但非晶硅电池片存在的主要问题是光电转换效率偏低，国际先进水平为10%左右，且不够稳定，随着时间的延长，其转换效率会减小。

1. 结构工艺

汉能太阳能集团与河北曹妃甸汉能光伏有限公司合作的600MW铜铟镓硒薄膜太阳能整线生产线，采用多层共蒸发制造技术及溅射制造技术。我国光伏产业总体发展前景可期，薄膜电池片也将凭借其柔性优势和成本竞争力在光伏建筑一体化和分布式发电站方面占据较大市场份额。非晶硅薄膜电池片所采用的硅为 a-Si。如图 2-5 所示，其基本结构不是 PN 结而是 PIN 结。掺硼形成 P 区，掺磷形成 N 区，I 层为非杂质或轻掺杂的本征层。

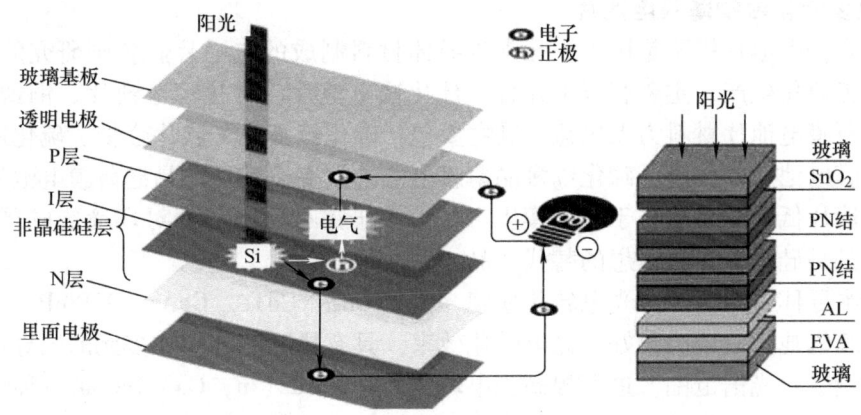

图 2-5　非晶硅薄膜电池片结构

非晶硅薄膜电池片的突出特点是：材料和制造工艺成本低，制作工艺为低温工艺（100~300℃），耗能较低，易于形成大规模生产能力，生产可全流程自动化，品种多，用途广。非晶硅薄膜电池片存在的问题是：光学带隙为 1.7eV，决定了其对长波区域不敏感，导致光电转换效率低，光致衰退效应明显，光电效率随着光照时间的延续而衰减。以上问题解决途径是制备叠层电池片，即在制备的 PIN 单结电池片上再沉一个或多个 PIN 子电池制得。采用的生产方法有反应溅射法、PECVD 法、LPCVD 法，图 2-6 所示为反应溅射法制备非晶硅电池片的工艺，反应气体是 H_2 稀释的 SiH_4，衬底材料是玻璃或不锈钢。

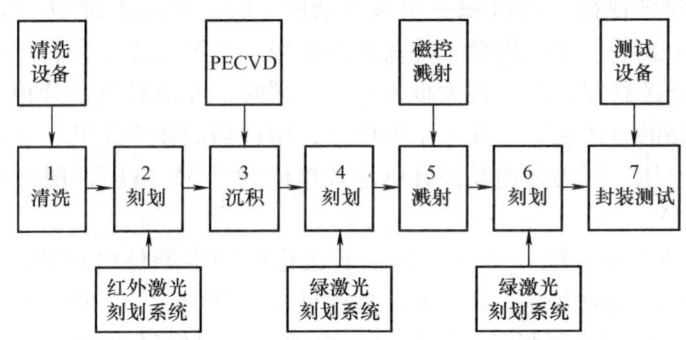

图 2-6　非晶硅薄膜电池片生产工艺
1—清洗 TCO 玻璃　2—激光刻划 1（SnO_2）　3—沉积非晶硅电池（PIN/PIN）
4—激光刻划 2（a-Si）　5—溅射背电极铝膜　6—激光刻划 3（Al）
7—封装（汇流、层压、测试）

在强光下，单晶硅电池片的光电转换效率比非晶硅电池片多一倍以上，但单晶硅电池片的价格比非晶硅电池片高两倍以上，而且在阴天的情况下，非晶硅电池片与晶体硅电池片的光电转换效率接近。目前非晶硅电池片存在的问题是光电转换效率偏低，国际先进水平为 10% 左右，且不够稳定，常有转换效率衰降的现象，不能大量用于作为大型光伏电源，主要用于弱光电源，如袖珍式电子计算器、电子钟表及复印机。效率衰降问题克服后，非晶硅电池片将促进光伏产业大发展。基于成本低、重量轻、应用方便的优势,非晶硅电池光伏组件可以与房屋的屋面结合构成住户的独立电源。

2. 无机多元化合物薄膜电池片

多元化合物电池片指不是用单一元素半导体材料制成的电池片。各国研究的品种繁多,大多数尚未工业化生产,主要有以下几种:硫化镉电池片、砷化镓电池片、铜铟硒电池片。多元化合物薄膜电池片材料为无机盐,其主要包括砷化镓Ⅲ-Ⅴ族化合物、硫化镉、碲化镉及铜铟硒薄膜电池。硫化镉、碲化镉多晶薄膜电池的效率比其他非晶硅薄膜电池片高,成本比单晶硅电池片低,并且也易于大规模生产,但由于镉有剧毒,会对环境造成严重的污染,因此,并不是晶硅电池片最理想的替代产品。

化合物半导体材料适于做光电转化薄膜,例如 CdS、CdTe、GaAs、AlPInP,用这些半导体制作的薄膜电池片表现出很好的光电转化效率。具有梯度能带间隙多元的半导体材料,可以扩大太阳能吸收光谱范围,进而提高光电转化效率。$Cu(In, Ga)Se_2$ 是一种性能优良的太阳光吸收材料,以它为基础可以设计出光电转换效率较高的薄膜电池片,转换效率可以达到 18%。非晶硅电池片是 1976 年出现的新型薄膜式电池片,它与单晶硅和多晶硅电池片的制作方法完全不同,硅材料消耗很少,电耗更低。制造非晶硅电池片的方法有多种,最常见的是辉光放电法,还有反应溅射法、化学气相沉积法、电子束蒸发法和热分解硅烷法。

辉光放电法是将一石英容器抽成真空,充入氢气或氩气稀释的硅烷,用射频电源加热,使硅烷电离,形成等离子体。非晶硅膜就沉积在被加热的衬底上,若硅烷中掺入适量的氢化磷或氢化硼,即可得到 N 型或 P 型的非晶硅膜。衬底材料一般用玻璃或不锈钢板。这种制备非晶硅薄膜的工艺,主要取决于严格控制气压、流速和射频功率,对衬底的温度也很重要。非晶硅电池片的结构有各种不同,其中有一种较好的结构叫 PIN 电池,它是在衬底上先沉积一层掺磷的 N 型非晶硅,再沉积一层未掺杂的 I 层,然后再沉积一层掺硼的 P 型非晶硅,最后用电子束蒸发一层减反射膜,并蒸镀银电极。此种制作工艺,可以采用一连串沉积室,在生产中构成连续程序,以实现大批量生产。同时,非晶硅电池片很薄,可以制成叠层式,或采用集成电路的方法制造,在一个平面上,用适当的掩模工艺,一次制作多个串联电池,以获得较高的电压。因为普通晶体硅电池片单体约 0.5V 电压,现在日本生产的非晶硅串联电池片可达 2.4V。

(1)砷化镓 砷化镓电池片是一种Ⅲ-Ⅴ族化合物半导体电池片。与硅电池片相比,砷化镓电池片的光电转换效率高,硅电池片理论效率为 23%,而单结砷化镓电池片的转换效率已经达到 27%。可制成薄膜和超薄型光伏电池片,同样吸收 95% 的太阳光,砷化镓电池片只需 5~10μm 的厚度,而硅电池片则需大于 150μm。因为砷化镓化合物材料具有十分理想的光学带隙以及较高的吸收效率,抗辐照能力强,对热不敏感,适用于制造高效单结电池。但是砷化镓材料的价格高,因而在很大程度上限制了砷化镓电池的普及。

(2)碲化镉电池片 碲化镉是化合物半导体,其带隙适合光电能量转换。用这种半导体做成的电池片有很高的理论转换效率,已实际获得的最高转换效率达到 16.5%。碲化镉电池片通常在玻璃衬底上制造,玻璃上第一层为透明电极,其后的薄层分别为硫化镉、碲化镉和背电极,其背电极可以是碳浆料,也可以是金属薄层。碲化镉的沉积技术方法很多,如电化学沉积法、近空间升华法、近距离蒸气转运法、物理气相沉积法、丝网印刷法和喷涂法等。碲化镉层度通常为 1.5~3μm,而碲化镉对于光的吸收有 1.5μm 的厚度也就足够了。

(3) CIS 电池片　铜铟硒（CIS：$CuInSe_2$）是一种Ⅰ-Ⅲ-Ⅵ族三元化合物半导体材料，对可见光的吸收系数高达$6×10^5$L/（g·cm），是制作薄膜光伏电池片的优良材料。在玻璃或其他廉价衬底上沉积制成的半导体薄膜，如图2-7所示，以P型铜铟硒（$CuInSe_2$）和N型硫化镉（CdS）做成的异质结薄膜光伏电池片，具有低成本、高转换效率和近于单晶硅光伏电池片的稳定性，使其近十年来得到飞速发展。目前，ZnO/CdS/CIS 结构的薄膜光伏电池片效率已达 17.16%。由于铜铟硒电池光吸收性能好，所以膜厚只有单晶硅电池片的约 1/100。铜铟硒是一种新型

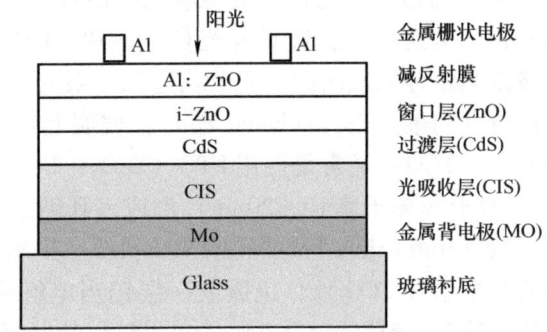

图2-7　CIS 电池片结构

多元直接带隙梯度材料，具有多元的梯度能带间隙（导带与价带之间的能级差），可以扩大太阳能吸收光谱范围，进而提高光电转换效率。以它为基础，可以设计出光电转换效率比硅薄膜电池片明显提高的薄膜电池片。此类薄膜电池片可以达到的光电转换效率为 18%，还未发现有光辐射引致性能衰退的效应，其光电转化效率比商用的薄膜光伏组件提高 50% ~ 75%，在薄膜电池片中属于世界的最高水平的光电转化效率。技术成熟的铜铟硒薄膜电池制造成本和回收时间将远低于晶硅电池片。其抗辐射能力强，电池稳定性佳，效率稳定几乎不衰减，弱光特性好。因此铜铟硒薄膜电池片可望成为新一代电池片的主流产品之一，但铟和硒都是比较稀有的元素，因此，其发展受到限制。

(4) CIGS 薄膜电池片技术　CIS 的带隙只有 1.04eV，并不是获得光伏电池片最佳效率的半导体材料，通入适量的镓取代铟可在 1.04 ~ 1.67eV 之间连续调整能带宽度。铜铟镓硒（CIGS）薄膜电池片转换效率可达 20.3%，是薄膜电池片中最高效率。将 Ga 替代 CIS 材料中的部分 In，形成 $CuIn_{1-x}Ga_xSe_2$（简称 CIGS）四元化合物。其带隙为 1.5eV 时，由 ZnO/CdS/CIGS 结构制作的光伏电池片有较高的开路电压，转换效率也相应地提高了许多。制备时先采用蒸发硒化方法制备 P 型 CIGS 薄膜，再用蒸发法制备 N 型 CdS，二者组成异质 PN 结光伏电池片。制膜过程对退火处理、衬底选择、背电极制备、CIS 各元素蒸发控制和镓的掺入等工艺都有严格要求。

CIGS 薄膜电池片技术近年来受益于光伏行业政府的支持，在光伏电池领域 CIGS 薄膜电池片被视为"太阳能能源的未来"，薄膜光伏将是今后光伏产业的发展方向之一。瑞典 CIGS 设备供应初创企业 Midsummer 宣称，公司研发出 CIGS 电池片生产的高速工艺，在电池片结构中使用溅射技术可以将总面积 $156cm^2$（125mm × 125mm）电池片的有效面积效率提升至 15%。CIGS 电池片的所有工艺流程均使用溅射技术，不仅使整个生产周期大幅缩短，还可不使用镉材料，以此来提升 CIGS 薄膜电池的转换效率。整个工艺流程完全干燥，并且全程真空，不过对洁净室的要求并不严格。应用不锈钢为基板材料且电池片不含毒镉成分，生产高效率，CIGS 薄膜电池片的制造能力提升。

3. 有机化合物电池片

有机化合物电池片以有光敏性质的有机物作为半导体材料，利用光伏效应产生电压，形成电流。有机电池片按照半导体的材料可以分为单质结构、PN 异质结结构和染料敏化纳

米晶结构。有机电池片的成本平均只有晶体硅电池片的1/5。然而，目前市场上的有机电池片的光电转换效率最高只有10%，这制约了它的应用，提高光电转换效率是当务之急。

（1）染料敏化电池片。染料敏化电池片（Dye-Sensitized Solar Cell，DSSC）是一种崭新的光电化学电池片。也叫 TiO_2 光伏电池片。DSSC也被称为格雷策尔电池，因为它是在1991年由格雷策尔等人发明的。它的构造和一般光伏电池不同，其基板通常是玻璃，也可以是透明且可弯曲的聚合箔（Polymer Foil），玻璃上有一层透明导电的氧化物（Transparent Conducting Oxide，TCO）通常是使用FTO（SnO_2：F），在上面生长一层约 $10\mu m$ 厚的多孔纳米尺寸的 TiO_2 粒子（粒子厚10~20nm）形成多孔纳米（Nano-porous）薄膜。然后涂上一层钌多吡啶配合物（Ruthenium Polypyridyl Complex）染料附着于 TiO_2 的粒子上。上层的电极除了使用透明导电层和TCO外，也镀上一层铂当电解质反应的催化剂，两层电极间，则注入填满含有碘化物/三碘化物（Iodide/Triiodide）的电解质。DSSC电池的转换效率可达12%，工艺简单，生产成本低（仅为硅光伏电池片的1/5），性能稳定（光电效率稳定在10%以上），寿命能达到20年以上。

图2-8所示为 TiO_2 纳米晶薄膜电池片结构示意图。用廉价的宽带隙氧化物半导体 TiO_2 制备成纳米晶薄膜，薄膜上吸附大量羧酸-联吡啶Ru（Ⅱ）的配合物的敏化染料，并选用含氧化还原电对的低挥发性盐作为电解质，研制成一种称为染料敏化纳米晶电池片，即染料

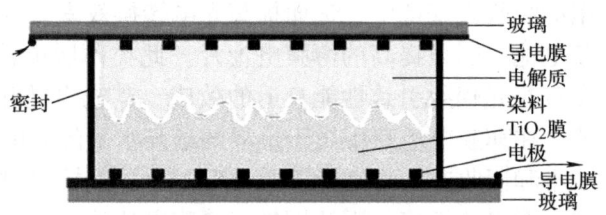

图2-8　TiO_2 纳米晶薄膜电池片结构示意图

敏化 TiO_2 光伏电池片。电池片工作时，染料分子吸收太阳能跃迁到激发态，激发态不稳定，电子快速注入到紧邻的 TiO_2 导带，染料中失去的电子则很快从电解质中得到补偿，进入 TiO_2 导带中的电子最终进入导电膜，然后通过外回路产生光电流。

（2）聚合物多层修饰电极型电池片聚合物多层修饰电极型电池片是利用不同氧化还原型聚合物的还原电势，在导电材料表面进行多层复合，制成类似无机PN结的单向导电装置。以有机聚合物代替无机材料是刚刚起步的电池片制造的研究方向。由于有机材料具有柔性好、制作容易、材料来源广泛、成本低等优势，从而对大规模利用太阳能、提供廉价电能具有重要意义。以有机材料制备电池片的研究仅仅刚开始，不论是使

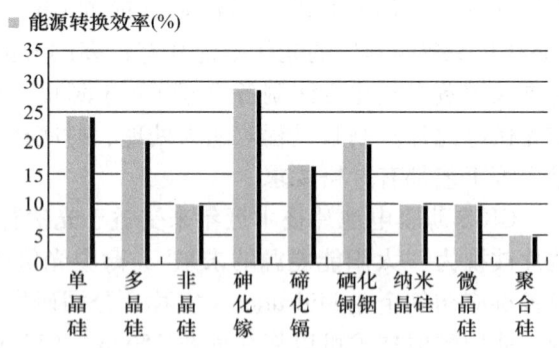

图2-9　光电转换效率

用寿命，还是电池效率都不能和无机材料特别是硅电池相比。该电池片能否发展为具有实用意义的产品，还有待于进一步研究探索。各种材料的光电转换效率对比如图2-9所示。

串叠型电池（TandemCell）是由设计多层不同能隙的电池片来达到吸收效率最佳化的结构设计，红光和蓝光区域的光谱会分别由两个电池来吸收，以增加电池片的光电转换效率。理论上，如果在结构中放入越多层数的电池，将可把电池效率逐步提升，甚至可达到50%的转换效率，但串叠型电池的技术困难处在于它必须要做到电流匹配（Current Match），因

为上、下两层电池产生的电流串联时，会以电流较小的那一片电池为主。串叠型电池这种高聚光太阳光发电（High Concentration Photovoltaic，HCPV）特性，使其发电效率高、温度系数低，有降低发电成本的潜力。台湾核能研究所利用 MOCVD 法（磊晶生长方法）实现了堆栈式单体型 InGaP/GaAs/Ge 三接面光伏电池片工艺，最佳光电转换效率可达 39.07%。聚光型太阳能发电的全球市场增长很快，2015 年安装量将达 1.8GW。

2.1.6 等效电路

电池片的 4 种典型状态如图 2-10 所示，分别为无外部光照，平衡状态；稳定光照，输出开路；稳定光照，输出短路；稳定光照，外接负载。

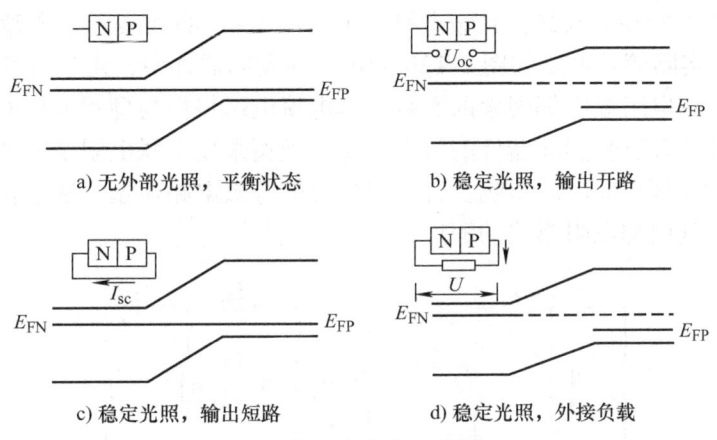

图 2-10 电池片状态图

1. 模型

等效电路的物理意义是：电池片光照后产生一定的光电流 I_L，其中一部分用来抵消结电流 I_j，另一部分即为供给负载的电流 I_R。实际的电池片，由于前面和背面的电极接触，以及材料本身具有一定的电阻率，基区和顶层都不可避免地要引入附加电阻。流经负载的电流，经过它们时，必然引起损耗。在等效电路中，可将它们的总效果用一个串联电阻 R_s 来表示。由于电池边沿的漏电和制作金属化电极时，在电池的微裂纹、划痕等处形成的金属桥漏电等，使一部分本应通过负载的电流短路，这种作用的大小可用一并联电阻 R_{sh} 来等效。

电池片的等效电路模型如图 2-11 所示，能够帮助我们深入了解这种器件的工作原理。理想光伏电池片的模型可以表示为一个感光电流源并联一个二极管。光源中的光子被电池片材料吸收。如果光子的能量高于电池材料的能带，那么电子就被激发到导带中。如果将一个外部负载连接到光伏电池片的输出端，那么就会产生电流。

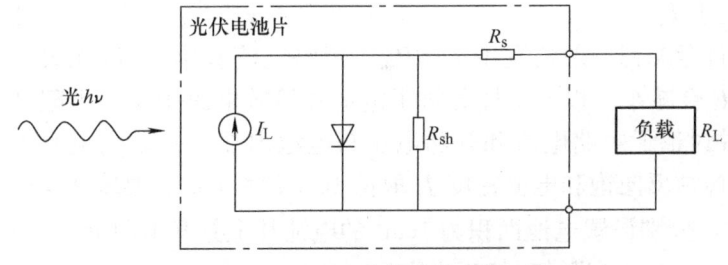

图 2-11 电池片等效电路模型

电池片模型是由一个串联电阻（R_s）、一个分流电阻（R_{sh}）和一个光驱电流源构成的电池片等效电路。由于电池衬底材料及其金属导线和接触点中存在材料缺陷和电阻损耗，光伏电池片模型必须分别用串联电阻（R_s）和分流电阻（R_{sh}）表示这些损耗。串联电阻是一个关键参数，因为它限制了光伏电池片的最大可用功率（P_{max}）和短路电流（I_{sc}）。光伏电池片的串联电阻（R_s）与电池上的金属触点电阻、电池前表面的电阻损耗、杂质浓度和结深有关。在理想情况下，串联电阻应该为零。分流电阻表示由于沿电池边缘的表面漏流或晶格缺陷造成的损耗。在理想情况下，分流电阻应该为无穷大。

2. 分析

电池片是利用光伏效应直接将光能转换为电能的器件。其理想等效电路模型是一个电流源和一个理想二极管的并联电路，其输出特性可以用 $I-U$ 曲线表示，电池片理想等效电路如图2-12a所示，实际等效电路如图2-12b所示。在实际器件中，由于表面效应、势垒区载流子的产生及复合、电阻效应等因素的影响，其电流电压特性与理想特性有很大差异，这是因为理想模型不能正确反映实际器件的特点。实际模型采用串联电阻及并联电阻来等效模拟实际器件中的各种非理想效应的影响。针对电池片的等效电路模型，建立仿真模块，模拟电池片各输出参数受其内部电阻影响的程度。

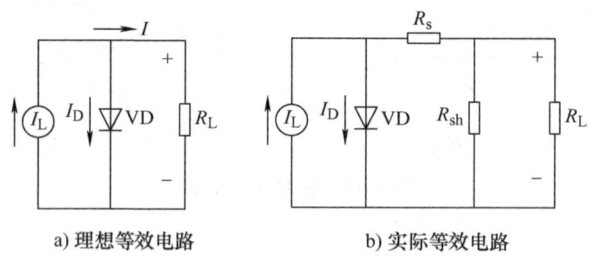

a) 理想等效电路　　　　b) 实际等效电路

图2-12　电池片等效电路

实际电池片等效电路由一个电流密度为 I_L 的理想电流源、一个理想二极管 VD 和并联电阻 R_{sh}、串联电阻 R_s 组合而成。R_{sh} 为考虑载流子产生与复合以及沿电池边缘的表面漏电流而设计的一个等效并联电阻，R_s 为扩散顶区的表面电阻、电池体电阻及上、下电极之间的电阻等复合得到的等效串联电阻。电池片两端的电压为 U，流过电池片单位面积的电流为 I。由图可以得出其 $I-U$ 关系，I_s 为二极管反向饱和电流密度。当电池片两端开路时，即负载阻抗无穷大时，通过电池片的净电流 I 为零，此时的电压为电池片的开路电压 U_{oc}。

令 $I=0$，开路电压不受串联电阻 R_s 的影响，但与并联电阻 R_{sh} 有关。可以看出，R_{sh} 减小时，开路电压 U_{oc} 会随之减小。电池片两端短路即负载阻抗为零时，电压 U 为零，此时的电流为短路电流密度 I_{sc}。

令 $U=0$，并且考虑到一般情况下 $R \ll R_{sh}$，短路电流基本与 R_{sh} 无关，但受 R_s 的影响，随着 R_s 的增大，I_s 会减小。以上定性分析了电池片等效电路中串联电阻和并联电阻对其伏安特性的影响，并讨论了短路电流和开路电压与电池内部的并联电阻及串联电阻之间的关系。在模型中，PN结反向饱和电流密度 J_s 取值 10~12A/cm²、温度 $T=300K$、光生电流密度 $I_L=0.03A/cm^2$。分别设置电池面积为 1cm² 的电池片上并联电阻 $R_{sh}=\infty$ 或有限值（$10^7\Omega$ 左右），串联电阻 $R_s=0$ 或有限值（2Ω左右）。

在理想条件下，$R_s=0$，$R_{sh}=\infty$，电流与电压呈指数关系。值得注意的是，当并联电阻为有限值时，伏安特性在电压较小时偏离理想的指数关系。这是由于在实际器件中，当正向偏压小于PN结的正向导通电压时，图中的等效二极管VD处于断开状态，电路的$I-U$关系主要由并联电阻R_{sh}决定，所以电流电压偏离指数关系，而呈近线性关系；当串联电阻为有限值时，伏安特性在较高正向偏压时偏离指数关系。这是因为在实际器件中当正向电压较高时，PN结两端的压降早已饱和，不再增加，而不为零的串联电阻分担了比较高的电压，所以伏安特性偏离指数关系，呈现出由R_s决定的线性关系。在R_{sh}减小的过程中，开路电压U_{oc}随之减小，填充因子也随之降低。短路电流和填充因子都随R_s的增大而减小。当$R_s/R_{sh}>1\%$时，电池的输出特性会发生比较明显的变化。电池片在不同串联电阻和并联电阻下首先测量3个主要输出量的情况，包括开路电压U_{oc}、短路电流I_{sc}和填充因子FF，例如可对一个$1\times0.5cm^2$的硅电池片（$R_s=1.5\Omega$，$R_{sh}=180\Omega$）的实际伏安特性进行测试。

通过对电池片在外加偏压下的特性进行分析，利用实际电池片的等效电路模型，可以模拟电池片在其内部串联电阻和并联电阻影响下表现出的偏离指数关系的伏安特性，并定量分析电池片的开路电压U_{oc}、短路电流I_{sc}和填充因子FF受内部电阻的影响。串联电阻影响电池片的正向伏安特性，使得正向偏压较低时电流大于理想值，正向偏压增大时伏安特性偏离指数关系；并联电阻产生的漏电流影响反向特性和正向小偏压特性，使正向偏压较低时，电流大于理想值，使反向电流不能饱和，在反向偏压较大时，电流、电压偏离指数关系。

另一方面，并联电阻R_{sh}影响电池片的开路电压，R_{sh}减小会使开路电压降低，但对短路电流基本没有影响；串联电阻R_s影响短路电流，R_s增大会使短路电流降低，而对开路电压没有影响；R_{sh}的减小和R_{sh}的增大都会使电池片的填充因子和光电转换效率降低。

电池片的填充因子FF可定义为最大输出功率与$I_{sc}U_{oc}$之比，也就是最大功率矩形面积对$I_{sc}U_{oc}$矩形面积的比例。对于电池片来说，填充因子是一个重要的参数，它可以反映电池片的质量。电池片的串联电阻越小，并联电阻越大，填充系数就越大，反映到电池片的$I—U$特性曲线上，曲线就越接近正方形，此时电池片的转换效率就越高。$FF\leq1$时，正常FF最大值在75%~85%间与串联电阻R_s关系比较大，此值造成FF浮动能达5%~10%；并联电阻R_{sh}也有一定影响，但相对较小，此值造成FF浮动仅1%。如果FF很小，应考虑最大功率的影响因素，或阳极膜是否烧结好，导电玻璃电阻是否过大，因为这些因素都会导致串联电阻过大，使填充因子FF降低。

2.1.7 检验

1. 非电气检测

电池片检验内容有电池片厂家、包装（内包装及外包装）、外观、尺寸、电性能、可焊性、栅线印刷、主栅线抗拉力、切割后电性能均匀度，电池片在未拆封前要求保质期为一年。抽检时，按来料的千分之二抽检，电性能和外观以及可焊性在生产过程中全检。电池片检验工具有单片测试仪、游标卡尺、电烙铁、橡皮、刀片、拉力计、激光划片机、涂锡带和助焊剂等。计量器具有游标卡尺、单片分选仪、厚度测试仪、稳压电源、放大镜、橡皮和塞尺等。

电池片检验时，包装要求良好，目检就可以，外观要符合购买合同要求。电池片尺寸用用游标卡尺测量，结果符合厂家提供的尺寸，允许误差为±0.5mm。电性能用单片测试仪测试，结果允许有±3%浮动。电池片的可焊性检验前提是要保证试验用的涂锡带和助焊剂具有可焊性，用320~350℃的温度正常焊接，焊接后主栅线留有均匀的焊锡层为合格。栅线印刷检验是用橡皮在同一位置反复来回擦20次，不脱落为合格。主栅线抗拉力测试时，将互联条焊接成三角形，然后用拉力计测试，结果应大于2.5N。切割后进行电性能均匀度测试，先用激光划片机将电池片划成若干份，再测试每片的电性能，保持误差在±0.15W。以上内容全检，若有一项不符合检验要求，则对该批产品进行千分之五抽检，如仍不符合检验标准，判定该批来料为不合格。

2. 电气检测

外观检验是在较好的自然光或散射光照条件下，用肉眼进行正面检查。尺寸检验时，边长和对角线检测使用游标卡尺进行测量，厚度检测需要使用厚度仪进行测试，电性能检验使用单片分选仪进行测试。每次在使用前，应先使用标准片对测试光强进行校准，并在排除外界光线干扰的前提下，对电池片进行测试。测试结束后，将数据导出，及时进行分析，并将分析结果和被测试规格、效率的电池片的电性能进行对照，将结果存档保存。逆电流测试用稳压电源对电池片施加-10V电压后进行逆电流测试。弯曲度测试时，将电池片放置在水平桌面上，用塞尺测量弓形最高点的高度作为弯曲度。减反射膜、铝背场附着力测试时，用橡皮在电池的相应部位来回擦20次，使用10倍放大镜进行检查。

减反射膜、铝背场附着力以减反射膜和铝背场不脱落为合格。逆电流测试要求125mm×125mm电池片在-10V电压下逆电流≤3.5A为合格，弯曲、变形高度<1.5mm；156mm×156mm电池片在-10V电压下逆电流≤5A为合格，弯曲、变形高度<2mm。单晶125mm×125mm电池片电性能不良品功率P_{mpp}<1.5W，FF<65%或FF>83%，I_{sc}>5.6A，U_{oc}<0.50V或U_{oc}>0.65V，R_s<0Ω或R_s>0.015Ω。

要提取电池片的重要测试参数，需要进行各种电气测量工作。这些测量通常包含直流电流-电压、电容以及脉冲式$I-U$等。

（1）直流电流-电压（$I-U$）测量 可以利用直流$I-U$曲线图对光伏电池片进行评测，$I-U$曲线通常表示电池片产生的电流与电压的函数关系，电池片$I-U$曲线和典型测量系统如图2-13所示。我们可以利用基本的测量工具（例如电流表和电压源），或者集成了电源和测量功能的仪器（例如数字源表或者源测量单元），生成这种$I-U$曲线。为了适应这类应用的需求，测试设备必须能够在光伏电池片测量可用的量程范围内提供电压源并吸收电流，同时，提供分析功能以准确测量电流和电压。

图2-13a所示曲线给出了光伏电池片的典型正偏特性，其中最大功率（P_{max}）出现在最大电流（I_{max}）和最大电压（U_{max}）的交叉点曲线下方的面积表示不同电压下电池能够产生的最大输出功率。如图2-13b所示，对电池片进行$I-U$曲线测量的典型测量系统由一个电压源和一个电流表组成。测量系统应支持四线测量模式，这样能够解决引线电阻影响测量精度的问题。例如，可以用其中一对测试引线提供电压源，用另一对引线测量流过电池的电流。重要的是要把测试引线放在距离电池尽可能近一些的地方。

（2）总体效率的测量参数 从光伏电池片直流$I-U$曲线中得出的数据表征了它的总体效率，体现了将光能转换为电能的好坏程度，这可以用一些参数来定义，如填充因数、转换效率和串联电阻。最大功率点是电池接入电路正常最大电流和电压的乘积，此时的电池输出功率是最大的。

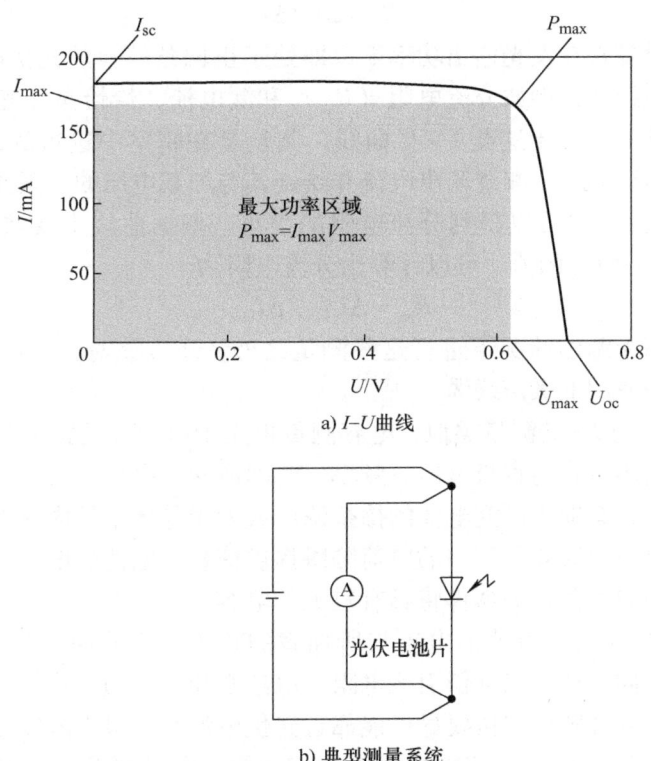

图 2-13 电池片 $I-U$ 曲线和典型测量系统

1)填充因数(FF)是将光伏电池片的 $I-U$ 特性与理想电池 $I-U$ 特性进行比较的一种方式。理想情况下,它应该等于 1,但在实际的光伏电池片中,它一般是小于 1 的。它实际上等于电池片产生的最大功率($P_{max}=I_{max}U_{max}$)除以理想光伏电池片产生的功率。

$$FF = I_{max}U_{max}/(I_{sc}U_{oc}) \tag{2-1}$$

式中,I_{max} 为最大输出功率时的电流;U_{max} 为最大输出功率时的电压;I_{sc} 为短路电流;U_{oc} 为开路电压。

2)转换效率(η)是电池片最大输出功率(P_{max})与输入功率(P_{in})的比值,即

$$\eta = P_{max}/P_{in} \tag{2-2}$$

光伏电池片的 $I-U$ 测量可以在正偏(光照下)或反偏(黑暗中)两种情况下进行。正偏测量是在光伏电池片照明受控的情况下进行的,光照能量表示电池的输入功率。用一段加载电压扫描电池,并测量电池产生的电流。一般情况下,加载到光伏电池片上的电压可以从 0V 到该电池的开路电压(U_{oc})进行扫描。在 0V 下,电流应该等于短路电流(I_{sc})。当电压为 U_{oc} 时,电流应该为零,I_{sc} 近似等于负载电流(I_L)。

3)光伏电池片的串联电阻(R_s)可以从至少两条在不同光强下测量的正偏 $I-U$ 曲线中得出。光强的大小并不重要,因为它是电压变化与电流变化的比值,即曲线的斜率,斜率在所有参数中很有意义。曲线的斜率从开始到最后变化很大,关键数据出现在曲线的远正偏区域(Far-forward Region),这时曲线开始表现出线性特征,在此利用电流变化的倒数与电压的函数关系就可得出串联电阻的值:

$$R_s = \Delta U/\Delta I \tag{2-3}$$

以上测量都是对暴露在发光输出功率下,即处于正偏条件下的光伏电池片进行的测量。但是光伏器件的某些特征,例如分流电阻(R_{sh})和漏电流,恰恰是在光伏电池片避光即工作在反偏情况下得到的。对于这些 $I-U$ 曲线,测量是在暗室中进行的,从起始电压为 0V 到光伏电池片开始击穿的点,测量输出电流并绘制其与加载电压的关系曲线。利用光伏电池片反偏 $I-U$ 曲线的斜率也可以得到分流电阻的大小。根据曲线上反映出的反向偏置电压 ΔU_{bias} 和反向偏置电流 ΔI_{bias} 的值,可以计算出分流电阻为

$$R_{sh} = \Delta U_{bias}/\Delta I_{bias} \tag{2-4}$$

除了在没有任何光源的情况下进行这些测量之外,还应该对光伏电池片进行正确的屏蔽,并在测试配置中使用低噪声线缆。

(3) 电容测量 与 $I-U$ 测量类似,电容测量也用于电池片的特征分析。根据所需测量的电池参数,可以测出电容与直流电压、频率、时间或交流电压的关系,如测量光伏电池片的电容与电压的关系,有助于研究电池的掺杂浓度或者半导体结的内建电压。电容-频率扫描则能够寻找光伏电池衬底耗尽区中的电荷陷阱提供信息。电池的电容与器件的面积直接相关,因此对测量而言较大面积的器件将具有较大的电容。

$C-U$ 测量测得的是待测电池的电容与所加载的直流电压的函数关系。与 $I-U$ 测量一样,电容测量也采用四线技术以补偿引线电阻。电池必须保持四线连接。测试配置应该包含带屏蔽的同轴线缆,其屏蔽层连接要尽可能靠近光伏电池片以最大限度减少线缆的误差。基于开路和短路测量的校正技术能够减少线缆电容对测量精度的影响。$C-U$ 测量可以在正偏,也可以在反偏情况下进行。

另外一种基于电容的测试技术激励电平电容压型(Drive-Level Capacitance Profiling, DLCP),可在某些薄膜电池片,如 CIGS 电池片上用于判断光伏电池片缺陷密度与深度的关系。这种测量要加载一个扫描交流电压峰-峰值并改变直流电压,同时进行电容测量。必须调整这两种电压使得即使在扫描交流电压时也保持总加载电压(交流+直流)不变。通过这种方式,材料内部一定区域中暴露的电荷密度将保持不变,我们就可以得到缺陷密度与距离的函数关系。

(4) 电阻率与霍尔电压的测量 光伏电池片的电阻率可以采用四针探测的方式,通过加载电流源并测量电压进行测量,其中可以采用四点共线探测技术或者范德堡方法。

1) 四点共线探测技术。在使用四点共线探测技术进行测量时,其中两个探针用于连接电流源,另两个探针用于测量光伏材料上电压降。在已知光伏材料厚度的情况下,体积电阻率(ρ)可以根据式(2-5)计算得到

$$\rho = (\pi/\ln2)(U/I)(tk) \tag{2-5}$$

式中,ρ 为体积电阻率,单位为 $\Omega \cdot cm$;U 为测得的电压,单位为 V;I 为源电流,单位为 A;t 为样本厚度,单位为 cm,k 为校正系数,取决于探针与晶圆直径的比例以及晶圆厚度与探针间距的比例。

2) 范德堡方法。测量光伏材料电阻率的另外一种技术是范德堡方法。这种方法利用平板四周 4 个小触点加载电流并测量产生的电压,待测平板可以是厚度均匀任意形状的光伏材料样本。范德堡电阻率测量方法需要测量 8 个电压。

高电阻率测量中的误差可能来源于多个方面,包括静电干扰、漏电流、温度和载流子注

入。带电的物体拿到样本附近时就会产生静电干扰，要最大限度减少这些影响，应该对样本进行适当的屏蔽以避免外部电荷。这种屏蔽可以采用导电材料制作，应该将屏蔽层连接到测量仪器的低电动势端进行正确接地。电压测量中，还应该使用低噪声屏蔽线缆。漏电流会影响高电阻样本的测量精度。漏电流来源于线缆、探针和测试夹具，通过使用高质量绝缘体，最大限度降低湿度，启用防护式测量，包括使用三轴线缆等方式可以尽量减少漏电流。

（5）脉冲式 $I-U$ 测量　除了直流 $I-U$ 和电容测量，脉冲式 $I-U$ 测量也可用于得出电池片的某些参数。特别值得一提的是，脉冲式 $I-U$ 测量在判断转换效率、最短载流子寿命和电池电容的影响时一直非常有用。

2.1.8　质量分级

每个型号每次交货的数量为一批次，外观检验按照 GB/T2828.1—2012 进行一次抽样，根据检验水平 II 中 AQL = 1.0（缺陷多于 1 个不合格）判定。尺寸检验采用定量检验，每批次抽取 10 片进行检验，不允许超出偏差范围。电性能检验、减反射膜、铝背场附着力、逆电流测试、弯曲度检验要求定量检验，每批次抽取 10 片进行检验，只要存在 1 片不合格，则该批次为不合格。质检员对原材料进行检验时，需按照所属企业制定的《检验作业指导书》中的抽样标准进行抽样，按照检验项目以及要求进行检验和判定，并将检查结果记录在"电池片进厂检验记录表"中，合格的允许入库，不合格的按不合格品相关管理制度执行。相关记录有"电池片进厂检验记录表"、"电池片抽检报告"、"文件修订记录"。

1. 质量分级介绍

（1）分级方法　电池片的电性能测试和分选是指用电池片的单片测试仪（也叫单片分选仪）对电池片的峰值功率和转换效率等进行测试和分选。分选工艺要求将电池片按照质量分级及生产技术文件的要求进行分档。

1）按转换效率分选。单晶 a 类片的转换效率≥14%，单晶 b 类片的转换效率≥13.5%。多晶 a 类片的转换效率≥13.5%，多晶 b 类片的转换效率≥13%。125mm×125mm 电池片的功率≥2.4W，156mm×156mm 电池片的功率≥3.4W，按 a 类或 b 类的转换效率每额定功率的 0.25%±0.01W 为一档进行分选。

2）按外观分选。检查电池片有无缺口、崩边、划痕、花斑、栅线印反以及表面氧化情况等。正极面检查有无暗裂纹、主栅线印刷不良。将不良品按功率分开放置并做好标记。

3）将外观分选合格的电池片根据目测按颜色进行分组。颜色分为浅蓝色、深蓝色、暗红色、黑色、暗紫色等。一般每一块光伏组件选用的电池片颜色要尽量一致，不能将颜色差别比较大的电池片分在一块光伏组件上。

4）按计划生产的板型规格和数量要求进行电池片分选。以每板电池片用量如 36 片、54 片、60 片、72 片为一个单位，用泡沫盒等进行装载，交由单焊工序人员或由单焊工序人员领取。拿取电池片时要使用专用夹具，并带一次性手套或手指套，不得裸手触及电池片。分选下来的缺边角的电池片要根据质量等级归类，用于切割后为小功率光伏组件使用。

（2）电池片的电性能测试　测试前要使用标准电池片对测试仪器进行校准，测试误差不超过 ±0.01W。标准片测试误差大时，要对测试仪器进行参数调整，并记录校准结果。按需要分选电池片的批次，按规格标准选取被测试标准电池片。然后开启测试仪，按下测试仪操作面板电源开关，预热 2min，按下"量程"按钮。用标准电池片将测试仪的测试参数调整到标准值，检查确认压缩空气的压力为正常。将待测试的电池片放到测试台上进行分选测试。待测电池片有栅线的一面朝上，放置在测试台的铜板上，调整测试电极位置使其正好压在电池片的主栅线上，保证电极接触良好。踩下脚阀进行测试，根据测得的电流值进行分档。

将分选出来的电池片按照测试的数值分为合格和不合格两类，并放置在相应的盒子里标示清楚。合格的电池片在检测后按每0.05W为一档分档放置。测试完成后整理电池片，以每100片作为一个包装单位，清点好数目并做相应的记录。测试完毕，按操作规程关闭测试仪。

（3）测试注意事项

1）测试前，要对测试仪进行标准片校准，保证测试数据的准确性。分选电池片时要轻拿轻放，避免损坏。分类和摆放时要按规定放在指定的泡沫盒或区域内。装盒和打包时需要清点核对数目，并且确保包装的完整性。

2）测试过程中操作者必须戴上一次性手套或手指套，禁止不戴手指套进行测试分选。测试分选后要整理电池片，禁止合格与不合格的电池片混合掺杂放置。记录并填写相关文件数据记录。在测试中如果发现测出的参数不稳定或测试仪有异常，应立即停止测试，找出原因或报告技术管理人员进行调整和检修，正常后，方可继续操作。

2. 粗分

电池片有方角和圆角两种，方角的对角线大，圆角的对角线小（见图2-14）。边长为（103±0.5）mm、（125±0.5）mm、（150±0.5）mm、（156±0.5）mm的电池片，对角为（135±0.5）mm、（148±0.5）mm、（150±0.5）mm、（165±0.5）mm、（200±0.5）mm、（203±0.5）mm。

晶体硅光伏组件的硅片有合格品与不合格品，其中合格品等级分优等品与合格品，或将合格品细分成一、二、三等品。针对硅片厚度为220μm的电池片，优等品表面光滑洁净；厚度（TV）为(220±20)μm；几何尺寸中，边长和对角的误差在±0.5mm以内；同心度方面，任意两个弧的弦长之差≤1mm。垂直度方面，任意两边的夹角为90°±0.3°。

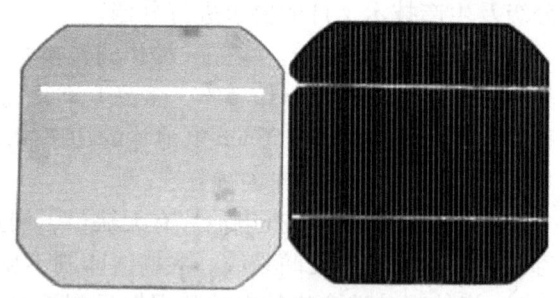

图2-14 圆角电池片正反面对比

电池片合格品中，一等品表面有少许污渍、轻微线痕，厚度满足（220±20）μm≤TV≤（220±30）μm。几何尺寸中，边长为(125±0.5)mm的电池片，对角有（150±0.5）mm、（148±0.5）mm、（165±0.5）mm；边长为（103±0.5）mm的电池片，对角有（135±0.5）mm；边长为（150±0.5）mm、（156±0.5）mm的电池片，对角有（203±0.5）mm、（200±0.5）mm。同心度要求为任意两个弧的弦长之差≤1.2mm，垂直度要求任意两边的夹角为90°±0.5°。

二等品电池片表面有少许污渍、线痕、凹痕和轻微崩边，厚度满足（220±30）μm≤TV≤（220±40）μm，硅片表面凹痕之和≤30μm，崩边范围要求崩边口不是三角形状，崩边口长度≤1mm，深度≤0.5mm。几何尺寸中，边长为（125±0.52）mm的电池片，对角有（150±0.52）mm、（148±0.52）mm、（165±0.52）mm；边长为（103±0.52）mm 的电池片，对角有（135±0.52）mm；边长为（150±0.52）mm、（156±0.52）mm 的电池片，对角有（203±0.52）mm、（200±0.52）mm。同心度要求任意两个弧的弦长之差≤1.5mm，垂直度要求任意两边的夹角 90°±0.8°。

三等品电池片表面有油污但硅片颜色不发黑，有线痕和硅落现象，厚度满足（220±40）μm≤TV≤（220±60）μm，整张硅片边缘硅晶脱落或部分硅晶脱落。

电池片不合格品有严重线痕，厚薄片 TV＞（220±60）μm。崩边的电池片，有缺损，但可以改良为尺寸更小的硅片；气孔硅片中间有穿孔；外形片是切方滚圆未能磨出的硅片；倒角片（同心度）是任意两个弧的弦长之差＞1.5mm 的硅片；菱形片任意两边的夹角＞（90°±0.8°）；凹痕片是硅片两面凹痕之和＞30μm 的电池片；脏片表面有严重污渍且发黄发黑；尺寸偏差片几何尺寸超过二等品的范围。

3. 细分

（1）外观检查　电池片分选检测时，首先进行外观检查，电池片的质量根据其转换效率和工作电流的大小分级有 A 级（A1 级、A2 级）、B 级和 C 级，A、B 级电池片质量要求见表 2-1 和表 2-2，A、B、C 三级电池片对比见表 2-3。电池片的尺寸：125mm×125mm、156mm×156mm，长度公差为±0.3mm，同一批次直径方向公差为±0.5mm。外观：在电池片表面法线 60°的立体角内观察颜色，可以分为紫、深蓝、蓝、浅蓝 4 种颜色。

表 2-1　A 级电池片的质量要求

项	目	A 级电池片检验要求
色泽	颜色	电池片表面为均匀的蓝色或偏红的蓝色 无明显色斑［面积＜（3×3）mm²］ 分布在电池片边缘的微小色斑数目最多 5 个 电池片表面无明显的色差（不同颜色色斑）
	白线	无明显可视缺陷
	脏污	允许不明显微点状脏污，（0.2×0.2）mm² 以内的点状脏污在中心区域最多 1 个，边缘区域最多 3 个
	手印、水痕	手印最多 1 处，水印单个面积≤5mm²，脏污≤（5×5）mm²，无明显可视缺陷
崩边、缺角		不允许崩边深度超过片厚 1/2，或面积＞1.5mm² 的崩边 深度＜硅片厚度 2/3，面积＞1.5mm² 的崩边，最多 1 处 面积＜2mm² 的 U 形缺口、崩边和缺角，数量最多 1 处
裂纹		电池片表面不允许有可见裂纹、隐裂纹、穿孔和 V 形缺口
正面电极印刷		印刷完整清晰，整体位移和偏差＜1mm 细栅线断线长度限值＜1mm 的，最多 2 处，细栅线长度＞1mm 的不允许出现 同一批电池片的栅线颜色一致，无氧化、黄变，主栅线无破损、缺失、断栅
背电极		背电极与正面电极主栅线在同一直线上，错位＜1mm
背电场		背电场印刷完整，铝疱高＜0.2mm（手感无明显凸起），无明显尖锐突起
弯曲度		125mm×125mm 电池片弯曲≤1.5mm/m；156mm×156mm 电池片弯曲≤1.8mm/m
尺寸		电池片对边的宽度误差≤±0.3mm 单晶电池片对角的长度误差≤±0.5mm 180μm≤125mm×125mm 电池片厚度≤200μm，200μm≤156mm×156mm 电池片厚度≤220μm

表2-2 B级电池片的质量要求

项　目		B级电池片检验要求
色泽	颜色	分为紫、深蓝、蓝、浅蓝4种颜色 允许有不明显的色斑
	白线	允许有白线，但不可以有连接两条细栅线
	脏污	允许明显微点状脏污 脏污直径0.25~0.5mm的，最多4处
	手印、水痕	允许有手印、水印、脏污 总面积小于电池片面积的1/4
崩边、缺角		允许崩边≤深度片厚1/2的崩边缺角2处 或缺口面积<1.5mm^{2}的崩边缺角少于3处，且深度<3mm 深度<硅片厚度2/3、面积>1.5mm^{2}的崩边，最多3处 面积<2mm^{2}的U形缺口，数量最多1处
裂纹		电池片表面不允许有可见裂纹、隐裂纹、穿孔和V形缺口 允许轻微线痕（但不得在主栅线附近）
正面电极印刷		印刷完整，细栅线断线长度<3mm，最多5处，不允许连续断栅线 主栅线均匀、清晰、连续，平移偏移<0.2mm
背电极		背电极连续，深1~1.5mm 长度<2mm的允许有3处
背电场		允许有漏印、铝疱，但不允许有尖锐突起
弯曲度		125mm×125mm电池片弯曲度≤1.8mm/m；156mm×156mm电池片弯曲度≤2.5mm/m
尺寸		电池片对边的宽度误差≤±0.3mm 单晶电池片对角的长度误差≤±0.5mm 180μm≤125mm×125mm电池片厚度≤200μm 200μm≤156mm×156mm电池片厚度≤220μm

电池片的外观检查主要是依据电池片外观检验项目和标准的要求进行目视检查和测量检查，以检验其外观是否合格。外观检查的常用工具有金属直尺、游标卡尺，参考表2-3。

表2-3 外观检验项目和判定准则

序号	检验项目	A级品	B级品	C级品
1	色斑、色差	无绒面色斑，无色差，无氧化	色差不均匀面积不大于总面积的1/2，主栅线氧化长度≤10mm，边缘栅线氧化每边少于6根	色差面积大于总面积的1/2以上，边缘栅线氧化每边多于6根
2	断线、缺失	主栅线：无断开或缺失 副栅线：缺失长度≤1mm，不多于3处，且不存在纵向或同一栅线一串断栅存在 背电极：断开或缺失长度≤1mm	主栅线：无断开或缺失 副栅线：1mm<单点断线长度≤3mm，不多于3处 背电极：可焊背电极面积≥总背电极面积的90%	主栅线：有断开或缺失 副栅线：单点断线累计长度>15mm 背电极：可焊背电极面积≥总背电极面积的50%

(续)

序 号	检验项目	A级品	B级品	C级品
3	背面铝浆	印刷：无缺失 锉痕：1）点状锉痕最大直径≤0.5mm，不多于2处；2）线状划痕长度≤2cm，且不多于2处	印刷：缺失面积≤总面积2% 锉痕：1）点状锉痕最大直径>0.5mm，多于2处；2）线状划痕长度>2cm，多于2处	印刷：缺失面积>总面积的2%
4	铝球铝疱	无气泡及点状异常，无尖状凸起	气泡及点状异常高度≤0.2mm，总面积≤5mm²	气泡及点状异常高度≤0.5mm，总面积≤5mm²
5	手指印	无	轻微，面积≤5mm²	面积>5mm²
6	印刷污染面积	面积≤2mm²，不多于2处，对比度不明显	面积≤5mm²，不多于2处	电池污染总面积≤电池总面积的1%
7	印刷不良	无网带印；正面漏浆≤0.5mm²，不多于2处；印刷偏移≤0.5mm	无网带印；正面漏浆≤2mm²，不多于2处；印刷偏移≤0.5mm	有明显网带印，正面漏浆>2mm²；印刷偏移>0.5mm
8	划伤	无；或轻微，长≤2mm，宽≤0.05mm	长≤3mm，宽≤0.05mm	长>3mm，宽>0.05mm
9	崩边崩点	纵深≤0.5mm，长度≤1mm，最多允许2处无穿孔	0.5mm<纵深≤2mm，单点长度≤2mm，不多于5处	纵深>2mm，单点长度>2mm
10	缺口缺角	无V形缺口或缺角；纵深≤0.5mm，单点长度≤0.5mm，最多允许2处	无V形缺口或缺角；0.5mm<纵深≤1mm，单点长度≤1mm，最多允许3处	有V形缺口；或非V形缺口纵深>1mm，单点长度>1mm

国内常用的晶硅电池片尺寸见表2-4，125mm×125mm单晶硅电池片如图2-15所示，该电池片衰减小，采用扩散技术保证了片间片内的良好均匀性，降低了电池片之间的匹配损失。管式PECVD成膜技术，使得覆盖在电池表面的深蓝色氮化硅减反射膜致密、均匀、美观；金属浆料制作电极和背场，确保了电极良好的导电性、可焊性以及背场的平整性；采用丝网印刷图形，使得电池片易于自动焊接。由单晶硅电池片构成的单晶硅光伏组件可以满足不同的消费层次，常用的光伏组件标称电压为DC 24/12V，采用3.2mm厚的钢化玻璃，为提高抗风能力和抗积雪压力，使用耐用的铝合金框架以方便装配，光伏组件边框设计有用于排水的漏水孔消除了冬天的雨或雪水长期积累在框架内造成结冰甚至使框架变形。电缆线使用快速连接头来装配，使用年限达到25年。

表2-4 尺寸检验

电池类型	边长/mm	对角/mm	同一批次厚度偏差/μm
单晶电池片	103.0±0.5	125.0±1.0	标称厚度±40
	125.0±0.5	150.0±1.0	标称厚度±40
	125.0±0.5	165.0±1.0	标称厚度±40
	150.0±0.5	165.0±1.0	标称厚度±40
	156.0±0.5	200.0±1.0	标称厚度±40
多晶电池片	125.0±0.5	175.4±1.0	标称厚度±40
	156.0±0.5	219.2±1.0	标称厚度±40

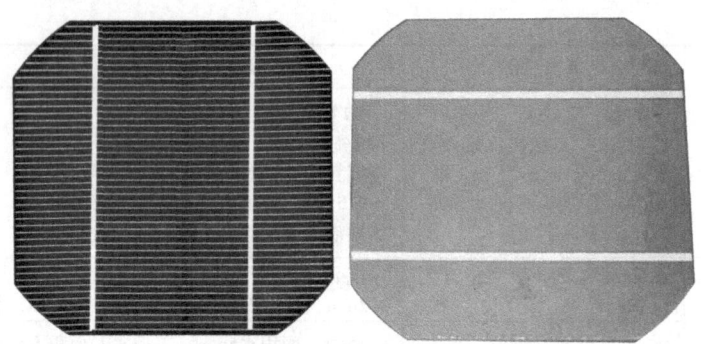

图 2-15 125mm×125mm 单晶硅电池片正反面

（2）电性能检查 标准测试条件下进行检测，光强为 $1000W/m^2$，温度为 25℃，光谱 AM1.5。被抽测试样的平均功率需要在该效率标定电功率偏差 ±3% 以内，不允许超过偏差范围。

1）125mm×125mm 单晶硅电池片功率分档等级见表 2-5，125mm×125mm 单晶硅电池片电性能良的电池按最大功率（转换效率）分为 12 个档次等级。

表 2-5 125mm×125mm 单晶硅电池片功率（转换效率）分档等级表

等级	EFF（%）	P_m/Wp	U_{ap}/V	I_{ap}/A	U_{oc}/V	I_{sc}/I
A1	18.50	2.86	0.520	5.508	0.63	5.85
A2	18.25	2.83	0.520	5.434	0.63	5.77
A3	18.00	2.79	0.520	5.360	0.63	5.69
A4	17.75	2.75	0.520	5.285	0.62	5.61
A5	17.50	2.71	0.520	5.211	0.62	5.53
A6	17.25	2.67	0.520	5.136	0.62	5.45
A7	17.00	2.63	0.520	5.062	0.62	5.37
B1	16.10	2.53	0.514	4.984	0.61	5.30
B2	15.55	2.43	0.514	4.862	0.61	5.27
B3	14.91	2.33	0.500	4.782	0.61	5.28
C1	12.40	1.93	0.489	4.043	0.59	5.08
C2	9.79	1.53	0.443	3.838	0.59	4.89

① 对功率 ≥2.63W 的光伏电池片，分为 7 档，每档的标称功率值为该档的功率范围中间值或下限值。示例：对于标称功率为 2.67W 的电池片，其功率范围为 2.65~2.69W；标称功率为 2.71W 的电池片，其功率范围为 2.69~2.73W，两档之间的间隔为 0.04W。

② 对 2.33W≤功率<2.63W 的光伏电池片，分为 3 档，两档之间为 0.10W 的间隔。每档的标称功率值为该档功率范围中间值。示例：对于标称功率为 2.35W 的电池片，其功率范围为 2.30~2.40W。

③ 对 1.53W≤功率<2.33W 的光伏电池片，分为 2 档，两档之间为 0.4W 的间隔。每档的标称功率值为该档功率范围中间值。示例：对于标称功率为 1.87W 的电池片，其功率范围为 1.77~2.17W。

2) 156mm×156mm 多晶硅电池片按最大功率分为 8 个档次等级。

① 对功率≥3.93W 的光伏电池片，分为 5 档，每档的标称功率值为该档的功率范围中间值或下限值。示例：对于标称功率为 3.95W 的电池片，其功率范围为 3.93~4.01W，两档之间的间隔为 0.08W；标称功率 3.97W 的电池片，其功率范围为 3.97~4.01W，两档之间的间隔为 0.04W。

② 对 3.69W≤功率<3.93W 的光伏电池片，分为 3 档，两档之间为 0.08W 的间隔。每档的标称功率值为该档功率范围中间值。示例：对于标称功率为 3.76W 的电池片，其功率范围为 3.69~3.77W。

2.1.9 生产

电池片生产涉及工艺及厂房建设两方面，从硅片制造到光伏电池片生产都要考虑，通过设计、施工和二次配管，项目从破土动工到正式投产，甚至停产改造的所有过程，国内公司逐渐取代国外公司，技术已经达到生产要求。

光伏电池片常用制备方法有低压化学气相沉积法（LPCVD）、等离子增强化学气相沉积（PECVD）、液相外延法（LPPE）、溅射沉积法。反应气体有 SiH_2Cl_2、$SiHCl_3$、$SiCl_4$ 或 SiH_4，在一定保护气氛下，硅原子沉积在加热的衬底上（衬底材料为 Si、SiO_2、Si_3N_4 等）。

非硅衬底还存在一些问题，很难形成较大的晶粒，容易在晶粒间形成空隙。解决的方法是先用 LPCVD 在衬底上沉积一层较薄的非晶硅层，再将这层非晶硅层退火，得到较大的晶粒，然后再在这层籽晶上沉积厚的多晶硅薄膜。

多晶硅薄膜电池由于所使用的硅较单晶硅少，又无效率衰退问题，并且有可能在廉价衬底材料上制备，其成本远低于单晶硅电池片，而效率高于非晶硅薄膜片，因此，多晶硅薄膜片在市场上很有竞争力。表 2-6 所示为三种硅基电池片的性能分析。

表 2-6 三种硅基电池片的性能分析

种 类	优 势	劣 势	转换效率
单晶硅光伏电池片	光电转换效率最高，技术最为成熟	硅消耗量大，成本高，工艺复杂	16%~20%
多晶硅光伏电池片	光电转换效率较高	工艺复杂，供应受限制	14%~16%
非晶硅薄膜光伏电池片	成本低，可大规模生产	光电转换效率不高，光致效率衰退明显	9%~13%

单晶硅电池片是以高纯的单晶硅棒为原料的电池片，其转换效率最高，技术最成熟。高性能单晶硅电池片建立在高质量单晶硅材料和热加工处理工艺基础上。单晶硅电池片生产工艺如图 2-16 所示。

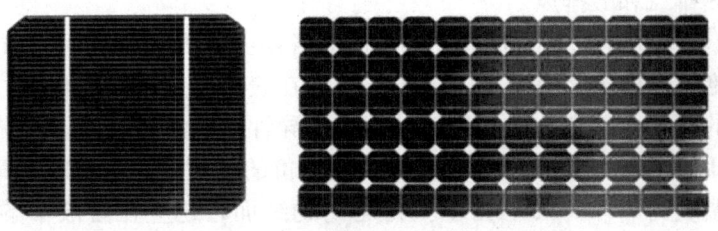

图 2-16 单晶硅电池片生产工艺

1. 生产工艺

单晶硅及多晶硅电池片的生产工艺有：切片，表面制绒及清洗（扩散前清洗、扩散、扩散后清洗），刻蚀（等离子刻蚀及酸洗、镀减反射膜、周边刻蚀、去除背面PN结、PECVD），丝网印刷（制作上、下电极，制作减反射膜），烧结，测试分档（分类检测和封装）。

（1）切片　采用多线切割，将硅棒切割成正方形的硅片，用多线锯（金刚石线）将单晶硅棒或多晶硅锭切为200～300μm厚的薄片，目前工业上已大规模使用200μm左右的硅片进行生产。

1）硅料提取。切片前首先进行硅料提纯，原料为高纯的二氧化硅，经过还原剂碳还原后，生成纯度为98%以上的冶金级硅，再经西门子法提纯为纯度大于99.99998%的太阳能级硅（纯度要求低于半导体级硅）。其次进行拉晶或铸锭。将提纯得到的高纯硅料，经过柴氏法提拉结晶成为单晶硅棒，或者通过石英坩埚铸锭为多晶硅锭。单晶硅棒可以修角（该工艺只适用于单晶），目的是将圆柱形的单晶硅棒磨为近长方体形，使切出的硅片接近正方形。

2）硅片检测。硅片是光伏电池片的载体，硅片质量的好坏直接决定了光伏电池片转换效率的高低，因此需要对来料硅片进行检测。该工序对硅片性能进行在线测试，测试内容有表面不平整度、少子寿命、电阻率和微裂纹，同时对硅片属于P型或N型进行签别。硅片检测设备分自动上下料、硅片传输、系统整合部分和四个检测模块。其中，硅片检测模块对硅片表面不平整度硅片的尺寸和对角线等外观参数进行检测；微裂纹检测模块用来检测硅片的内部微裂纹；在线测试模块主要测试硅片体电阻率和硅片类型；第四个检测模块用于检测硅片的少子寿命。在进行少子寿命和电阻率检测之前，需要先对硅片的对角线、微裂纹进行检测，并自动剔除破损硅片。硅片检测设备能够自动装片和卸片，并且能够将不合格品放到固定位置，从而提高检测精度和效率。

（2）表面制绒及清洗　首先用碱液（一般为80℃以上的NaOH溶液）腐蚀机械加工中造成硅片的损伤，然后分别用碱液（单晶硅片）或酸液（多晶硅片）制备出用于减反射的绒面，最后用甩干机甩干。清洗是用常规的硅片清洗方法清洗，然后用酸（或碱）溶液将硅片表面切割损伤层除去30～50μm。制备绒面是用碱溶液对硅片进行各向异性腐蚀在硅片表面制备绒面。

扩散前清洗的目的在于制绒，就是把相对光滑的原材料硅片的表面通过强酸或强碱腐蚀，使其凸凹不平，变得粗糙，形成漫反射，减少直射到硅片表面的太阳能的损失。相关设备的制造商有无锡瑞宝、德国RENA、深圳捷佳创，其中清洗设备中对硅片腐蚀效果最好的是德国RENA制造的，因为它不光卖设备，还卖制绒工艺的专利。所使用的介质有HF、HCL、HNO_3、NaOH、Na_2SiO_3和乙醇等。动力源有自来水、纯水、压缩空气、氮气、工艺冷却水、废水、热排风和酸排风。

1）表面制绒。单晶硅绒面的制备是利用硅的各向异性腐蚀，在每平方厘米硅表面形成几百万个四面方锥体也即金字塔结构。由于入射光在表面的多次反射和折射，增加了光的吸收，提高了电池的短路电流和转换效率。硅的各向异性腐蚀液通常用热的碱性溶液，可用的碱有NaOH、KOH、LiOH和乙二胺等。大多使用廉价的浓度约为1%的氢氧化钠稀溶液来制备绒面硅，腐蚀温度为70～85℃。为了获得均匀的绒面，还应在溶液中酌量添加醇类如乙醇和异丙醇等作为络合剂，以加快硅的腐蚀。制备绒面前，硅片需先进行初步表面腐蚀，用碱性或酸性腐蚀液蚀去 20~25μm，在腐蚀绒面后，进行一般的化学清洗。经过表面制绒的硅片都不宜在水中久存，以防沾污，应尽快扩散制结。

2）扩散制结。光伏电池需要一个大面积的 PN 结以实现光能到电能的转换，而扩散炉即为制造光伏电池 PN 结的专用设备。管式扩散炉主要由石英舟的上下载部分、废气室、炉体部分和气柜部分四大部分组成。扩散一般用 $POCl_3$ 液态源作为扩散源。把 P 型硅片放在管式扩散炉的石英容器内，在 850~900℃ 高温下使用氮气将 $POCl_3$ 带入石英容器，通过 $POCl_3$ 和硅片进行反应，得到磷原子。经过一定时间，磷原子从四周进入硅片的表面层，并且通过硅原子之间的空隙向硅片内部渗透扩散，形成了 N 型半导体和 P 型半导体的交界面，也就是 PN 结。这种方法制出的 PN 结均匀性好，方块电阻的不均匀性小于 10%，少子寿命可大于 10ms。制造 PN 结是光伏电池片生产最基本也是最关键的工序。因为正是 PN 结的形成，才使电子和空穴在流动后不再回到原处，从而就形成电流，用导线可将直流电流引出。

磷扩散工艺采用涂布源（或液态源，或固态氮化磷片状源）进行扩散，制成 PN^+ 结，结深一般为 0.3~0.5μm。目前工业上用的硅片主要为 P 型片，因此需要通过扩散磷（P）来形成 PN 结，扩散一般通过扩散炉进行，工艺温度高于 900℃，但目前已经在开发低温的扩散工艺。如果是使用 N 型片，则需要扩散硼（B）。

扩散的目的在于形成 PN 结。硅片含硼，是 P 型结物质，需要往里面掺杂磷，使电子发生移动，形成 PN 结空穴。所使用的介质有 $POCL_3$、N_2 和 O_2。动力源有压缩空气、氮气、工艺冷却水、热排风和有机排风。使用的设备是高温扩散炉，厂商有捷克 SVCS、荷兰 TEMPRESS、中国长沙 48 所等。该道工艺有洁净要求，需要在洁净室内运行。因为扩散炉内的石英管需要清洗，所以需要增加一种石英管清洗机。

3）去磷硅玻璃。因为在扩散工艺中会形成非活性的磷硅玻璃，因此需要通过氢氟酸（HF）腐蚀掉。该工艺用于光伏电池片生产制造过程中，通过化学腐蚀法也即把硅片放在氢氟酸溶液中浸泡，使其产生化学反应生成可溶性的络合物六氟硅酸，以去除扩散制结后在硅片表面形成的一层磷硅玻璃。在扩散过程中，$POCL_3$ 与 O_2 反应生成 P_2O_5 淀积在硅片表面。P_2O_5 与 Si 反应又生成 SiO_2 和磷原子，

这样就在硅片表面形成一层含有磷元素的 SiO_2，称之为磷硅玻璃。去磷硅玻璃的设备一般由本体、清洗槽、伺服驱动系统、机械臂、电气控制系统和自动配酸系统等部分组成，主要动力源有氢氟酸、氮气、压缩空气、纯水、热排风和废水。氢氟酸能够溶解 SiO_2 是因为氢氟酸与 SiO_2 反应生成易挥发的四氟化硅（SiF_4）气体。若氢氟酸过量，反应生成的四氟化硅会进一步与氢氟酸反应生成可溶性的络合物六氟硅酸。

扩散后清洗的目的在于洗去扩散时形成的磷硅玻璃，即 SiO_2 和 P_2O_5 的混合物，所以扩散后清洗机又叫作去磷硅玻璃清洗机。动力源有氮气、压缩空气、纯水、HF、热排风、酸排风、废水等，设备厂商有深圳捷佳创。

（3）刻蚀　扩散时在硅片周边表面形成的扩散层，会使电池上、下电极短路，用掩蔽湿法腐蚀或等离子干法腐蚀去除周边扩散层。常用湿法腐蚀或磨片法除去背面 PN^+ 结。刻蚀的目的在于把硅片的边缘 PN 结断开，防止短路。目前国内所使用的刻蚀设备几乎都是长沙 48 所的。动力源有 CF_4、N_2、NH_3、热排风和有机排风。

工业中采用等离子体增强化学气相沉积（PECVD），制备氮化硅（SiN_x）减反射膜。PECVD 的目的在于镀氮化硅薄膜，增加折射率，同时掺杂 H 元素，使缺陷减少，还可以保

护硅片。所用设备有德国的 ROTH&RAW 平板式 PECVD 设备，还有 CENTROTHERMO 的管式 PECVD 设备。动力源有 SiH_4、NH_3、氮气、压缩空气、工艺冷却水、热排风和硅烷排风等。

1）等离子刻蚀。由于在扩散过程中，即使采用背靠背扩散，硅片的所有表面包括边缘都将不可避免地扩散上磷。PN 结正面所收集到的光生电子会沿着边缘扩散到有磷的区域进而流到 PN 结的背面，造成短路。因此，必须对光伏电池周边的掺杂硅进行刻蚀，以去除电池边缘的 PN 结。通常采用等离子刻蚀技术完成这一工艺。等离子刻蚀是在低压状态下，反应气体 CF_4 的母体分子在射频功率的激发下，产生电离并形成等离子体。等离子体由带电的电子和离子组成，反应腔体中的气体在电子的撞击下，除了转变成离子外，还能吸收能量并形成大量的活性基团。活性反应基团由于扩散或者在电场作用下到达 SiO_2 表面，在那里与被刻蚀材料表面发生化学反应，并形成挥发性的反应生成物脱离被刻蚀物质表面，再被真空系统抽出腔体。

2）镀减反射膜。制作减反射膜时，为了减少反射损失，要在硅片表面上覆盖一层减反射膜。制作减反射膜的材料有 MgF_2、SiO_2、Al_2O_3、SiO、Si_3N_4、TiO_2、Ta_2O_5 等。工艺方法可用真空镀膜法、离子镀膜法、溅射法、印刷法、PECVD 法或喷涂法。抛光硅表面的反射率为 35%，为了减少表面反射，提高电池的转换效率，需要沉积一层氮化硅减反射膜。工业生产中常采用 PECVD 设备制备减反射膜。它的技术原理是利用低温等离子体作为能量源，样品置于低气压下辉光放电的阴极上，利用辉光放电使样品升温到预定的温度，然后通入适量的反应气体 SiH_4 和 NH_3，气体经一系列化学反应和等离子体反应，在样品表面形成固态薄膜即氮化硅薄膜。一般情况下，使用这种等离子增强型化学气相沉积的方法沉积的薄膜厚度约为 70nm。这样厚度的薄膜具有光学的功能性。利用薄膜干涉原理，可以使光的反射大为减少，电池的短路电流和输出就有很大增加，效率也有相当的提高。

（4）丝网印刷　光伏电池片经过制绒、扩散及 PECVD 工序后，已经制成 PN 结，可以在光照下产生电流，为了将产生的电流导出，需要在电池表面上制作正、负两个电极。制造电极的方法很多，而丝网印刷是目前制作光伏电池片电极最普遍的一种生产工艺。丝网印刷是采用压印的方式将预定的图形印刷在基板上，该设备由电池背面银铝浆印刷、电池背面铝浆印刷和电池正面银浆印刷三部分组成。其工作原理为：利用丝网图形部分网孔透过浆料，用刮刀在丝网的浆料部位施加一定压力，同时朝丝网另一端移动。油墨在移动中被刮刀从图形部分的网孔中挤压到基片上。由于浆料的黏性作用使印迹固着在一定范围内，印刷中刮板始终与丝网印版和基片呈线性接触，接触线随刮刀移动而移动，从而完成印刷行程。

丝网印刷的目的在于印刷导电电极。先印背面，再印正面。目前国内大多数厂家使用设备是意大利的 BACCINI 印刷线。动力源有真空、压缩空气、热排风和有机排风等。通过丝网印刷（Screen printing）制备前后电极，前电极一般用银浆，后电极用银铝浆，而背面场则用铝浆印刷而成，制备快速且成本低。制作上、下电极用真空蒸镀、化学镀镍或铝浆印刷烧结等工艺。先制作下电极，然后制作上电极。铝浆印刷是大量采用的工艺方法。

（5）烧结　经过丝网印刷后的硅片，不能直接使用，需经烧结炉快速烧结，将有机树脂黏合剂燃烧掉，剩下几乎纯粹的、由于玻璃质作用而密合在硅片上的银电极。当银电极和晶体硅在温度达到共晶温度时，晶体硅原子以一定的比例融入熔融的银电极材料中去，从而形成上、下电极的欧姆接触，提高电池片的开路电压和填充因子两个关键参数，使其具有电阻特性，以提高电池片的转换效率。

烧结的目的是把电极烧结在 PN 结上。高温烧结可以使电极穿透氮化硅膜，形成合金。所用设备厂商有美国 DESPACH 公司等。动力源有压缩空气、工艺冷却水、热排风和有机排风。将电池芯片烧结于镍或铜的底板上。通过烧结炉的高温烧结，使前电极烧穿前表面的氮化硅减反射膜，N 型层形成良好的欧姆接触，而背面的铝扩散入硅中，在背表面形成 P^+ 的重掺区，从而形成背表面场。

烧结炉分为预烧结、烧结、降温冷却三个阶段。预烧结阶段目的是使浆料中的高分子黏合剂分解、燃烧掉，此阶段温度慢慢上升；烧结阶段中烧结体内完成各种物理化学反应，形成电阻膜结构，使其真正具有电阻特性，该阶段温度达到峰值；降温冷却阶段，玻璃冷却硬化并凝固，使电阻膜结构固定地黏附于基片上。

（6）测试分档　测试分档指按规定参数规范，测试分类。生产电池片的工艺比较复杂，一般要经过硅片检测、表面制绒、扩散制结、去磷硅玻璃、等离子刻蚀、镀减反射膜、丝网印刷、快速烧结和检测分档等主要步骤。检测分档的目的在于把电池片按照效率进行分类。目前国内大多数厂家使用的设备是意大利的 BACCINI 检测仪。动力源有真空和压缩空气。最后一道工艺测试分档后的封装形式一般可以选择热塑包装。

2. 工艺改进

（1）工艺研究　光伏电池片采用只需一次烧结的共烧工艺，同时形成上、下电极的欧姆接触。银浆、银铝浆、铝浆印刷过的硅片，经过烘干使有机溶剂完全挥发，膜层收缩成为固状物紧密粘附在硅片上，这时可视为金属电极材料层和硅片接触在一起。当电极金属材料和半导体单晶硅加热达到共晶温度时，单晶硅原子以一定的比例融入熔融的合金电极材料中。单晶硅原子融入电极金属中的整个过程是相当快的，一般只需几秒钟。融入的单晶硅原子数目取决于合金温度和电极材料的体积，烧结合金温度越高，电极金属材料体积越大，则融入的硅原子数目也越多，这时的状态被称为晶体电极金属的合金系统。如果此时温度降低，系统开始冷却形成再结晶层，这时原先融入电极金属材料中的硅原子重新以固态形式结晶出来，也就是在金属和晶体接触界面上生长出一层外延层。如果外延层内含有足够量的与原先晶体材料导电类型相同的杂质成分，这就获得了用合金法工艺形成欧姆接触；如果在结晶层内含有足够量的与原先晶体材料导电类型异型的杂质成分，这就获得了用合金法工艺形成 PN 结。

网带式烧结炉采用电热丝作为加热元件，通过热传导对工件进行加热，无法实现急速升温。只有辐射或微波能够迅速加热物体，辐射加热使用经济、安全可靠、更换方便。所以光伏电池片烧结炉基本都采用红外石英灯管作为主要加热元件，需要改进几个方面如下。

1）加热管的结构形式。为实现烧结段的温度尖峰，需在很短的炉膛空间内布置足够的加热功率。有短波孪管和短波单管两种结构可以选择，其线性功率密度均达到 $60kW/m^2$。虽然短波孪管拥有更高的单根功率（相当于两根单管并联），但由于其制造工艺复杂，对石英玻璃管的质量要求更高，制造成本约是单管的 2.5 倍。因此，在实际使用中，大多采用短波单管。

2）红外辐射吸收光谱。当红外辐射能量被工件吸收时，工件特有的吸收光谱需与发射光谱相匹配，才能在最短时间内最大效率地吸收辐射能。因此，在烧结的不同阶段，所选用的红外石英灯管也是不同的。在烘干段，要让有机溶剂和水分迅速挥发，因此采用中波管辅

助热风加热；在预烧段，要让基片获得充分均匀的预热，中波管良好的红外辐射、均衡的吸收及穿透能力，正好符合要求；在烧结段，必须在极短时间内使基片达到共晶温度，只有短波管能做到这一点。

3）加热管的固定方式。烧结段的温度峰值约为850℃，此时灯管的表面温度达到1100℃，接近石英管的使用极限，稍微过热产生气孔就会立刻烧毁灯管。灯管的引出导线部位，由于焊接导线的金属片和石英玻璃密封在一起，二者热膨胀系数不一致，如果温度过高就会产生应力裂纹，造成灯管漏气。因此灯管在炉膛中的安装固定方式十分重要。红外灯管在炉膛中的固定方式要求灯管的冷端距离炉壁至少80mm以上，保证引出导线部位的温度不会过高；而且炉壁上安装孔的直径要比灯管大2~3mm，通过两侧的固定夹具将灯管悬空夹持在炉膛中。

(2) 厂房建设　在电池片生产过程中，还需要供电、动力、给水、排水、暖通、真空、特殊气体间（考虑到特殊气体如硅烷的安全因素，单独设置一个特殊气体间，以绝对保证生产安全）这些外围设施，消防和环保设备显得尤为重要。一条年产量25MW的生产线，设备占地至少需要1100m^2，而国内厂商一般很少有只计划一条线的公司，所以电池片生产车间净面积都在2000m^2以上。按照16h甚至24h生产来计算，工艺人员不下于百人，所以相应的办公室、更衣间、食堂、宿舍、卫生间等设施都不能太小。外线动力站（制冷、供热、纯水、空压、真空、空调、工艺冷却水、消防、变配电、自控、通信等）房总面积不小于2000m^2。厂房和动力站房有钢筋混凝土框架结构、多层建筑，也有钢结构加金属复合板单层建筑，但布置工艺和动力设备的楼层，因管线众多，层高都较大，至少7m。

一条年产50MW能力的光伏电池片生产线，仅工艺和动力设备用电功率就约为1800kW，必须有可靠的电能供应，PECVD设备、制冷机、空压机、空调风机和循环水泵是用电功率较大的设备。工艺纯水的用量约为15t/h，水质要求达到国家标准GB/T 11446.1—2003《电子级水》中EW-1级的技术标准。工艺冷却水用量也约为15t/h，水质中微粒粒径不宜大于10μm，供水温度宜在15~20℃，供水压力5bar（1bar=10^5Pa）左右，应有可靠的温度，供水压力控制，最好采用变频泵。压缩空气用量在400m^3/h左右，如果空气品质要求较高，如需要达到压缩空气质量等级的1级甚至更高要求，建议使用无油空压机。如果露点温度要求苛刻，干燥机建议使用组合式。真空排气量在300m^3/h左右，水环式真空泵虽然便宜，但是效率下降得也快，不推荐使用。氮气和氧气如果靠近大的气体供应站，一般采用液体储罐供应的方式，初投资低，氮气储罐体积约为20m^3，氧气储罐10m^3足够。另外，硅烷燃烧塔、污水处理站等也是电池片生产的必备设施。

50MW厂房空调系统的空气处理方式则视具体土建情况而言，可以采取组合式空气处理机组集中处理，也可以采用干盘管进行分散处理。生产车间除扩散区外，温湿度均只要满足人体舒适性即可，建议冬夏能有一定变化，这样既可节能，又让人能适应室内外温度变化，不易感冒。扩散区由于对洁净度要求较高，需要设计独立的空气处理系统，主要关注的是洁净度，该区散热量也较大。酸排气量不小于10000m^3/h，一般采用湿式洗涤、中和的处理方式。有机排气量也不小于10000m^3/h，一般采用干式吸附法处理。热排风量也不小于13000m^3/h，因为只是普通排气，可以不用处理，直接排放即可。相对而言，硅烷处理要谨慎，否则容易起火。

整个施工试车过程中，特别要注意的是水，气通入设备之前除做好强度严密性试验，确保无渗漏外，务必保证清洗、吹扫试验要干净彻底。否则，设备一旦被污染，再次清洗不但代价昂贵，甚至会造成重大损失。二次配管时，某些设备的特殊需要，则根据业主的要求和初投资而定，如扩散炉具有较强腐蚀性的高温酸性排风，供强酸、强碱、特气的多层管路，PECVD、刻蚀机的隔声泵房。工厂建成以后，最重要的就是运行维护。电池片厂房动力保障是一个复杂的系统，需要至少2~4名理论功底扎实、动手能力强、富有高度责任感的工程师核心队伍，要经常对各动力系统进行巡察，及时分析和解决出现的问题，甚至适时提出改造方案；否则若不能及时发现隐患，则很可能等问题出现时导致停产。

（3）新型开发

1）新型涂层。美国研究人员在2008年开发出一种新型涂层，将其覆盖在光伏组件上能使后者的阳光吸收率提高到96.2%，而普通光伏组件的阳光吸收率仅为70%左右。新涂层主要解决了两个技术难题，一是帮助光伏组件吸收几乎全部的阳光谱，二是使光伏组件吸收来自更大角度的阳光，从而提高了光伏组件吸收阳光的效率。普通光伏组件通常只能吸收部分阳光谱，而且通常只在吸收直射的阳光时工作效率较高，因此很多太阳能装置都配备自动调整系统，以保证光伏组件始终与太阳保持最有利于吸收能量的角度。

2）植物材料。2013年，日本一个研究小组以木浆为原料，研发出了一种新型光伏组件，被称为"纸糊的"电池片。为了保证透光率，通常光伏组件使用透明的玻璃或塑料。日本研究者还以木浆中的植物纤维为原料，通过压缩加工，成功研发出厚度仅有15nm的透明材料，并以此为基板，将光电转换有机材料和配线用压力嵌入，从而制成纸质电池片。"纸糊的"电池片光电转换效率只有3%，远不及一般发电用电池片10%~20%的转换率，但和玻璃基板电池片差不多，而且它便携易用，制造简单，成本极低。

2.2 构成之二：玻璃

光伏组件接收阳光的正表面是一层面板玻璃，一般选用低铁超白绒面钢化玻璃，一般厚度为3.2mm和4mm，建材型光伏组件有时要用到5~10mm厚度的钢化玻璃，但无论厚薄都要求透光率在90%以上。光伏组件生产环节中超白玻璃的位置如图2-17所示。

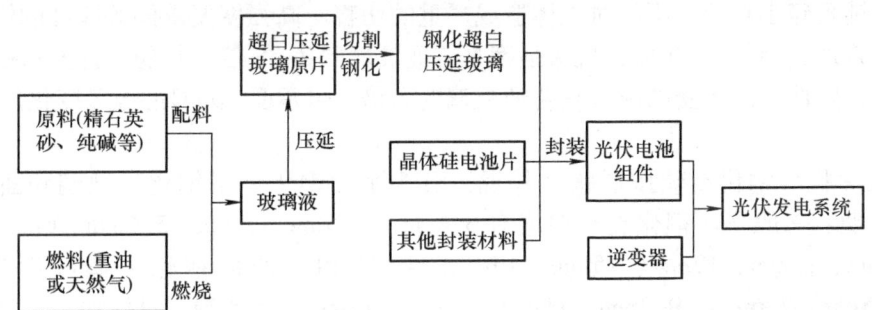

图2-17 光伏组件生产环节中超白玻璃的位置

低铁超白的意思是钢化玻璃的含铁量比普通玻璃要低，透光率比普通玻璃要高。从边缘看过去，钢化玻璃比普通玻璃白（普通玻璃从边缘看是偏绿色的）。绒面的意思是钢化玻璃在其表面通过物理和化学方法进行减反射处理，使玻璃表面成了绒毛状，减少了阳光的反射，从而增加了光线的入射量。有些钢化玻璃表面涂布一层含纳米材料的薄膜，进一步减少光线的反射，增加透光率；而且有自洁功能，可以减少雨水、灰尘对光伏组件表面的长时间污染，减少光伏组件光衰（光电转换效率衰减）。钢化处理的意思是对玻璃进行钢化处理，增加玻璃的强度，使钢化玻璃的强度比普通玻璃提高3~4倍，这样光伏组件可以抵御风沙冰雹的冲击，长期工作不会轻易被破坏。

2.2.1 钢化玻璃

光伏组件采用的面板玻璃是低铁含量、超白光面或绒面的钢化玻璃，光面玻璃也叫浮法玻璃，绒面玻璃也叫压延玻璃。光谱响应的波长范围为320~1100nm，对波长超过1200nm的红外光有较高的反射率。除了钢化玻璃以外，还可以用透明有机玻璃及PC（聚碳酸酯）板作为光伏组件面板，这些材料透光性好、材质轻、可加工成各种形状；但不耐老化、耐温性差、表面易划伤，钢化玻璃以外的光伏组件面板材料目前使用得较少。

光伏组件的面板钢化玻璃的主要作用是支撑整个光伏组件，提供足够的机械强度，通常厚度为3.2mm。光伏行业所使用的钢化玻璃要求含铁量不超过0.01%。抗风压性能要求大于2400Pa（相当于800Pa的12级飓风所产生风压的3倍的安全系数）。光伏组件面板玻璃安装可采用明框式、隐框式，以及配合幕墙的各种型材安装形式。

钢化玻璃（Tempered glass/Reinforced glass）是种超白玻璃，属于安全玻璃。钢化玻璃其实是一种预应力玻璃，为提高玻璃的强度，通常使用化学或物理的方法，在玻璃表面形成压应力，玻璃承受外力时首先抵消表层应力，增强了玻璃的承载能力、抗风压性、寒暑性和冲击性。钢化玻璃是将普通退火玻璃先切割成要求尺寸，然后加热到接近软化温度（700℃左右），再进行快速均匀的冷却而得到的。玻璃厚度不同，选择加热降温的时间也不同，通常，5~6mm厚度的玻璃在700℃高温下加热240s，降温150s；8~10mm的玻璃在700℃高温下加热500s，降温300s。钢化处理后玻璃表面形成均匀压应力，而内部则形成张应力，使玻璃的抗弯和抗冲击强度得以提高，强度是普通退火玻璃的4倍以上。

已钢化处理好的钢化玻璃，不能再做任何切割、磨削等加工或受到破损，否则就会因破坏均匀压应力平衡而"粉身碎骨"。钢化玻璃安全性要求当玻璃受外力破坏时，碎片会成类似蜂窝状的钝角碎小颗粒，不易对人体造成严重的伤害。高强度要求同等厚度的钢化玻璃抗冲击强度是普通玻璃的3~5倍，抗弯强度是普通玻璃的3~5倍。热稳定性要求钢化玻璃具有良好的热稳定性，能承受的温差是普通玻璃的3倍，可承受300℃的温差变化。

1. 类型

（1）按形状　钢化玻璃按形状（外观）分为平面钢化（平钢化）玻璃和曲面（弯钢化）钢化玻璃。一般平面钢化玻璃厚度有3.4mm、4.5mm、5mm、5.5mm、6mm、7.6mm、8mm、9.2mm、11mm、12mm、15mm、19mm，共12种；曲面钢化玻璃厚度有3.4mm、4.5mm、5.5mm、7.6mm、9.2mm、11mm、15mm、19mm，共8种，具体加工过后的厚度还是要看各厂家的设备和技术。曲面钢化玻璃对每种厚度都有个最大的弧度限制（平常所说的R为半径）。钢化玻璃按其平整度分为优等品、合格品。优等品钢化玻璃用于汽车挡风玻璃，合格品用于建筑装饰。

（2）按工艺　钢化玻璃分为物理钢化玻璃和化学钢化玻璃。

1）物理钢化玻璃又称为淬火钢化玻璃，它将普通平板玻璃在加热炉中加热到接近玻璃的软化温度（700℃）时，通过自身的形变消除内部应力，然后将玻璃移出加热炉，再用多头喷嘴将高压冷空气吹向玻璃的两面，使其迅速且均匀地冷却至室温，即可制得钢化玻璃。这种玻璃处于内部受拉，外部受压的应力状态，一旦局部发生破损，便会发生应力释放，玻璃被破碎成无数小块，这些小的碎片没有尖锐棱角，不易伤人。

2）化学钢化玻璃是通过改变玻璃表面的化学组成来提高玻璃强度的，一般应用离子交换法进行钢化。其方法是将含有碱金属离子的硅酸盐玻璃，浸入到熔融状态的锂（Li^+）盐中，使玻璃表层的Na^+或K^+离子与Li^+离子发生交换，表面形成Li^+离子交换层，由于Li^+的膨胀系数小于Na^+、K^+离子，从而在冷却过程中造成外层收缩较小而内层收缩较大，当冷却到常温后，玻璃便同样处于内层受拉，外层受压的状态，其效果类似于物理钢化玻璃。

（3）按钢化度　还有半钢化玻璃和超强钢化玻璃之分。

1）钢化玻璃的钢化度为2~4N/cm，玻璃幕墙钢化玻璃表面应力为$\alpha \geqslant 95MPa$。

2）半钢化玻璃钢化度小于2N/cm，玻璃幕墙半钢化玻璃表面应力为$24MPa \leqslant \alpha \leqslant 69MPa$。

3）超强钢化玻璃钢化度大于4N/cm。

2. 使用细节

钢化后的玻璃不能再进行切割、加工，所以在钢化前就要将玻璃加工至需要的形状，然后再进行钢化处理。钢化玻璃强度虽然比普通玻璃强，但是钢化玻璃有自爆（自己破裂）的可能性，而普通玻璃不存在自爆的可能性。钢化玻璃的表面会存在凹凸不平现象（风斑），有轻微的厚度变薄。变薄的原因是因为玻璃在热熔软化后，再经过强风力使其快速冷却，这使玻璃内部晶体间隙变小，压力变大，所以玻璃在钢化后要比在钢化前要薄。一般情况下，4~6mm玻璃在钢化后变薄0.2~0.8mm，8~20mm玻璃在钢化后变薄0.9~1.8mm。具体程度要根据设备来决定，这也是钢化玻璃不能做镜面的原因。过钢化炉（物理钢化）后的建筑用的平板玻璃，一般都会有变形，这跟设备与工艺有关，它在一定程度上影响了装饰效果。

3. 超白绒面钢化玻璃

光伏组件使用的钢化玻璃是玻璃产品中最高档的品种，有玻璃家族"水晶王子"之称。光伏组件采用低铁超白绒面钢化玻璃。

超白玻璃（Ultra Clear Glass/Super Clear Glass/Super White Glass）可以像其他浮法玻璃一样进行各种深加工，如钢化、弯曲、夹胶、中空装配。超白玻璃是一种超透明、低铁玻璃，具备优质浮法玻璃所具有的一切可加工性能，超白玻璃又称高透明玻璃、无色玻璃或低铁玻璃，透光率高达92%，而浮法玻璃的透光率为86%。低铁超白的意思是玻璃含铁量（Fe_2O_3）$\leqslant 150 \times 10^{-4}$，远远低于普通玻璃0.1%的含铁量。绒面的意思就是在其表面通过物理和化学方法进行减反射处理，使玻璃表面成为绒毛状，还可以利用溶胶凝胶纳米材料和精密涂布技术（如磁控喷溅法、双面浸泡法等技术），在玻璃表面涂布一层含纳米材料的薄膜，这种镀膜玻璃不仅可以使面板玻璃的透光率增加2%以上，还可以使发电效率提高1.5%~3%。

（1）优点　世界上只有美国PPG、法国圣戈班、英国皮尔金顿、日本旭硝子等少数企业掌握超白玻璃的生产技术，其中PPG公司技术最成熟。这些企业为了保证对市场的相对垄断，大都采取技术封锁手段，不对外转让技术及采用限产的营销模式，这使超白玻璃在技术上和资金上具有了较高的进入门槛,此前国内还没有企业能够生产,所需超白玻璃全部依赖进口。高昂的价格和优良的品质,使超白玻璃成了建筑物身份的象征。

超白玻璃自爆率低,采用高纯度原材料,相对普通玻璃不含各种引爆杂质,从而大大降低了钢化后的自爆率。颜色一致性好,超白玻璃生产过程采用色度分析仪确保了玻璃颜色的一致性。可见光透过率高、通透性好,紫外线透过率低,可有效减缓褪色和老化。超白玻璃的售价是普通玻璃的4~5倍,成本仅为普通玻璃的2~3倍。

(2) 用途　以玻璃产品为基本原件所创造的新的产品正在不断涌现出来,包括大型的玻璃幕墙、中空玻璃、LOW-E中空玻璃、光伏钢化玻璃。超白玻璃主要应用于光伏组件、电子产品、高档建筑的内外装修、高档轿车玻璃、高档园艺建筑、高档玻璃家具、各种仿水晶制品行业。从全世界销售情况来看,超白玻璃在建筑物中的高档饭店、城市标志性建筑、政府财政工程、大型的高档展览场地才使用。国外,超白玻璃主要应用于高档建筑、高档玻璃加工和光电幕墙领域以及高档玻璃家具、装饰用玻璃、仿水晶制品、灯具玻璃、精密电子行业(复印机、扫描仪)、特种建筑等。国内,超白玻璃的应用主要在高档建筑及特种建筑物上,如鸟巢、水立方、中国历史博物馆、国家大剧院、北京植物园、上海歌剧院、上海浦东机场、香港会展中心、南京中国艺术中心都应用了超白玻璃,高档家具和高级装饰灯具也开始大量应用超白玻璃。北京举办的家具及加工机械展览会上就有许多玻璃家具选用超白玻璃。

2.2.2　双面玻璃

随着技术的进步和光伏组件工艺的改善,新型的光伏玻璃被开发出来。由低铁玻璃、光伏电池片、胶片、背面玻璃、特殊金属导线等组成的新型光伏玻璃,其将光伏电池片通过胶片密封在一片正面低铁玻璃和一片背面玻璃的中间,是一种建筑用双面光伏玻璃。采用低铁玻璃覆盖在光伏电池片上,以确保更多的光线透过,经过钢化处理的低铁玻璃具有更高的强度,可以承受更大的风压及较大的昼夜温差变化。目前由于双面玻璃晶体硅光伏组件封装工艺的技术瓶颈,其市场价格相对较高。因此寻求一种优异的封装方法与工艺迫在眉睫。不同的封装工艺与封装材料对光伏组件封装效果有影响。

双面玻璃可分为晶体硅光伏玻璃和薄膜光伏玻璃两大类,其中幕墙最常用的晶体硅类又分单晶硅和多晶硅两类。如图2-18所示,光伏玻璃是一种层压入光伏电池片的特殊玻璃,它能够利用太阳辐射发电,并具有相关电流引出装置以及电缆,美观、透光可控,广泛应用于建筑幕墙、光伏屋顶、遮阳、光伏系统,如光伏智能窗、光伏凉亭、光伏玻璃建筑顶棚以及光伏玻璃幕墙。还可以通过控制双面玻璃之间的电池间隙和边缘空隙,来制成5%~80%透光率的光伏玻璃。比如中空光伏玻璃光伏组件是将中空玻璃的外层玻璃替换成双玻(两层玻璃)夹胶光伏组件,在生产工艺上比双玻夹胶光伏组件多一个合成中空的步骤。由于晶体硅光伏组件在高温时的发电效率会下降,因此中空光伏玻璃光伏组件一般在非高温地区使用较多。此外还有薄膜光伏玻璃,其特点是重量轻、厚度薄、可弯曲、易携带、弱光性好,在早晚光线弱的情况下,发电效果优于单晶硅电池,但光电转换效率低于晶体硅光伏玻璃。

1. 结构

双面玻璃光伏组件结构 (Structure of Glass-Glass Solar Modules) 的光伏组件由玻璃、

第2章 光伏组件的构成

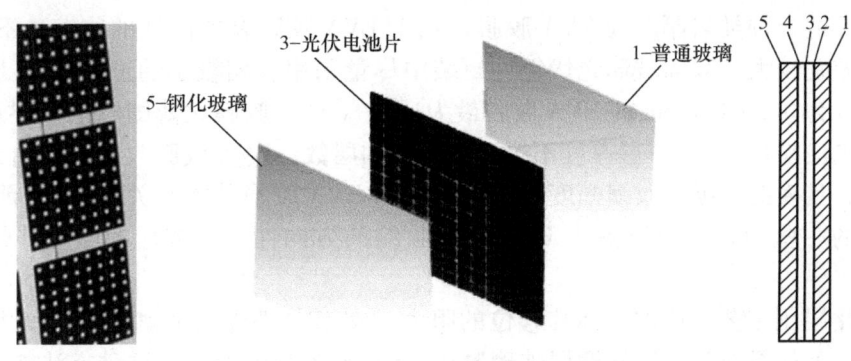

图 2-18 光伏玻璃

EVA 胶膜、光伏电池片、EVA 胶膜、玻璃共 5 层组成。与普通光伏组件结构相比，双面玻璃光伏组件利用背板玻璃代替 TPE（或 TPT）背板。TPE 为柔性材料，玻璃是硬度高的刚性材料，双面玻璃层压封装过程中，由于两层刚性玻璃的挤压，很容易出现气泡、移位、光伏电池片裂片、玻璃碎裂等现象。

2. 问题及解决措施

在双面玻璃光伏组件层压封装试验中，光伏组件常出现的问题及解决措施如下。

（1）气泡　气泡现象是双面玻璃光伏组件封装最易出现的问题，光伏组件中常见的气泡有两类：一类是由于空气从光伏组件边缘渗入产生的气泡，另一类是由于光伏组件内部空气未及时排出产生的气泡。存在气泡的光伏组件在使用时，EVA 胶膜与玻璃、电池易脱层，严重影响光伏组件的外观、电性能和寿命。

产生气泡是双面玻璃光伏组件层压封装中最常见也是最难解决的问题。产生气泡的主要原因是由于玻璃与光伏电池片均是刚性的，两层玻璃之间存在空隙，将双面玻璃光伏组件从层压机中取出后，EVA 胶膜尚处于熔融状态，空气可以迅速沿空隙进入玻璃之间，从而产生气泡。为了避免这一情况，可采用光伏组件在真空状态下冷却的方法，即层压机内冷却法，这种方法能很好地解决气泡问题。但这种方法的光伏组件封装周期时间长，不利于产业化。于是我们改进封装工艺，封装过程中，采用 PC/PET 膜包裹封装法，避免了气泡的产生，这种方法工艺简单、效果好，适于工业化生产。

产生气泡的另一个原因是 EVA 胶膜太薄，双面玻璃光伏组件两层玻璃之间空间相对较大，需要填充的 EVA 胶膜比普通光伏组件多，EVA 胶膜在熔融状态时不能充满玻璃与玻璃之间的空隙，残留在电池片附近的空气不能排出从而产生气泡，这类气泡一般出现在光伏组件中央电池片之间。目前市场上 EVA 胶膜厚薄差距很大，范围为 0.25～0.8mm，在双面玻璃光伏组件封装试验中，我们发现使用两层厚度在 0.4mm 以下的 EVA 胶膜时，很容易在光伏组件的中部产生气泡，若改用三层或四层 EVA 胶膜，就很少有气泡产生。

（2）电池片位移　电池片移位现象在双面玻璃光伏组件封装中也比较常见，电池片移位影响光伏组件的外观，严重时会使电池间的互连条发生扭曲、电池片重叠短路等，影响光伏组件的电性能与寿命。电池片的移位主要由于封装时 EVA 胶膜发生收缩，电池片在两层玻璃之间移动阻力小，双面玻璃光伏组件的电池片移位现象更为显著。

双面玻璃光伏组件电池片移位是由于 EVA 胶膜的收缩引起的，可以从两个方面着手解

决。一是选择适合种类与厚度的 EVA 胶膜，减少 EVA 胶膜有方向性的收缩。不同 EVA 胶膜热收缩性差别较大，双面玻璃光伏组件封装中尽量采用收缩较小的进口 EVA 胶膜。使用两层单层厚度为 0.5~0.6mm 的 EVA 胶膜最为适宜（EVA 胶膜太薄则电池易裂片、产生气泡，太厚则电池易移位），单层厚度不够可适当增加层数。EVA 胶膜收缩一般由光伏组件四周指向中心，且横向与纵向收缩幅度差异较大（与 EVA 胶膜种类有关），封装前将 EVA 胶膜划上横竖的一些刀痕，可以减少 EVA 胶膜收缩的方向性，封装后的电池移位现象明显减少。

二是优化层压工艺，增加电池片移位的阻力。在 EVA 胶膜未收缩之前，对层压机进行下室抽真空，上气囊充气，这样两层玻璃紧压 EVA 胶膜与电池片，这种方法能较好地解决电池片移位问题。

（3）碎片　电池片碎片产生的原因主要是电池片焊点不均匀、层压力度过大、玻璃热膨胀系数不一致。使用双层强度大的钢化玻璃，调节合适的气囊充气时间，保持焊点均匀，基本上可以避免电池片碎片、玻璃裂纹现象。双面玻璃光伏组件封装过程中，在光伏组件上、下面各加一片柔性聚酯膜，两层聚酯膜通过光伏组件边缘多出的 EVA 胶膜将光伏组件胶封成密闭腔体，这样能很好阻止光伏组件内部气泡的产生。另外，封装材料的选择对光伏组件封装效果影响很大，正面与背面使用的钢化玻璃一定要满足相关国家标准与行业标准要求；EVA 胶膜的选择除了考虑热胶黏度、玻璃强度、氧化性能、紫外老化性能外，还应考虑 EVA 胶膜厚度与热收缩性能，EVA 胶膜厚度以 0.5~0.6mm 最为适宜。

2.2.3　钢化玻璃的检验

钢化玻璃鉴定仪可用来鉴别钢化玻璃，没仪器的情况下用观察法鉴别。①检验超白：看边部是否是白色亮边（普通玻璃边部带绿色）。②检验布纹：找图片对比一下，用手摸一下。③检验钢化：看一下玻璃上是否有生产公司 3C 合格标志。抽查可直接敲碎钢化玻璃，看玻璃的颗粒大小，看碎片的脱离程度，也能鉴别钢化程度。在玻璃边进去 2cm 以内任意位置，用笔画一个 40mm×40mm 的正方形，数里面的颗粒数，两个半颗算一个，颗粒数在 40 个以上就是合格的钢化玻璃。钢化玻璃检验要参考检验标准，以晶体硅光伏组件用钢化玻璃的检验标准为例分析。

1. 检验要求

超白玻璃简称白玻璃，即低铁钢化绒面玻璃，在光伏电池片光谱响应的波长范围内（320~1100nm）透光率达 90% 以上，对于大于 1200 nm 的红外光有较高的反射率。此玻璃同时耐紫外光线的辐射，透光率不下降。合格白玻璃符合国家标准 GB 15763.2—2005 和 GB/T 2828.1—2012。

钢化玻璃检验内容包括生产厂家、规格型号、包装、外观、钢化强度、厚度及尺寸、与 EVA 胶膜的剥离强度。检验工具是卷尺、卡尺和 1040g 钢球。材料是 EVA 胶膜和背板。检验时，包装目视良好，确认厂家和规格型号。钢化玻璃标准厚度为 3.2mm，允许偏差 0.2mm；长宽允许偏差 0.5mm；对角允许偏差 0.7mm。

目视外观，钢化玻璃允许每米边上有长度不超过 10mm，自玻璃边部向玻璃板表面延伸深度不超过 2mm，自板面向玻璃另一面延伸不超过玻璃厚度 1/3 的爆边；钢化玻璃内部不允许有长度小于 1mm 的集中气泡；对于长度大于 1mm、小于 6mm 的气泡，每平方米不得超过6个；不允许有结石、裂纹、缺角的情况发生；钢化玻璃表面允许每平方米内宽度小于0.1mm、长度小于50mm的划伤数量不多于4条；每平方米内宽度为0.1~0.5mm、长度小于50mm的划伤不超过1条；钢化玻璃不允许有波形弯曲，弓形弯曲不允许超过边长的0.2%。弓形弯曲测试时，将来料取样放置在平台上，测量弯曲点与台面距离最大的数值，然后除以钢化玻璃边长。与EVA胶膜剥离时，钢化玻璃要求具有一定的强度。钢化强度检验时，取来料6块样品试验，将玻璃放置在测试架上，从距玻璃1~1.2m处，使钢球自由落在玻璃上，玻璃不碎裂为合格。如有一项不符合检验要求，则重检。重检仍有不符合检验内容的，则判定该批为不合格来料。

(1) 尺寸 用最小刻度为1mm的金属直尺或金属卷尺测量，使用GB/T 1216—2004所规定的千分尺或与此同等精度的工具测量玻璃每边的中点，测量结果的算术平均值即为厚度值。尺寸检验时，长方形平面钢化玻璃边长的允许偏差应符合表2-7的规定，长方形平面钢化玻璃的对角线允许偏差应符合表2-8的规定。

表2-7 长方形平面钢化玻璃边长允许偏差 （单位：mm）

厚度	边长（L）允许偏差			
	$L \leq 1000$	$1000 < L \leq 2000$	$2000 < L \leq 3000$	$L > 3000$
3、4、5、6	-2~1	±3	±4	±5
8、10、12	-3~2			

表2-8 长方形平面钢化玻璃对角线允许偏差 （单位：mm）

厚度	对角线允许偏差		
	$L \leq 2000$	$2000 < L \leq 3000$	$L > 3000$
3、4、5、6	±3.0	±4.0	±5.0

1) 长度尺寸。长宽尺寸在0~2500mm范围内的尺寸公差要求为±1mm，此公差要求也适用于圆形钢化玻璃。

2) 对角线尺寸。对角线尺寸要求在0~1000mm范围内的尺寸公差要求为±1mm，对角线尺寸在1000~3000mm范围内的尺寸公差要求为±1mm。

3) 厚度尺寸。厚度为3~3.5mm的尺寸允许偏差为±0.2mm。

(2) 外观 以白玻璃制成品为试样，在较好的自然光或散射光照条件下，距离玻璃表面600mm处，用肉眼检查爆边。

1) 优等品。每片玻璃每米边长上允许长度不超过3mm，自玻璃边部向玻璃板表面延伸深度不超过1mm，自板面向玻璃厚度延伸深度不超过厚度的1/4，在限制范围内的爆边数量没有要求。

2) 合格品。每片玻璃每米边长上允许长度不超过10mm，自玻璃边部向玻璃板表面延伸深度不超过2mm，自板面向玻璃厚度延伸深度不超过厚度1/3的爆边的1处。

(3) 划伤要求 优等品钢化玻璃表面允许划伤每平方米内深度小于0.5mm，宽度小于0.1mm，长度小于30mm的划伤数量不多于3条。

合格品宽度在0.1mm以下的轻微划伤，每平方米面积内允许存在长度小于50mm的2条；宽度在0.1mm以上0.5mm以下的长度小于50mm的允许1条。

(4) 结石、裂纹、缺角、夹钳印要求　优等品要求结石、裂纹、缺角、夹钳印均不允许存在。

合格品要求夹杂物间距大于300mm，结石$L\leqslant 0.5$mm的不计，0.5mm$<L\leqslant 1$mm允许有$2S$个，夹杂物不允许为黑色，夹杂物检验见表2-9。

表2-9　夹杂物检验

夹杂物要求	长度	0.5mm$\leqslant L\leqslant 1$mm	0.5mm$\leqslant L\leqslant 1$mm	2.0mm$\leqslant L\leqslant 3.0$mm	$L>3$mm
	个数/个	$5.5S$	$1.1S$	$0.44S$	0

注：表中，S是以平方米为单位的玻璃面积，保留两位小数点，气泡的个数为允许范围内各系数与S相乘所得的数值，按照进"1"法修整。

(5) 气泡检验　气泡分圆形和长形，见表2-10，圆形气泡要求$L\leqslant 0.5$mm的不计，0.5mm$<L\leqslant 1$mm允许有$3S$个。长形气泡的要求宽度$\leqslant 0.5$mm，$L\leqslant 1.5$mm的不计。宽度>0.5mm，$L\leqslant 1.5$mm允许有$3S$个。

表2-10　气泡检验

圆形气泡	直径	<0.3mm	$0.3\sim 1.0$mm	$1.0\sim 2.0$mm	>2.0mm
	允许接受数量	不作为气泡	$3S$个	$1S$个	0个
长形气泡	长度	<0.3mm	$0.3\sim 1$mm	$1\sim 2$mm	>5mm
	宽度$\leqslant 0.5$mm	不作为气泡	$1.0S$个	$2S$个	0个
	宽度>0.5mm	$5.5S$个	$1.1S$个	0个	0个

注：表中，S是以平方米为单位的玻璃面积，保留两位小数点。气泡的个数为允许范围内各系数与S相乘所得的数值，按照进"1"法修整。

气泡与气泡之间的间距大于300mm。对于不作为气泡的可视气泡，在100mm直径的圆面积内不超过20个。若同时产生两种形式的气泡，则两种气泡数量之和不超过其中一种气泡要求的数量。

(6) 弯曲度　以平面钢化玻璃制品为试样。试样垂直立放，水平放置直尺贴紧试样表面进行测量。钢化玻璃的弯曲度应不超过0.2%。弓形时，以弧的高度与弦的长度之比的百分率表示；波形时，用波谷到波峰的高与波峰到波峰（或波谷到波谷）的距离之比的百分率表示。

(7) 抗冲击性能　满足抗冲击试验的要求，即不允许有线道、压痕，不允许有目视可见的图案不清现象。抗风压性能：要求钢化玻璃抗风压性能大于2400Pa。试样为与制品相同厚度的同种类的原板玻璃，且与制品在同一工艺条件下制造的尺寸约为610mm×610mm的钢化玻璃。用如图2-19所示试验装置上的铁框支撑试样，使冲击面水平。试验曲面钢化玻璃时，需要使用相应的辅助框架支撑。

用直径为38~39mm（质量约227g）表面光滑的钢球放在距离试样表面1000mm的高度，使其自由下落。冲击点应在距试样中心25mm的范围内。对每块试样的冲击仅限一次，以观察其是否破坏。试验在常温下进行。

(8) 霰弹袋冲击性能　试样为相同厚度的同种类的原板玻璃，且与制品在同一工艺条件下制造的尺寸为1930mm×864mm的矩形平面钢化玻璃。取4块平面钢化玻璃试样进行试验，玻璃破碎时，每试样的最大10块碎片质量的总和不超过相当于试样65cm^{2}面积的质量；或者散弹袋下落高度为1200mm时，试样不破坏。

1）检验装置。霰弹袋试验装置由图 2-19 所示的试验框和冲击体（霰弹袋）构成。

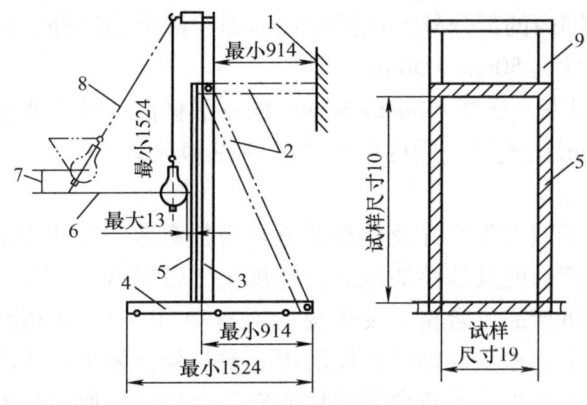

图 2-19　霰弹袋试验框
1—固定壁　2—增强支架　3、9—试样框　4—用螺栓固定的底座　5—木制紧固框
6—试样的中心线　7—下落高度　8—直径 3mm 左右的钢丝绳

① 霰弹袋试验框的构造，主要部分采用高度大于 100mm 的槽钢，用螺栓固定在地面上，在其背后加支撑杆，以防在撞击时移位或歪斜。

② 试样采用如图 2-19 所示的木制固定框，安装在试验框上。试验的四周与固定框的接触部位用符合 GB/T 531—2008～2009 规定的硬度为 A50 的橡胶条垫衬。试样安装后，橡胶条的压缩厚度为原厚度的 10%～15%，而且，固定框的内部尺寸比试样尺寸约小 19mm。

③ 冲击体是带有金属杆的皮革袋。装填霰弹后，把袋的上、下端用螺母固定紧，再把皮革袋的表面用宽 12mm、厚 0.15mm 左右的玻璃纤维增强聚酯尼龙带交叉地倾斜卷缠起来，直至表面完全覆盖成袋状体，其质量为 45kg±0.1kg。用厚度为 1.5mm 的人造革把 2 块 A 片和 4 块 B 片缝合在一起，用公称尺寸为 $\phi 2.5mm$ 的铅砂装填。

2）检验步骤。

① 用 3mm 直径的挠性钢丝绳把冲击体吊起，使冲击体横截面最大直径部分的外周距离试样表面小于 13mm，距离试样的中心在 50mm 以内。

② 使冲击体最大直径的中心位置保持在 300mm 下落高度，自由摆动落下，冲击试样中心点附近一次。若试样没有破坏，升高至 750mm，在同一试样的中心点附近再冲击一次。

③ 试样仍未破坏时，再升高至 1200mm 的高度，在同一块试样中心点附近冲击一次。

④ 下落高度为 30mm、750mm 或 1200mm 试样破坏时，在破坏后 5min 之内，从玻璃碎片中选出最大的 10 块，称其质量。

（9）碎片状态　试样从产品中随机抽取，试验设备为曝光和晒图装置。取 4 块钢化玻璃试样进行试验，每块试样在 50mm×50mm 区域内的碎片数必须超过 40 个，且允许有少量长条形碎片，其长度不超过 75mm，其端部不是刀状，延伸至玻璃边缘的长条形碎片与边缘形成的角不大于 45°。钢化玻璃允许有距玻璃 600mm 正视不明显的麻点。试验步骤如下。

1）将钢化玻璃试样放在相同开关和尺寸的另一块试样上，在两块试样之间放上感光纸，并用透明胶带纸沿周边粘牢。

2）在试样的最长边中心线上距离周边 20mm 左右的位置，用尖端曲率半径为 0.2mm±0.05mm 的小锤或冲头进行冲击，使试样破碎。

3）感光纸应在冲击后 10s 内开始曝光，并且在冲击后 3min 内结束。感光纸晒图后，除去距离冲击点 80mm 范围内的部分外，从图中找出碎片最大的部分。碎片状态试验部分采用的矩形平面钢化玻璃尺寸为 50mm×50mm。

（10）钢化玻璃透射率　选择 60mm×60mm 的方形样品，使用光谱响应仪进行测量。要求在波长为 400~1100nm 的光谱范围内的光透过率在 91% 以上。

2. 检验方法

若不合格产品数等于或大于尺寸及外观的不合格判定数，则认为该产品外观质量、尺寸偏差、弯曲度不合格。产品的其他性能也应符合规定，否则认为该项不合格。检验各项中有一项不合格，则认为该批产品不合格。要求检验所有项目，入厂检验外观质量、尺寸偏差、弯曲度。检验一般分为常规检验和加严检验两项。常规检验到加严检验的情况是：当正在采用常规检验时，检验出有 1 批是不符合常规检验有关标准的，则进厂原材料的下一批转移到加严检验。

钢化玻璃检验，首先将钢化玻璃试样放在试验台上，并用透明胶带纸约束玻璃周边，已防止玻璃碎片溅开。然后在试样的最长边中心线上距离周边 20mm 左右的位置，用尖端曲率半径为 0.2mm±0.05mm 的小锤或冲头进行冲击，使试样破碎。保留图案的措施应在冲击后 10s 后开始并且在冲击后 3min 内结束。碎片计数时，应除去距离冲击点半径 80mm 以及距玻璃边缘或钻孔边缘 25mm 范围内的部分。从图案中选择碎片最大部分，在这部分中用 50mm×50mm 的计数框计算框内的碎片数，每个碎片不能有贯穿的裂纹存在，横跨计数框边缘的碎片按 1/2 个碎片计算。在 50mm×50mm 的区域内碎片数必须超过 40 个。

检验的目的是确定钢化玻璃是否符合技术要求，保证验收的产品达到规定的质量水平。检验可以提供有关钢化玻璃的质量信息，以便及时地采用性能优良的产品。各公司生产光伏组件产品所用的钢化玻璃材料可以参考上面检验方法，当某一公司采购其他公司钢化玻璃时，所取得的钢化玻璃材料样品需按自己公司标准检验。检验设备需要透光率检测仪 1 台，器具精度为 1mm、量程 5m 的钢卷尺 1 个，游标卡尺 1 个，千分尺 1 个，尖端曲率半径为 0.2mm±0.05mm 的小锤 1 把。检验步骤如下：

1）整体检验。原材料进厂后，查看合格证、质检报告、数量、规格型号、生产数量、生产日期及有效期，并查看包装是否完好无损，如有损坏，应记录损坏情况。

2）尺寸检验。用最小刻度为 1mm 的钢卷尺测量钢化玻璃样品的长、宽和对角线。与包装上标示的长、宽和对角线的数据进行比较，计算出尺寸误差值。根据标准判定合格与否。

3）厚度检验。使用千分尺，在距样品玻璃板边 15mm 内的四边中点测量厚度（精确到 0.01mm）。记录每一块玻璃板四点厚度值。根据标准判定合格与否。

4）结石、裂纹、缺角检验。在明亮环境下，观察样品玻璃表面不应具有结石、裂纹、缺角的情况发生。否则为不合格产品。

5）爆边检验。在明亮的环境下，采用目测法，观察玻璃是否具有爆边现象。如果具有爆边现象，则测量爆边的长度、深度及自板面向玻璃另一面延伸所超过玻璃的厚度。爆边长度使用游标卡尺来测量。爆边深度使用游标卡尺在玻璃侧面，目视测量；从玻璃板侧面观察自板面向玻璃另一面延伸所超过玻璃的厚度。根据标准判定合格与否。

6）气泡检验。在明亮的环境下观察钢化玻璃内部，是否具有气泡；如有集中气泡，则测量集中气泡的长度；如有大气泡，用游标卡尺测量气泡长度，并且查出每平方米大气泡的个数。根据标准判定合格与否。

7）划伤检验。在明亮环境下，观察玻璃表面是否有划伤现象。如果有划伤现象，则使用游标卡尺测量每平方米内钢化玻璃表面划伤的长度。数出每平方米的内划伤条数。根据标准判定合格与否。

8）颗粒度检验。每批货抽两块，以制品为试样。

9）碎片检验。保留碎片图案的框，将钢化玻璃试样放在试验台上，并用透明胶带纸约束玻璃周边，以防止玻璃碎片溅开。在试样的最长边中心线上距离周边20mm左右的位置，用尖端曲率半径为0.2mm±0.05mm的小锤或冲头进行冲击，使试样破碎。保留图案的措施应在冲击后10s后开始并且在冲击后3min内结束。碎片计数时，应除去距离冲击点半径80mm以及距玻璃边缘或钻孔边缘25mm范围内的部分。从图案中选择碎片最大部分，在这部分中用50mm×50mm的计数框计算框内的碎片数，每个碎片不能有贯穿的裂纹存在，横跨计数框边缘的碎片按1/2个碎片计算。根据标准判定合格与否。

10）透光率检验。选择3个试样，尺寸为50mm×50mm，维持原厚度，试样应均匀，不应有气泡，表面光滑平整，无划伤，无异物和油污。试验条件，温度为（23±5）℃，相对湿度为（50±20）%RH。启动仪器，预热10min后，测定试样厚度。调节零点旋钮，使积分球在暗色时检流计的指示为零。当光线无阻拦时，调节仪器使检流计的指示为100。用如下公式计算每个试样的透光率 $T_t = (T_2/T_1) \times 100\%$，计算结果以每一组试样的算术平均值表示，精确到小数点后一位。根据标准判定合格与否。

11）检验结果的处理。检验员填写《进料物料检验报表》《原材料检验标准表》《原材料检验单》。检验进厂钢化玻璃原材料合格的直接入库，检验进厂钢化玻璃原材料不合格的根据不合格来料管理办法处理。

3. 国家标准

钢化玻璃按形状分类，分为平面钢化玻璃和曲面钢化玻璃。钢化玻璃按应用范围分类，分为建筑用钢化玻璃和建筑以外用钢化玻璃。标准最先由国家建筑材料工业局提出，由国家建筑材料科学研究院玻璃科学研究所归口，由中国建筑材料科学研究院玻璃科学研究所起草。国家标准规定了钢化玻璃的分类、技术要求、检验方法和检验规则，适用于建筑、工业装备等建筑以外用钢化玻璃。国家质量技术监督局发布的GB 9963—1988修订版国家标准是根据日本标准JISR 3206（1989版）《钢化玻璃》对GB 9963—1988进行修订的，在技术内容上与日本标准等效，在适用范围上，增加了抗风压性能的要求。GB 9963—1988后又被多次修订，更替版本为GB/T 9963—1998《钢化玻璃》（已作废）和GB 15763.2—2005《建筑用安全玻璃 第2部分：钢化玻璃》（现行）。

钢化玻璃检测现行国家标准还有GB/T 531—2008～2009《硫化橡胶或热塑性橡胶》GB/T 1216—2004《外径千分尺》；GB 11614—2009《平板玻璃》；GB/T 5137.2—2002《汽车安全玻璃光学性能试验方法 第2部分：光学性能试验》；JC/T 677-1997《建筑玻璃均布静载模拟压试验方法》。

（1）试验方法

1）尺寸检验。尺寸用最小刻度为1mm的金属直尺或金属卷尺测量。

2）厚度检验。使用GB/T 1216—2004所规定的千分尺或与此同等精度的器具测量玻璃每边的中点，测量结果的算术平均值即为厚度值，并以毫米（mm）为单位修约到小数点后二位。

3) 外观检验。以制品为试样,在较好的自然光或散射光照条件下,距离玻璃表面600mm外,用肉眼进行检查。

4) 弯曲度测量。以平面钢化玻璃制品为试样。试样垂直立放,水平放置直尺贴紧试样表面进行测量。弓形时,以弧的高度与弦的长度之比的百分率表示;波形时,用波谷到波峰的高与波峰到波峰(或波谷到波谷)的距离之比的百分率表示。

5) 抗冲击性。用直径为63.5mm表面光滑的钢球(质量约为1040g)放在距离试样表面1000mm的高度,使其自由落下。冲击点应在距试样中心25mm的范围内。对每块试样的冲击仅限一次,以观察其是否破坏。试验在常温下进行。

6) 碎片状态试验。试样从制品中随机抽取,试验设备为曝光和晒图装置。

7) 散弹袋冲击性能试验。试样为相同厚度的同种类原板玻璃,且与制品在同一工艺条件下制造的尺寸为1930mm×864mm的矩形平面钢化玻璃。装置由试验框和冲击体构成。

8) 透射比。按GB/T 5137.2—2002《汽车安全玻璃试验方法 第2部分:光学性能试验》相关方法进行试验。

9) 抗风压性能:按JC/T 677—1997《建筑玻璃均布静载模拟压试验方法》相关方法进行试验。

(2) 包装、包装标志、运输、贮存

1) 包装。产品应用集装箱或木箱包装。每块玻璃应用塑料或纸包装,玻璃与包箱之间用不易引起玻璃划伤等外观缺陷的轻软材料填实。具体要求应符合国家有关标准。

2) 包装标志。包装标志应符合国家有关标准的规定,每个包装箱应标明"朝上、轻搬正放、小心破碎、玻璃厚度、等级、厂名或商标"等字样。

3) 运输。产品可用各种类型的车辆运输,搬运规则、条件等应符合国家有关规定。运输时,木箱不得平放或斜放,长度方向应与输送车辆运动方向相同,应有防雨措施。

4) 贮存。产品应垂直贮存在干燥的室内。

2.3 构成之三:胶膜

光伏组件上的钢化玻璃、光伏电池片、TPT背板之间的黏合材料是一层胶膜,PVB胶膜优于EVA胶膜。普通光伏组件部件之间的黏合材料采用EVA胶膜,建筑用高性能双面玻璃光伏组件采用PVB胶膜。EVA胶膜是一种热固性有黏性的胶膜,EVA是乙烯-醋酸乙烯共聚物(Ethylene-Vinyl Acetate Copo)。

2.3.1 胶膜的分类

1. EVA

乙烯与醋酸乙烯共聚物是乙烯共聚物中最重要的产品,国外一般将其统称为EVA。但是在我国,人们根据其中醋酸乙烯含量的不同,将乙烯与醋酸乙烯共聚物分为EVA树脂、EVA橡胶和VAE乳液。醋酸乙烯含量小于40%的产品为EVA树脂;醋酸乙烯含量为40%~70%的产品很柔韧,富有弹性特征,人们将这一含量范围的产品称为EVA橡胶;醋酸乙烯含量在70%~95%范围内通常呈乳液状态,称为VAE乳液。VAE乳液外观呈乳白色或微黄色。EVA材料可制作冰箱导管、煤气管、土建板材、容器、日用品、包装用薄膜、垫片、医用器材、热熔胶粘剂、电缆绝缘层。光伏组件用热熔胶的醋酸乙烯含量在28%~33%。

EVA具有优良的柔韧性、耐冲击性、弹性、光学透明性、低温绕曲性、黏着性、耐环境应力开裂性、耐候性、耐腐蚀性、热密封性以及电性能等。EVA的性能主要取决于分子量(可以用熔融指数MI表示)和醋酸乙烯酯(以VA表示)的含量。当MI一定时,VA的含量增高,EVA的弹性、柔软性、黏结性、相溶性和透明性提高;VA的含量降低,EVA则接近于聚乙烯的性能。当VA含量一定时,分子量降低则软化点下降,而加工性及表面光泽改善,但强度降低;分子量增大,可提高耐冲击性和应力开裂性。熔融指数MI是指在一定温度、压力下,每10min从一个固定直径的喷孔中压出聚合物重量的多少。一般来说,MI数值大,分子量相对小些。VA含量越大,剥离强度越大;但VA含量过高,EVA自身的强度降低,黏结后容易撕开,剥离强度降低。MI越大,EVA流动性好,平铺性好,物理黏结点多,剥离强度大;但MI大到一定程度,EVA的聚合度就会减少,自身的强度降低,剥离强度降低。为了达到一个平衡,研究表明VA含量为28%~33%,MI为10~400的EVA树脂最适宜做封装EVA胶膜。

(1) EVA胶膜　EVA胶膜的主要用途是生产功能性棚膜,有较高的耐候性、防雾滴和保温性能。由于聚乙烯不具有极性,即使添加一定量的防雾滴剂,其防雾滴性能也只能维持2个月;而添加一定量EVA树脂制成的棚膜,不仅具有较高的透光率,而且防雾滴性能也有较大提高,可超过4个月。另外,EVA胶膜还用于生产包装膜、医用膜、层压膜、铸造膜。全球EVA胶膜市场占有率较高的四家企业分别是美国胜邦(STR)、日本三井化学、日本普利斯通及中国杭州福斯特,约占全球80%市场份额。2013年,国内有约40家的EVA胶膜供应商,随着国内EVA胶膜技术成熟、售价低等优势,国内产品正逐步在取代国外产品,如今我国70%以上的EVA胶膜由国内厂家供应。2013年,EVA树脂的报价是1.4万元/t,2014提高至1.6万元/t,以每平方米消耗0.4kg原材料,再加上2000元助剂计算,75%的产品售价已被原材料成本侵蚀,而原材料基本掌握在海外公司手中,中国企业难有议价能力。

(2) 发泡鞋材　鞋材是我国EVA树脂最主要的应用领域。在鞋材使用的EVA树脂中,醋酸乙烯含量一般为15%~22%。由于EVA树脂共混发泡制品具有柔软、弹性好、耐化学腐蚀等性能,因此被广泛应用于中高档旅游鞋、登山鞋、拖鞋、凉鞋的鞋底和内饰材料中。另外,这种材料还用于隔声板、体操垫和密封材领域。我国广东顺德、中山,福建晋江、泉州和浙江温州是我国鞋业的主要生产基地,每年消耗大量的EVA树脂产品。截至2012年,我国EVA树脂总产量约29万t,消费量84万t,需要大量进口。

(3) 电线电缆　考虑到安全,计算机机房使用无卤阻燃电缆和硅烷交联电缆。因为具有良好的填料包容性和可交联性,使EVA树脂在无卤阻燃电缆、半导体屏蔽电缆和二步法硅烷交联电缆中广泛使用。EVA树脂还被应用于制作一些特殊电缆的护套。在电线电缆中使用的EVA树脂,醋酸乙烯含量一般为12%~24%。截至2014年,电线电缆行业消耗EVA树脂6000t以上。

(4) 玩具　EVA树脂在玩具中应用如童车轮、坐垫,我国玩具生产集中于沿海的东莞、深圳、汕头,以出口和对外加工为主,截至2014年每年消耗EVA树脂5000t以上,EVA树脂使用牌号与鞋材用料基本相同。

(5) 热熔胶 以 EVA 树脂为主要成分的热熔胶不含溶剂，不污染环境且安全性较高，可以自动化生产，用于书籍无线装订、家具封边、汽车和家用电器的装配、制鞋、地毯涂层和金属的防腐涂层。热熔胶主要使用醋酸乙烯含量为 25%~40% 的 EVA 树脂，国内依靠进口。截至 2014 年，我国热熔胶领域消耗 EVA 树脂主要集中在油墨、箱包、酒瓶垫盖等领域，每年消耗 EVA 树脂 3 万 t 以上。EVA 原料主要来自台塑、台聚、三井、住友、现代、杜邦、阿托，主要用户有国民淀粉（上海）有限公司、温州华特热熔胶有限公司、汉高黏合剂有限公司、国民淀粉化学（广东）有限公司。

(6) VAE 乳液 VAE 乳液是醋酸乙烯 - 乙烯共聚乳液，是以醋酸乙烯和乙烯单体为基本原料，与其他辅料通过乳液聚合方法共聚而成的高分子乳液。国外对乙烯与醋酸乙烯共聚物的研究比较早。英国帝国化学公司于 1938 年发表了 EVA 共聚物的高压自由基聚合专利，美国杜邦公司于 1960 年实现 VAE 乳液的工业化生产。国内从 1960 年开始研制 EVA 树脂，到 1975 年试产成功。1988 年北京有机化工厂首次从美国引进年产 1.5 万 t VAE 乳液设备，1991 年四川维尼纶厂再次从美国引进同样一套 VAE 乳液装置，2009 年江西化工化纤有限公司自建了一套年产 1000t 生产线。随着人们生活水平提高以及环境保护意识增强，VAE 乳液越来越得到市场青睐。截至 2014 年，我国 VAE 乳液年总产量达到 4.5 万 t，但是与实际需求相比仍然存在较大缺口，只能靠进口予以补足。

1) 特点。VAE 乳液具有良好的混溶性，与大多数添加剂如分散剂、润湿剂、防冻剂、消泡剂、防腐剂、阻燃剂可以混合，可以满足各种不同需要。VAE 乳液能与许多颜料和填料混合，而不会发生凝聚现象；与许多低分子和高分子水溶性聚合物如聚乙烯醇水溶液、聚乙二醇水溶液、淀粉或改性淀粉糊化液、聚丙烯酸钠水溶液、聚马来酸水溶液、聚氧乙烯水溶液、脲醛、酚醛水溶液、羟乙基纤维素、羧甲基纤维素、甲基纤维素水溶液直接混合；与许多其他高分子聚合乳液如聚醋酸乙烯乳液、聚丙烯酸酯乳液直接混合；与醛、酯、酮、有机酸、多元醇、高级醇、卤代烃、芳香烃，如甲醛、乙二醛、邻苯三甲酸二丁酯、邻苯二甲酸二辛酯、醋酸、四氯化碳、三氯甲烷、苯、甲苯、二甲苯、辛醇、乙二醇、丙三醇、醋酸乙酯、醋酸丁酯等直接混合。VAE 乳液具有良好的成膜性，乳液性黏合剂只能在某一温度下形成透明的薄膜，这个温度叫最低成膜温度，一般低于 5℃，因此能够很好成膜，皮膜对水滴有较好的阻隔性。VAE 乳液具有良好的黏结性，它对纤维、木材、纸张、塑料薄膜、铝箔、水泥、陶瓷有很好的黏合作用。

根据防水性划分，VAE 乳液聚合物有通用和防水用两类。通用类 VAE 聚合物刚性好，补黏强度高，但耐水性差；防水用 VAE 聚合物挠性好，耐水性好，但黏接强度低。根据 VAE 应用性能、共聚物组成和共聚第三单体类型，VAE 乳液有黏品和纺品两大类。黏品型 VAE 多用作通用型胶黏剂，纺品型胶黏剂多用作纺织纤维的胶黏剂，两者没有绝对界限。

2) 应用。VAE 乳液主要用于胶黏剂、涂料、水泥改性剂和纸加工，具有永久的柔韧性。VAE 乳液可以看作是聚醋酸乙烯乳液的内增塑产品，由于它在聚醋酸乙烯分子中引入了乙烯分子链，使乙酰基产生不连续性，增加了高分子链的旋转自由度，空间阻碍小，高分子主链变得柔软，并且不会发生增塑剂迁移，保证了产品永久性柔软。VAE 乳液具有较好的耐酸碱性，在弱酸和弱碱存在条件下均能够保持稳定性能，因此它不论与弱酸或弱碱混合都不会发生破乳现象。VAE 乳液能够耐紫外线老化，由于 VAE 乳液是采用乙烯作为共聚物的内增塑剂，使 VAE 聚合物具有内增塑性，增塑剂不会发生迁移，从而避免了聚合物性能老化。因此不仅VAE乳液对紫外线有很好的稳定性，VAE乳液成膜后同样也可保持这一特点。

VAE乳液被广泛用于胶黏剂的基料。VAE乳液具有很好的力学性能，乳液粒子平均粒径小，耐蠕变性与热封性之间有很好的平衡关系，有很好的湿黏性及很快的固化速度。VAE乳液具有广泛的黏结性能，除能粘接木材、皮革、织物、纸张、水泥、混凝土、铝箔、镀锌钢板等材料，还能用作压敏胶和热封胶，而且对于一些难于黏结的材料如聚乙烯、聚丙烯、聚氯乙烯、聚酯等薄膜更是具备特有的黏结性。

VAE乳液可用作涂料的基料。以聚醋酸乙烯乳液、丙烯酸乳液、VAE乳液、丁苯乳液、丙苯乳液、醋苯乳液为基料制造的涂料统称为乳胶漆。VAE乳胶漆可用作内外墙涂料、屋面防水涂料、防火涂料、防锈涂料，涂膜耐起泡性好，耐老化不易龟裂，与多种基材有较好的附着力。VAE乳胶漆不仅能够涂覆于木材、砖石和混凝土上，也能涂覆于金属、玻璃、纸、织物表面，它与油漆的亲和力也很好，可以相互在表面上涂刷。

VAE乳液可用于纸加工。VAE乳液在纸加工中主要用于纸张浸渍、纸张涂层和纸浆添加，能够给多种纸张上光，增加纸的干湿强度、韧性、光泽度，提高色彩稳定性，降低油墨印刷消耗量，提高纸张档次。作为纸浆添加剂，可以制作各类非石棉型垫片。VAE乳液还可以用于特种纸加工，如用干法膨化造纸制作一次性使用的餐巾、面巾、尿布、卫生巾。

VAE乳液可用于水泥改性剂。水泥是建筑工程中应用最广泛的材料之一，单纯的水泥存在容易龟裂和耐水性、耐冲击力、耐酸性差的缺点，在一定程度上影响了水泥的实用效果。人们从1920年开始发现合成乳胶在水泥改性上有较好的效果，如聚醋酸乙烯乳液、丙烯酸乳液、丁苯及甲苯乳液、VAE乳液。由于具有良好的耐水性、耐酸碱性和耐候性，价格也比同类产品便宜，VAE乳液广泛用于土建工程。近几年出现VAE可再分散乳胶粉，逐步取代VAE乳液在水泥改性剂方面的地位，成为主要的水泥改性剂的主要产品。

3）生产安全。VAE乳液对眼睛和皮肤有刺激作用，可燃，具有刺激性。皮肤接触后，应用流动清水冲洗；眼睛接触后，应提起眼睑，用流动清水或生理盐水冲洗。VAE粉体与空气可形成爆炸性混合物，当达到一定浓度时，遇火星会发生爆炸。加热分解产生易燃气体；有害燃烧产物是一氧化碳、二氧化碳；着火后，要求消防人员须佩戴防毒面具、穿全身消防服，在上风向灭火；灭火剂要求为雾状水、泡沫、干粉、二氧化碳、砂土。

VAE乳液生产时，应密闭操作，操作人员佩戴自吸过滤式防尘口罩，戴化学安全防护眼镜，穿防毒物渗透工作服，戴橡胶手套；远离火种、热源，工作场所严禁吸烟；使用防爆型的通风系统和设备；避免产生粉尘；搬运时要轻装轻卸，防止包装及容器损坏；配备相应品种和数量的消防器材及泄漏应急处理设备；倒空的容器可能残留有害物，应储存于阴凉、通风的库房；应与氧化剂、碱类分开存放，切忌混储，避免接触，配备相应品种和数量的消防器材。

2. PVB

PVB是聚乙烯醇缩丁醛（Polyvinyl Butyral）的缩写，是由乙烯醇和丁醛在以水为介质的条件下聚合而成的高分子化合物，无色透明。它具有高拉伸强度、高弹性模量，耐磨，耐冲击，耐热，耐光，耐氧和臭氧，耐无机酸和脂肪烃类，它和金属与玻璃有极强的黏结力。PVB膜有良好的黏结性、韧性和弹性，在夹层玻璃受到外力猛烈撞击时，这层膜会吸收大量能量，玻璃碎片会牢牢黏附在PVB中间膜上，玻璃碎片不会飞散，从而使可能产生的伤害减少到最低程度。总体言之,有安全、保温、控制噪声和隔离紫外线等多项功能,PVB膜是夹层玻璃的中间膜。

PVB 夹层玻璃因其良好的抗冲击特点而具有安全性,是安全玻璃的一种,在我国主要用于交通业和建筑业。我国现有 PVB 夹层玻璃生产线 150 多条,其中引进线 50 多条,2010 年 PVB 夹层玻璃产量大于 5000 万 m^2。PVB 夹层玻璃所采用的 PVB 薄膜主要依靠进口,日本积水、美国杜邦、美国首诺三大公司 PVB 膜片几乎垄断了我国的市场。军用航空级 PVB 产品用在飞机、轿车、高层建筑的防弹玻璃与安全玻璃;民用 3~250 秒高、中低黏度系列产品用于印染、油墨、涂料、瓷用薄膜花纸、黏合剂及轻纺光学仪器。国产 PVB 主要用于建筑领域,光伏级主要由杜邦供应,汽车级由积水供应,PVB 是 EVA 的替代品,在建筑上可用于生产安全玻璃、防火玻璃和栏杆玻璃,国产的分为新料与旧料两个级别,绝大部分是用旧料来生产的,从加工出来后,玻璃堆成一架就可很明显看出来。

(1) PVB 的特点 PVB 无毒、无臭、无腐蚀性,具有优良的透明性、良好的绝缘性、抗冲击和拉伸性能,抗张强度高、黏结性好、弹性好、能耐无机酸和脂肪作用,还具有耐光、耐寒、耐老化等优良的综合性能。建筑幕墙玻璃、汽车挡风玻璃、防弹玻璃等安全玻璃的中间夹层膜,就是 PVB 胶片。PVB 是由聚乙烯醇和丁醛在水中经盐酸催化缩合而成,是热塑性高分子化合物。PVB 是白色或微黄色颗粒或粉末,相对密度为 1.08~1.12,软化温度为 60~65℃,折射率 n20D(20℃时介质对纳米的折射率)为 1.488,吸水性为 4%,拉伸强度为 39.2~49.0MPa,伸长率为 5%~60%,溶解度参数 δ 为 8.4~10.9,溶于甲醇、丙醇、乙醇、丁醇、醋酸乙酯、醋酸丁酯、甲乙酮、环己酮、二氯甲烷、二氯乙烷、二氧六环、四氢呋喃、三氯甲烷、冰醋酸等,可燃,燃烧时冒出黑烟,熔融滴落并发出特殊气味,无毒,LD50(半数致死量)>10000mg/kg。

(2) PVB 夹层膜 PVB 夹层膜是由聚乙烯醇缩丁醛树脂,经增塑剂己二酸二正己酯(DHA)塑化挤压而成型的一种高分子材料。PVB 玻璃夹层膜厚度一般有 0.38mm 和 0.76mm 两种,对无机玻璃具有良好的黏结性,具有透明、耐热、耐寒、耐湿,机械强度高等特性。

PVB 薄膜主要用于夹层玻璃,就是在两块玻璃之间夹进一层以聚乙烯醇缩丁醛为主要成分的 PVB 薄膜,结构如图 2-20 所示。PVB 夹层玻璃由于具有安全、保温、控制噪声和隔离紫外线等多项功能,广泛应用于建筑、汽车等行业。采用特殊配方生产的 PVB 薄膜在航天、军事和高新技术工业等领域也有着广泛的应用,如用于飞机、航天器、军事仪器、光伏电池和太阳能接收器等,在工业领域应用于复合减振钢板等。PVB 夹层玻璃具有以下特点:

1) 安全性。在受到外来撞击时,由于弹性中间层有吸收冲击的作用,可阻止冲击物穿透,即使玻璃破损,也只产生类似蜘蛛网状的细碎裂纹,其碎片牢固地黏附在中间层上,不会脱落四散伤人,并可继续使用直到更换。

2) 防盗性。PVB 夹层玻璃非常坚韧,即使盗贼将玻璃敲裂,由于中间层同玻璃牢牢地粘附在一起,仍保持整体性,使盗贼无法进入室内。安装夹层玻璃后可省去护栏,既省钱又美观还可摆脱牢笼之感。

3) 隔声性。由于 PVB 薄膜具有对声波的阻尼功能,PVB 夹层玻璃能有效地抑制噪声的传播,特别是位于机场、车站、闹市及道路两侧的建筑物在安装夹层玻璃后,其隔声效果十分明显。

4）防紫外线。PVB 薄膜能吸收掉 99% 以上的紫外线，从而保护了室内家具、塑料制品、纺织品、地毯、艺术品、古代文物或商品免受紫外线辐射而发生的褪色和老化。

5）节能。PVB 薄膜制成的建筑夹层玻璃能有效地减少太阳光透过，降低制冷能耗。同样厚度，采用深色低透光率 PVB 薄膜制成的夹层玻璃阻隔热量的能力更强，国内生产的夹层玻璃有多种颜色。

（3）建筑用 PVB 夹层玻璃　欧美大部分建筑玻璃都采用 PVB 夹层玻璃，不仅为了避免伤害事故，还因为 PVB 夹层玻璃有极好的抗振入侵能力。中间膜能抵御锤子、劈柴刀等凶器的连续攻击，特种 PVB 夹层玻璃还能在相当长时间内抵御子弹穿透，其安全防范程度可谓极高。

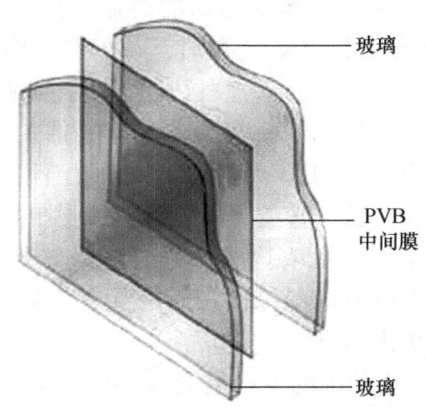
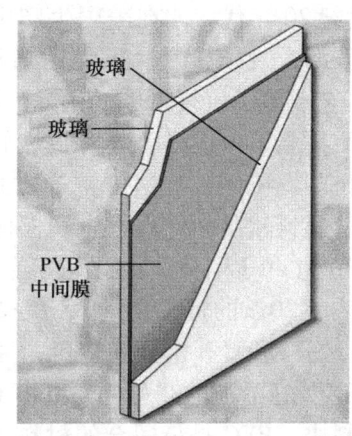

图 2-20　PVB 夹层玻璃结构

家庭的门，包括厨房的门，都是用磨砂玻璃做材料。煮饭时，厨房的油烟容易积在上面，可以用夹层玻璃取而代之。PVB 夹层玻璃安全破裂，在重球撞击下可能碎裂，但整块玻璃仍保持一体性，碎块和锋利的小碎片仍与中间膜粘在一起。钢化玻璃需要较大撞击力才碎，一旦破碎，整块玻璃爆裂成无数细微颗粒，框架中仅存少许碎玻璃。普通玻璃一撞就碎，典型的破碎状况是产生许多长条形的锐口碎片。夹层玻璃破碎时，镜齿形碎片包围着洞口，且在穿透点四周留有较多玻璃碎片，金属丝断裂长短不一。

（4）汽车用 PVB 夹层玻璃　PVB 夹层玻璃具有很高的强度、韧性，而且抗碰撞能力、安全性好，透明度高。一旦破碎，内外两层玻璃的碎片仍能黏结在 PVB 薄膜上。PVB 薄膜具有较大的韧性，在承受撞击时会拱起从而吸收一部分撞击能量，具有一定缓冲作用，其高速冲击强度要高于钢化玻璃。现场调查记录也表明钢化玻璃与夹层玻璃相比，具有更高的伤亡率，其碎片扎伤眼睛的概率也较高。除安全性之处，汽车用 PVB 夹层玻璃同样具有防盗性、隔声性、防紫外线、节能等特点。汽车销量的快速增长为汽车玻璃夹层 PVB 薄膜市场的发展提供了广阔的空间，截至 2014 年，PVB 夹层玻璃产量超过 5000 万 m^2。

3. PVC

PVC 是聚氯乙烯（Polyvinylchlorid）的简称，是一种使用一个氯原子取代聚乙烯中的一个氢原子的高分子材料。PVC 本色为微黄色半透明状，有光泽；透明度优于聚乙烯、聚苯烯，差于聚苯乙烯。根据助剂用量的不同，分为软、硬 PVC。软制品柔而韧，手感黏；硬制品的硬度高于低密度聚乙烯，而低于聚丙烯，在屈折处会出现白化现象。常见的 PVC 产品有板材、管材、鞋底、玩具、门窗、电线外皮、文具。PVC是一种乙烯基的聚合物质，主要成分为聚氯乙烯，另外加入其他成分来增强其耐热性、韧性、延展性等。PVC色泽鲜艳、耐腐蚀、牢固耐用，由于在制造过程中增加了增塑剂、抗老化剂等一些有毒辅助材料，故其产品一般不用来存放食品和药品。PVC生产过程中盐的水溶液在电流作用下发生化学分解，产生氯、苛性钠和氢气。精炼、裂化石油或汽油能产生乙烯。当氯和乙烯混合后，就会产生二氯乙烯，二氯乙烯又可以转换产生氯化乙烯基，它是聚氯乙烯的基本组成部分。聚合过程将氯化乙烯基分子连接在一起组成了聚氯乙烯链。以这种方式生成的聚氯乙烯呈白色粉末状。它是不能单独使用的，但是可以与其他成分混合生成许多产品。氯化乙烯基最初是在1835年由Justus von Liebig试验室合成出来的。而聚氯乙烯是由Baumann在1872年合成的。但是直到20世纪20年代，才在美国生产出了第一个聚氯乙烯的商业产品，在接下来的20年内，欧洲才开始大规模生产。聚氯乙烯具有原料丰富（石油、石灰石、焦炭、食盐和天然气）、制造工艺成熟、价格低廉、用途广泛等突出特点，现已成为世界上仅次于聚乙烯树脂的第二大通用树脂，占世界合成树脂总消费量的29%。聚氯乙烯容易加工，可通过模压、层合、注塑、挤塑、压延、吹塑中空等方式进行加工。聚氯乙烯主要用于生产人造革、薄膜、电线护套等塑料软制品，也可生产板材、门窗、管道和阀门等塑料硬制品。聚氯乙烯具有阻燃（阻燃值为40以上）、耐化学药品性高（耐浓盐酸、浓度为90%的硫酸、浓度为60%的硝酸和浓度20%的氢氧化钠）、机械强度及电绝缘性良好的优点。但其耐热性较差，软化点为80℃，于130℃开始分解变色，并析出HCl。

1995年，PVC在欧洲的产量为500万t，仅德国的生产量就有140万吨。在可以生产三维表面膜的材料中，PVC是最适合的材料。PVC可分为软PVC和硬PVC，其中硬PVC大约占市场的2/3，软PVC占1/3。软PVC一般用于地板、天花板以及皮革的表层，但由于软PVC中含有柔软剂（这也是软PVC与硬PVC的区别），容易变脆，不易保存，所以其使用范围受到了局限；硬PVC不含柔软剂，柔韧性好、易成型、不易脆、无毒无污染、保存时间长，因此具有很大的开发应用价值。PVC的本质是一种真空吸塑膜，用于各类面板的表层包装，所以又被称为装饰膜、附胶膜，应用于建材、包装、医药等诸多行业。其中建材行业占的比例最大为60%，其次是包装行业，还有其他若干小范围应用的行业。

2.3.2 EVA胶膜

要提升光伏组件发电效率，以及提供对抗环境气候变化所引起的耗损保护，确保光伏模块的使用寿命，其EVA胶膜占了很重要的角色，EVA胶膜在常温下无黏性且具抗黏性，在光伏组件封装过程经过一定条件热压后，EVA胶膜便产生熔融黏结与胶联固化，属于热固化的热融胶膜，固化后的EVA胶膜变得完全透明，有相当高的透光性，固化后的EVA能承受大气变化并且具有弹性，将电池片封装起来，与上层面板玻璃及下层TPT背板，利用真空层压技术黏为一体。

1. EVA胶膜生产

在EVA胶膜加工成型时要求很高，根据其在光伏组件中的使用年限及抗老化要求，光伏行业要求对EVA胶膜生产设备的稳定性、收缩率严格控制，生产过程中减少其配方成分的丢失等。起初，国内EVA胶膜设备的生产厂家很多，但达不到要求，导致EVA生产厂家自己拼装或组装设备。EVA胶膜使用国外产品居多，随着自主研发生产能力的增强，国内

EVA 胶膜进入市场，生产企业有中科院化学所所属度辰新材料、浙化所的 FIRST（福斯特）以及杭州索康博。2010 年，国内企业安装了整条 EVA 胶膜生产线，如图 2-21 所示。国内 EVA 行业发展加快，EVA 胶膜的成本逐渐降低，也间接地降低了光伏组件的生产成本。现在国产 EVA 胶膜已达国际先进水平。EVA 胶膜生产设备真空度≥700mmHg（0.092MPa），温度为 100～110℃（玻璃表面实际温度），保温 10min，冷却至 60℃以下，去真空。

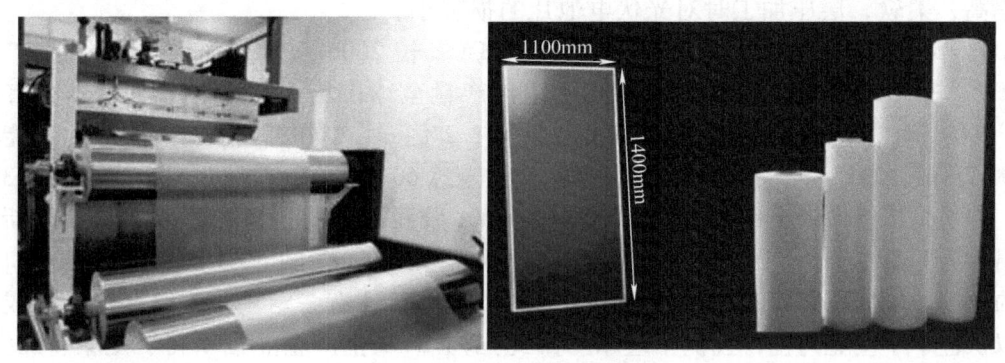

图 2-21　EVA 胶膜生产线

我国是世界上最大的光伏组件生产基地，"两头向外"的特征明显，高端原材料需从国外进口，成品主要销往国外，国内从事的只是简单的组装，产品对国际市场依赖性大，受国际原材料价格影响很大。EVA 胶膜的高端市场长期被国外化工巨头如美国杜邦、日本三井化学、普利司通垄断。国内产品性能和国外产品存在一定差距，较为突出的是国产胶膜的耐候性差，容易变黄，影响本身的透光率，从而降低光伏组件的光电转换效率。美国杜邦（STR）、日本三井化学、普利司通三家企业占了国内市场 60% 以上的份额，高端市场占有率达到 100%。进口 EVA 胶膜的价格昂贵，是国产胶膜价格的 2～3 倍。全球 EVA 胶膜市场占有率较高的四家 EVA 胶膜企业分别是美国杜邦（STR）、日本三井化学、普利斯通及杭州福斯特，占了全球 80% 以上的 EVA 胶膜市场份额。STR 拥有美国、西班牙和马来西亚三家工厂，该公司 2011 年一年的 EVA 胶膜产能达到 1.5 亿 m^2。三井化学是日本的 EVA 巨头，EVA 树脂产能达 50kt/年，EVA 胶膜产能已达到 1 亿 m^2。杭州福斯特是国内最大的光伏 EVA 胶膜生产企业，2011 年产能达 1.5 亿 m^2。按照 2012 年光伏组件产能 35GW 计算，所需 EVA 胶膜的面积约为 4.9 亿 m^2，而统计到主流的厂家产能 5.57 亿 m^2，相对光伏产业链其他环节，EVA 胶膜使用与产能基本匹配，受产能过剩影响不严重。台湾塑胶工业股份有限公司是台湾最大的聚氯乙烯（PVC）生产商，每月生产数百吨光伏组件用 EVA 薄膜。普利司通（Bridgestone）一月产能 1500t，主要将 EVA 薄膜供应给日系光伏组件厂商。爱康太阳能研究中心将致力于光伏组件专用 EVA 胶膜的研发。我国的 EVA 胶膜生产只能满足光伏组件厂商的部分需求，国内市场存在较大缺口，国际市场上，高品质的 EVA 胶膜供不应求，EVA 胶膜一度成为制约光伏组件厂生产的瓶颈。国内的 EVA 胶膜的平均使用寿命为 20 年，存在耐湿热、紫外老化、透光率问题。EVA 胶膜的使用年限超过光伏电池片寿命，从 20 年提升到 30 年。中国石油化工股份有限公司与杜邦包装用塑料及工业用树脂部建立一家合资公司，工厂位于中国石油化工股份有限公司北京燕山分公司，每年产量约 6 万 t。产品涉及诸如包装、黏合剂、印刷、电线电缆、

鞋类和服装。法国材料生产商阿科玛公司（Arkema）推出牌号为 Evatane 33~45PV 的 EVA 胶膜，含有 18%~42% 的乙酸乙烯酯，是专为薄膜或晶硅等密封包装材料设计。三井化学推出光伏电池封装用胶膜 SOLAR EVA® 是以三井杜邦聚合化学 EVAFLEX® 为原料，与各种添加剂（交联剂、黏结促进剂、各种安定剂）配合而成，耐久性、耐热性、耐高温/高湿性、耐候性好，对玻璃、光伏电池片、背板长期黏合性好，熔融时的流动性好，透光率高，柔软，层压加工时对光伏电池片的损害小。

2007年，全球光伏系统装机容量达 2826MW，较 2006 年增 62%，光伏组件产量为 3436MW，较 2006 年增长 56%，中国光伏组件产量全球市场占有率 35%，日本占有率为 26%。2009 年，光伏组件国内需求 EVA 胶膜达 1.2 亿 m^2，当时国内 EVA 胶膜生产能力只有 5000 万 m^2。2013 年，我国光伏组件产出量占全球 60% 左右，按照当时全球出货量 35GW 计算，中国光伏组件产出量为 20GW，对应的 EVA 胶膜需求约为 2.8 亿 m^2，杭州福斯特公司产出约为 1.58 亿 m^2，国内光伏组件生产企业需要 1 亿 m^2 的 EVA 胶膜依赖于进口，占 30% 的比例。虽然现有厂商在产品质量上与国外产品比还有一定差距，但有绝对的成本优势，以供应中小企业为主，且供不应求。因此国内 EVA 生产企业福斯特、爱康、红宝丽，有较大的成长空间。全球 EVA 胶膜产能与实际需求量基本匹配，短期内新进入的企业较少，随着光伏组件出货量的增加，EVA 胶膜需求也会增加。光伏组件生产厂家所需胶膜还是以进口为主。如无锡尚德、浙江昱辉、江苏 CSL、天合光能、江苏大洋、河北晶澳、中电光伏、江西赛维等在海外上市的企业，还有如浙江正泰等刚进入该行业的很多知名企业，所需胶膜均依靠进口。但进口胶膜的价格是国产胶膜的几倍，随着国内生产胶膜技术的成熟，国产化已成为必然的趋势。

2. EVA 胶膜特性

EVA 胶膜的优点是高透明度，高黏着力，适用于各种界面，包括玻璃、金属及塑料（如 PET）；良好的耐久性可以抵抗高温、潮气、紫外线；室温存放容易，EVA 的黏着力不受湿度和吸水性胶片的影响，储存的时候将它们放在原包装内不要取出，放在避光通风的地方，且温度不超过 30℃，湿度低于 80%；相比 PVB 有更强的隔声效果，尤其是高频率的音效；低熔点，易流动，能适用于各种玻璃的夹胶工艺，如压花玻璃、钢化玻璃、弯曲玻璃。

EVA 胶膜的强黏着力、耐久性和优越的光学特性，使得它被广泛用于光伏组件封装以及各种光学产品。EVA 胶膜是用 EVA 为主要原料，添加各种改性助剂，充分混合后加热流延挤出成型的薄膜状产品。使用时，EVA 胶膜发生热交联固化，产生永久性的黏合密封，可经受各种气候环境和恶劣条件。EVA 胶膜透光率高、交联度合理、耐紫外和湿热老化、收缩率小，体积大、电阻率高。0.5mm 厚的 EVA 胶膜可以当作为光伏组件内部的电池片密封剂、电池片与钢化玻璃、连接剂，以及电池片与 TPT 背板的连接剂，快速固化型胶膜的固化条件是加热至 135~140℃，恒温 15~20min；常规型胶膜的固化条件加热至 145℃，恒温 30min。EVA 胶膜透光率 >90%，快速固化型胶膜交联度 >70%，常规型胶膜交联度 >75%，玻璃/胶膜剥离强度 >30N/cm，TPT/胶膜剥离强度 >15N/cm，耐高温 85℃，耐低温 -40℃，不热胀冷缩，尺寸稳定性较好，长时间的紫外线照射不龟裂、不老化，可用 EVA 胶膜做夹层玻璃。EVA 胶膜有透明、不透明及彩色之分，要求符合夹层玻璃的国家标准 GB 15763.3—2009，以 0.25mm 或 0.38mm 厚透明 EVA 胶膜为例，各项性能指标见表 2-11。

表 2-11 EVA 胶膜性能指标

项　目	指　标	备　注
可见光透射率（%）	≥87	耐辐照性、耐湿热性、霰弹袋冲击性能、抗冲击性，合格
紫外线截止率（%）	98.5	
抗拉强度/MPa	≥17	
黏结强度/(kg/cm)	≥2	
吸水率（%）	≤0.15	
断裂伸长率（%）	≥650	
雾化率（%）	0.6	

以一种高效抗紫外光伏组件封装用 EVA 胶膜为例来说明各项特性，这种基于有机高分子改性的 EVA 胶膜在传统 EVA 胶膜配方中引入铕（Eu）元素，利用 Eu 对短波长高能量紫外光的吸收转换作用，将紫外光部分转换成可见光，提高光伏组件对光的利用率。国内生产的 EVA 胶膜，其黏结强度、可见光透过率和抗高低温老化能力已经可与国外产品相媲美，但是在抗紫外老化方面，国内大部分产品略差于国外产品，而紫外老化恰恰是造成 EVA 胶膜黄变的主要因素。目前的技术是在 EVA 里添加紫外吸收剂来减少紫外线对 EVA 胶膜的破坏，而紫外吸收剂只是对 200~400nm 的紫外线波段具有吸收反射性能。将紫外光部分转化为可见光，既避免了紫外光对基材 EVA 的破坏，又增加了可见光的透过率，进一步提高了光伏电池的效率，分别采用红外线（Infrared Radiation IR）测试、紫外线（Ultraviolet Rays，UV）分光光度计（光源采用 UVB B 紫外灯）测试、重量变化（TGA）测试、热流（DSC）测试、二甲苯萃取手段对交联度和透光率进行分析。

(1) 交联度　如图 2-22 所示，在 138℃和 140℃条件下固化 EVA 胶膜，冷却后交联度达到最大，接近 100% 时所用的时间分别是 30min 和 18min。

(2) EVA 透光率　国内外胶膜产品进行透光率测试比较时，胶膜均采用 0.5mm 厚度。先将切割好的玻璃（50mm×25mm）若干片用酒精擦干净晾干待用，准备配方中含铕元素的胶膜样品若干，某国外胶膜样品 A 若干，某国内胶膜样品 B 若干，某国内胶膜样品 C 若干。以玻璃、EVA 胶膜、玻璃为序在层压机里层压，抽真空 5min，150℃下层压 20min 制得样品，以此样品作为紫外－可见分光光度计的系统基线样品。

400~800nm 可见光波段内国内产品已与国外产品相当，均达到了 91%，而加入铕元素的样品透过率达到了 95%；300~400nm 紫外光波段与国外样品相当，均能将紫外光的透光率控制在 5% 以下，而国内某产品 B 只能将其控制在 30% 以下，国内某产品 C 几乎无抗紫外光能力。

(3) 耐紫外光老化　光源采用 UVB313 紫外灯，光照和凝露温度分别为 60℃、40℃，时间均为 4h，光照和凝露交替进行共 1000h。耐紫外光老化后的黄变指数（ΔYI）均按 HG/T 3862—2006《塑料黄色指数试验方法》进行测试，测试结果如图 2-23 所示，黄变指数控制在 0.8 以下。

3. EVA 胶膜使用

EVA 胶膜的功能有光学耦合、固定光伏电池片，绝缘保护连接电路导线、提供适度机械强度和热传导途径。EVA 胶膜的熔融指数影响 EVA 的浓化速度；软化点影响 EVA 开始软化的温度点；EVA胶膜对于不同的光谱分布有不同的透过率，光伏组件中的EVA透光率指的是在AM1.5的光谱分布下的透过率；密度指胶联后的密度；比热指胶联后的比热，反应胶联后的EVA吸收相同热量的情况下温度升高数值的大小；热导率指胶联后的热导率，反应胶联后的EVA的热导性能；玻璃化温度反映EVA的抗低温性能；断裂张力强度指胶联后的EVA断裂张力强度，反映了EVA胶联后的抗断裂机械强度；断裂延长率指胶联后的EVA断裂延长率，反映了EVA胶联后的张力大小；吸水性直接影响EVA对电池片的密封性能；EVA的胶联率直接影响到光伏组件的抗渗水性；剥离强度反映EVA与剥离之间的黏结强度。在使用过程中，要注意防潮防尘，避免与带色物体接触；不要将脱去外包装的整卷胶膜暴露在空气中；分切成片的胶膜如不能当天用完，就遮盖紧密。EVA胶膜若吸潮，会影响和玻璃的黏结力；若吸尘，会影响透光率；若和带色、不洁物体接触，由于EVA胶膜的吸附能力强，容易被污染。

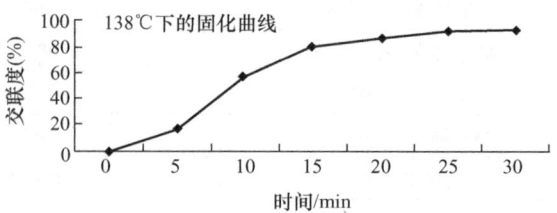

a) 在138℃下固化的时间与交联度关系曲线

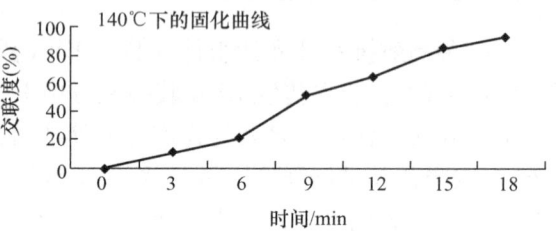

b) 在140℃下固化的时间与交联度关系曲线

图2-22 EVA胶膜的固化曲线

如图2-24所示，光伏组件在使用过程中有EVA胶膜脱层现象，主要因为EVA胶联度不合格（如层压机温度低、层压时间短等）；EVA胶膜、玻璃、背板原材料表面有异物；EVA胶膜原材料成分（乙烯和醋酸乙烯）不均导致不能在正常温度下溶解造成脱层；电池片焊接过程中助焊剂

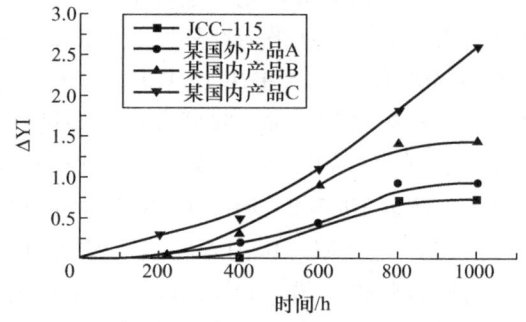

图2-23 各样品紫外老化测试结果

用量过多，长时间高温工作出现沿主栅线脱层。EVA胶膜脱层面积较小时，会使光伏组件输出功率降低，甚至失效；当EVA胶膜脱层面积较大时，直接导致光伏组件失效报废。光伏组件EVA胶膜脱层的预防，可以通过严格控制层压机温度、时间参数实现，并定期按照要求做交联度试验，并将交联度控制在85%±5%内；严格控制原材检验；加强光伏组件生产过程中成品外观检验；严格控制电池片焊接过程中助焊剂用量，不超过主栅线两侧0.3mm。

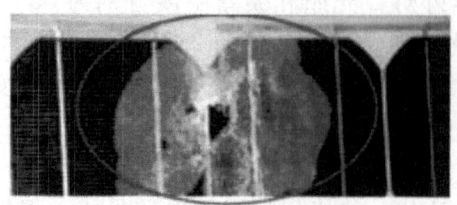
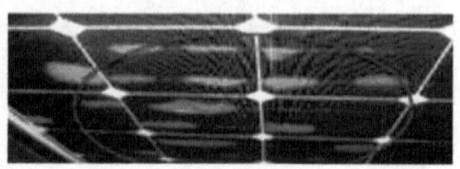

图2-24 EVA胶膜脱层

2.3.3 EVA 胶膜的检验

EVA 是一种热融胶粘剂，厚度为 0.25～0.6mm，表面平整，厚度均匀，内含交联剂；常温下无黏性且具抗黏性，达到热压便发生熔融粘接与交联固化，并变得完全透明。固化后，EVA 胶膜能承受大气变化且具有弹性，将电池片"上盖下垫"，将其包封，并和上层保护材料玻璃，下层保护材料背板（TPT、BBF 等），利用真空层压技术合为一体。EVA 胶膜和玻璃黏合后能提高玻璃的透光率，起着增透的作用，且对光伏组件的输出有增益作用（增强光伏电池片的光照强度）。

EVA 胶膜检验时质量单位为 g，样品的质量为 m_1，萃取前筛网加试样的质量为 m_2，萃取后筛网加试样的质量为 m_3。计算每个交联度的算术平均值作为平均交联度，结果保留三位有效数字，如果两个试样的结果相差超过 3%，则需另取两个试样重新试验。EVA 胶膜检验内容包括厂家、规格型号、包装、保质期（6 个月）、外观、厚度均匀性、与玻璃和背板的剥离强度和交联度。光伏组件生产过程中，对 EVA 胶膜的剥离强度和交联度进行一次抽检和外观全检。检验所需工具是卷尺、游标卡尺、壁纸刀、拉力计、剪刀、120 目丝网、交联度测试仪、烘箱、电子秤；所需材料是 TPT 背板、小玻璃、二甲苯和抗氧化剂。

EVA 胶膜的检验要求包装目视良好，确认厂家、规格型号以及保质期。目视外观，确认 EVA 胶膜表面无黑点、污点，无褶皱、空洞等现象。根据供方提供的几何尺寸测量宽度，误差为 ±2mm，厚度，误差为 ±0.02mm。厚度均匀性检测时，取相同尺寸的 10 张胶膜称重，然后对比每张胶膜的重量，最大值与最小值之间不得超过 1.5%。

剥离强度检验要求按厂家提供的层压参数层压，冷却后测试 EVA 胶膜与玻璃、EVA 胶膜与背板的剥离强度。检验 EVA 胶膜与 TPT 背板的剥离强度，用壁纸刀在背板中间划开 1cm 的宽度，然后用拉力计拉开 TPT 背板与 EVA 胶膜，拉力大于 35N 为合格。检验 EVA 胶膜与玻璃的剥离强度，用拉力计一端夹住 EVA 胶膜，另一端固定住玻璃，拉力大于 20N 为合格。交联度测试结果在 70%～85% 之间为合格。以上内容全检，若有一项不符合检验要求则重检，如仍不符合检验内容则判定来料不合格。

1. 紫外－可见透光率

EVA 胶膜透光率检验仪器有分光光度计，可以测量波长范围为 200～1000nm；热封仪，可加热到 200℃；玻璃载片。EVA 胶膜检验试样制取时，先取两块表面光洁透明的玻璃载片，裁取与玻璃载片尺寸基本一致的 EVA 胶膜，将之平整放在两块玻璃载片中间。再用铝箔将载片包裹好，表面放置 3cm×10cm 的压块。热封仪设置温度为 140℃，压力为 0.06MPa，将样片放置在热封头下，按照试验模式热封 15min。固化完成后取下样品，除去铝箔纸，让试样自然冷却后，使用酒精对载片表面进行清洁处理作为测试样品。同批产品测试制取 3 个试样。

EVA 胶膜透光率检测时，先开启分光光度计，选取光谱测试，波长范围选择 280～385nm 和 385～800nm，进行基线校正。将试样沿入射光方向放置样品仓中，在 280～385nm 波长范围内测其紫外光透过率，在 385～800nm 波长范围内测其可见光透过率。记录 340nm 和 315nm 处的紫外光透过率，并记录 280～385nm 处的紫外光透过率和 385～800nm 处的可见光透过率。结果计算时，取 3 个试样紫外光透过率和可见光透过率的平均值为平均透过率。

2. 黏结强度

两块被粘材料用 EVA 胶膜制备成胶接试样，然后将胶接试样以规定的速率从胶接的开口处剥开，两块被粘物沿着被粘面长度的方向逐渐分离。采用的设备是拉力试验机，试样的破坏负荷应处于满标负荷的 10%~80% 之间。取 300mm×300mm×3.2mm 厚低铁钢化玻璃（刚性）1 块、300mm×300mm 的 EVA 胶膜两块和 310mm×310mm 背板（挠性）1 块，制备玻璃/EVA 胶膜试样和背板/EVA 胶膜试样，放置 20mm×20mm 的隔离纸，按照要求叠加后放入层压机中，层压机温度设置为 145℃，压力为 -0.03MPa，抽真空 5min，加压 11min 后取出，冷却后使用壁纸刀切取宽度为 10mm 的 5 个样，要求必须划透背板和 EVA 胶膜。制备玻璃/EVA 胶膜试样时，在玻璃和 EVA 胶膜层间靠玻璃边沿放置隔离纸；制备背板/EVA 胶膜试样时，在背板和 EVA 胶膜层间靠背板边沿放置隔离纸。

EVA 胶膜黏结强度测试时，先将挠性被黏试片的未胶接的一端弯曲 180°，将试样的两端分别夹紧在固定的夹头上。注意使夹头间试样准确定位，以保证所施加的拉力均匀地分布在试样的宽度上。设定拉伸速度为 (100±10)mm/min，开动机器，使上、下夹头以恒定的速率分离，直到至少有 50mm 的胶接长度被剥离。注意胶接破坏的类型，即粘附破坏或被粘物破坏。

结果处理时，对于每个试样，剥离力以 N 为单位。计算剥离力的剥离长度最少要 50mm，不包括最初的 25mm。取曲线波动稳定时的平均值为剥离力 F。剥离强度为 F/B，单位为 N/cm，F 是剥离力（单位为 N），B 是试样宽度（单位为 cm）。

3. 收缩率

EVA 收缩率检验设备有恒温水浴锅、钢尺。试样制取时，将 EVA 胶膜平铺在干净的平板上，切取 100mm×100mm 尺寸的胶膜，共切取 3 块，中心位置画垂直的十字标线待用。测试时将恒温水浴锅分别加热到 60℃ 和 85℃，恒温 20min 后，将试样放入热水中 1min 取出，冷却 5min 后测其纵向长度。

收缩率 = $1 - L_1/L$，L_1 是收缩后试样纵向的长度，L 是收缩前试样纵向的长度，单位为 mm，取 3 个试样的平均值为试样的最终收缩率。

4. 老化

取 300mm×300mm×3.2mm 厚低铁钢化玻璃（刚性）1 块、300mm×300mm 的 EVA 胶膜 2 块和 310mm×310mm 的背板（挠性）1 块，按要求叠加后放入层压机，层压机温度设置为 145℃，压力为 -0.03MPa，抽真空 5min，加压 11min 后取出，让试样自然冷却后，切除边部溢料后备用。

（1）湿热老化　EVA 湿热老化检验设备是湿热老化试验箱，温度范围为 0~100℃，湿度范围为 30%~98%；测试条件是温度为 (85±2)℃，湿度为 85%±2%。EVA 湿热老化测试时，在试验前先将湿热老化试验箱设定在选定的测试条件下，并稳定运行 30min。将试样水平放置在湿热老化箱中，每隔 24h 后通过观察窗观察一次样品，看其是否变色，并记录。如在 1000h 内变色，记录变色时间并停止试验；如不变色，将样片放置直至 1000h 后停止试验。

EVA 湿热老化结果处理分外观和黏结强度两项。外观指试验后的 3 个试样主要观察其是否有过度异常，包括是否膨胀、变色和出现气泡。黏结强度是使用裁纸刀切取宽度为 10mm 的 5 个试样，要求必须划透背板和 EVA 胶膜。

（2）紫外老化　EVA 胶膜紫外老化检验设备是紫外老化试验箱，温度范围为 0~100℃。

EVA 胶膜紫外老化测试时，在试验前先空机运行 30min，检查灯管及加热是否正常。通过灯管的控制，调整 UVA 灯和 UVB 灯的辐照度比例为 2:1，并分别设置 UVA 的总辐照量为 $10kW\cdot h/m^2$，UVB 的总辐照量为 $5kW\cdot h/m^2$，工作温度为 60℃。将试样水平放置在紫外老化试验箱中，每日记录 UVA 和 UVB 的总辐照量，直至试验结束。

2.4 构成之四：背板

光伏电池背板膜用于光伏组件层压封装，具有环保、耐紫外光和不发黄等优点，是由多层高分子薄膜经碾压黏合起来的复合膜，对电池片起保护和支撑作用，具有可靠的绝缘性、阻水性、耐老化性，光伏组件结构中的 TPT 背板如图 2-25 所示。光伏组件背板膜击穿电压高、附着力好，由 3 层高分子薄膜组合生产而成，中间层是厚度为 150~350μm 的 PET 薄膜（聚酯薄膜 BOPET，P 薄膜），外面两层选用 25~37μm 含氟薄膜（T 薄膜），T 薄膜与 P 薄膜之间用 EVA 胶粘结。各光伏组件商对光伏组件所承诺的使用年限一般都在 25 年以上，要确保其使用年限，选择合适的背板很重要。光伏组件的背板材料品种繁多，结构、性能各不相同，常见的背板有：PVF－PET－PVF（TPT）、PVF－PET－EVA（TPE）、PVDF－PET－PVDF（KPK）、PVDF－PET－Le、PET－PET－PET、THV－PET－EVA（BBF）、FFC－PET－FFC（FFC）、PVDF－PET－EVA（GPE）等。

图 2-25 光伏组件结构中的 TPT 背板

2.4.1 简介

光伏组件背板用于支撑、固定光伏电池片，并具有持续抵御光照射的能力。TPT 背板一般是由层压薄膜复合板制成，最普遍的就是一种包含 Tedlar/聚酯/Tedlar 的三层结构背板膜（TPT）。这种结构让氟化聚酯物能保护聚酯材料正反面、抵挡光分解。如图 2-26 所示，TPT 薄膜坚韧、耐光、抗化学侵蚀且不受长期暴露于高湿度环境的影响。它也是少数能轻易做染色处理的氟化聚酯材料。

1. 特性

PET 提供力学性能和绝缘性能，氟材料提供阻隔性和耐候性。PET 聚酯薄膜不易伸缩，具有良好的耐高温性和极好的电绝缘性能，是 TPT 背板的重要成分材料，厚度一般为

图 2-26　TPT 背板材料

250μm，具有水蒸气阻隔性（低的水汽渗透率）、电气绝缘性、尺寸稳定性、耐湿热老化性（耐候性）及阻燃性，易加工性及耐撕裂性（机械性）。含氟薄膜层（聚氟乙烯薄膜 PVF）是用作光伏电池封装材料的主要层，其作用就是耐气候、抗紫外、耐老化、不感光，结构性能稳定，具有良好的抗紫外线、抗湿热和耐老化性能。光伏组件背板膜具有氟塑料优质的耐老化、耐腐蚀、高阻隔、低吸水等性能和聚酯优异的力学性能，能有效地防止介质，尤其是水、氧、腐蚀性气液体（如酸雨）等对 EVA 胶膜的侵蚀和对光伏组件的损伤，EVA 胶膜的弹性和 TPT 背板膜的坚韧性结合使光伏组件具有较强的抗振性能，综合防护作用明显。TPT 材料颜色有白色、黑色。TPT 聚氟乙烯复合膜至少应该有三层结构：外层保护层 PVF 具有良好的抗环境侵蚀能力，中间层为聚酯薄膜具有良好的绝缘性能，内层 PVF 需经表面处理和 EVA 具有良好的粘接性能。封装用 Tedlar 必须保持清洁，不得沾污或受潮，特别是内层不得用手指直接接触，以免影响 EVA 胶膜的黏结强度。光伏组件的背面覆盖物是白色氟塑料膜，对阳光起反射作用，因此光伏组件的效率略有提高，并因其具有较高的红外发射率，还可降低光伏组件的工作温度，也有利于提高光伏组件的效率。氟塑料膜首先具有光伏电池封装材料所要求的耐老化、耐腐蚀、不透气等基本要求。

背板厂家使用 PVF 复合膜比使用氟涂料涂布形成的背板多。PVDF 树脂是一种与 PVF 结构相近的树脂产品，其含氟量为 59%，远大于 PVF 的 41%，具有高耐磨性、强耐沾污性、高阻隔性、高纯度、易于加工成型等特性。PVF 得益于先入为主的优势，市场用量占据较大优势，但 PVDF 以及其他材料的使用也在增加。

（1）水蒸气透过率　光伏组件使用年限一般按照 25 年以上设计，需要严格控制各光伏组件质量，背板的作用不容小觑，衡量背板性能好坏的重要指标之一便是水蒸气的渗透率。若光伏组件背板膜阻隔水蒸气渗透的性能不良，则空气中的湿气（尤其是阴雨天湿气更大）会透过光伏组件背板膜进入到内侧，水蒸气的渗透会影响到 EVA 胶膜的黏结性能，导致背板与 EVA 胶膜脱离，进而使更多湿气直接接触电池片而使电池片被氧化。从检测原理上来分，透湿性测试方法有称重法和红外线检定法两类。

称重法分为增重法和减重法。增重法的原理是先将一定的干燥剂（一般用无水氯化钙）放入透湿杯中，在透湿杯上放置被检测的薄膜，并用蜡密封，使透湿杯内形成一个封闭的空间,将透湿杯放入恒温湿的环境中,水蒸气透过测试材料后被干燥剂吸收,以适当的时间称量透湿杯的重量的增加,从而计算出水蒸气的透过率。

减重法的测试原理与增重法相似,只是透湿杯内盛的是蒸馏水或盐溶液,将试样放置在透湿杯上,并用蜡密封,使透湿杯内形成一个封闭的空间,将透湿杯放入恒温湿的环境中,透湿杯内的水蒸气透过测试材料后被恒温湿箱中的干燥物质吸收,以适当的时间称量透湿杯重量的减少,从而计算出水蒸气的透过率。作为透湿杯的发展变形,容器可以是袋、瓶,或其他类型。称重法具有简单、方便以及仪器设备价格低廉等优点。我国的国家标准 GB 1037—1988《塑料薄膜和片材透水蒸气性试验方法(杯式法)》,GB/T 16928—1997《包装材料试验方法 透湿率》,GB/T 6981—2003《硬包装容器透湿度试验方法》,GB/T 6982—2003《软包装容器透湿度试验方法》都采用称重法。

红外检定法的原理是用试验薄膜隔出两个独立的气流系统,一侧为具有稳定相对湿度的氮气流,并随着干燥的氮气流流向红外检定传感器,测量出氮气中的水蒸气透过率。红外检定法在整个试验过程中全自动测定,不破坏扩散和渗透的平衡,结果准确可靠,同时由于红外检定法检测传感器的高灵敏度,因而可以在短时间内测量高阻隔性的材料。水汽及湿气阻隔性检测仪适用于塑料薄膜、复合膜等膜、片状材料与医疗、建材领域等多种材料的水蒸气透过率的测定。通过水蒸气透过率的测定,控制与调节材料的技术指标。

水蒸气透过率是背板的一个非常重要的指标,这也体现 F 材料的一个性能:优异的阻隔性能。一般水蒸气透过率在 1.5 以下就可以了,太低了对电池片也是有影响的。对于背板来说,这个指标的好坏取决于背板上 F 元素的含量以及均匀程度。试验证明,如果 F 元素在整个 F 层含量偏低,其阻隔特性就会降低,所以目前有一些厂家的水蒸气透过率在 2.0 以上;如果 F 层不均匀、有微小的破孔等,时间长也会导致水蒸气透过率偏高,所以需要测试阻隔性,在封合不好的情况下,当然肉眼看起来是好的,阻隔性能一段时间后就会明显下降,因为有漏洞,随着时间的增加就会形成一个通道,造成阻隔性下降。所以背板双面都必须使用 F 材料,这样可以更好地预防阻隔性的下降。

TPT 结构,一种是覆膜的,一种是涂布的,还有的是 TPE 的,以及多层 PET 的背板。日本生产的多层 PET 复合背板,就是外面是抗老化的 PET,中间是绝缘和阻隔的 PET,与 EVA 接触面是胶或者其他的材料。这种结构的材料好做,多层共挤就行了,技术和工艺都成熟,但是一个最大的问题是使用年限一般不会超过 10 年,再好的改性 PET(经过改良工艺,增强 PET 原有的一些特性)也不能在室外这么强的光照和恶劣条件下使用超过 10 年。水蒸气透过率太低会对电池片有影响,F 层的功能主要是耐候,PET 对水汽的阻隔性远高于 F 材料。TPT 的实践证明,2g 左右的水汽透过量足以满足 25 年的使用要求。水汽透过量 1 以下的背板膜大多由日本厂商生产,产品阻隔性是很重要的指标。如果用真空镀铝来阻隔水蒸气透过,会在铝框边缘遗留导电的隐患。

(2)绝缘性能 背板厂家采用局部放电测试绝缘性能,都由国外的测试机构来完成,一次测试费用上万。背板的绝缘性能主要是取决于 PET,而 PET 本身有良好的绝缘性能。局部放电测试对光伏组件厂家并不必耗费过多财力与物力,实际上半小时便可测试完毕。

(3)收缩率 收缩率也是一个重要指标,主要是看背板在层压过程中的收缩情况,一般标准是 150℃下 30min,看纵向和横向的收缩情况,一般都在 1.0 以下。这个指标主要取决于 PET,当然 F 层也要和 PET 的收缩率匹配,否则也会造成分层现象。

背板的性能主要取决于 F 材料，但国内厂家的 F 材料主要是从国外采购，而 F 材料很贵，事实上背板厂家的大部分利润集中在 F 材料的国外厂家，国内厂家只赚取加工费而已。杜邦公司生产的 PVF 膜有两点优势，一是 PVF 的降解温度低于熔融温度，即按照正常成膜加工工艺流程，在 PVF 树脂还没融化时就先降解（这是如何成膜的关键技术）；二是 PVF 膜的表面处理技术。市场上的 PVDF 材料原理类似，中间 EVA 层再附上一层其他膜来确保黏结强度。

背板在光伏组件中占据非常重要的地位，但是无论是复合还是涂布的产品，我们国家其实都是刚刚起步，目前绝大部分用的还是国外的产品，因为加工技术对我们来说已经成熟了，关键还是在与 F 材料的处理。

（4）与 EVA 胶膜黏结强度　F 材料本身表面张力很低（约 2.3×10^{-4} N），与其他材料基本都不粘，所以对 F 层的表面处理很重要，经过生产厂家表面处理的 PVF 材料表面张力大于 70dyn，一般是电晕或者离子表面处理，或在 F 材料中直接处理。表面处理原则是不能丧失 F 材料的本身特性，但很多光伏组件厂家采购 PVF 时并不清楚。如果处理影响到 F 材料的本身特性，可能使其变成热塑性弹性体（TPE）。双面 F 层实际上分为与 EVA 层的接触面和非接触面，使用和操作起来都很麻烦。由于表面处理费用很高，F 材料供应厂家为了节省成本，有时只对 EVA 接触面做表面处理，非接触面就不做处理，这样一来便可以区分接触面和非接触面。

2. 行业

背板主要的作用是保护硅晶片，所以背板需要具有一定的特性，如水蒸气透过率、绝缘性能和收缩率。一般来说，就是背板自身各成分间的黏结强度与 EVA 胶膜的黏结强度。背板的基本组成是 F 材料（T 层）和 PET，PET 提供力学性能和绝缘性能，F 材料提供阻隔性和耐候性。目前的两种加工方式为：涂布和覆膜，各有优缺点，涂布相对覆膜来说成本和工艺都比较简单点，两者都是成熟工艺，要做出好产品关键是表面的 F 材料。背板的主要特性还是靠 F 材料来体现的，一般来说，无论是膜还是涂料，只要加工得当，F 元素含量足够，背板的耐候性和阻隔性都不是问题。但是光伏组件厂家先使用的是 PVF 膜，并且也通过了 20 多年的使用验证，所以目前使用 PVF 等类似 F 膜的背板还是比使用 F 涂料涂布形成的背板多，但是从原理上来说，其实差不多，F 涂料在跨海大桥等一些对耐候性要求高的地方使用年限也可达 30 多年。

市场上的背板有 TPT、TPE，但是归根到底就是 F 层和 PET。TPE 产品是为解决 F 材料和 EVA 胶膜的黏结强度产生的，该产品也可以降低成本和价格，但是从长远来说，TPE 产品是短视的。双面 F 层很有必要，否则黏结 EVA 胶膜的一面很容易黄变，这便是光伏组件生产中出现背板发黄的原因。背板生产厂家都宣称自己的产品是双面背板，但有时背板中间的 PET 是白色的，和 F 层是一样的颜色，用户从颜色上分辨不出背板到底是几层材料。

背板的国产化程度低，国内光伏组件生产商所采用的背板大部分依靠进口，价格较高。受益于国家新能源刺激政策以及人类环保意识的加强，近几年我国光伏相关企业迅速壮大，部分企业发展规模和技术达到全球领先水平。

我国已经成为继日本、德国之后世界第三大光伏产业大国，但能生产光伏组件背板的公司相对较少，这进一步加剧了光伏电池片快速增长与原材料短缺之间的矛盾。2010 年，我国光伏组件背板膜需求量为 6000 万 m^2，光伏组件产量达到世界总量的 50%，但背板材料大部分还是依赖进口。

截至2014年,苏州中来(Jolywood)太阳能材料技术有限公司的光伏组件背板膜年产量为3000万m^2以上,苏州中来是一家专业从事光伏封装材料和氟硅功能高分子材料研发、生产与销售的高新科技企业。成立于2008年初,座落在江苏省常熟市虞山高新技术产业园。公司拥有先进的分析测试仪器、高精度的涂覆设备和三十万级(每m^3空气中悬浮粒子数不超过30万个)的净化标准车间。苏州中来生产的FFC四氟型背板膜在黏结性、耐候性、阻隔性、电气绝缘性等方面均达到国际先进水平,并通过了德国TUV认证。市场价格为进口高档背板膜价格的2/3。

美国杜邦公司PVF薄膜的使用年限超过25年一直被视为业界标准。美国帆度新化科技有限公司的TPT背板膜采用聚氟乙烯为主要原料,加上PET以及改性的助剂,经过特殊的设备热加工卷制而成,TPT生产宽度可自由调节。Tedlar(T薄膜)是由聚氟乙烯制成,能提供杰出的韧性、耐久性及超过25年的耐候性。杜邦公司提供的光伏组件背板薄膜抗紫外光、抗湿、机械特性、强韧与耐用、耐候、电气绝缘优良,经优力国际安全认证公司(UL)认证。背板产品质量也主要取决于是表面的氟材料,一般来说只要加工得当,氟元素含量足够,背板的耐候性和阻隔性都可保证。奥地利依索沃尔塔(Isovolta)公司将三层聚酰胺材料共挤成型,生产出聚酰胺材料的背板。受限于各国政府的相关环保法规以及公众对绿色环保的需求,世界部分厂商已开始尝试运用环保材料替代现行的背板材料。日本藤森产业原厂运用三层改性PET复合制成的光伏组件背板膜,不含PE、不含氟(没有PVF和PVDF成分),其水蒸气渗透率可低至零,真正属于绿色环保材料。总部位于加州的生物材料开发商BioSolar推出了一种由植物制成的新型的亮白色背板,可以降低光伏组件成本。

2.4.2 产品比较

TPT(含TPE)复合膜是光伏组件的结构性封装材料,用于衬底作保护之用。TPT复合膜集合了"塑料王"氟塑料优质的耐老化、耐腐蚀、耐溶剂、耐污疏水等性能和聚酯优异的力学性能、阻隔性能和低吸水性,有效地防止了介质尤其是水、氧、腐蚀性气液体(如酸雨)等对EVA胶膜的侵蚀和对光伏电池片的影响。TPT复合膜是光伏组件封装最为理想的保护性结构材料,国内外光伏组件生产企业基本上采用TPT复合膜作光伏组件的衬底材料。此处,聚酯薄膜、GPE背板也有应用。

1. TPT

TPT由三层组成,即PTFE(聚四氟乙烯)+PET+PTFE(聚四氟乙烯),特性见表2-12,能与空气隔绝,有极好的抗氧化、抗湿热能力和抗紫外线能力,具有良好的电绝缘性能,极好的耐污疏水性,和EVA的完美结合性,更好的耐候抗老化性能,尺寸和颜色可以选择。

表2-12 TPT特性

项 目	单 位	S-TPT350	S-TPT300
光伏组件背板厚度	μm	350	300
PTFE/PET/PTFE	μm	25/300/25	25/250/25
单位重量	g/m^2	500	420
宽度范围	mm	600~1200	600~1200

(续)

项　目	单　位	S – TPT350	S – TPT300
包装长度	m	100~150	100~150
撕裂强度（纵向MD）	N/cm	215	195
撕裂强度（横向TD）	N/cm	355	230
撕裂伸长（纵向MD）	(%)	130	125
撕裂伸长（横向TD）	(%)	115	110
尺寸稳定性（纵向MD）	(%)	0.9	0.9
尺寸稳定性（横向MD）	(%)	0.8	0.8
与EVA黏合强度	N/cm	>40	>40
水蒸气透过率（38℃，50%RH）	g/m²·天	0.8	1
击穿电压	kV	24	19
TUV系统电压	VDC	>1000	>1000

2. 聚酯薄膜背板

背板成本与均价昂贵的光伏组件总成本相比仅占3%~5%。德国肯博（KREMPEL）公司为光伏组件制造商提供的光伏组件背板保证25年质量。考虑各种环境因素影响，如紫外线辐射、潮湿、温度变化、尘埃、腐蚀性气体。背板不仅需要为光伏组件提供最佳的防护，还必须能支持现有光伏系统的特性，如1000V的最高系统电压。背板的中间层，采用具有良好的绝缘性能的聚酯薄膜，这为各种光伏组件的系统电压局部放电稳定性所需的高达1000V电压的要求提供了保障。聚酯薄膜在紫外线辐射下很不稳定，需用含氟聚合物膜将聚酯薄膜保护起来。

含氟聚合物膜比聚酯薄膜贵得多，但毫无疑问，它能持久保护聚酯薄膜不受紫外线辐射。KREMPEL公司位于德国Kuppenheim的研发试验室对含氟聚合物膜和聚酯薄膜进行了稳定性测试，60℃下暴露在紫外线下8h，然后用水浸湿2min，接着在50℃下模拟冷凝4h。这些测试不断循环，直到满3000h。测试结果证实了含氟聚合物膜较标准的聚酯薄膜更具稳定性。聚酯薄膜能对紫外线产生反应，颜色发生明显改变，这表示分子链断裂了。断裂后的分子链在化学、物理和电气特性上都发生了改变，材料变得易碎。含氟聚合物膜一直以来被人所低估的优势为：极低的易燃性和有限的火焰蔓延性。背板的内层聚酯薄膜除了在两边都层压含氟聚合物膜来保护外，还提供了一个可替代此两层的紫外线稳定底漆层。

3. GPE 背板

GPE是美国CPP公司的背板，GPE 1000b背板是以一层PET为基材，再加上一层PVDF含氟层与EVA层，共三层，通过美国CPP公司高新技术黏合而成，不脱层，高防水渗透，抗紫外线，并通过TUV认证。PVDF采用的是当前世界最先进的法国Arkema公司的材料，为独特的三层膜结构的PVDF膜，三层膜厚分别为：5μm、20μm、5μm。GPE中EVA的含量为4%，保证了非常好的黏合性。

除PET背板外，其他都含有氟聚合膜。在氟聚合膜中，C – F键是已知化学键中最强的一种，它比其他任何聚合物具有更强的化学结合力和结构稳定性，具有优异耐候、耐腐蚀、耐紫外线性、良好的耐热性，以及优异的介电性能和绝缘性能，能对PET背板膜起到持久的保护作用，非常适合于光伏背板的使用。近30年来，占据着氟聚合膜背板的主要是

PVF-PET-PVF（TPT）复合膜。随着光伏领域的发展，技术进步的日新月异，光伏组件中各辅材的性能都得到了大幅度的提升，背板技术及材料也一直在创新和提升，其含氟层主要为 PVF（美国 DuPont 公司）和 PVDF（法国 Arkema 公司）。PVF 是聚氟乙烯，商品名为 Tedlar，Tedlar 是美国 DuPont 公司的专利技术，按其生产工艺可分为 Tedlar OR 膜和 Tedlar SP 膜；PVDF 是聚偏二氟乙烯，PVDF 不容易单独成膜，在加工中一般需要加入增塑剂，如 PMMA 等，但影响了其耐候性和化学性。

Tedlar OR 膜采用挤出拉伸工艺，是将 PVF 树脂及添加剂熔融后挤出，在低温下进行 TD、MD 方向的拉伸，膜厚约为 37.5μm。Tedlar OR 膜力学性能强、延展性好；表面粗糙，与 PET 的黏结力大；表面无针眼、无缩孔、裂纹等缺陷。缺点是 MD 方向收缩比较大，水汽阻隔性稍差。而且因氟聚合物不含极性基团，与其他亲水基团结合困难，使得 PVF 与 EVA 的黏结力比较低，需要在内层 PVF 面进行化学或物理方法的处理。化学处理时，在 PVF 面涂覆一层胶，增强与 EVA 的黏结力，但缺点是这层胶耐紫外线性能较差，如果封装不能对 340nm 以下的紫外线进行有效阻隔，这层胶在紫外线照射下会黄变，降低与封装 EVA 的黏结力，影响光伏组件的使用寿命。物理处理方法是采用低温等离子或电晕处理方法，对 PVF 表面进行氧化，产生极性基团，改善其浸润张力。经过处理的 PVF 表面，提高了与 EVA 的黏结力，耐紫外线性能好。缺点是表面的键能会随着时间、贮存条件的变化而衰退，影响与 EVA 的黏结力。

Tedlar SP 膜采用挤出流延工艺，将 PVF 树脂及添加剂熔融后涂覆在四氟玻璃布上，经高温烘干后分离成膜，膜厚在 25μm 左右。在涂布过程中，由于溶剂溢出的气泡，高温烘干后不可避免地存在针眼、缩孔等缺陷，耐化学性能差，高压绝缘性能低。同时经长时间使用，胶黏剂会沿着小孔流到外面，降低背板膜的耐候性。近年来，这些现象得到了改善。在 PVF-PET-EVA 结构的背板中，EVA 层是为了增加与光伏组件封装 EVA 胶膜固化时的相互交融，增加背板与 EVA 胶膜的黏结力。但这层 EVA 与封装 EVA 不同，它的 VA 含量较低，没有添加交联剂、抗氧化剂、光稳定剂等，导致这部分 EVA 的耐候性、耐热性和耐紫外线性较差，影响光伏组件的使用寿命。光伏组件背板材料中除使用杜邦公司生产的 TPT 背板外，还有使用与 PVF 相近的材料的 PVDF 背板膜。

法国 Arkema 公司推出吹塑法，在 PVDF 两面覆盖纯的 PVDF 保护膜，三层厚分别为 5μm、20μm、5μm，形成了独特的三层膜结构的 PVDF 膜，成为 Arkema 公司的独家专利技术，具有较好的耐候性、耐紫外线性、阻湿性和阻燃性，耐粘污性好。

2.4.3 TPT 背板检验

铝型材背板检验内容有包装、规格尺寸、表面硬度、氧化膜厚度、型材弯曲度、外观、材质、型材与角码的匹配性。来料抽检外观，在生产过程全检。检验工具有卷尺、游标卡尺、平台。检验时，包装目视良好，确认厂家和规格型号。①尺寸检验，根据供方提供的几何尺寸测量，宽度误差为 1mm，长度误差为 1mm，厚度允许偏差 ≤0.5mm。②外观检验，表面无氧化斑，整根 0~0.5cm 划痕的数量不得超过 2 个；0.5~1cm 划痕的数量不超过 1 个；不允许出现大于 1cm 的划痕。③型材弯曲度检验，将来料放置平台上测量与台面最大距离不超过边长的 0.2% 为合格。④型材与角码的匹配性检验，取一套型材组装好，缝隙 <1mm 为合格。由供方提供表面硬度 >HW12、氧化膜厚度 >10μm 的材质。

用于光伏组件封装的背板一般又被称为TPT聚氟乙烯复合膜，TPT一般常用三层结构（PVF/PET/PVF），外层保护层PVF具有良好的抗环境侵蚀能力，中间层为PET聚酯薄膜具有良好的绝缘性能，内层PVF经表面处理后和EVA胶膜具有良好的黏结性能。

1. 检验要求

晶体硅光伏组件用TPT背板检验内容包括外观、尺寸和重量。①外观检验：要求温度：23℃，误差为±5℃，相对湿度：60%，误差为-10%~15%。人眼与产品表面的距离为300~350mm；光源与产品距离为1m，若使用40W荧光灯，光照时间不超过8s，每件检查总时间不超过30s（除首件）。位置要求：检视面与桌面成45°，允许上下左右转动15°。照明使用100W冷白荧光灯，距离产品表面500~550mm（照度达500~550lx）。

尺寸要求宽幅在0~1000mm范围内，公差为-1~1mm；宽幅在1000~2000mm范围内，公差为-2~2mm；厚度在0.25mm以下的TPT膜厚度公差为±0.02mm；厚度在0.25mm以上的TPT膜厚度公差为±0.03mm。

克重要求，对于0.17mm厚的TPT要求克重为（243±24）g/m^2，对于0.35mm厚的TPT克重要求为（488±24）g/m^2。TPT检验参考性能指标见表2-13。

表2-13 TPT检验参考性能指标

项目	要求	
	0.17mm 厚	0.35mm 厚
拉伸强度/MPa	≥55	≥55
伸长率（%）	≥95	≥140
TPT剥离强度/（N/cm）	≥8	≥24
TPT与EVA黏结强度/（N/cm）	≥40	≥40
尺寸损失（0.5h, 150℃）（%）	≤2	≤1
水汽渗透率/（$g/m^2 \cdot d$）	≤2	≤1
击穿电压/kV	18	28
光伏组件承受系统开路电压/V	715	1145

TPT外观检验时，抽检的TPT表面无褶皱，无明显划伤。用精度0.01mm测厚仪测定，在幅度方向至少测5点，取平均值，厚度符合协定厚度，允许公差为±0.03mm。用精度1mm的钢尺测定，幅度符合协定厚度，允许公差为±3.0mm。抗拉强度，纵向≥170N/（10mm），横向≥170N/mm。抗撕裂强度，纵向≥140N/mm，横向≥140N/mm。层间剥落强度，纵向≥4N/cm，横向≥4N/cm。EVA胶膜剥落强度，纵向≥20N/cm，横向≥20N/cm。尺寸稳定性，纵向≤2%，横向≤1.25%。相对湿度<60%RH，温度≥30℃，要求单独存放，贮存期限半年。

2. 特性分级

TPT背板膜采购按照重要度分等级有A、B、C三级，A级对材料品质和性能严格要求，如参数异常，则不符合使用要求；B级对材料品质和性能不做严格要求，如参数异常，特殊情况下可让步接收使用；C级材料品质和性能不满足要求时，可要求供应商立即改进。表2-14所示为TPT特性分级。

表2-14 TPT特性分级

序号	项目	特性	等级	要求/标准	测量仪器	频次	负责部门
1	宽幅	外观	B	0~1000mm,公差为-1~1mm；1000~2000mm,公差为-2~2mm	目测,直尺	1次/每批	IQC
2	厚度	外观	B	0.25mm以下,±0.02mm；0.25mm以上,±0.03mm	目测,千分尺	1次/每批	IQC
3	克重	外观	B	0.17mm厚为(243±24)g/m²；0.35mm厚为(488±24)g/m²			IQC
4	拉伸强度	外观	A	0.17mm厚,≥55MPa；0.35mm厚,≥55MPa			IQC
5	延伸率	外观	A	0.17mm厚,≥95%；0.35mm厚,≥140%			IQC
6	自身剥离强度	外观	A	≥24N/cm		由供应商提供这些参数的测试报告1次/每批	IQC
7	与EVA剥离强度	外观	A	≥40N/cm			IQC
8	尺寸损失	功能	A	≤1%(0.5h,150℃)	目测,千分尺		IQC
9	水气渗透	功能	A	0.17mm厚,≤2g/m²·d；0.35mm厚,≤1g/m²·d			IQC
10	击穿电压	功能	A	0.17mm厚,18kV；0.35mm厚,28kV			IQC
11	光伏组件承受系统开路电压	功能	A	0.17mm厚,715V；0.35mm厚,1145V			IQC

注：IQC为来料质量控制部门的简称。

验收分为进货检验和备料外观质量全检方式。若有一项不符合要求，对该批产品再抽检，如果仍不符合要求，则判定该批次不合格。备料外观质量全检，外观质量在进货检验合格后，在备料过程中仍然进行全检，若在一卷TPT表面局部存在有污迹或折皱部分占每卷总长度大于1/2时和脱膜现象大于10%时，则该卷判为不合格。筛选使用，若有局部不合格，裁切时应进行避让。除要求供方每年至少提供一次数据（包括TUV、UL等认证资料）外，更换厂家或者型号时仍需进行测试。贮存应避光、防静电，相对湿度小于60%，温度不高于30℃。贮存不超过30天，打开后当天用完。

3. 缺陷处理

由于涂装设备、涂料本身，以及生产环境、人员操作等多方面的因素，使得光伏组件背板生产过程中不可避免地出现多种表面缺陷瑕疵表现：如橘皮纹、鱼鳞纹、颗粒、漏涂、微孔、亮斑（厚度不匀、表面磨损）、气泡、划痕、异物（飞虫、头发等），严重影响光伏组件外观和封装性能效果，甚至会导致光伏组件提前失效。光伏组件背板质量是影响光伏组件发电效率的主要因素之一。

（1）自动在线图像视觉智能检测系统 对光伏组件背板表面缺陷、瑕疵检测，若依靠人工方式肉眼检测，费时费力并影响产品质量。所以加强对光伏组件背板表面缺陷的检测是生产中一个必不可少的环节。检测光伏组件背板表面缺陷的全自动在线图像视觉智能检测系统,采用机器图像视觉智能新技术、新工艺,解决光伏行业在检测方面方法原始、效率低、出错率高的问题,自动检测出产品表面的缺陷、刮痕等,对产品质量进行实时监控。PVDF塑料薄膜表面无损在线自动高速图像视觉智能检测系统集合当前领先的机器图像视觉采集技术、光电识别技术,配套国内光伏薄膜产品条件生产的机器视觉图像智能分析软件和硬件组合,精准精密快速时效进行在线光伏塑料薄膜表面缺陷的高速智能检测报警,图像显示瑕疵直观清晰。检测橘皮纹、鱼鳞纹、颗粒、漏涂、微孔、亮斑(厚度不匀/表面磨损)、气泡、污迹、划痕、异物(飞虫/头发等)、破损,精度在高速状态下达到0.01mm。

光伏组件背板表面缺陷在线自动检测系统是一套由光电、机械、图像视觉、电气自动化、图像处理软件优化协调配置形成的高端机器图像视觉智能检测系统,采用表面缺陷检测、快速建模、人工智能、机器学习等核心算法软体。硬件部分包括图像采集系统、照明系统、机械传动系统、图像信息处理系统、通信系统、外部信号处理系统、电源有效管理系统。软件部分包括前端检测模块、外设控制和通信模块、数据库管理模块和网络通信模块。功能包括安装在线、声光报警、贴标处理、提示记录;透射光路适用于白色背板,能提高检测成功率;外设通信控制接口实现与生产设备的通信,对生产设备进行控制;可选的机械结构;标签机帮助物理标记缺陷位置;网络通信功能实现远程数据管理。

TPT背板复卷检测设备采用液压提升式无轴收放卷、收放卷正反向旋转、三电动机控制、收放卷张力稳定、气控压辊、气吸式接料平台、频闪灯检测、全幅检测和背板表面瑕疵在线机器视觉光电智能自动检测系统。

(2)背板变黄 背板出现变黄的解决办法在操作上需要注意。大部分人都认为主要是背板原材料的问题,因为EVA层没有抗紫外线的成分,所以用段时间就会发黄。光伏组件的使用环境不同的,背板变黄的样子也不同,对光伏组件的输出性能造影响随之不同。

解决黄变的问题,可以从三个方面入手。首先是可以提高背板本身的抗黄变能力,通过添加剂或材料本身提高其在紫外及光热作用下的稳定性,3层膜结构背板通过增加氟含量来提高耐紫外线、耐湿热性能,使背板的黄变概率降到最低。其次是通过在封装材料如EVA层添加紫外抑制剂,防止紫外等老化因素照射到背板。再者,通过提高背板的反射能力及传热能力来降低背板自身的温度,也可降低其黄变的可能性,图2-27所示为背板的光反射能力比较图。目前市场上几种主流背板和光伏组件的分析如下。

BBF(THV+PET+EVA)结构背板,THV结构氟含量高,耐候性优越,里层采用EVA结构可与EVA胶膜有很好的附着力,性价比较高;缺点是高氟,手感有点软。广东中山东洋铝业制造厂生产的PVDF+PET+PVDF结构背板,各项性能较均衡,但是好坏要看批次,价格高。DNP(PET+PET+PET)结构背板,便宜,但三层PET耐候性较差,与EVA胶膜剥离强度低,层间剥离强度也不高,没有经过长期的相对温度指数(RTI)温度测试。

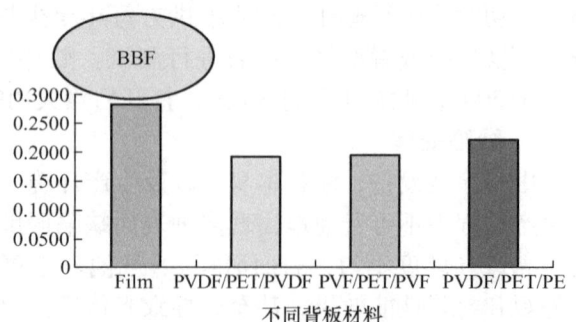

图2-27 反射能力的对比

变黄是由背板使用材料本身结构决定的,背板厂家都知道会黄变。若背板是TPE结构的，那么黄变的主要问题就是出在 EVA 材料上。EVA 材料的防老化性能主要由其交联度决定的，交联度越高，耐老化性能越好。高分子材料的老化有热氧老化和光氧老化两种。通过添加紫外线吸收剂或者光稳定剂来辅助提高 EVA 材料的耐光老化性能。加入抗氧剂可以提高 EVA 材料的抗热氧老化性能。添加助剂只能缓解，双面氟材料的背板在这一点上有很大优势。表 2-15 所示为几种背板的性能比较。

表 2-15 背板的性能比较

性　　能	氟　材　料	PET	EVA
耐紫外线	非常稳定	不稳定	需紫外线复配剂
耐湿热	非常稳定	水解、龟裂	部分官能团脱离
耐化学介质	非常稳定	不稳定	不稳定
渗透和吸水	低渗透，不吸水	低渗透，不吸水	均较差
易清洁性	低表面能	不易清洁	
贴合性能	根据品级	高模量，较差	
耐刺穿	一般	较好	较差

（3）缺陷　熟悉 TPT 背板的缺陷，可以指导生产，防止不合格品投入生产。例如，褶皱是局部起皱纹的区域，用手指可以触摸到，而且无法抚平。抚平是指借助外力可以使其回复到平滑状态。为了防止有缺陷的 TPT 背板产生，品管主任负责监督产品缺陷，并更新本企业的缺陷标准；生产主任负责监督生产线的检验员和操作人员按照防缺陷流程检查。当然，所有检查人员必须理解缺陷类型，包括褶皱、脱层、突起、破损、污点等现象。

2.5　构成之五：焊带

光伏组件中的关键部分——光伏电池片之间的串、并联是通过焊带（见图 2-28）来组合的，一般采用涂锡焊带（涂锡铜带），窄的叫互连条，宽的叫汇流条。涂锡铜带用于光伏组件内部光伏电池片的电性能连接，以纯铜为基体材料，在其表面涂上锡层，一方面防止铜基材料氧化变色，另外一方面便于将材料焊接到电池的栅线上。涂锡铜带抗拉强度大，体现了铜带的耐拉伸性能；延伸率体现了铜带的延展性能；剥离强度是指焊带和光伏电池片的剥离强度，一般要求压强大于 2.94Pa。

图 2-28　焊带

%IACS 是导电率（conductivity）单位之一，具体算法为试样电导率与某一标准值的比值的百分数。1913 年，国际退火铜标准（International Annealing Copper Standrard，IACS）确定采用密度为 8.89g/cm、长度为 1m、电阻为 0.15328Ω 的退火铜线作为测量标准。在 200℃温度下，退火铜线的电阻率为 0.017241Ω·mm²/m（或电导率为 58.0MS/m）时确定为 100%IACS。任何材料的导电率%IACS 可用公式%IACS = (0.017241/p) × 100% 计算，其中 p 指的是材料的电导率，而材料的电阻率等于电导率的倒数。25.6%IACS 指通电 100A，实际通过电流 25.6A。

表示材料硬度的有里氏硬度（HL）、布氏（HB）、洛氏（HRC）、维氏（HV）、肖氏（HS），不同的金属有不同的换算表。硬度需用显微硬度仪器测试，一般的测试仪器可以测维氏硬度（HV）、努氏硬度（HK）、洛氏硬度（HRC）。维氏硬度（HV）通常是指以 120kg 以内（49.03~980.7N）的载荷和顶角（相对面夹角）为 136°的金刚石方形锥压入器压入材料表面，测量压痕对角线长度，用材料压痕凹坑的表面积除以载荷值。维氏硬度是表示材料硬度的一种标准，保持规定时间后，再按公式来计算硬度的大小，适用于小件材料、薄材料等。HV 统称的意思是硬度测试的一种方法，它按测试力不同可分为 HV0.1、HV0.2、HV1、HV5、HV10 等，HV 后面的数字对应的是质量力，HV1 的测试力就是 1g 物质的重力，即 9.8N。HV0.1 对被测试样表面光滑度要求很高，因此它表征的通常是微区硬度。HV0.1 是指测试力大小为 0.1g 物质的重力，即 0.98N，它的压痕非常小，通常需要放大 400 倍才能被测量。

2.5.1 焊带的使用及制造

1. 焊带使用

焊带是光伏组件焊接过程中的重要原材料，焊带质量的好坏将直接影响到光伏组件电流的收集效率，对光伏组件的功率影响很大。在串联光伏电池片的过程中，一定要做到焊接牢固，避免虚焊假焊现象的发生。光伏组件生产选择焊带时，应根据所选用的光伏电池片特性来决定用什么状态的焊带。一般根据光伏电池片的厚度和短路电流确定焊带的厚度，焊带的宽度要和电池的主栅线宽度一致，焊带的软硬程度一般取决于光伏电池片的厚度和焊接工具。手工焊接要求焊带的状态越软越好，软态的焊带在烙铁走过之后会很好地和光伏电池片接触在一起，焊接过程中产生的应力很小，可以降低碎片率。但是太软的焊带抗拉力会降低，很容易拉断。对于自动焊接工艺，焊带可以稍硬一些，这样有利于焊接机器对焊带的调直和压焊，太软的焊带用机器焊接容易变形，从而降低产品的成品率。

（1）电烙铁选择　焊接焊带使用的电烙铁根据不同的光伏组件有不同的选择，一般而言，焊接灯具等小光伏组件对烙铁的要求较低，小光伏组件自身面积较小，对烙铁热量的要求不高，一般 35W 电烙铁可以满足焊接含铅焊带的要求，但是焊接无铅焊带时尽量使用 50W 电烙铁，而且要使用无铅长寿烙铁头，因为有铅焊锡氧化快，对烙铁头的损害大。

有铅焊带焊接相对容易，一般只要选择好合适的助焊剂，烙铁温度补偿够用就可以了。而无铅焊带焊接时却麻烦了很多。首先，无铅焊接要选择合适的电烙铁，对于厂家而言，选择功率可调的无铅焊台是个不错的选择，无铅焊台一般是直流供电，电压可调，直流电烙铁的优点是温度补偿快，这是交流调温电烙铁无法比拟的。无铅焊带的焊接依据光伏电池片的厚度和面积应选择 70~100W 的烙铁，小于 70W 的烙铁一般在无铅焊接时会出现问题。另外，市场上很多种无铅调温交流电烙铁（热磁铁控制）不适合焊接大面积的光伏电池片，因为光伏电池片的硅导热性能很好，烙铁头的热量会迅速传递到硅片上，瞬间使烙铁头的温度降低到300℃以下，同时烙铁的温度补偿不足以保证烙铁的温度升高到400℃，所以不能保证无铅焊接的牢固性。产生的现象是光伏电池片在焊接过程中发生噼啪的响声，严重的会立即使光伏电池片出现裂纹，这是由于焊锡温度低引起的收缩应力造成的。无铅焊接的烙铁头氧化非常快，要保持烙铁头的清洁，在加热状态下最好将烙铁头埋入焊锡中，使用前要甩掉烙铁头多余的焊锡。烙铁头和焊带的接触端要尽量修理成和焊带的宽度一致，接触面要平整。焊接的助焊剂要选用无铅无残留助焊剂。

（2）无铅焊带的正确使用。欧盟 ROHS 指令于2006年6月开始实施，我国光伏产业的出口开始选择无铅的焊带。无铅焊带同传统的锡铅焊带相比存在着很多缺点，光伏厂家需要解决一些工艺问题。无铅焊带所涂布的焊锡成分有很多种，我国广泛使用305无铅焊锡，其含银量为3%，含铜量为0.5%，可焊性好，塑性高，熔点为218℃。光伏电池片对焊接温度要求很高，普通内热式电烙铁很难满足温度要求，因此要使用高功率电烙铁（比含铅焊锡的焊接功率高40W，如35W电烙铁需要换成75W）。

在焊接无铅焊带的过程中，要注意调整工人的焊接习惯。无铅焊锡的流动性很差，焊接时要等涂锡带的焊锡充分熔化之后再移走烙铁，且速度要慢，烙铁头赶着熔化的焊锡缓慢移动，如果移走烙铁过程中焊烫凝固或者不完全熔化，说明烙铁头的温度补偿不够，烙铁头的温度已经低于焊锡的熔点，此时要调节烙铁头的温度，使其升高到烙铁头流畅移动、焊锡光滑流动为止。无铅调温电烙铁容易发生温度过低现象，当400℃的电烙铁头接触到光伏电池片的时候，会突然下降到250℃以下，使得焊接难以继续。厚度大的光伏电池片对电烙铁的要求较高，面积大的光伏电池片对电烙铁的要求更高。装置直流无铅焊台可以解决焊接温度的问题，通过调节直流电压来调节电烙铁的温度，不要选用热磁片控制的调温电烙铁。无铅焊带在焊接后会很快变色，是因为无铅焊锡容易氧化，但这属于正常现象。

2. 焊带制造

光伏组件用铜带是太阳能重要的导电导热原材料，主要有光热铜带和光伏铜带两种，分别用于制作太阳能集热器板芯、光伏电池片的互连条和汇流带。光伏组件用铜带要求材料有良好的导热导电性、易于镀锡、极高的尺寸公差和表面质量、优良的综合力学性能。和传统的纯铜带相比，无氧铜带具有更高的导电导热性、更优良的焊接性能，但材料的加工难度相应增加，特别是超薄、高精度、高表面质量的带材加工更是需要精良的装备水平和先进的加工技术做保证。

光伏铜带化学成分中，铜含量不低于99.99%，氧含量不高于10^{-3}%。力学与物理性能方面，硬态的抗拉强度 >320MPa，电导率≥98% IACS；软态的硬度 HV0.2 <50，抗拉强度 >240MPa，电导率≥101% IACS。几何尺寸方面，厚度公差为 ±0.003mm，宽度公差为 ±0.05mm，厚度范围为 0.1~0.25mm，宽度范围为 20~62mm。带材表面质量要求光滑、清洁，没有油污、起皮、擦划伤、孔洞及表面氧化。

焊带制造过程中，从保温炉底吹入 CO 与 N_2 的混合气体、炉内铜液石墨颗粒覆盖和浇注箱石墨粉覆盖，通过吹气脱氧和覆盖保护，铸锭的氧含量稳定在10^{-3}%以下。中间退火和成品退火采用气垫式连续退火炉生产光伏铜带，硬度均匀，表面质量好，表面光滑，无色差、光亮。焊带制造工艺过程如下。

(1) 拟定工艺流程 要获得高抗拉强度的硬态光伏铜带，铜必须有一定的终轧变形量，但变形量过高会降低电导率，要达到足够的抗拉强度和高导电性，就要选择合适的终轧变形量。低层错能的面心立方结构的 C10200 无氧铜有良好的加工塑性，在高温退火后再结晶结构较明显，通过采用合适的中间退火，减少总加工率，控制成品退火后的晶粒度，提高强度。材料中间退火后经一定的变形，再进行高温连续式退火，发生回复再结晶，在保证材料具有足够抗拉强度的同时，材料的硬度下降，同时实现组织的均匀性，生产软态光伏铜带。光伏铜带采用无氧铜连续铸造技术生产出批量的 C10200 无氧铜锭，经过热轧、冷轧、退火、精轧及剪切而成。硬态的加工工艺如下：熔铸→热轧→双面铣→二机架→切边→中轧→气垫炉中间退火→精轧→成品清洗→拉弯矫直→剪切→包装；软态的加工工艺如下：熔铸→热轧→双面铣→二机架→切边→中轧→气垫炉中间退火→精轧→气垫炉成品退火→剪切→包装。

焊带生产过程中也会出现各种问题，如硬态和抗拉强度符合要求，但电导率低；软态成品退火后，硬度偏高（HV0.2 > 50），抗拉强度符合要求（> 240MPa）；硬度达到要求（HV0.2 < 50），抗拉强度偏低（230MPa）。所以，保证带材有较高的强度和较低的硬度，需要控制好冷轧变形和热处理参数，确定出最佳的形变热处理参数。

(2) 生产 以厚度为 0.15mm 的焊带为例。

1) 硬态加工工艺试制。金属材料伴随着塑性变形，在金属材料中将产生各种各样的晶体缺陷，如位错、点缺陷、堆垛层错和孪晶，随着变形的增加，位错密度逐渐增高。每个晶粒内部产生许多位向差别不大而尺寸很小的亚晶粒，亚晶粒周围由凝聚的位错包围，其强度和硬度随着变形程度的增加而升高。低层错能的面心立方多晶体纯铜，各个晶粒的变形不均匀，容易形成多系滑移，引起位错之间并互作用，很快因位错相互交截而产生强化现象，其加工硬化率高。因此随着变形量的增加，其强度和硬度也随之升高。塑性变形会引起点阵畸变、空位和位错密度增加，点缺陷所引起的点阵畸变使传导电子产生散射，提高电阻率，电导率下降。很大的冷加工率可使铜的电导率下降约 2% IACS。根据抗拉强度与变形率的关系，以及电导率与变形率的关系，可以确定采用 60% ~ 75% 的变形量，用两种终轧变形量批量生产。

为便于组织生产，调整中间退火工艺和终轧变形量，先采用 400 ~ 450℃ 中间退火与 44.4% 的终轧变形量批量生产，选择抗拉强度在 295 ~ 340MPa 之间，并低于 320MPa 的批次。再结合试制和检测数据，使抗拉强度稳定在 320MPa 以上且电导率大于 98% IACS，终轧变形量最好在 60% ~ 70% 之间，中间退火温度采取 580℃。批量试制最终确保抗拉强度在 345 ~ 365MPa 之间，采用 60% 的终轧变形，中间退火采用 580℃ 和 59m³/min 气垫炉退火，最终材料的性能比较稳定。按照此工艺组织批量生产均满足要求。

2) 软态成品退火工艺试制。经过冷变形的金属材料加热到一定温度之后，在原来的变形组织中重新产生无畸变的新晶粒，即再结晶。再结晶后，金属材料的性能发生明显的变化并恢复至完全软化状态。再结晶温度和结晶后晶粒的大小、加热速度、冷变形程度等有关。金属材料再结晶需要时间，而快速加热时在不同的温度下停留时间较短，来不及诱发再结晶的成核，必须延迟到更高的温度才能发生再结晶，因此极快的加热会升高再结晶温度。同时，提高加热速度，变形金属在升温过程中无法发生回复，晶体内的储能来不及释放，再结晶核心数量较多，从而细化晶粒。但退火温度不能过高，否则会发生晶粒相互吞并而长大的现象。随着冷变形程度的增加，金属晶粒内部储能增多，从而降低再结晶温度。铜及铜合金退火后的抗拉强度在很大程度上取决于晶粒大小。低层错能的铜及铜合金，扩展位错很宽，冷变形组织必须经过再结晶后软化。

气垫式连续退火炉炉体由5个加热区和4个冷却区构成，每个加热区的温度相同，铜带进入炉内在2~3s内快速加热至退火温度，其再结晶温度一般比钟罩炉高100~200℃，由于加热速度很快，晶粒不易长大。因此，通过控制终轧冷变量、成品退火温度和速度实现高强、超柔性能。

初步确定退火温度为400~450℃，试生产，分别采用不同的退火工艺和终轧形量，结果表明，二次退火抗拉强度可达到240MPa，但硬度偏高，与要求值相差较大。根据3批的试生产测试结果，400℃退火时速度对硬度的影响非常小，同时400℃和450℃的退火温度对硬度的影响也不大。为使硬度HV0.2<50，进一步调整退火工艺，将退火温度升至580℃，试生产结果表明，随着退火速度的降低，硬度由56.6降至48.6，满足要求，而抗拉强度变化不大，终轧变形量为60.5%。

从试制中可知，要想得到高抗拉强度和低硬度相对较矛盾的材料性能，必须经过二次退火，二次退火间的变形量最好在60%左右，成品退火要采用高温低速。在试制0.15mm的成功经验指导下，先后完成了0.18mm、0.125mm、0.3mm、0.1mm等各种规格的试样试制，上述各种规格的抗拉强度均大于240MPa、硬度在46~49之间。为便于组织生产，同样厚度的软态和硬态采用相同的中间退火厚度和退火工艺，软态的再经过一次成品退火、硬态则经过清洗拉矫完成，以提高生产效率和备料难度。利用金属材料塑性变形中的加工硬化，控制冷轧变形量，实现硬态光伏铜带的抗拉强度和电导率；通过控制冷轧变形量和气垫炉再结晶退火工艺，得到超强、超柔的软态光伏铜带。采用连续式退火工艺，可使成品性能均匀，整卷硬度HV0.2差异小于2，而且表面无色差、斑点。

2.5.2 焊带的检验

焊带有含铅含银涂锡铜带、含铅涂锡铜带、无铅环保型涂锡铜带，铜基采用进口精炼韧性无氧铜或T2纯铜，含铜量≥99.99%，电导率%IACS≥98%；铜基的电阻率方面，无氧铜电阻率≤0.0165Ω·mm^2/m，T2纯铜电阻率≤0.0172Ω·mm^2/m。涂层厚度（单面涂层）为0.01~0.05mm，涂层均匀，表面光亮、平整。涂锡铜带抗拉强度方面，软态≥2.45×10^8Pa；半软态≥2.94×10^8Pa。焊带伸长率方面，软态≥35%，3/4软态≥25%，1/2软态≥15%。宽度误差±0.1mm。厚度误差方面，互连带为±0.01mm，汇流带为±0.015mm。含铅含银涂锡铜带的涂层成分是62%Sn+36%Pb+2%Ag，涂层熔点是179℃。含铅涂锡铜带的涂层成分有63%Sn+37%Pb或60%Sn+40%Pb，涂层熔点是183℃或190℃。无铅环保型涂锡铜带的涂层成分有96.5%Sn+3.0%Ag+0.5%Cu或96.5%Sn+3.5Ag，涂层熔点是217℃或221℃。晶体硅光伏组件用焊带的检验测量工具有游标卡尺、千分尺、金属直尺，检验的内容有焊带的几何形状、表面质量。几何形状方面，几何尺寸中，厚度（δ）、宽度（W）、长度（L）应符合设计规定，公差要求δ为±0.04mm，L为±3mm；互连条（细）W为±0.1mm，汇流条（粗）W为±0.16mm。长度方向的弯曲度小于2mm/m。

表面质量先用目测，涂层应连续、均匀，不应有肉眼可见的露铜现象；涂层表面应明亮，不应有肉眼看出的发黄或发灰；涂层表面不应有肉眼看到的黑点。两面涂层允许有不大于2mm长的沟槽，200mm长的涂锡带其沟槽数不超过3个。两面肉眼观察涂层在200mm长度内允许有不超过 4 个的针眼，但不露铜。涂层表面光滑，不允许有大于 0.03mm 的锡刺凸起。其他外观缺陷在较好的自然光下仔细检查。

随机抽样检查焊带几何尺寸和表面质量采用 GB/T 2828.1—2012 中特殊检查水平 S-4，二次抽样方案的合格质量水平（AQL）为 4.0（以根数为单位抽检）。成卷带采用一次抽样方案，每卷抽 1m 测 5 点进行，不超过 2 点不合格接收，3 点及以上不合格拒收。

涂锡带检验内容包括厂家、规格、包装、保质期（6 个月）、外观、厚度均匀性、可焊性、折断率、蛇形弯度及抗拉强度。每次来料全检（盘装），外观生产过程全检。检验所需工具有钢直尺、游标卡尺、电烙铁、老虎钳、拉力计。所需材料有光伏电池片、助焊剂。检验时，外包装目视良好，标有保质期限、规格型号及厂家。外观目视涂锡带表面是否存在黑点、锡层不均匀、扭曲等不良现象。厚度及规格根据供方提供的几何尺寸检查，宽度误差为 ±0.12mm，厚度误差为 ±0.02mm 视为合格。当检查可焊性时，将涂锡带浸入一定温度的锡锅，过一段时间查看爬锡面积，该面积达到 95% 为合格。折断率检验时，取来料规格长度相同的涂锡带 10 根，向一个方向弯折 180°，折断次数不得低于 7 次。检查蛇形弯度时，将涂锡带拉出 1m 的长度并紧贴直尺，测量与直尺最大的距离，最大值应小于 3.5mm。以上内容全检，若有一项不符合检验要求，则重检，如仍不符合检验要求，则判定该批来料为不合格。

2.5.3 助焊剂

焊接是光伏组件生产的重要工艺过程，而助焊剂（Flux）是焊接时必备的辅料。助焊剂常是松香的混合物，分为固体、液体和气体。它可以辅助热传导，可以清除焊料和焊材表面的氧化物，确保金属表面达到必要的清洁度，还可防止焊接时表面的再次氧化，降低焊料表面张力，提高焊接性能。助焊剂检测分为企业内部检测和第三方检测。企业内部检测的方法有看颜色、闻气味、测密度、看上锡情况、测阻抗；第三方检测方法有测试危害性物质限制指令（RoHS）项目、助焊剂成分和微谱成分分析。

1. 成分

（1）含卤素助焊剂　近几十年来，在电子产品生产锡焊工艺过程中，一般使用主要由松香、树脂、含卤化物的活性剂、添加剂和有机溶剂组成的松香树脂系助焊剂。这类助焊剂虽然可焊性好、成本低，但焊后残留物高。其残留物含有卤素离子，会逐步引起电气绝缘性能下降和短路问题，要解决这一问题，必须对印制电路板（PCB）上的松香树脂系助焊剂残留物进行清洗。这样不但会增加生产成本，而且清洗松香树脂系助焊剂残留的清洗剂主要是氟氯化合物，这种化合物是大气臭氧层的损耗物质，属于禁用和被淘汰之列。现在仍有不少公司沿用的工艺是属于前述采用松香树脂系助焊剂焊锡再用清洗剂清洗的工艺，效率较低而成本偏高。

丁二酸（Succinic acid，又名琥珀酸）是助焊剂的中药成分，是无色结晶体，熔点为 185℃，沸点为 235℃（分解为酸酐），相对密度为 1.572；溶于甲醇、乙醇、异丙醇、醚、酮类，不溶于苯、四氯化碳。丁二酸主要用在电子化学品、助焊剂、锡膏上用作助焊酸，有良好的助焊、酸化活性作用，配合己二酸及一定的表面活性剂和助焊剂即可提高助焊能力和配制可焊性好的、优质的松香型、环保型助焊剂。丁二酸在化学工业中用于生产染料、醇酸树脂、玻璃纤维增强塑料、离子交互树脂及农药等；在医药工业中用于合成镇静剂、避孕药及治癌物等，此外，还可用于分析试剂、食品铁质强化剂、调味剂以及配制电镀药水和 PCB 线路。

（2）免洗助焊剂　免洗助焊剂的主要原料为有机溶剂、松香树脂及其衍生物、合成树脂表面活性剂、有机酸活化剂、防腐蚀剂，助溶剂、成膜剂。简单地说，它是各种固体成分溶解在各种液体中形成均匀透明的混合溶液，其中各种成分所占比例各不相同，所起作用不同。

助焊剂具备自身的性能特点，首先，助焊剂应有适当的活性温度范围，在焊料熔化前开始起作用，在施焊过程中较好地发挥清除氧化膜、降低液态焊料表面张力的作用。助焊剂的熔点应低于焊料的熔点，但不宜相差过大。其次，助焊剂应有良好的热稳定性，一般热稳定温度不小于100℃。第三，助焊剂的密度应小于液态焊料的密度，这样助焊剂才能均匀地在被焊金属表面铺展，呈薄膜状覆盖在焊料和被焊金属表面，有效地隔绝空气，促进焊料对母材的润湿。第四，助焊剂的残留物不应有腐蚀性且容易清洗；不应析出有毒、有害气体；要有符合电子工业规定的水溶性电阻和绝缘电阻；不吸潮，不产生霉菌；化学性能稳定，易于贮藏，包装如图2-29所示。

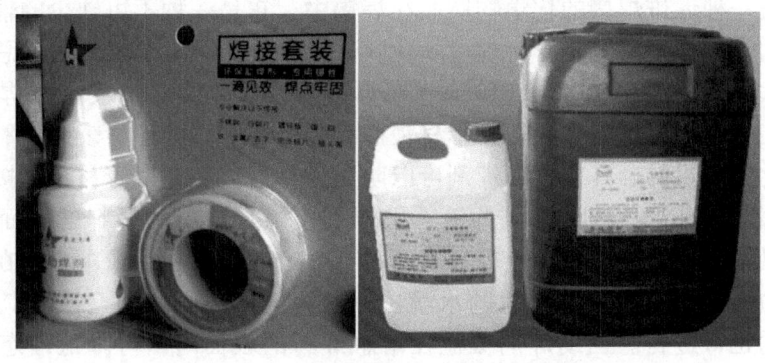

图2-29　助焊剂包装

不含卤素的光伏组件无铅免清洗助焊剂固体含量低，专用于铜皮焊锡；添加了耐高温溶剂，使其在高温下能保持铜皮表面焊剂涂层的均匀性，获得最佳的焊接效果；助焊剂与铜皮的配合性好，焊接穿透性佳；焊后铜皮板面清洁，不潮湿，无黏稠及腐蚀性残留物，铜皮焊锡线条光亮饱满，无白斑现象出现。包装有5L、25L塑料桶、铁桶，储存于阴凉通风处，远离火源，储存期12个月。助焊剂检测采用国家标准GB/T 9491—2002以及信息产业部2002年发布的"免清洗液态助焊剂暂行标准"。焊带涂锡，因为加入了有效的活性成分，经高速上锡后其余涂锡表面平滑光亮，不变色，绝缘电阻高。

1）有机溶剂。有机溶剂是酮类、醇类、酯类中的一种或几种混合物，常用的有乙醇、丙醇、丁醇、丙酮、甲苯异丁基甲酮、醋酸乙酯、醋酸丁酯等。作为液体成分，其主要作用是溶解助焊剂中的固体成分，使之形成均匀的溶液，便于待焊元件均匀涂布适量的助焊剂成分，同时它还可以清洗轻的脏物和金属表面的油污。

2）表面活性剂。表面活性剂是天然树脂及其衍生物或合成树脂。含卤素的表面活性剂活性强，助焊能力高，但因卤素离子很难清洗干净，离子残留度高，卤素元素（主要是氯化物）有强腐蚀性，故不适合用作免洗助焊剂的原料。不含卤素的表面活性剂，活性稍弱，但离子残留少。表面活性剂主要是脂肪酸族或芳香族的非离子型表面活性剂，其主要功能是减小焊料与引线脚金属两者接触时产生的表面张力，增强表面润湿力，增强有机酸活化剂的渗透力，也可起发泡剂的作用。

3）有机酸活化剂。有机酸活化剂是天然树脂及其衍生物或合成树脂，由有机酸二元酸或芳香酸中的一种或几种组成，如丁二酸、戊二酸、衣康酸、邻羟基苯甲酸、葵二酸、庚二酸、苹果酸和琥珀酸，其主要功能是除去引线脚上的氧化物和熔融焊料表面的氧化物，是助焊剂的关键成分之一。

4）防腐蚀剂。目的是减少树脂、活化剂等固体成分在高温分解后残留的物质。

5）助溶剂。可以阻止活化剂等固体成分从溶液中脱溶的趋势，避免活化剂不良的非均匀分布。

6）成膜剂。是引线脚焊锡过程中，所涂覆的助焊剂，经沉淀、结晶形成一层均匀的膜，其高温分解后的残余物因有成膜剂的存在，可快速固化、硬化、减小黏性。

2. 种类

助焊剂中主要起作用的成分是松香，松香在 260℃ 左右会被锡分解，因此锡槽温度不要太高。助焊剂是一种促进焊接的化学物质。在焊锡中，它是一种不可缺少的辅助材料，其作用极为重要。助焊剂作用首先是溶解焊母氧化膜。在大气中，被焊母材表面总是被氧化膜覆盖着，其厚度大约为 $2\times10^{-9}\sim2\times10^{-8}$ m。在焊接时，氧化膜必然会阻止焊料对母材的润湿，焊接就不能正常进行，因此必须在母材表面涂敷助焊剂，使母材表面的氧化物还原，从而达到消除氧化膜的目的。其次，助焊剂可以防止母材再被氧化。母材在焊接过程中需要加热，高温时金属表面会加速氧化，因此液态助焊剂覆盖在母材和焊料的表面可防止它们氧化。助焊剂还可熔融焊料张力。熔融焊料表面具有一定的张力，就像雨水落在荷叶上，由于液体的表面张力会立即聚结成圆珠状的水滴。熔融焊料的表面张力会阻止其向母材表面漫流，影响润湿的正常进行。当助焊剂覆盖在熔融焊料的表面时，可降低液态焊料的表面张力，使润湿性能明显得到提高。此外，助焊剂还可以保护焊接母材。被焊材料在焊接过程中已破坏了原本的表面保护层。好的助焊剂在焊完之后，迅速恢复到保护焊材的作用。助焊剂还能加快热量从烙铁头向焊料和被焊物表面的传递，能使焊点美观。

助焊剂按功能分类有手浸焊助焊剂、波峰焊助焊剂及不锈钢助焊剂；手浸焊助焊剂和波峰焊助焊剂使用广泛；不锈钢助焊剂是专门针对不锈钢而焊接的一种化学药剂，一般的焊接只能完成对铜或锡表面的焊接，但不锈钢助焊剂可以完成对铜、铁、镀锌板、镀镍、各类不锈钢等的焊接。

助焊剂按组成材料分为有机、无机和树脂三大系列。树脂焊剂通常是从树木的分泌物中提取，属于天然产物，没有什么腐蚀性，松香是这类焊剂的代表，所以也称为松香类焊剂。由于焊剂通常与焊料匹配使用，与焊料相对应可分为软焊剂和硬焊剂。电子产品的组装与维修中常用的有松香、松香混合焊剂、焊膏和盐酸等软焊剂，在不同的场合应根据不同的焊接工件进行选用。

（1）无机系列　无机系列助焊剂的化学作用强，助焊性能非常好，但腐蚀作用大，属于酸性焊剂。因为它溶解于水，故又称为水溶性助焊剂，它包括无机酸和无机盐两类。含有无机酸的助焊剂的主要成分是盐酸、氢氟酸等，含有无机盐的助焊剂的主要成分是氯化锌、氯化铵等，它们使用后必须立即进行非常严格的清洗，因为任何残留在被焊件上的卤化物都会引起严重的腐蚀。这种助焊剂通常只用于非电子产品的焊接，在电子设备的装联中严禁使用这类无机系列的助焊剂。

（2）有机系列　有机系列助焊剂的助焊作用介于无机系列助焊剂和树脂系列助焊剂之

间，它也属于酸性、水溶性焊剂。含有机酸的水溶性焊剂以乳酸、柠檬酸为基础，由于它的焊接残留物可以在被焊物上保留一段时间而无严重腐蚀，因此可以用在电子设备的装联中，但一般不用在贴片元器件的焊膏中，因为它没有松香焊剂的黏稠性（起防止贴片元器件移动的作用）。

（3）树脂系列　在电子产品的焊接中使用比例最大的是树脂系列助焊剂。由于它只能溶解于有机溶剂，故又称为有机溶剂助焊剂，其主要成分是松香。松香在固态时呈非活性，只有液态时才呈活性，其熔点为127℃，活性可以持续到315℃。锡焊的最佳温度为240～250℃，所以正处于松香的活性温度范围内，且它的焊接残留物不存在腐蚀问题，这些特性使松香为非腐蚀性焊剂而被广泛应用于电子设备的焊接中。

为了不同的应用需要，松香助焊剂有液态、糊状和固态3种形态。固态的助焊剂适用于烙铁焊，液态和糊状的助焊剂分别适用于波峰焊。在实际使用中发现，松香为单体时，化学活性较弱，对促进焊料的润湿往往不够充分，因此需要添加少量的活性剂，用以提高它的活性。松香系列焊剂根据有无添加活性剂和化学活性的强弱，被分为非活性化松香、弱活性化松香、活性化松香和超活性化松香4种，美国MIL标准中分别称为R、RMA、RA、RSA，而日本JIS标准则根据助焊剂的含氯量（质量分数）划分为AA（0.1%以下）、A（0.1～0.5%）、B（0.5～1.0%）3种等级。

1）非活性化松香（R）。非活性化松香是由纯松香溶解在合适的溶剂（如异丙醇、乙醇等）中组成，其中没有活性剂，消除氧化膜的能力有限，所以要求被焊件具有非常好的可焊性。通常应用在一些使用中绝对不允许有腐蚀危险存在的电路中，如植入心脏的起搏器。

2）弱活性化松香（RMA）。这类助焊剂中添加的活性剂有乳酸、柠檬酸、硬脂酸等有机酸以及盐基性有机化合物。添加这些弱活性剂后，能够促进润湿的进行，但母材上的残留物仍然不具有腐蚀性，除具有高可靠性的航空、航天产品或细间距的表面安装产品需要清洗外，一般民用消费类产品（如收录机、电视机等）均不需设立清洗工序。在采用弱活性化松香时，对被焊件的可焊性也有严格的要求。

3）活性化松香（RA）及超活性化松香（RSA）。在活性化松香助焊剂中，添加的强活性剂有盐酸苯胺、盐酸联氨等盐基性有机化合物，活性化松香及超活性化松香助焊剂的活性是明显提高了，但焊接后残留物中氯离子的腐蚀变成不可忽视的问题，在电子产品的装联中一般很少应用。随着活性剂的改进，已开发了在焊接温度下能将残渣分解为非腐蚀性物质的活性剂，这些大多数是有机化合物的衍生物。

3. 选择

助焊剂具备的条件是熔点应低于焊料，表面的张力、黏度、密度要小于焊料；不能腐蚀母材，在焊接温度下，应能增加焊料的流动性，去除金属表面氧化膜；焊剂残渣容易去除，不会产生有毒气体和臭味，以防对人体的危害和污染环境。对于使用者来说，助焊剂的成分是没有办法做出测试的，如果要想了解助焊剂溶剂是否挥发，可以简单地从密度上测量，如果密度减少很多，就可以断定溶剂有所挥发。选择助焊剂时，先闻气味，再确定样品。

1）闻气味。可用来初步断定是何种溶剂，如甲醇味道比较小但很呛，异丙醇味道比较重一些，乙醇就有醇香味。

2）确定样品。这也是很多厂商选择助焊剂的最根本的方法，在确认样品时，应要求供应商提供相关参数报告,并与样品对照,如样品确认无误,后续交货时应按原有参数对照,出现异常时应检查密度、酸度值等,助焊剂的发烟量也是很重要的一个指标。助焊剂市场良莠不齐,选择时应该对供应商的资质进行确切了解,如有必要可以向厂商要求看厂。

要使焊接后的 PCB 板面不用清洗就能达到规定的质量水平,助焊剂的选择是一个关键,通常对免清洗助焊剂有下列要求:

1) 低固态含量:2% 以下。传统的助焊剂有较高的固态含量(20%~40%)、中等的固态含量(10%~15%)和较低的固态含量(5%~10%),用这些助焊剂焊接后的 PCB 板面留有或多或少的残留物,而免清洗助焊剂的固态含量要求低于 2%,而且不能含有松香,因此焊后板面基本无残留物。

2) 无腐蚀性,不含卤素、表面绝缘电阻 $>1.0\times10^{11}\Omega$。传统的助焊剂因为有较高的固态含量,焊接后可将部分有害物质"包裹起来",隔绝与空气的接触,形成绝缘保护层。而免清洗助焊剂,由于极低的固态含量不能形成绝缘保护层,若有少量的有害成分残留在板面上,就会导致腐蚀和漏电等严重不良后果。因此,免清洗助焊剂中不允许含有卤素成分。对助焊剂的腐蚀性测试时,先进行铜镜腐蚀测试,测试助焊剂(焊膏)的短期腐蚀性;然后进行铬酸银试纸测试,测试焊剂中卤化物的含量;再进行表面绝缘电阻测试,测试焊后 PCB 的表面绝缘电阻,以确定焊剂(焊膏)的长期电学性能的可靠性;再进行腐蚀性测试,测试焊后在 PCB 表面残留物的腐蚀性;最后测试焊后 PCB 表面导体间距减小的程度。

3) 可焊性,扩展率≥80%。可焊性与腐蚀性是相互矛盾的一对指标,为了使助焊剂具有一定的消除氧化物的能力,并且在预热和焊接的整个过程中均能保持一定程度的活性,助焊剂就必须包含某种酸。在免清洗助焊剂中用得最多的是非水溶性醋酸系列,配方中可能还有胺、氨和合成树脂,不同的配方会影响其活性和可靠性。不同的企业有不同的要求和内部控制指标,但必须符合焊接质量高和无腐蚀性的使用要求。助焊剂的活性通常是用 pH 值来衡量的,免清洗助焊剂的 pH 值应控制在产品规定的技术条件范围内(各生产厂家的 pH 值略有不同)。助焊剂应符合环保要求,无毒,无强烈刺激性气味,基本不污染环境,操作安全。

4. 免清洗概念

(1) 免清洗特点　免清洗是指在电子装联生产中采用低固态含量、无腐蚀性的助焊剂,在惰性气体环境下焊接,焊后电路板上的残留物极微、无腐蚀,且具有极高的表面绝缘电阻(SIR),一般情况下不需要清洗即能达到离子洁净度的标准(美军标 MIL-P-228809 离子污染根据 NaCl 含量划分污染等级:一级 $\leqslant 1.5\mu g/cm^2$,无污染;二级 $\leqslant 1.5\sim5.0\mu g/cm^2$,质量高;三级 $\leqslant 5.0\sim10.0\mu g/cm^2$,符合要求;四级 $>10.0\mu g/cm^2$,不干净),可直接进入下道工序的工艺技术。必须指出的是"免清洗"与"不清洗"是绝对不同的两个概念,所谓"不清洗"是指在电子装联生产中采用传统的松香助焊剂(RMA)或有机酸助焊剂,焊接后虽然板面留有一定的残留物,但不用清洗也能满足某些产品的质量要求,如家用电子产品、专业声视设备、低成本办公设备等产品,它们生产时通常是"不清洗"的,但绝对不是"免清洗"。

免清洗的优越性是提高经济效益和产品质量,有利于环境保护。提高经济效益方面,实现免清洗后,最直接的就是不必进行清洗工作,因此可以大量节约清洗人工、设备、场地、材料(水、溶剂)和能源的消耗,同时由于工艺流程的缩短,节约了工时,提高了生产效

第2章 光伏组件的构成

率。提高产品质量方面，由于免清洗技术的实施，要求严格控制材料的质量，如助焊剂的腐蚀性能（不允许含有卤化物）、元器件和印制电路板的可焊性等；在装联过程中，需要采用一些先进的工艺手段，如喷雾法涂敷助焊剂、在惰性气体保护下焊接等。实施免清洗工艺，可避免清洗应力对焊接光伏组件的损伤，因此免清洗对提高产品质量是极为有利的。环境保护方面，采用免清洗技术后，可停止使用消耗臭氧层物质（ODS），也大幅度地减少了挥发性有机物（VOC）的使用，从而对保护臭氧层具有积极作用。

（2）免清洗焊接工艺　在实施免清洗焊接工艺中，印制电路板及元器件的可焊性和清洁度是需要重点控制的方面。为确保可焊性，在要求供应商保证可焊性的前提下，生产厂家应将其存放在恒温干燥的环境中，并严格控制在有效的储存时间内使用。为确保清洁度，生产过程中要严格地控制环境和操作规范，避免人为的污染，如手迹、汗迹、油脂、灰尘等。在采用免清洗助焊剂后，虽然焊接工艺过程不变，但实施的方法和有关的工艺参数必须适应免清洗技术的特定要求，主要内容如下：

1）助焊剂的涂敷。为了获得良好的免清洗效果，助焊剂涂敷过程必须严格控制两个参数，即助焊剂的固态含量和涂敷量。通常，助焊剂的涂敷方式有发泡法、波峰法和喷雾法3种。在免清洗工艺中，不宜采用发泡法和波峰法，其原因是多方面的：第一，发泡法和波峰法的助焊剂放置在敞开的容器内，由于免清洗助焊剂的溶剂含量很高，特别容易挥发，从而导致固态含量的升高，因此，在生产过程中用测量密度的方法来控制助焊剂的成分保持不变是有困难的，且溶剂的大量挥发也造成了污染和浪费；第二，免清洗助焊剂的固体含量极低，不利于发泡；第三，涂敷时不能控制助焊剂的涂敷量，涂敷也不均匀，往往有过量的助焊剂残留在板的边缘。因此，采用这两种方式不能得到理想的免清洗效果。

喷雾法是最新的一种助焊剂涂敷方式，最适用于免清洗助焊剂的涂敷。因为助焊剂被放置在一个密封的加压容器内，通过喷口喷射出雾状助焊剂涂敷在PCB的表面，喷射器的喷射量、雾化程度和喷射宽度均可调节，所以能够精确地控制涂敷的焊剂量。由于涂敷的焊剂是雾状薄层，因此板面的焊剂非常均匀，可确保焊接后的板面符合免清洗要求。同时，由于助焊剂完全密封在容器内，不必考虑溶剂的挥发和吸收大气中的水分，这样可保持焊剂密度（或有效成分）不变，一次加入至用完之前无须更换，较发泡法和波峰法可减少焊剂用量60%以上。因此，喷雾涂敷方式是免清洗工艺中首选的一种涂敷工艺。在采用喷雾涂敷工艺时必须注意一点，由于助焊剂中含有较多的易燃性溶剂，喷雾时散发的溶剂蒸气存在一定的爆燃危险性，因此设备需要具有良好的排风设施和必要的灭火器具。

喷涂工艺跟喷涂方式有关，主要有超声喷涂、丝网封喷涂、压力喷嘴喷涂。超声喷涂时，将频率大于20kHz的振荡电能通过压电陶瓷换能器转换成机械能，把焊剂雾化，经压力喷嘴到PCB上。丝网封喷涂时，由微细、高密度小孔丝网的鼓旋转空气刀将焊剂喷出，产生的喷雾被喷到PCB上。压力喷嘴喷涂时，直接用压力和空气带焊剂从喷嘴喷出。喷涂工艺与设定喷嘴的孔径、烽量、形状、喷嘴间距有关，避免重叠影响喷涂的均匀性，设定超声雾化器电压，以获取正常的雾化量。喷嘴运动速度的选择要合适，PCB传送带速度的设定要合适，焊剂的固含量要稳定，喷涂宽度要合适。

2）预热。涂敷助焊剂后，焊接件进入预热工序，通过预热挥发掉助焊剂中的溶剂部分，增强助焊剂的活性。在采用免清洗助焊剂后，预热温度应控制在合适的范围。实践证明，采用免清洗助焊剂后，若仍按传统的预热温度 [（90±10）℃] 来控制，则有可能产生不良的后果。其主要原因是：免清洗助焊剂是一种低固态含量、无卤素的助焊剂，其活性一般较弱，而且它的活性剂在低温下几乎不能起到消除金属氧化物的作用，随着预热温度的升高，助焊剂逐渐开始激活，当温度达到100℃时活性物质才被释放出来与金属氧化物迅速反应。另外，免清洗助焊剂的溶剂含量相当高（约97%），若预热温度不足，溶剂就不能充分挥发，当焊件进入锡槽后，由于溶剂的急剧挥发，会使得熔融焊料飞溅而形成焊料球或焊接点实际温度下降而产生不良焊点。免清洗工艺中控制好预热温度是重要的环节，通常要求控制在传统要求的上限（100℃）或更高（按供应商指导温度曲线控制）且应有足够的预热时间供溶剂充分挥发。

3）焊接。由于严格限制了助焊剂的固态含量和腐蚀性，其助焊性能必然受到限制。要获得良好的焊接质量，还必须对焊接设备提出新的要求——具有惰性气体保护功能。除了采取上述措施外，免清洗工艺还要求更严格地控制焊接过程的各项工艺参数，主要包括焊接温度、焊接时间、PCB压锡深度和PCB传送角度等。应根据使用不同类型的免清洗助焊剂，调整好波峰焊设备的各项工艺参数，才能获得满意的免清洗焊接效果。

焊接后的残渣对基板有一定的腐蚀性，会降低导电性，产生迁移或短路，非导电性的固形物如侵入元件接触部位会引起接合不良。树脂残留过多，粘连灰尘及杂物，影响产品的使用可靠性。解决的办法是选用合适的助焊剂，即活化剂活性适中、使用焊后可形成保护膜的助焊剂，焊后无树脂残留的助焊剂和低固含量免清洗助焊剂。焊接后最好清洗。

5. 助焊剂在使用中的问题

1）在生产中根据不同机种选择适配的助焊剂。不同机种对焊接的要求不同，所以才造成助焊剂选择的问题，通常单面板电源类产品以含松香类产品为主，计算机周边板卡双面板以不含松香免清洗类为主，也就是说单面板以松香类作为主要选择，双面板以免清洗类不含松香助焊剂作为选择。助焊剂选择主要是以焊盘大小及板面干净度作为依据。对于焊后是否清洗，是机洗还是手洗，也会影响助焊剂选择的种类。

2）同一型号的助焊剂不能通用所有PCBA（Printed Circuit Board + Assembly）。PCBA是说PCB空板经过SMT上件，再经过DIP插件的整个制程。如果PCBA是相同要求的，一种助焊剂是可以通用的，但不同产品的要求不一定相同，也就会有不同的助焊剂与其相应的特性对应，没有最好的助焊剂，只有最适合的。

3）助焊剂以固含量分为高、中、低固的助焊剂；按含不含松香分为松香型、无松香型；按含不含卤素分为有卤、无卤；按可不可清洗分为清洗型、免清洗型。单波、双波焊接使用的助焊剂也有区分。

4）助焊剂过了保质期不可使用。各厂家生产的产品保质期都不一样，有6个月、12个月的。通常化学品的保存是在通风、避光、常温下保存，在保质期内环境对产品的影响不大。当助焊剂颜色出现变化、产生混浊或沉淀或分层变化时不可使用，因为助焊剂的基本性状发生了变化，焊接性能和绝缘都得不到保证。

5）无铅助焊剂和有铅助焊剂的不同。在设计配方中，因有铅焊接对应焊接温度为245℃左右，无铅焊接温度为260℃以上，所以在配方中高温酸类的使用明显要比有铅的多（以前有铅双波的助焊剂在无铅助焊剂上使用单波焊接，很难满足焊接要求），同时耐高温溶剂也有相应的调整，对表面活性剂的要求也有所不同。

6）助焊剂对焊接会产生积极影响。去除PCB的铜铂氧化，形成保护膜防止氧化，焊接

时降低锡的表面张力,辅助锡铜合金的形成,完成焊接。

7)松香型和不含松香型助焊剂的优缺点。二者最大的区别就是含不含松香,现助焊剂基本都以免清洗为主,含松香的没有不含松香的干净,通常焊后如果要求表面干净的需清洗,不含松香的产品相对要焊后干净。含松香产品活性相对不含松香产品要高些,但也不是绝对的。松香类产品焊后绝缘度高,工艺成熟,大多日系工厂一直在使用。

8)助焊剂熔点比焊料低,扩展率 >85%。扩展率有专门测试方法。助焊剂的最佳活性温度、从多高温度开始活化、需维持多少时间为最佳均要注意。不同厂家的配方不同,通常使用的酸性物质最高温度为 120℃、210℃、260℃、300℃,为多种酸复配,基本在预热温区内开始活化生成反应,和形成焊点时间有关,通常在遇到锡时到完成焊接 2~3s 是最终反应时间,不同温区大小长短不同很难统一。助焊剂活性高低对焊接产生的短路有影响时可以控制。焊接短路(连焊)一般是由于助焊剂活性不够,但助焊剂活性过高会产生连焊或包焊(过饱合焊接)现象,加稀释剂来调整助焊剂可以避免连焊和包焊。

9)多层板的贯穿孔(通孔)上锡。使用含松香型助焊剂比不含松香型助焊剂要相对好些,因在焊接后,松香不会完全消耗掉,它会保持液态,形成向上拉伸力,毛细渗透现象使上锡好,同时内部不易产生空洞。松香型助焊剂所产生的毛细渗透现象,不同板材出现的现象不同。不含松香型助焊剂也会产生毛细渗透现象。

10)天然树脂在助焊剂中的作用。天然树脂在助焊剂中的作用与松香区别不大,但天然树脂助焊剂不会像松香助焊剂那样有残留现象,价格也略高。有铅焊锡的焊点光亮刺眼,一般选用消光型助焊剂,而硬脂酸树脂便是消光类助焊剂的成分。合成树脂在助焊剂成分中可以替代松香,而且焊接后表面可形成保护膜。活化剂在助焊剂当中起的作用是增加助焊剂的焊接活性。混合醇溶剂在助焊剂中起的作用是溶剂或高温慢挥发,保证在预热温区时化学活性的载体。抗挥发剂在助焊剂当中很少使用,与混合醇作用差不多。油酸在以前松香类助焊剂的老配方中用,有一定的酸性作用。异丙醇在助焊剂中作为溶剂。松香分的级别有 X 特级、WW 一级、WG 二级、N 三级、K 四级、M 五级。

11)表面张力影响软钎焊接。在软钎焊工艺中,影响焊接质量的原因是很多的,焊料不能充分浸润是影响焊点质量的一个重要原因,也是比较难以解决的一种状况。表面张力是影响焊料浸润的主要原因,在焊接过程中,助焊剂可以降低熔融焊料的表面张力,而表面活性剂作为助焊剂中的重要组成部分,浸润不良会造成焊接缺陷。物质相与相之间的分介面称之为界面,包括气–液、气–固、液–液、固–固、固–液五种。其中包含气相的界面叫表面,即有液体表面和固体表面两种。表面张力在液体物质中的表现尤为明显,液体内部的每个分子都处在其他分子的包围之中,被平均的吸引力所吸引,呈平衡状态。但是,液体表面的分子则不然,其上部有一个异质层,该层的分子密度小,平均承受垂直于液面、方向指向液体内部的引力。其结果使得液体表面分子产生聚集力,从而导致液体表面积收缩到最小,呈球状(在体积相同的情况下,表面积最小的形状是球形)。

表面张力对软钎焊有影响。在软钎焊过程中,焊料呈现出固态到液态再到固态的过程,并完成焊接工作,在液态焊料与固态基材接触时,所表现出来的表面张力是相当大的,如果不能有效降低液态焊料的表面张力,在焊接后段,即焊料由液态转化为固态焊点的时候,所表现出的形状应该是球形,而不具备适合要求的润湿角,同时不能铺满焊盘或不能铺展、浸润至所需焊接的部位,这是一种典型的焊接不良状况,通常称之为润湿不良。润湿不良主要是因为表面张力的存在，无论是焊锡丝焊接还是手浸焊、波峰焊或者是焊锡膏的热风回流焊等，在所有的软钎焊工艺中都有可能发生。

6. 表面活性剂

表面活性剂能活跃于其他物质表面并改变其他物质表面张力，因此表面活性剂是能活跃于其他物质表面具有极高降低表面张力能力和效率的一类物质。表面活性剂在一定浓度的溶液中能形成分子有序组合体，从而具有一系列应用功能；所以很低的浓度或很小的用量，就能显著地降低溶剂或其他液态物质表面张力。

（1）表面活性剂的结构及其工作原理　表面活性剂都是由溶剂可溶性和溶剂不溶性两部分组成的，这两部分处于分子的两端，形成不对称结构，表面活性剂显著降低表面张力正是由这种结构决定的。

以在水基溶剂中的作用来概述表面活性剂的工作原理，亲水基团使分子有进入水的倾向，而疏水基团则竭力阻止其在水中溶解，而从水的内部向外迁移，有逃逸水相的倾向，这两种倾向平衡的结果使表面活性剂在水表富集，亲水基伸向水中，疏水基伸向空气，结果是水表面好像被一层非极性的碳氢链所覆盖，从而导致水的表面张力下降。

表面活性剂在界面富集吸附一般的单分子层，当表面吸附达到饱和时，表面活性剂分子不能在表面继续富集，而疏水基的疏水作用仍竭力促使分子逃离水环境，于是表面活性剂分子则在溶液内部自聚，即疏水基在一起形成内核，亲水基朝外与水接触，形成最简单的胶团。开始形成胶团时表面活性剂的浓度称之为临界胶束浓度，简称 cmc。

当溶液达到临界胶束浓度时，溶液的表面张力降至最低值，此时再提高表面活性剂浓度，溶液表面张力不再降低而是大量形成胶团，此时溶液的表面张力就是该表面活性剂能达到的最小表面张力，用 rcmc 表示。

（2）表面活性剂在软钎焊中的作用

1）软钎焊的焊接原理及焊点要求。通常将焊接温度低于450℃，且母材不熔化只有焊料熔化，通过物理结合形成良好的钎焊接头的焊接方式称为软钎焊。在软钎焊过程中，必备的钎焊带件主要有两个方面：一，被焊接物表面必须洁净（无氧化层或异物）；二，熔化的焊料必须被充分浸润，然后充分流动并完全填塞于金属接合面之间，同时形成具有一定强度、并有着良好润湿角的焊点（通常情况下，焊点润湿角在30°~45°左右为宜）。

2）表面活性剂对焊料的浸润原理。熔融态焊料的表面张力是影响焊接质量的重要因素，但是，因为表面张力是一种物理特性，所以在实际操作中，我们只能改变它而不能完全消除它。在软钎焊过程中，降低焊料表面张力的同时，就可以提高焊料的润湿能力，从而达到良好的焊接效果。

降低焊料表面张力并不是只有依靠表面活性剂的作用这一种方法，但表面活性剂的使用是比较常见且比较有效的一种方法。除此以外，还可以通过其他办法降低表面张力来达到增强浸润的效果，比如，提升焊料的工作温度（表面张力一般会随着温度的升高而降低）、增强活性成分的效果彻底去除基材及焊料表面的氧化层、采用气体保护等。

在软钎焊过程中，经过表面活性剂的作用，助焊剂对焊料起润湿是在3个力的作用下形成的。当这3个力呈平衡状态时，焊料就会呈现出一定的扩散，表现出润湿状态。

固体（基材）和液体（液态焊料、助焊剂）之间的润湿情况，由杨式（YOUNG）公式表示为

$$B = C + A\cos\theta$$

式中，B 是固体（基材）和焊剂之间的界面张力；C 是熔化焊料和固体（基材）之间的界面张力；A 是熔化焊料和空气之间的界面张力；θ 是焊料附在固体（基材）上的接触角。A 越接近 B 或 C，熔化焊料和空气之间的界面张力越小，接触角 θ 越小。

（3）表面活性剂在助焊剂（包括焊锡膏助焊剂）中的应用　在软钎焊的整个过程中，助焊剂通过自身活化物质作用，去除焊接材质表面的氧化层，同时使锡液与被焊材质之间的表面张力减小，增强锡液流动及浸润性能，完全填塞焊缝并形成焊点。这是助焊剂在焊接过程中的作用，也是助焊剂的工作原理。助焊剂的主要组分可分成溶剂、活化剂、表面活性剂、载体及其他添加剂五大类，其中比较重要的两个部分是活化剂和表面活性剂，这可以通过助焊剂的工作原理看出来。

目前常用的是高效氟碳类表面活性剂，因为其成本较高以及多呈胶固态的状况，一般在使用时需稀释后添加，稀释后的表面活性剂很容易进入到整个体系，并且迅速溶解并能完全均匀分布。按照供应商提供的使用建议，一般用异丙醇先将此类表面活性剂稀释为浓度10%左右的溶液，然后按照供应商的建议或者根据产品实际需要的添加量进行添加，在整个配比的过程中，表面活性剂一般是最后加入到整个配方体系的，且一般不与活化剂或其他物质同时添加，以液体助焊剂为例，常见的添加顺序为溶剂→松香（树脂）→活化剂→其他添加剂等→表面活性剂。通过对表面活性剂的作用及其工作原理分析，在实际的使用过程中，助焊剂（包括焊锡膏助焊剂）对表面活性剂的要求有以下几点。

1）具有较强的表面活性效果，能够在极小的添加量时，表现出较高的浸润效果。

2）焊后无残留很重要，或残留物不能分解成导电离子状态。一般表面活性剂（或胺卤素类产品）比较容易分解成导电离子，并在板面形成离子状残留，既有可能造成后续腐蚀，也可能会影响产品的电气性能。ST 高效表面活性剂，为氟碳聚合产品，因为添加量极小，且在焊后迅速分解，以挥发或升华等方式流走，并且不会在板面形成不可靠的残留物。

3）具有较好的热稳定性。这是因为助焊剂开始对焊料起浸润作用，一般从焊料熔融时开始，而焊料熔融必须达到焊料的固相线以上温度，锡铅焊料在 183℃ 左右，而无铅焊料更是达到 212℃ 左右。这就对表面活性剂的耐热性能要求比较高，一般表面活性剂在 200℃ 时就会分解，而 ST 系列表面活性剂在正常的焊接温度下（大于 260℃），依然能稳定存在，可以选用的表面活化剂有科的气体化工有限公司（Kodi）的 NPES-428、NPES-930、NPES-1030 或 SE-10 等产品。

4）具有较好的化学稳定性。较好的化学稳定性决定了表面活性剂在整个配方体系中的稳定性，以及与其他物质（如活化剂、添加剂等）的配伍性。通过试验证明，氟碳类表面活性剂与助焊剂常用的有机活化剂或其他添加剂都能够很好地配伍，不会破坏整个配方体系的稳定性与可靠性。

5）表面活性剂不能有活化性能。使用表面活性剂的目的是对熔融态钎料起到浸润作用，而不是去除被焊基材表面的氧化层。表面活化剂如果有较强的活化性能，在焊接过程中会与锡粉表层反应，影响焊接质量（虽然活化剂具有活化性能，但表面活性剂不能具有活化性能，这很重要）。

6）具有较合理的使用成本。目前，高效氟碳表面活性剂的价格较高，平均价位在 600

元/lb。以液体助焊剂为例，依照供应商提供的添加方法，平均添加量控制在 0.5‰~1.5‰ 之间，添加成本约在 0.7~2.0 元/kg，这样的成本在中高档助焊剂中是可以接受的。如果使用价位更高的表面活性剂或者添加量增大，会造成助焊剂成本的增加。

(4) 软钎焊中常见的浸润不良原因分析

1) DIP 等常规焊接中的浸润不良。在使用液体焊剂的焊接工艺中（包括波峰焊、手浸焊等），常见的浸润不良会导致焊点虚焊，另外可造成焊盘吃锡不满、管脚夹锡、焊点桥接等状况。当然焊接中的此类不良往往和焊接温度、焊接方式等有关系，单从助焊剂的浸润方面来讲有三个方面的可能：①表面活性剂添加量过小，未能起到充分的浸润作用；②添加的表面活性剂并不适当，不能够起到足够的浸润作用；③表面活性剂在使用过程中因工作温度较高而过早地失去了浸润的作用。

2) SMT 中的浸润不良。在 SMT 生产中，元器件放置在锡膏之上，锡膏熔化的瞬间所形成的表面张力会作用在元器件两端，因为贴片式元器件重量极轻，如果元器件两端所受的表面张力不一致，极有可能造成竖碑的现象。当然，出现竖碑现象的原因远不止浸润不良这一个方面，还可能因为焊盘面积大小不同，导致元器件两端锡膏熔化时间不一致，在元器件两端出现了"温度梯度"。良好的表面活性剂，能够最大限度地降低熔融态焊料的表面张力，并使两端受力趋于平衡，从而避免竖碑现象的出现。另外润湿不良还会造成焊点吃锡不满、锡焊料不能有效爬升、渗透等不良状况。

3) 关于断续润湿的状况。焊料膜的断续润湿是指有水或其他油污出现在基材表面时，在熔化的焊料覆盖层下隐藏着某些未被润湿的点，因此，熔化的焊料在焊接基材表面会有断续润湿现象出现。不充分的浸润会使焊料在基材表面不能充分流动和浸润，使焊料发生收缩，往往在焊盘表面的焊料会聚成小球或者脊状凸起物。排除焊材、工艺等状况，这种情况有可能是焊料在环形焊盘上弱浸润或断续浸润所造成的。当然，断续润湿也能由部件与熔化的焊料相接触时放出的气体引起，这种气体更多的时候是由于有机物的热分解或无机物的水合作用而释放的。

在实际焊接工艺中，较高的焊接温度和较长的停留时间会导致更为严重的断续润湿现象，排除温度等工艺原因，以及基材的污染状况，焊剂的表面活性是否充分发挥了作用或者所选用的表面活性剂是否合适等，也是值得考评的一个问题点。通常，消除断续润湿状况的对策有增强焊剂表面活性成分、降低焊接温度、缩短软熔的停留时间、采用流动的惰性气体和降低污染程度几种方法。

4) OSP（有机保护剂）对焊点浸润的影响。近年来，特别是在软钎焊行业推行无铅化以来，OSP 在 PCB 行业推行得越来越广泛，但是，目前国内的一些产品并未完全克服一定的技术难关，因此在焊接过程中，涉及 OSP 处理方面的不良状况也越来越多。

OSP 对 PCB 起到保护和防氧化作用的原理如下：在 OSP 中有"苯基三连唑 BTA"一类的物质，它能够与焊盘表面金属铜发生化学反应，在铜面上覆盖一层有机保护膜（平均厚度为 0.35~14μm），该有机保护膜具有强抗热、耐湿处理性能，并因此起到对 PCB 表层的防氧化作用。

根据 OSP 的设计原理可以看出，在铜焊盘的表面要形成一个有机保护层，而这个保护层是要在焊接前（进入焊接区以前）必须有效去除的，去除这个保护层的物质主要是助焊剂中的活性剂。实际情况正如某些 OSP 商家宣传的"抗氧化膜的耐热性、耐湿性、绝缘性优",那么可以想象,在焊接过程中,助焊剂首先要去除这个保护层,这在个过程中,表面活性剂是保证助焊剂能够在这个保护层上均匀分布并充分浸润的关键。目前常见的不良,一方面是不能有效完全去除这个保护层,另一方面是可以完全去除这个防氧化保护层,但是在这个过程中,助焊剂中的活化剂和表面活性剂均会不同程度地流失,因此造成焊接效果不理想。常见的不良有虚焊、空焊、吃锡效果不好等,这些不良的出现,从很大程度上来讲就是助焊剂不能充分浸润的结果。除上述焊接不良以外,OSP 在焊接过程中(特别是贴插混装板材时),经过多次热击后,在基材表面所形成的不易去除的保护层(或氧化层)更是影响焊料充分浸润的主要原因。

当然,在此只是探讨表面活性剂在焊接过程中的应用,因此,更多地是从助焊和焊料润湿等方面进行一些浅显探讨,并不是针对 OSP 工艺全部的技术缺陷来讲。相信随着国内技术水平的不断提升,当前常见的 OSP 工艺方面的不良状况也会随之解决。

国产助焊剂与国外产品的技术差距小,但快速超越国外技术有一定难度,国内厂家研究助焊剂更多地是将注意力集中在某几个配方性能改进和不断降低的成本要求上,国外厂家则更多地对助焊剂核心材料(比如表面活性剂、活化剂的应用)进行研究。所以,国外焊剂技术的成长是有着较好底蕴的良性提升。诚如一个在市场销售时常见的现象,国内厂家助焊剂在上锡速度、上锡性能等方面,可能都比国外某些知名品牌优越,但是在电气性能、安全可靠性方面却相差太远。

通过上述的分析可知,在软钎焊过程中,焊料的充分润湿是保证焊接质量重要的环节;无论采用什么样的焊接方式,助焊剂所起到的作用都是不可或缺的;助焊剂中的表面活性剂又是核心材料,表面活性剂的性能优劣及使用方式是否得当,都会影响助焊剂的助焊效果。随着表面活性剂技术的不断提升,氟碳类表面活性剂在助焊剂中的应用也不断深入,正确地选择、合适的配比,是确保一款助焊剂性能的重要因素。

2.6 构成之六:边框

光伏组件的边框主要是铝合金边框,简称铝边框,如图 2-30 所示。铝合金边框采用硬制铝合金制成,表面氧化层厚度大于 10μm,可以保证在室外环境长达 25 年以上的使用,不会被腐蚀,牢固耐用。氧化铝于 1808 年在试验室利用电解被还原成为铝材,铝材加入各种金属元素合成的铝合金材料先在建筑上应用,1884 年被作为建筑材料使用在美国华盛顿纪念碑尖顶上至今。铝合金通常使用铜、锌、锰、硅、镁合金元素,20 世纪初由德国人 Alfred Wilm 发明,对飞机发展帮助极大,一战后德国铝合金成分被列为国家机密。跟普通的碳钢相比,其有更轻及耐腐蚀的性能,但抗腐蚀性不如纯铝。在干净、干燥的环境下,铝合金的表面会形成保护的氧化层。铝合金的成分需要向美国铝业协会(Aluminium Association,AA)注册。许多组织公布了更具体的制造铝合金的标准,特别是航空标准,包括美国汽车工程协会(Society of Automotive Engineers,SAE)还有美国材料试验协会(American Society for Testing and Materials,ASTM)。铝合金型材是工业中应用最广泛的一类有色金属结构材料,在航空、航天、汽车、机械制造、船舶,建筑,装修及化学工业中已大量应用。随着近年来科学技术以及工业经济的飞速发展,对铝合金焊接结构件的需求日益增多,使铝合金的焊接性研究也随之深入。铝合金的广泛应用促进了铝合金焊接技术的发展,同时焊接技术的发展又拓展了铝合金的应用领域，因此铝合金的焊接技术正成为研究的热点之一。

图 2-30　铝合金边框

纯铝的密度小（$\rho = 2.7\mathrm{g/cm}^3$），大约是铁的 1/3，熔点低（660℃），铝是面心立方结构，故具有很高的塑性（伸长率 δ：32%~40%，断面收缩率 ψ：70%~90%），易于加工，可制成各种型材、板材，抗腐蚀性能好；但是纯铝的强度很低，退火状态 σb 值约为 $7.8 \times 10^7 \mathrm{Pa}$，故不宜作为结构材料。通过长期的生产实践和科学试验，人们逐渐以加入合金元素及运用热处理等方法来强化铝，这就得到了一系列的铝合金。添加一定元素形成的合金在保持纯铝质轻等优点的同时还能具有较高的强度，σb 值可达 $(2.35~5.88) \times 10^8 \mathrm{Pa}$。这样使得其比强度（强度与密度的比值 $\sigma b / \rho$）胜过很多合金钢，成为理想的结构材料，广泛用于机械制造、运输机械、动力机械及航空工业等方面，飞机的机身、蒙皮、压气机等常用铝合金制造，以减轻自重。采用铝合金代替钢板材料的焊接，结构重量可减轻 50% 以上。

铝合金有电偶腐蚀（Galvanic Corrosion）现象，造成这种腐蚀加速的原因是铝合金与不锈钢接触时，其他金属的腐蚀电位比铝合金低，或是在潮湿的环境下使用。如果铝和不锈钢同时使用，必须配备含水检测系统（Water-containing Systems）或安装电解隔离系统。

2.6.1　边框构成

平板光伏组件依赖边框来保护光伏组件，还可方便光伏组件的连接固定。边框的主要材料有不锈钢、铝合金、橡胶和增强塑料等。光伏组件的寿命主要受封装材料的寿命、封装工艺和使用环境的影响，其中封装材料的寿命是决定光伏组件寿命的重要因素之一。因为钢化玻璃的边和角是脆弱的，为了保护光伏组件和光伏组件与光伏方阵的连接固定，光伏组件需要边框。边框同黏结剂构成对光伏组件的密封，主要作用体现在保护玻璃边缘、提高光伏组件的整体机械强度、结合硅胶打边增强光伏组件的密封度、延长使用寿命、便于光伏组件的安装和运输。光伏组件的框架结构应该是没有突出部位的，避免水、灰尘或者其他物体的积存。光伏组件构成中的铝合金边框如图 2-31 所示。

边框在光伏应用领域的优势是抗腐蚀，抗氧化性强；强度及牢固性强；抗拉力性能强，弹性率、刚性、金属疲劳值高，运输、安装便捷，表面即使划伤也不会产生氧化，不影响性能；通过方便的不同选材，能适应各种环境；使用寿命在 30 年以上；缺点为加工工艺复杂、

第2章 光伏组件的构成

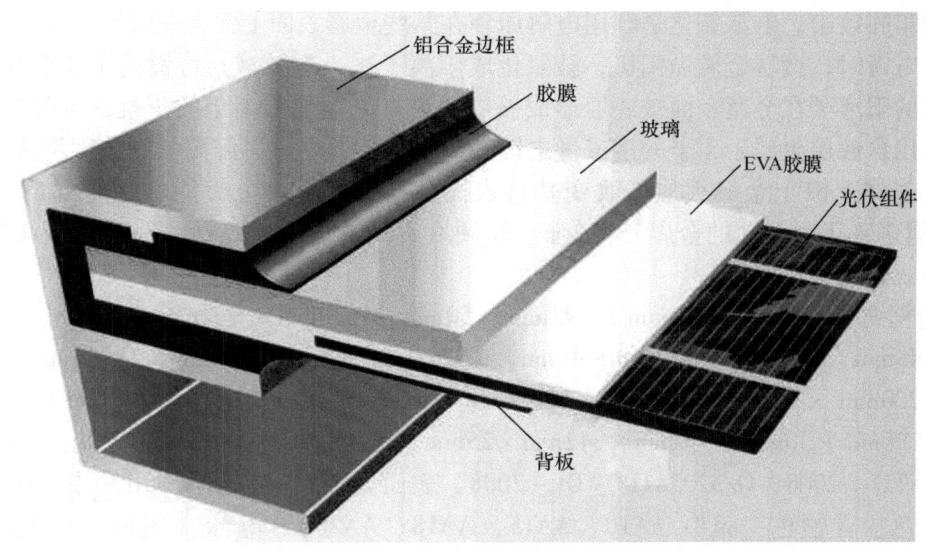

图2-31 光伏组件构成中的铝合金边框

成本较高、密度较大。

1. 边框特点

由于光伏组件的使用寿命较长，故而对边框有着很高的要求，目前光伏组件边框一般多采用建筑铝合金型材，基材牌号6063/6063T。光伏组件边框铝合金型材是表面经过砂面氧化处理，不容易生锈和被腐蚀的铝型材，氧化膜一般要在15μm以上。铝合金边框如图2-32所示，它的表面需要进行氧极氧化处理，氧化层厚度不宜过薄，且要根据光伏组件规格的大小综合考虑抗风压强以及光伏组件散热等因素合理选择边框。光伏组件安装铝合金边框的目的是为了保护光伏组件，同时方便安装。铝边框因为要保证光伏组件25年左右的户外使用寿命，所以光伏组件所使用的铝边框要具有良好的抗氧化、耐腐蚀等性能。一般光伏组件所使用的边框分为阳极氧化、喷砂氧化和电泳氧化三种。

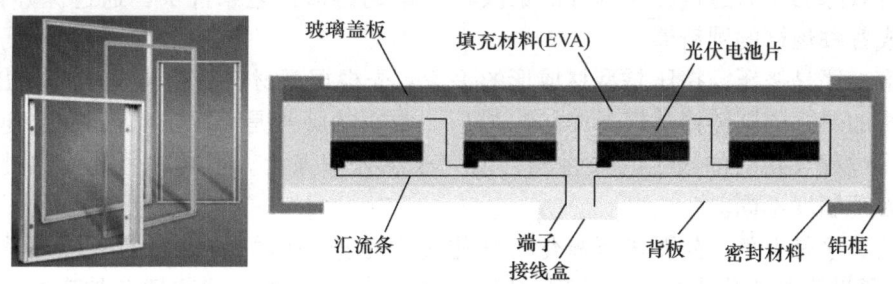

图2-32 铝合金边框

阳极氧化即金属或合金的电化学氧化，是将金属或合金的制件作为阳极，采用电解的方法使其表面形成氧化物薄膜。金属氧化物薄膜改变了表面状态和性能，如表面着色、提高耐腐蚀性、增强耐磨性及硬度、保护金属表面。喷砂氧化铝边框一般经喷砂处理，表面的氧化物全被处理，并经过撞击后，表面层金属被压迫成致密排列，另外金属晶体变小，硬度提

· 135 ·

高，比较牢固致密。电泳氧化是利用电解原理在某些金属表面上镀上一薄层其他金属或合金的过程。电镀时，镀层金属做阳极，被氧化成阳离子进入电镀液；待镀的金属制品做阴极，镀层金属的阳离子在金属表面被还原形成镀层。为排除其他阳离子的干扰，且使镀层均匀、牢固，需用含镀层金属阳离子的溶液做电镀液，以保持镀层金属阳离子的浓度不变。电镀的目的是在基材上镀上金属镀层，改变基材表面性质或尺寸。电镀能增强金属的抗腐蚀性（镀层金属多采用耐腐蚀的金属）、增强金属硬度、润滑性和耐热性，并防止金属磨耗，保持表面美观。

铝边框常用规格有 1956mm × 992mm × 50mm、1650mm × 992mm × 45mm、1640mm × 992mm × 45mm、1580mm × 808mm × 40mm、1576mm × 808mm × 40mm、1482mm × 670mm × 40mm、1200mm × 545mm × 35mm、754mm × 669mm × 30mm、824mm × 545mm × 30mm、620mm × 286mm × 30mm、540mm × 342mm × 25mm。铝边框拐角有 90°和 45°两种类型，标准参考 GB 5237—2008，Q/320281PDW01 - 2008。表面处理方式有阳极氧化（银白色、黑色、金色、银色、青铜色，膜厚 AA10、AA15、AA18、AA20）、电泳（银白、黑色，膜厚≥15mm，≥16mm，≥18mm，≥20mm）、粉末喷涂、PVDF、喷砂。

此外边框还有不锈钢材料，一般采用 304 不锈钢板通过特殊工艺制成，作为铝合金边框的有限替代产品，不锈钢边框的结构类似于铝合金边框。

2. 铝边框生产

长江三角洲有很多铝边框制造企业，可以生产加工各种规格光伏组件铝合金边框、支架及配件，专用设备有铝边框 CNC 加工中心、专用切割机、折弯机、角码机、液压冲床机、端面铣，能满足光伏组件各种规格要求。普通铝型材是铝棒通过热熔、挤压，来获得不同截面形状。铝型材的生产流程主要包括熔铸、挤压和上色三个过程。其中，上色主要包括氧化、电泳涂装、氟碳喷涂、粉末喷涂、木纹转印等过程。

铝型材生产流程中，熔铸是首道工序。主要过程为配料、熔炼、铸造。配料过程，根据需要生产的具体合金牌号，计算出各种合金成分的添加量，合理搭配各种原材料。熔炼过程将配好的原材料按工艺要求加入熔炼炉内熔化，并通过除气、除渣精炼手段将熔体内的杂渣、气体有效除去。铸造过程熔炼好的铝液在一定的铸造工艺条件下，通过深井铸造系统，冷却铸造成各种规格的圆铸棒。

第二道工序是挤压，挤压是型材成形的手段。先根据型材产品断面设计制造出模具，利用挤压机将加热好的圆铸棒从模具中挤出成形。常用的牌号是 6063 合金，在挤压时还有一个风冷淬火过程及其后的人工时效过程，以完成热处理强化。不同牌号的可热处理强化合金，其热处理制度不同。

第三道工序是上色，先要进行氧化。氧化过程是把挤压好的铝合金型材（其表面耐蚀性不强），通过阳极氧化进行表面处理，以增加铝材的抗蚀性、耐磨性及外表的美观度。氧化过程为表面预处理、阳极氧化、封孔。表面预处理时，用化学或物理的方法对型材表面进行清洗，裸露出纯净的基体，以利于获得完整、致密的人工氧化膜。还可以通过机械手段获得镜面或无光（亚光）表面。阳极氧化时，经表面预处理的型材，在一定的工艺条件下，基体表面发生阳极氧化，生成一层致密、多孔、强吸附力的 Al_2O_3 膜层。封孔时，将阳极氧化后生成的多孔氧化膜的膜孔孔隙封闭，使氧化膜防污染、抗蚀和耐磨性能增强。氧化膜是无色透明的，利用封孔前氧化膜的强吸附性，在膜孔内吸附沉积一些金属盐，可使型材外表显现本色（银白色）以外的许多颜色，如黑色、古铜色、金黄色及不锈钢色。

3. 铝边框来料检验

铝边框的来料检验使操作更规范，确保合格的原材料流入生产线。技术部负责制定铝边框来料交付要求。质检部负责制定铝边框来料检验标准，负责铝边框来料的外观和性能检验。测试工具有金属直尺、游标卡尺、量角规、涡流测厚仪、韦氏硬度计。公司要制定的相关文件有《铝边框交付要求》《产品检验管理制度》《不合格品控制程序》《标识与可追溯性管理制度》。工作中有必要完成工作记录，如《原材料检验报告》《数据记录表》《检测报告》。

2.6.2 铝合金

铝合金，一般指有色金属结构的铝合金材料，是以铝为基的合金总称，主要合金元素有铜、硅、镁、锌、锰，次要合金元素有镍、铁、钛、铬、锂。铝合金密度低，强度高（接近或超过优质钢），塑性好，工艺性好，导电性、导热性和抗蚀性优良，工业上使用量仅次于钢。铝合金按加工方法可以分为形变铝合金和铸造铝合金两大类。

形变铝合金能承受压力加工，力学性能高于铸态，可加工成各种形态、规格的铝合金型材，主要用于制造航空器材、日常生活用品、建筑用门窗。形变铝合金又分为不可热处理强化型铝合金和可热处理强化型铝合金。不可热处理强化型不能通过热处理来提高力学性能，只能通过冷加工变形来实现强化，它主要包括高纯铝、工业高纯铝、工业纯铝以及防锈铝等。可热处理强化型铝合金可以通过淬火和时效等热处理手段来提高力学性能，它可分为硬铝、锻铝、超硬铝和特殊铝合金等。

铸造铝合金在铸态下使用，按化学成分可分为铝硅合金、铝铜合金、铝镁合金、铝锌合金和铝稀土合金，其中铝硅合金又分为过共晶硅铝合金、共晶硅铝合金和单共晶硅铝合金。铸造铝合金可以采用热处理获得良好的力学性能、物理性能和抗腐蚀性能，如2008年北京奥运会祥云火炬就是铸造铝合金制作的。

1. 铝合金的性能参数

铝合金广泛地被应用在工程结构上。合金系统由数字系统分类（ANSI），或由名称表示主要的组成合金分类（DIN及ISO）。选择正确的铝合金需要考虑材料的强度、延性、成形性、焊接性、抗腐蚀性。铝广泛地使用在现代航空器里是由于它高强度和较低的重量比率，如3004和3015铝锰镁合金的性能参数如下：密度为$2705kg/m^3$，弹性模量为$6900kN/cm^2$，热导率为$214W/(m\cdot℃)$，纵向热胀系数为$24\times10^{-3}mm/(m\cdot℃)$，熔点为650℃。铝及铝合金与其他金属材料相比，具有自身独特的优点。

铝及铝合金密度小，接近$2.7g/cm^3$，约为铁或铜的1/3。铝及铝合金的强度高，经过一定程度的冷加工可强化基体强度，部分牌号的铝合金还可以通过热处理进行强化处理。导电导热性好，铝的导电导热性能仅次于银、铜和金。铝合金耐蚀性好，铝的表面易自然生成一层致密牢固的AL_2O_3保护膜，能很好地保护基体不受腐蚀；铝合金易加工，添加一定的合金元素后，通过人工阳极氧化和着色，可得到铸造铝合金（铸造性能好）或变形铝合金（加工塑性好）。由于具有优良的物理性能，铝在国民经济各行业和国防工业中得到了广泛的应用。铝作为轻型结构材料，重量轻、强度大，海、陆、空各种运载工具，特别是飞机、导弹、火箭、人造地球卫星等，均使用大量的铝，一架超音速飞机的用铝量占其自身重量的

70%，一枚导弹用铝量占其总重量的10%以上；用铝和铝合金制造的各种车辆，可以减少能耗，其所节省的能量远远超过炼铝时所消耗的能量；在建筑工业中用铝合金可做房屋的门窗及结构材料；用铝制作太阳能收集器，可以节能；在电力输送方面，铝的用量居首位，90%的高压电导线是用铝制作的；在食品工业上，从储槽到罐头盒，以至饮料容器，大多用铝制成；铝粉可做难熔金属（如钼等）的还原剂和炼钢中的脱氧剂；日常生活所用的锅、盘、匙等大多由铝制成。

国际上已经注册的铝合金牌号有1000多个，每个牌号又有多种状态，在硬度、强度、耐蚀性、加工性、焊接性、装饰性等方面都存在着明显的差异。选择铝合金的牌号与状态时，以上各方面很难同时满足，应根据产品的性能要求、使用环境、加工过程等因素，设定各种性能的优先次序，方可做到合理选材，在保证性能的前提下合理控制成本。

铝合金的力学性能、物理性能、化学成分与价格相关。

（1）硬度　硬度首先跟合金化学成分有直接的关系。其次，不同的状态也影响较大，从所能达到的最高硬度来看，7系、2系、4系、6系、5系、3系、1系，依次降低。铝合金硬度是产品设计时必须考虑的重要因素，光伏组件选用边框时，应根据所承受的压力，选择适当的合金。纯铝强度最低，而2系及7系热处理型合金强度最高，强度不同于硬度，硬度和强度有一定的相关性。强度是金属材料在外力作用下，抵抗产生塑性变形和断裂的能力；而硬度是指材料抵抗更硬物体压入而产生塑性变形的能力，包括产生压痕或划痕的能力。硬度不是一个单纯的物理量，而是反映材料弹性、强度与塑性的综合性能指标。

（2）耐蚀性　耐蚀性包括化学腐蚀、耐应力腐蚀等性能。一般而言，1系纯铝的耐蚀性最佳，5系表现良好，其次是3系和6系，2系及7系较差。耐蚀性选用原则应根据其使用场合而定。高强度合金在腐蚀环境下使用，必须使用各种防腐蚀用复合材料。

（3）加工性　加工性包括成形性与切削性。因为成形性与状态有关，在选择铝合金牌号后，还需考虑各种状态的强度范围，通常强度高的材料不易成形。如果要对铝材进行折弯、拉伸、深冲等成形加工时，材料成形性最佳的状态是退火后状态；反之，在热处理状态中，材料的成形性最差。

（4）切削性　铝合金的切削性较差，对模具、机械零件等需要切削加工的产品，铝合金的切削性是重要的考虑因素。

（5）焊接性　多数铝合金的焊接性均无问题，尤其是部分5系列的铝合金，是专为焊接考虑而设计的，相对而言，部分2系和7系的铝合金较难焊接。

（6）弹性度　铝使用不当会导致生产出劣质铝合金。跟铁或钢相比，相同大小的铝重量只有铁或钢的1/3，但刚性同时也减少了2/3。因此，直接更换一个铁或钢铁的零件，并施加可接受的力量，虽然不会造成破坏，但是铝的弹性会造成零件3倍以上的挠度。过度的弹性是不可取的，尤其在要求精度或者有效率传输的地方。随意地将钢管更换为同样大小的铝管将造成一定程度弯曲。例如，用相同的尺寸的铝管取代钢管的自行车框架，在增加弹性的操作下，负荷所造成的不同心度（同心度偏差）会降低运行能量。为了增加刚性需增加管壁的厚度，造成重量增加，也丧失了弹性与重量比的优势。最好重新设计铝尺寸的部分，以适应其特点。例如，使自行车的框架铝管具有超大直径，而不是厚的管壁。这样增加了强度，重量也没有增加很多。又如，雪佛兰Corvette汽车部分利用了铝的优势，使用了铝的制底盘和悬挂系统零件，消除不必要的金属后不但重量减轻，也减少了截面积。这些车有大的尺寸和良好的刚度。因此，在同样或更激烈的使用情况下不需要像钢制的零件一样频繁更换，大部分人对此觉得有吸引力。同样地，铝自行车框架可以改良设计，以便提供刚性和一些额外的灵活性，并可以当作另一种避振器。

铝合金的强度和耐久性差别很大，不仅组成的合金元素有差别，而制造过程也有差异。这种可变性加上经验曲线的使用，导致铝的缺陷明显。20世纪70年代早期许多设计不良的铝自行车框架高频率的损坏，凸显了铝合金的劣势。然而，航空器和高性能的汽车行业广泛地使用高性能的铝合金，所以自行车和光伏组件采用高性能铝合金比较可靠。铝合金的一个重要的限制是它的疲劳性能，而钢具有较高的疲劳极限（理论上可以承受无限多的周期性载荷），铝的疲劳极限接近零，也就是说它最终将破坏，甚至非常小的循环荷载作用都可以使它破坏，对于小的应力可以使用较长时间。

（7）热敏度　金属的热敏感性是个常用指标。铝对热感应上相对较复杂，不像钢将要熔化时发出亮红色，铝熔化之前没有迹象显示。铝过热的时候受到内部压力和拉力，会导致延迟的扭曲。常见的有翘曲或过热裂开的汽车铝缸盖、铝自行车框架。1970年，黏着剂开始被用于自行车结构，铝管受到轻微腐蚀就会松动黏接，最终导致车架解体。因此，航天工业中使用完全避免热进入零件间的胶黏剂或机械扣件。过热的铝可放心热处理，逐步冷却有退火的效果，然而这样做的结果有可能造成扭曲，所以热处理焊接自行车框架，会导致重要的部分产生不重合。如果不严重，冷却之后有可能可以重合在一起。如果框架设计有相当的刚性，变形将需要很大的力量。铝的不耐高温性不包括使用在火箭上，可用于气体燃烧时达3500K的燃烧室，在阿金纳美国运载火箭上面级（Aagena），阶段引擎部分设计使用了再生铝冷却喷嘴，包括关键喷喉；实际上铝极端高导热性防止了喷喉在巨大的热流下到达熔点，是一个可靠的轻光伏组件。

（8）装饰性能　铝材应用于装饰或某些特定的场合时，需要对其表面进行阳极氧化、涂装等加工，以获得相应的颜色和表面组织，这时其装饰性应该重点考虑，一般而言，耐蚀性较好的材料，其阳极处理性能、表面处理性能、涂装性能都非常出色。其他特性还有导电性、耐磨性和耐热性。自1960年开始，铝的高导电性和比铜低的价格优势，使其在美国的家庭配线中使用。铝巨大的热膨胀系数造成导线容易变长，最终连接到不同的金属（螺钉），造成短路。纯铝有蠕变倾向，稳定持续的压力（随着温度的上升），再次造成短路。电偶腐蚀（Galvanic Corrosion）造成接触端的金属电阻增加。这些过热和过松的连接，反而导致了一些用电火灾，导线的选用开始谨慎起来，在新建筑上许多法令禁止了铝的应用。改善连接设计后，可避免松动和过热，家庭配线标示为CO/ALR（起初标示为Al/Cu）。卷曲铝线与铜线编成短辫可阻止发热，利用高压卷曲和工具减少铝的热膨胀，如今新的合金、设计和方法用在铝导线和铝端子的连接。

2. 铝合金产品

（1）铝产品　纯铝分冶炼铝和压力加工铝两类，冶炼铝用化学成分Al表示，压力加工铝用汉语拼音LG（铝，工业用的）表示。铝元素是地壳中含量最丰富的金属元素，含量高于7%。铝原子序数为13，原子量为26.98，原子体积为$10.0cm^3/mol$，面心立方。压力加工铝合金是铝合金压力加工产品，分为防锈（LF）、硬质（LY）、锻造（LD）、超硬（LC）、包覆（LB）、特殊（LT）及钎焊（LQ）等七类，常用铝合金材料的状态为退火（M焖火）、硬化（Y）、热轧（R）等三种。铝材是铝合金板材，是铝和铝合金经加工成一定形状的材料,包括板材、带材、箔材、管材、棒材、线材和型材等。

(2) 铝塑板　铝塑板是由经过表面处理并用涂层烤漆的 3003 铝锰合金、5005 铝镁合金板材作为表面,PE 塑料作为芯层,利用高分子黏结膜经过一系列工艺加工复合而成的新型材料。它既保留了原组成材料(铝合金板、非金属聚乙烯塑料)的主要特性,又克服了原组成材料的不足,进而获得了众多优异的材料性质。铝塑板具有艳丽多彩的装饰性、耐候、耐蚀、耐创击、防火、防潮、隔声、隔热、抗振性、质轻、易加工成型、易搬运等安装特性。铝塑板厚度有 3mm、4mm、6mm、8mm;宽度有 1220mm、1500mm;长度有 1000mm、2440mm、3000mm、6000mm。铝塑板标准尺寸是 1220mm×2440mm,可应用于幕墙、内外墙、门厅、饭店、商店、会议室的装饰,还可用于旧建筑的改建,用作柜台、家具的面层、车辆的内外壁。

(3) 铝单板　铝单板由优质铝合金加工而成,这些来自于世界知名大企业的优质铝经过表面喷涂美国 PPG 公司或荷兰阿克苏公司的 PVDF 氟碳烤漆,最终制成铝单板。铝单板主要由面板、加强筋骨、挂耳等组成。铝单板的特点是轻量化、刚性好、强度高、不燃烧性、防火性佳、加工工艺性好、色彩可选性广、装饰效果极佳、易于回收、利于环保。铝单板应用于建筑幕墙、柱梁、阳台、隔板包饰、室内装饰、广告标志牌、车辆、家具、展台、仪器外壳和地铁海运工具。

(4) 铝蜂窝板　铝蜂窝板采用复合蜂窝结构,选用优质的 3003H24 合金铝板或 5052AH14 高锰合金铝板为基材,与铝合金蜂窝芯材热压复合成型。铝蜂窝板从面板材质、形状、接缝、安装系统到颜色、表面处理均为建筑师提供丰富的选择,能够展示丰富的屋面表现效果,具有卓越的设计自由度。它是具有施工便捷、综合性能理想、保温效果显著的新型材料。铝蜂窝板无标准尺寸,所有板材均根据设计图样由工厂订制而成,广泛地应用于大厦外墙装饰(特别适用于高层的建筑)内墙天花吊顶、墙壁隔断、房门及保温车厢、广告牌领域。

(5) 铝蜂窝穿孔吸声吊顶板　铝蜂窝穿孔吸声吊顶板的构造结构为穿孔铝合金面板与穿孔背板,依靠优质胶黏剂与铝蜂窝芯直接黏结成铝蜂窝夹层结构,蜂窝芯与面板及背板间贴上一层吸声布。由于蜂窝铝板内的蜂窝芯被分隔成众多的封闭小室,阻止了空气流动,使声波受到阻碍,提高了吸声系数(可达到 0.9 以上),同时提高了板材自身强度,使单块板材的尺寸可以做到更大,进一步加大了设计自由度。可以根据室内声学设计,进行不同的穿孔率设计,在一定的范围内控制组合结构的吸声系数,既达到设计效果,又能够合理控制造价。通过控制穿孔孔径、孔距,并可根据客户使用要求改变穿孔率,最大穿孔率小于 30%,孔径一般选用 $\phi 2.0mm$、$\phi 2.5mm$、$\phi 3.0mm$ 规格,背板穿孔要求与面板相同,吸声布采用优质的无纺布等吸声材料,适用于地铁、影剧院、电台、电视台、纺织厂和噪声超标准的厂房、体育馆、大型公共建筑的吸声墙体、天花吊顶板。

(6) 铸造铝合金　铸造铝合金(ZL)按成分中铝以外的主要元素硅、铜、镁、锌分为四类,代号编码分别为 100、200、300、400。铸造用铝合金在美国铝业协会(AA)采取与锻造用合金相似的命名原则。英国标准(BS)、德国标准(DIN)使用了不同的名称。在美国铝业协会(AA)系统,第二个二位数代表了最小含铝量,例如 150.x 代表最少含 99.50%(质量分数)的铝。该数字小数点后值为 0 或 1,指的分别是铸件和铸锭。美国铝业协会系统下的主要铸造用铝合金 1xx.x 系列至少含 99% 的铝,2xx.x 系列含铜,3xx.x 系列含硅、铜和（或）镁，4xx.x系列含硅，5xx.x系列含镁，6xx.x系列含镁和硅，7xx.x系列含锌，8xx.x系列含锡，9xx.x系列含混合元素。

为了获得各种形状与规格的优质精密铸件，用于铸造的铝合金有填充狭槽窄缝部分的良好流动性，有比一般金属低的熔点，但能满足极大部分情况的要求。导热性能好，熔融铝的热量能快速向铸模传递，铸造周期较短，熔体中的氢气和其他有害气体可通过处理得到有效的控制。铝合金铸造时，没有热脆开裂和撕裂的倾向，化学稳定性好，抗蚀性能强，不易产生表面缺陷，铸件表面有良好的表面光洁度和光泽，而且易于进行表面处理。铸造铝合金的加工性能好，可用压模、硬模、生砂和干砂模、熔模石膏型铸造模进行铸造生产，也可用真空铸造、低压和高压铸造、挤压铸造、半固态铸造、离心铸造等方法成形，生产不同用途、不同品种规格、不同性能的各种铸件。铸造铝合金在轿车上得到了广泛应用，如发动机的缸盖、进气歧管、活塞、轮毂、转向助力器壳体。

（7）锻造用合金　锻造用和铸造用铝合金使用不同的命名系统。锻造用铝合金使用4位数号码，例如"6061-T6"中，6016指合金成分所占的比例，数字号后的编码号代表热处理的类型。铸造用铝合金使用4~5位数号码与一个小数点。在百位数的数字代表合金元素，小数点用来辨认是铸件还是铝锭。在国际合金命名系统定义的锻造合金中，有4位数字号码，第一位为主要合金元素。1000系列铝合金，至少含99%的铝；2000系列铜合金，强度媲美钢，以前称为杜拉铝，是常用的航空合金，但容易受到粒间腐蚀，逐渐被7000系列取代。3000系列锰铝合金，有加工硬化现象；4000系列硅铝合金，亦称为硅铝明。5000系列镁铝合金，可解决加工硬化问题，强度媲美钢铁。6000系列镁硅铝合金，易于加工，可沉积硬化，得到的强度不高。7000系列锌铝合金，可沉积硬化，在所有铝合金中有最高强度。8000系列铝合金含混合元素。

（8）高强度铝合金　高强度铝合金是指其抗拉强度大于480MPa的铝合金，主要是压力加工铝合金中防锈铝合金类、硬铝合金类、超硬铝合金类、铸造合金类、锻铝合金类、铝锂合金类。各种飞机都以铝合金作为主要结构材料，熔点660℃，密度2.702，飞机上的蒙皮、梁、肋、桁条、隔框和起落架都可以用铝合金制造。飞机依用途的不同，铝的用量也不一样。着重于经济效益的民用机因铝合金价格便宜而大量采用，如波音767客机采用的铝合金约占机体结构重量的81%。军用飞机因要求有良好的作战性能而相对地减少铝的用量，如最大飞行速度为马赫数2.5的F-15高性能战斗机仅使用35.5%铝合金。有些铝合金有良好的低温性能，在-253~-183℃下不冷脆，可在液氢和液氧环境下工作，它与浓硝酸和偏二甲肼不起化学反应，具有良好的焊接性能，因而是制造液体火箭的好材料。发射"阿波罗"号飞船的"土星"5号运载火箭各级的燃料箱、氧化剂箱、箱间段、级间段、尾段和仪器舱都用铝合金制造。航天飞机的乘员舱、前机身、中机身、后机身、垂尾、襟翼、升降副翼和水平尾翼都是用铝合金制作的。各种人造地球卫星和空间探测器的主要结构材料也都是铝合金。

（9）铝合金画框　铝合金画框是铝合金型材的一种，铝合金主要合金元素有铜、硅、镁、锌、锰，次要合金元素有镍、铁、钛、铬、锂。铝合金画框分为很多种颜色，表面颜色为电镀技术工艺处理，颜色又分为亮银色、亚银、亮黑、亚黑、亮金、亚金、香槟色，如同钢琴漆的效果。L形画框目前是市场上最新的装裱形式，适合装裱抽象油画、水彩作品。

（10）氟碳铝板　铝合金板材按表面处理方式可分为非涂漆产品和涂漆产品两大类。非涂漆类产品可分为锤纹铝板（无规则纹样）、压花板（有规则纹样）和预钝化、阳极氧化铝表面处理板，此类产品在板材表面不做涂漆处理，对表面的外观要求不高，价格也较低。涂漆类产品按涂装工艺可分为喷涂板产品和预辊涂板；按涂漆种类可分为聚酯、聚氨酯、聚酰胺、改性硅、环氧树脂、氟碳等。多种涂层中，主要性能差异是对太阳光紫外线的抵抗能力，其中在正面最常用的涂层为氟碳漆（PVDF），其抵抗紫外线的能力较强；背面可选择聚酯或环氧树脂涂层作为保护漆。另外正面还可贴一层可撕掉的保护膜。

1）氟碳喷涂板。氟碳喷涂板分为两涂系统、三涂系统和四涂系统。两涂系统由 $5\sim10\mu m$ 的氟碳底漆和 $20\sim30\mu m$ 的氟碳面漆组成，膜层总厚度一般不宜小于 $35\mu m$。只可用于普通环境。

三涂系统由 $5\sim10\mu m$ 的氟碳底漆、$20\sim30\mu m$ 的氟碳色漆和 $10\sim20\mu m$ 的氟碳清漆组成，膜层总厚度一般不宜小于 $45\mu m$，适用于空气污染严重、工业区及沿海等环境恶劣地带。四涂系统有两种：一种是当采用大颗粒铝粉颜料时，需要在底漆和面漆之间增设一道 $20\mu m$ 的氟碳中间漆；另一种是在底漆和面漆之间增设一道聚酰胺与聚氨酯共混的致密涂层，提高轨道车辆铝合金型材的抗腐蚀性，增加氟碳铝板的使用寿命。因为一般的氟碳漆是海绵结构，有气孔，无法阻止空气中的正、负离子游离穿透至金属板基层。因此这种涂层系统更适用于空气污染严重、工业区及沿海等环境恶劣地带。

2）氟碳烤漆铝板。氟碳烤漆的固化，应该是有几涂就有几烤，使每层烤漆完全固化，形成良好的黏结性、抗腐蚀性、抗褪色性，避免多涂少烤。在选用氟碳烤漆铝板时，应关注氟碳漆的品牌和主要技术指标，且氟树脂含量应不小于70%。

3）氟碳预辊涂层铝板。预辊涂层铝板的设计思想是将尽可能多的材料优点和工艺优势集于一身，把人为影响的质量因素降至最低，其品质比氟碳喷涂（烤漆）铝板更有保证。氟树脂含量最高可达80%，涂层厚度一般为 $25\mu m$。

3. 铝合金熔炼与锻造

铝合金的熔炼与浇注是铸造生产中主要环节。严格控制熔炼与浇注的全过程，对防止针孔、夹杂、欠铸、裂纹、气孔以及缩松等铸造缺陷起着重要的作用。由于铝熔体吸收氢倾向大，氧化能力强，易熔解铁，在熔炼与浇注过程中必须采取简易而又谨慎的预防措施，以获得优质铸件。

（1）熔炼

1）铝合金炉料配制及质量控制。为了熔炼出优质铝熔体，首先应选用合格的原材料。必须对原材料进行科学管理和适当处理，否则就会严重影响合金的质量，生产实践证明，原材料（包括金属材料及辅助材料）控制不严会使铸件成批报废。原材料必须有合格的化学成分及组织有具体要求。入厂的合金锭除分析主要成分及杂质含量外，还要检查低陪组织及断口。实践证明，使用了含有严重缩孔、针孔以及气泡的铝液，就难以获得致密的铸件，甚至会造成整炉、整批的铸件报废。研究铝硅合金锭对铝合金针孔的影响时发现，用熔融的纯浇注砂型试块时并不出现针孔，当加入低组织和不合格的铝硅合金锭后，试块针孔严重，且晶粒大。其原因为材料的遗传性所致。铝硅系合金和遗传性随着含量的提高而增大，硅量达到7%时，遗传显著。继续提高硅含量到共晶成分，遗传性又稍减小。为解决炉料遗传性引起的铸件缺陷，必须选用冶金质量高的铝锭、中间合金及其他炉料。断口上不应有针孔、气孔。针孔应在三级以内，局部（不超过受检面积的25%）不应超过三级，超过三级者必须采取重熔炼的办法以减少针孔度。重熔精炼方法与一般铝合金熔炼相同，浇注温度不宜超过660℃，对于那些原始晶粒大的铝锭、合金锭等，应先用较低的锭模温度，使其快速凝固，细化晶粒。

炉料应贮存在温度变化不大、干燥的仓库内。炉料使用前，经吹砂处理去除表面的锈蚀、油脂等污物。放置时间不长、表面较干净的铝合金锭及金属型回炉料可以不经吹砂处理，但应消除混在炉料内的铁质过滤网及镶嵌件等，所有的炉料在入炉前均应预热，以去除表面附的水分，缩短熔炼时间在3h以上。炉料的合理保存及管理对确保合金质量有重要意义。

2）坩埚及熔炼工具的准备。坩埚铸造铝合金常用铁坩埚，也可用铸钢及钢板焊接坩埚。新坩埚及长期未用的旧坩埚，使用前均应吹砂，并加热到700~800℃，保持2~4h，以烧除附着在坩埚内壁的水分及可燃物质，待冷到300℃以下时，仔细清理坩埚内壁，在温度不低于200℃时喷涂料。坩埚使用前应预热至暗红色（500~600℃），并保温2h以上。新坩埚外熔炼之前，最好先熔化一炉同牌号的回炉料。熔炼工具要准备钟罩、压瓢、搅拌勺、浇包。锭模等使用前均应预热，并在150~200℃温度下涂以防护性涂料，并彻底烘干，烘干温度为200~400℃，保温时间2h以上，使用后应彻底清除表面上附着的氧化物、氟化物，（最好进行吹砂）。

3）熔炼温度的控制。熔炼温度过低，不利于合金元素的熔解及气体、夹杂物的排出，增加形成偏析、冷隔、欠铸的倾向，还会因冒口热量不足，使铸件得不到合理的补缩。有资料指出，所有铝合金的熔炼温度到少要达705℃并应进行搅拌。熔炼温度过高不仅浪费能源，更严重的是因为温度越高，吸氢越多，晶粒亦越粗大，铝的氧化越严重，一些合金元素的烧损也越严重，从而导致合金力学性能的下降，铸造性能和机械加工性能恶化，变质处理的效果削弱，铸件的气密性降低。生产实践证明，把合金液快速升温至较高的温度，进行合理的搅拌，以促进所有合金元素的熔解（特别是难熔金属元素），扒除浮渣后降至浇注温度，这样，偏析程度最小，熔解的氢亦少，有利于获得均匀致密、力学性能高的合金。因为铝熔体的温度是难以用肉眼来判断的，所以不论使用何种类型的熔化炉，都应该用测温仪表控制温度。测温仪表应定期校核和维修。热电偶套管应周期的用金属刷刷干净，涂以防护性涂料，以保证测温结果的准确性及处长使用寿命。

4）熔炼时间的控制。为了减少铝熔体的氧化、吸气和铁的溶解，应尽量缩短铝熔体在炉内的停留时间，快速熔炼。从熔化开始至浇注完毕，砂型铸造不超过4h，金属型铸造不超过6h，压铸不超过8h。为加速熔炼过程，应首先加入中等块度、熔点较低的回炉料及铝硅中间合金，以便在坩埚底陪尽快形成熔池，然后再加块度较大的回炉料及纯铝锭，使它们能徐徐浸入逐渐扩大的熔池，很快熔化。在炉料主要部分熔化后，再加熔点较高、数量不多的中间合金，升温、搅拌以加速熔化。最后降温，压入易氧化的合金元素，减少损失。

5）熔体的转送和浇注。尽管固态氧化铝的密度近似于铝熔体的密度，在进入铝熔体内部后，经过足够长的时间才会沉至坩埚底陪。而铝熔体被氧化后形成的氧化铝膜，却仅与铝熔体接触的一面是致密的，与空气接触的一面疏松且有大量小孔，其表面积大，吸附性强，极易吸附水汽，反有上浮的倾向。因此，在这种氧化膜与铝熔体的密度差小，将其混入熔体中，浮沉速度很慢，难以从熔体中排除，在铸件中形成气孔太夹杂。所以，转送铝熔体中关键是尽量减少熔融金属的搅拌，尽量减少熔体与空气的接触。采用倾转式坩埚转注熔体时，为避免熔体与空气的混合,应将浇包尽量靠所炉嘴,并倾斜放置,使熔体沿着浇包的侧壁下流,不致直接冲击包底,发生搅动、飞溅。采用正确合理的浇注方法,是获得优质铸件的重要条件之一。下列事项可有效防止、减少铸件缺陷。

① 浇注前应仔细检查熔体出炉温度、浇包容量及其表面涂料层的干燥程度,其他工具的准备是否合乎要求。金属浇口杯在浇注前3~5min之内就在砂型上安放好,此时浇包怀的温度不高于150℃,安置过早或温度过高,浇道内会憋住大量气体,在浇注时有爆炸的危险。

② 不能在有"过堂风"的场合下浇注,应防止熔体强烈氧化、燃烧,从而避免铸件产生氧化夹杂等缺陷。由坩埚内获取熔体时,应先用包底轻轻拨开熔体表面的氧化皮或熔剂层,缓慢地将浇包浸入熔体内,用浇包的宽口舀取熔体,然后平稳地提起浇包。

③ 端包时不要掌平,步子要稳,浇包不宜提得过高,浇包内金属液面必须保持平稳,不受扰动。即在浇注时,应扒净浇包的渣子,以免在浇注中将熔渣、氧化皮等带入铸型中。

④ 浇注中,熔体流保持平稳且不中断,不能直冲熔体底孔。熔体充满且液面不得翻动,控制浇注速度。通常,浇注开始时就镀膜,速度慢;熔体充填平稳后再镀膜,速度稍快,并保持浇注速度不变。

⑤ 在浇注过程中,浇包嘴与浇口的距离应尽可能靠近,以不超过50mm为限,以免熔液过多地氧化。带堵塞的浇口环,堵塞不能拨得太早,在熔体充满浇口环后,再缓慢地斜向拨出,以免熔体在注入浇道时产生涡流。距坩埚底部60mm以下的熔体不宜浇注铸件。

(2) 加工工艺 硅对硬质合金有腐蚀作用。将硅含量超过的铝合金称为高硅铝合金,工艺中推荐使用金刚石刀具,但硅含量逐渐增多对刀具的破坏力也逐渐加大,因此有些工艺在硅含量超过8%时就推荐使用金刚石刀具。硅含量在8%~12%之间的铝合金是一个过渡区间,既可以使用普通硬质合金刀具,也可以使用金刚石刀具。但使用硬质合金刀具时应使用经PVD(物理镀层)方法处理的、不含铝元素的、膜层厚度较小的刀具。因为PVD方法和小的膜层厚度使刀具保持较锋利的切削刃成为可能(否则为避免膜层在刃口处异常长大,需要对刃口进行足够的钝化,切铝合金就会不够锋利),而膜层材料含铝可能使刀片膜层与工件材料发生亲和作用而破坏膜层与刀具基体的结合。因为超硬镀层多为铝、氮、钛三者的化合物,可能会因硬质合金基体随膜层剥落时少量剥落造成崩刃。操作时,可以使用不镀层的超细颗粒硬质合金刀具;或者用带未含铝镀层(PVD)方法的硬质合金刀具,如镀TiN、TiC;再或者用金刚石刀具。刀具的容屑空间要大,一般用2齿,前角、后角要大(如12°~14°,包括端齿后角)。如果只是一般铣面,可以用45°主偏角的可转位面铣刀,配用专门加工铝合金的刀片,效果更好。高级金属屋面(和幕墙)系统的铝合金常用板材厚度一般为0.8~1.2mm(而传统的一般要≥2.5mm)。

1) 锻造修伤。修伤是铝合金模锻工艺中的重要一环。由于铝合金在高温下较软,黏性大,流动性差,容易黏模并产生各种表面缺陷(折叠、毛刺、裂纹等),在进行下一道工序前,必须打磨、修伤,将表面缺陷清除干净,否则在后续工序中缺陷将进一步扩大,甚至引起锻件报废。修伤用的工具有风动砂轮机、风动小铣刀、电动小铣刀及扁铲等。修伤前先经腐蚀查清缺陷部位,修伤处要圆滑过渡,其宽度应为深度的5~10倍。

铝合金在生产过程中,容易出现缩孔、砂眼、气孔和夹渣等铸造缺陷。如何修复铝合金铸件气孔等缺陷呢?如果用电焊、氩焊等设备来修补,由于放热量大,容易产生热变形等副作用,无法满足补焊要求。冷焊修复机是利用高频电火花瞬间放电、无热堆焊原理来修复铸件缺陷的。由于冷焊热影响区域小,不会造成基材退火变形,不产生裂纹、没有硬点、硬化现象。而且熔接强度高,补材与基体同时熔化后的再凝固,结合牢固,可进行磨、铣、锉等加工,致密不脱落。冷焊修复机是修补铝合金气孔、砂眼等细小缺陷的理想方法。

2)压铸特点。压力铸造简称压铸,是一种将熔融合金液倒入压室内,以高速充填钢制模具的型腔,并使合金液在压力下凝固而形成铸件的铸造方法。压铸区别于其他铸造方法的主要特点是高压和高速。金属液是在压力下填充型腔的,并在更高的压力下结晶凝固,常见的压力为15~100MPa。金属液以高速充填型腔,通常在10~50m/s,有的还可超过80m/s,(通过内浇口导入型腔的线速度,即内浇口速度),因此金属液的充型时间极短,约0.01~0.2s(须视铸件的大小而不同)内即可填满型腔。压铸机、压铸合金与压铸模具是压铸生产的三大要素,缺一不可。所谓压铸工艺就是将这三大要素有机地加以综合运用,从而能稳定地、有节奏地和高效地生产出外观、内在质量好的、尺寸符合图样或协议规定要求的合格铸件,甚至是优质铸件。压铸的流动性是指合金液体充填铸型的能力,流动性的大小决定合金能否铸造复杂的铸件,在铝合金中共晶合金的流动性最好。影响流动性的因素很多,主要是成分、温度以及合金液体中存在金属氧化物、金属化合物及其他污染物的固相颗粒,但外在的根本因素为浇铸温度及浇铸压力(俗称浇铸压头)的高低。

实际生产中,在合金已确定的情况下,除了强化熔炼工艺(精炼与除渣)外,还必须改善铸型的工艺性(砂模透气性、金属型模具排气及温度),并在不影响铸件质量的前提下提高浇铸温度,保证合金的流动性。

(3)铝合金焊接 铝合金广泛的应用促进了铝合金焊接技术的发展,同时拓展了铝合金的应用领域,因此铝合金的焊接技术正成为研究的热点之一。铝合金材料强度高和质量轻,主要焊接工艺为钨极氩弧焊(TIG)、气体保护焊(MIG)、搅拌摩擦焊(FSW)、电阻点焊。铝合金焊接保护措施要做好。焊前用化学加机械的方法清除工件坡口及周围部分和焊丝表面的氧化物,顺序是先化学清洗,后机械打磨;焊接过程中要采用合格的保护气体进行保护;在气焊时,采用熔剂,在焊接过程中需不断用焊丝挑破熔池表面的氧化膜,焊接有难度。

1)焊接时极易氧化。在空气中,铝容易同氧气化合,生成致密的Al_2O_3薄膜(厚度为0.1~0.2μm),熔点高(约为2050℃),远远超过铝及铝合金的熔点(约为600℃)。氧化铝的密度为3.95~4.10g/cm³,约为铝的1.4倍,氧化铝薄膜的表面易吸附水分,焊接时,它阻碍基本金属的熔合,极易形成气孔、夹渣、未熔合等缺陷,引起焊缝性能下降。

2)焊接易产生气孔。铝和铝合金焊接时产生气孔的主要原因是氢,由于液态铝可溶解大量的氢,而固态铝几乎不溶解氢,因此当熔池温度快速冷却与凝固时,氢来不及逸出,容易在焊缝中聚集形成气孔。氢气孔无法完全避免,氢的来源很多,有电弧焊气氛中的氢,铝板、焊丝表面氧化膜吸附空气中的水分等。实践证明,即使氩气按GB/T 4842—2006标准要求,纯度达到99.99%以上,但当水分含量达到$2×10^{-3}$%时,也会出现大量的致密气孔,当空气相对湿度超过80%时,如果不采取加热等措施,焊缝就会明显出现气孔。采用小电流慢速焊,加大焊缝冷却时间,并利用焊丝电弧进行熔池搅动,可以较好地帮助气体排出熔池。

3)焊缝变形和形成裂纹倾向大。铝的线膨胀系数和结晶收缩率约比钢大两倍,易产生较大的焊接变形的内应力,对刚性较大的结构将促使热裂纹的产生。

4)铝的热导率大(纯铝为237W/m·K),约为钢的4倍,因此,焊接铝和铝合金时,比焊钢要消耗更多的热量。焊接会产生合金元素的蒸发的烧损。铝合金中含有低沸点的元素（如镁、锌、锰等），在高温电弧作用下，极易蒸发烧损，从而改变焊缝金属的化学成分，使焊缝性能下降。高温时，铝的强度和塑性很低，破坏了焊缝金属的成形，有时还容易造成焊缝金属塌落和焊穿现象。

5）焊接时无色彩变化。铝及铝合金从固态转为液态时，无明显的颜色变化，使操作者难以掌握加热温度。

4. 铝合金编号

纯铝分冶炼品和压力加工品两类，前者以化学成分 Al 表示，后者用汉语拼音缩写 LG（铝、工业用的）表示。变形铝及铝合金状态、代号，适用于铝及铝加工产品，基础状态代号用一个英文大写字母表示，细分状态代号采用基础状态代号后跟一位或多位阿拉伯数字表示，基本状态代号分为 5 种，状态号见表 2-16。

表 2-16 基本状态代号

代号	名称	说明与应用
F	自由加工状态	适用于在成型过程中，对于加工硬化和热处理条件无特殊要求的产品，该状态产品的力学性能不做规定
O	退火状态	适用于经完全退火获得最低强度的加工产品
H	加工硬化状态	适用于通过加工硬化提高强度的产品，产品在加工硬化后可经过（也可不经过）使强度有所降低的附加热处理
W	固熔热处理状态	处理状态
T	热处理状态（不同于F、O、H状态）	适用于热处理后，经过（或不经过）加工硬化达到稳定的产品。T 代号后面必须跟有一位或多位阿拉伯数字。在 T 后面的第一位数字表示热处理基本类型（从 1~10），其后各位数字表示在热处理细节方面有所变化

2.7 构成之七：硅胶

如图 2-33 所示，密封胶在光伏组件工艺中的作用是密封黏结光伏组件四周铝合金边框，将接线盒（PPO 或 PC 材料）黏结至背板上，常用硅胶作为密封胶。

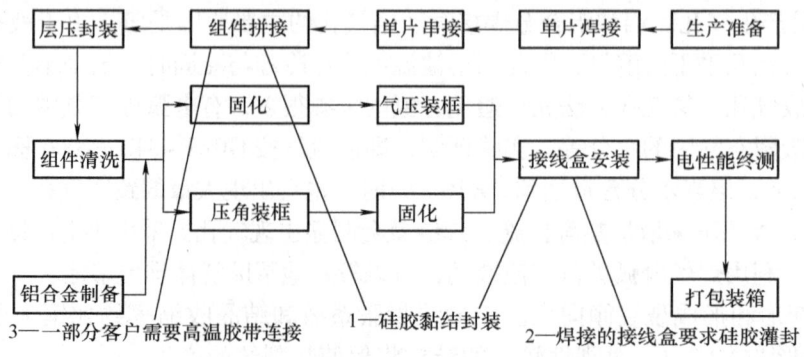

图 2-33 光伏组件工艺中需要硅胶的环节

硅胶是采用特殊硅橡胶材料为基础材料制成的耐高低温有机硅密封胶，可在 -60 ~ 250℃范围内长期使用，常温固化。硅胶具有优良的耐候性、耐黄变、耐雨水、耐污物、耐冰雹冲击和热冲击、抗机械撞击和抗环境腐蚀，起到防振、防水、防潮、防霉变、防紫外线、绝缘密封的功能，且具有较低的水蒸气渗透率，是光伏组件的绝缘密封胶和接线盒的黏结胶，还可保护单晶硅、多晶硅光伏组件不受到污染氧化，是腐蚀的最佳功能性密封产品。使用时应考虑有机硅密封胶在光伏组件上的应用现状，相关产品的类型和性能。硅胶固化时，将涂敷好的部件置于空气中，让其室温自然固化 10~20min 表干，完全固化视厚度而定（3mm 厚度在室温 25℃，湿度 50%，24h 可完全固化，固化极限 10mm）。

光伏组件硅胶打少了对光伏组件的使用寿命有影响。当然，硅胶也不是打得越多越好，确定密封住了就可以。打少了，硅胶不能均匀溢出，表面上影响了光伏组件的外观（美观性），如果留下缝隙，本质上直接降低了光伏组件的使用寿命，防水、气密性等都直接打折扣了，同时也降低了光伏组件自身的坚韧强度。这样就生成不合格品了，需要返工补胶，进而增加了综合成本。光伏组件硅胶不良导致分层及电池交叉隐裂纹，主要原因是硅胶交联度不合格（如层压机温度低、层压时间短等）；或 EVA 胶膜、玻璃、背板等原材料表面有异物；或者边框打胶有缝隙，雨水进入缝隙后，光伏组件长时间工作中发热导致光伏组件边缘脱层；以及电池片或光伏组件受外力造成隐裂。

硅胶对光伏组件影响很大，分层会导致光伏组件内部进水使光伏组件内部短路，造成光伏组件报废；交叉隐裂会造成纹碎片使电池失效，光伏组件功率衰减直接影响光伏组件性能。应及时采取预防措施，严格控制层压机温度、时间等重要参数，并定期按照要求做交联度试验；加强原材料供应商的改善及原材检验；加强制程过程中成品外观检验；总装打胶严格要求操作手法，硅胶需要完全密封；抬放光伏组件时避免受外力碰撞。

2.7.1 硅胶使用要求

1. 光伏组件框架黏结要求

光伏组件用胶从其应用环境来看，主要是在户外，必须满足使用环境的外部地理气候条件的差异，也就对其性能特点提出了必要要求。首先硅胶要有良好的耐候能力，能够耐受高低温环境考验，如西部省份的炎热干燥、南部省份的高温潮湿；其次要有良好的耐紫外线曝晒能力，耐黄变性，良好的黏结能力（在紫外线照射、暴雨、大风、高低温环境下仍有较好黏结能力），良好的耐燃烧能力，抗机械冲击、热冲击、防振能力都要具备。从施工应用上来讲，除了手动打胶外，密封胶通过自动点胶设备使用时，要注意设备在 X、Y 方向上移动要快，这样能提高光伏组件的成品效率。市场上应用的光伏组件胶主要有脱酮肟和脱醇有机硅胶两类，其中脱酮肟以北京天山新材料技术有限公司的天山可赛新 1527 密封胶、美国道康宁公司（DC）的 PV804 密封胶为代表，例如尚德主要应用天山的有机硅胶，其后回天的 906 等也逐渐进入了市场，而 DC 公司的 7091 是最早采用的脱醇类硅胶，之江公司在应用的光伏组件胶上也有脱酮肟和脱醇两类。

光伏组件厂商通常需要配套材料厂家提供 SGS、UL，或者 TUV 认证，其中 UL 测试要求提供 FV-0 级，也有的仅要求提供 HB 级。而 TUV 证书事实上是跟光伏组件相关的，密封胶厂家能够提供的只能是 TUV 的企业体系认证，而非光伏组件所能提供的产品莱茵认证，例如 EN IEC 61215—2005 版是对地面用晶体硅光伏组件进行设计鉴定和定型；IEC 61730—

2004 版是对光伏组件进行安全鉴定，包括结构要求和测试要求；而 IEC 61646—2008 版对地面用薄膜光伏组件进行设计鉴定和定型。有机硅胶的产品应用到光伏组件上，该光伏组件获得认证，可以说密封胶产品质量是过关的。

2. 接线盒灌封的技术要求

光伏组件接线盒是介于光伏组件构成的光伏方阵和光伏充电控制装置之间的连接器，是光伏发电设备必不可少的配套部件。光伏产业是有机硅胶应用的新领域，灌封胶要求具备较强户外耐候能力（耐受严寒、酷暑、大风暴雨等侵蚀），抗老化能力强，耐阻燃性好。灌封胶还要求绝缘能力强，并具有一定的导热能力，对旁路二极管起到散热保护的作用。从施工角度讲，密封胶要满足光伏组件加工的快速生产要求，脱醇缩合类灌封胶室温可以固化，加成类灌封胶需要加热固化体系。市场上很多厂商都能提供此类产品。

2.7.2 硅胶 UL 测试

考量光伏密封胶主要性能指标中的力学性能，包括硬度、拉伸强度、断裂伸长率、剪切强度；电性能，包括体积电阻率、击穿介电强度；固化深度：24h 固化深度要求大于 2mm。光伏组件都是在室外较恶劣环境中使用的，要求温度范围为 -40~150℃，热应力小，且耐候性好，抗紫外线性能好，防水性能佳；与背板、EVA 胶膜兼容，具有较强的黏结强度，抗黄变、可修复，寿命 25 年以上；价格低，操作工艺简便。单组分室温硫化硅橡胶，颜色多为白色，气味低，不含溶剂，无腐蚀性。

UL 认证是一种产品质量认证，可帮助一个产品推向市场。硅胶产品一旦通过了 UL 认证，生产商就被允许在产品上贴上 UL 对应认证标志，表明这个产品已经经过了 UL 的测试和安全的认证。UL 不仅进行测试，而且针对各种各样的消费产品发布相应的测试标准。如果一个客户要求我们提供 UL 的认证，首先要了解他要求的是哪一个标准，是针对硅胶的测试，还是针对使用硅胶一个部件的测试。UL 针对光伏组件的测试标准是 UL1703。UL1703 是关于光伏组件的测试方法的一个标准。大部分的测试是关于电学方面的测试，从而保证光伏组件能够达到相应的转化率，更重要的是保证它的使用安全性，如没有短路和漏电。如 UL1703 要求分布测试老化前和老化后的电学和其他性能，主要的老化试验有 1000h 双 85 试验（85℃，85%RH）；10 个循环的湿冻试验（-40~85℃，85%RH）和 200 个热循环（-40~90℃）。材料供应商关注的是聚合物材料的部分。

硅胶作为光伏组件的一个原材料，在 UL 测试里面是归到塑料一类的。硅胶应用分为两部分。第一是不与带电部件接触的部分，如边框密封；第二是与带电部件密封的部分，如背板引出线密封，接线盒灌封。需要与带电部件接触的硅胶要求更加严格。光伏组件生产商需要和 UL 工程师协商，哪部分应用需要采用哪个标准。由于表述上的问题，有时候即使 UL 内部也要非常小心的判断哪个应用需要采用哪个标准。光伏组件密封硅胶 UL 测试情况对比。在光伏工业早期，UL 只要求硅胶进行注册，并达到 UL94HB，就可以使用在光伏组件中。2008 年底，UL 提出更加严格的要求，特别是对接线盒灌封等需要接触带电部件的应用。厂家供应接线盒灌封胶时，要给出 4 个 UL 基本测试项目的参数来衡量耐火性能：大电流电弧燃烧测试（High-current Arc Ignition，HAI）、热线圈燃烧测试（Hot Wire Ignition，HWI）、相对热指数（Relative Thermal Index，RTI）、相对电痕指数（Comparative Tracking Index，CTI）。

2.7.3 有机硅胶

硅胶也叫硅橡胶，是一种高活性吸附材料，属非晶态物质，其化学分子式为 $m\text{SiO}_2 \cdot n\text{H}_2\text{O}$，不溶于水和任何溶剂，无毒无味，化学性质稳定，除强碱、氢氟酸外不与任何物质发生反应。各种型号的硅胶因其制造方法不同而形成不同的微孔结构。硅胶的化学组分和物理结构，决定了它具有许多其他同类材料难以取代的特点：吸附性能高、热稳定性好、化学性质稳定、有较高的机械强度等。硅胶根据其孔径的大小分为大孔硅胶、粗孔硅胶、B 形硅胶和细孔硅胶。一般来说，硅胶按其性质及组分可分为有机硅胶和无机硅胶两大类。按其组成形状分为挤出硅胶和模压硅胶。挤出硅胶比较常见，例如家用的电饭煲上的密封圈，称之为电饭煲硅胶密封圈。模压硅胶比较复杂一点，形状不规则，包括硅胶碗、硅胶冰格、硅胶蛋糕模等。

有机硅胶是一种有机硅化合物，是指含有 Si-C 键、且至少有一个有机基是直接与硅原子相连的化合物，习惯上也常把那些通过氧、硫、氮等使有机基与硅原子相连接的化合物也当作有机硅化合物。其中，以硅氧键（-Si-O-Si-）为骨架组成的聚硅氧烷，是有机硅化合物中为数最多，研究最深、应用最广的一类，约占总用量的 90% 以上。

1. 有机硅胶性能

有机硅胶基本结构单元是由硅-氧链节构成的，侧链则通过硅原子与其他各种有机基团相连。因此，在有机硅产品的结构中既含有"有机基团"，又含有"无机结构"，这种特殊的组成和分子结构使它集有机物的特性与无机物的功能于一身。有机硅主要分为硅橡胶、硅树脂、硅油三大类。硅胶制品根据成型工艺的不同可以分为模压、液态、特种硅胶制品三大类系。

模压硅胶制品通常是通过高温模具在放入添加硫化剂的固体硅胶原料后，通过硫化机台施加压力，高温硫成固体化成型的，在 30~70℃ 的温度范围内，模压硅胶能保持一定的硬度。原料配合色膏按照潘通（Panton）色卡号调出颜色，模具的形状决定了模压硅胶制品的形状，模压硅胶制品是目前硅胶行业中运用最广泛的一种，主要用于只做硅胶工业配件、按键、硅胶礼品、硅胶手环、硅胶手表、钥匙包、手机套、硅胶厨具、硅胶垫、冰格和蛋糕模等。挤出硅胶制品通常是通过挤出机器挤压硅胶成型的，一般挤出硅胶形状是长条的，管状的可随意裁剪，但是挤出硅胶的形状有局限性，在医疗器械，食品机械中广泛使用。

液态硅胶制品是通过硅胶注塑喷射成型的，产品柔软，硬度可以达到 10~40℃，因其柔软的特性，在仿真人体器官、医疗硅胶胸垫等广泛运用。

特种硅胶制品是根据硅胶的化学特性或者一些辅助原料的添加制成的，特种硅胶制品可具有耐高温（最高可达 330℃）、食品级（完全符合美国 FDA、LFGB 标准）、医疗级、阻燃级的特性，通过添加辅助原料还可以具有夜光、负离子、变色等特性。与其他高分子材料相比，有机硅产品具有优异的性能，因此它的应用范围非常广泛。它不仅可作为航空、尖端技术、军事技术部门的特种材料使用，而且还可用于国民经济各部门，其应用范围已扩到建筑、电子电气、纺织、汽车、机械、皮革造纸、化工轻工、金属和油漆、医药医疗。

（1）耐温特性　有机硅产品以硅-氧（Si-O）键为主链结构，C-C 键的键能为 82.6kcal/mol，Si-O 键的键能在有机硅中为 121kcal/mol，所以有机硅产品的热稳定性高，高温下（或辐射照射）分子的化学键不断裂、不分解。有机硅不但可耐高温，而且也耐低温，可在一个很宽的温度范围内使用。无论是化学性能还是物理力学性能，随温度的变化都很小。

（2）耐候性　有机硅产品的主链为-Si-O-，无双键存在，因此不易被紫外光和臭氧所分解。有机硅具有比其他高分子材料更好的热稳定性以及耐辐照和耐候能力。有机硅中自然环境下的使用寿命可达几十年。

（3）电气绝缘性能　有机硅产品都具有良好的电绝缘性能，其介电损耗、耐电压、耐电弧、耐电晕、体积电阻系数和表面电阻系数等均在绝缘材料中名列前茅，而且它们的电气性能受温度和频率的影响很小。因此，它们是一种稳定的电绝缘材料，被广泛应用于电子、电气工业上。有机硅除了具有优良的耐热性外，还具有优异的拒水性，这是电气设备在湿态条件下使用具有高可靠性的保障。

（4）生理惰性　聚硅氧烷类化合物是已知的最无活性的化合物中的一种。它们十分耐生物老化，与动物体无排异反应，并具有较好的抗凝血性能。

（5）低表面张力和低表面能　有机硅的主链十分柔顺，其分子间的作用力比碳氢化合物要弱得多，因此，比同分子量的碳氢化合物黏度低，表面张力弱，表面能小，成膜能力强。这种低表面张力和低表面能是它获得多方面应用的主要原因，它具有疏水、消泡、泡沫稳定、防黏、润滑、上光等各项优异性能。

2. 有机硅胶的检验

硅胶检验的检验内容包括厂家、规格型号、包装、保质期限、外观、表干时间、延伸率、与背板的黏结试验，来料抽检在生产过程跟踪检验。检验工具有胶枪、秒表、直尺、拉力计，材料要有各种背板。检验时，先确认来料生产厂家、规格型号、外包装情况和保质期限；再使外观处于在明亮环境下，将产品挤成细条状进行目测，产品应为细腻、均匀膏状物或黏稠液体，无结块、凝胶、气泡。颜色一般为白色或乳白色，无刺激性气味；然后检验表干时间，将产品用胶枪在试验板上挤成细条状，立即开始计时，直至用手指轻触胶条不沾手指时，记录从挤出到不沾手所用的时间（10min≤所用时间≤30min）；再检验延伸率，在试验板上均匀打出一条硅胶，待完全固化后（记录固化时间、硅胶条粗细、原始长度、拉伸后的长度）进行拉伸测试，结果≥300%；然后进行黏结试验，在不同的背板上各打出3条硅胶，固化后观察黏结情况，用拉力计检测，记录数值（结果大于10N）。检验过程要求以上内容全检，有一项不符合检验要求则重检，如果仍有不符检验要求的，判定该批次为不合格来料。

地面硅橡胶密封剂检验规范应该符合国家标准GB/T 29595—2013，检验范围包括地面用光伏组件边框组装、接线盒与背板黏结、接线盒灌封、汇流条密封及薄膜电池支架黏结所使用的硅橡胶密封剂，各项检验技术要求适用于晶体硅光伏组件和薄膜光伏组件装配用硅橡胶密封剂，不适用于带聚光器的光伏组件装配用硅橡胶密封剂。

UL746C测试对使用于电器中的塑料的评估也包括相对电痕指数（CTI），大电流电弧燃烧测试（HAI），热线圈燃烧测试（HWI）和相对热指数（RTI）。地面用光伏组件主要的用胶点有边框密封、接线盒黏结、接线盒灌封、汇流条密封、支架黏结，各个用胶点之间要求的性能会有很大区别。边框密封主要用于层压件和边框的黏结密封；接线盒黏结主要用于接线盒和背板的黏结；接线盒灌封主要用于接线盒内部电子元件的绝缘、导热、密封；汇流条密封主要用于汇流条引出端的密封黏结；支架黏结用于安装支架与薄膜光伏组件之间的黏结固定。

检验均应在标准条件下进行，温度为 23℃ ±2℃；相对湿度为 50% ±5%。外观检验采用目测检查，黏度测试按 GB/T 2794—2013 的要求进行试验。拉伸强度及 100% 延伸强度测试按 GB/T 528—2009 的要求试验，试样制备后应在标准试验条件下固化 168h。剪切强度试验按 GB/T 7124—2008 的要求试验，试样制备后应在标准试验条件下固化 336h。定性黏结测试，按工程要求清洗黏结表面（如果需要可按规定步骤施底涂），然后在基材表面的一端粘贴防黏胶带。接着施涂适量的密封剂，约长 100mm，宽 50mm，厚 3mm，其中应至少 50mm 长密封胶覆盖在防黏带上。修整密封胶，确保密封胶与黏结表面完全贴合。在标准条件下固化 168h 后，从防黏带处揭起密封胶，以 90°角用力拉扯密封胶。计算基材表面含有残胶面积的百分比。其中 C 为内聚破坏（cohesion failure），A 为界面破坏（adhesion failure），如 C50 为内聚破坏 50%，界面破坏 50%；C80 为内聚破坏 80%，界面破坏 20%。

有机硅胶检验时，体积电阻率试验按 GB/T 1692—2008 进行、击穿电压试验按 GB/T 1695—2005 进行、相对热系数（RTI）试验按 IEC 60216—5 进行、相对电痕指数（CTI）试验按 GB/T 4207—2012 进行、阻燃级别试验按 GB/T 2408—2008 进行，试样制备后在标准试验条件下固化 168h。大电流电弧燃烧测试（HAI）按 GB/T 4943.1—2011 中附录 A3 进行、热线圈燃烧测试（HWI）按附录 A4 进行，试样制备后在附录 5.1 规定的条件下固化 168h。热导率试验按 GB/T 10295—2008 进行，试样制备后在标准试验条件下固化 336h。湿-热试验按 GB/T 9535—1998 中的 10.13 条进行，试验温度为 85℃ ±2℃，相对湿度为 85% ±5%，试验时间为 1000h。

热-循环试验按 GB/T 9535—1998 中 10.11 的要求进行试验，具体的热循环条件是从 -40℃ 到 ±85℃ 做 200 个热循环。光伏组件的温度在 -40℃ ±2℃ 和 +85℃ ±2℃ 之间循环。最高和最低温度之间温度变化的速率不超过 100℃/h，在每个极端温度下，应保持稳定至少 10min。除光伏组件的热容量很大需要更长的循环时间外，一次循环时间不超过 6h。

紫外线试验按 UL746C 中第 58 条进行湿-冷试验按 GB/T 9535—1998 中 10.12 条的要求进行。湿-冷循环条件是从 +85℃ 到 -40℃ 做 10 个热循环，使光伏组件完成这样的 10 次循环。最高和最低温度应在所设定值的 ±2℃ 以内，室温以上各温度下，相对湿度应保持在所设定值的 ±5% 以内。一个循环内，在最高温度下，应保持稳定最短 20h，在最低温度下，应保持最长 10h，最少 0.5h。

检验分批次检验和型式检验。批次检验项目为外观、固化后的拉伸强度、100% 定伸强度、剪切强度和体积电阻率。型式检验项目为所参考的企业标准（或行业标准、国家标准）所有项目，每年至少 1 次，如有下列情况时，应进行型式检验：新产品或老产品转厂生产的试制定型鉴定；或正式生产后，如配方、原材料、工艺等变化较大，可能影响产品质量时；停产半年以上，恢复生产时；出厂检验结果与上次型式检验有较大差异时；国家质量监督机构提出型式检验要求时。

组批与抽样以同一批原料、同一配方、同一工艺条件和同一设备生产的产品为一个检验批次，每批均应按本标准规定的批次项目进行检验。抽样数量根据检测项目需要来定，同时要做好标识、运输、贮存。标识时，每支胶都应有下列清晰标志：制造厂的名称、标识或符号，产品型号、名称、批号、制造日期、保质期和产地，这些标志应明确标注在永久包装上。运输时，硅胶为非易燃易爆材料，可按一般非危险品运输。贮存时，理想的贮存方式是原包装在阴凉、干燥处贮存，温度为 8~28℃，最佳的贮存温度为此温度范围的一半，保质期为1年，贮存运输中应防止日晒、雨淋，防止撞击、挤压产品包装。

2.7.4 无机硅胶

无机硅胶是一种高活性吸附材料，常用硅酸钠和硫酸反应，经老化、酸泡等一系列处理过程而制得。硅胶属非晶态物质，其化学分子式为 $mSiO_2 \cdot nH_2O$。不溶于水和任何溶剂，无毒无味，化学性质稳定，除强碱、氢氟酸外不与任何物质发生反应。各种型号的硅胶因其制造方法不同而形成不同的微孔结构。硅胶的化学组分和物理结构，决定了它具有许多其他同类材料难以取代的特点：吸附性能高、热稳定性好、化学性质稳定、有较高的机械强度等。

无机硅胶全称氧化硅胶或硅酸凝胶，分子式为 $xSiO_2 \cdot yH_2O$，分子量为60.08，是透明或乳白色粒状固体；具有开放的多孔结构，吸附性强，能吸附多种物质。在水玻璃的水溶液中加入稀硫酸（或盐酸）并静置，便成为含水硅酸凝胶而固态化。以水洗清除溶解在其中的电解质 Na^+ 和 SO_4^{2-}（Cl^-）离子，干燥后就可得硅胶。如吸收水分，吸湿量约达40%。用于气体干燥，气体吸收，液体脱水，色层分析等，也用作催化剂。如加入氯化钴，干燥时呈蓝色，吸水后呈红色。可再生反复使用。

硅胶的主要成分是二氧化硅，化学性质稳定，不燃烧。硅胶是一种非晶态二氧化硅，应控制车间粉尘含量不大于 $10mg/m^3$，需加强排风，操作时戴口罩。硅胶有很强的吸附能力，对人的皮肤能产生干燥作用，因此，操作时应穿戴好工作服。若硅胶进入眼中，需用大量的水冲洗，并尽快找医生治疗。蓝色硅胶由于含有少量的氯化钴，有毒，应避免和食品接触和吸入口中，如发生中毒事件，应立即找医生治疗。硅胶在使用过程中因吸附了介质中的水蒸气或其他有机物质，吸附能力下降，可通过再生后重复使用。

无机硅胶分类基于硅胶孔径，分为大孔硅胶、粗孔硅胶、B形硅胶、细孔硅胶。由于孔隙结构的不同，因此它们的吸附性能各有特点。粗孔硅胶在相对湿度高的情况下有较高的吸附量，细孔硅胶则在相对湿度较低的情况下吸附量高于粗孔硅胶，而B形硅胶由于孔结构介于粗、细孔之间，其吸附量也介于粗、细孔之间。无机硅胶根据其用途，还可以分为啤酒硅胶、变压吸附硅胶、医用硅胶、变色硅胶、硅胶干燥剂、硅胶开口剂、牙膏用硅胶等。

细孔硅胶为无色或微黄色透明状玻璃体，它的基本质量参数如下：平均孔距为 $2.0 \sim 3.0nm$，比表面（单位质量的表面积）为 $650 \sim 800m^2/g$，孔容为 $0.35 \sim 0.4ml/g$，比热为 $0.92kJ/kg \cdot \degree C$，热导率为 $0.63kJ/m \cdot h \cdot \degree C$；适用于干燥、防潮、防锈的场合，可防止仪器、仪表、武器弹药、电器设备、药品、食品、纺织品及其他各种包装物品受潮，也可用作催化剂载体以及有机化合物的脱水精制。因其具有堆积密度高和低湿度下吸湿效果明显的特点，可以用作空气净化剂以控制空气湿度。在海运途中也有广泛的应用，因为货物在运输过程中常因湿度大而受潮变质，用该产品可有效地去湿防潮，使货物的质量得到保障。细孔硅胶还常用于两层平行密封窗板之间的除湿，可保持两层玻璃的通明度。

B形硅胶为乳白色透明或半透明球状或块状颗粒，基本质量参数如下：孔容为 $0.60 \sim 0.85ml/g$，平均孔径为 $4.5 \sim 7.0nm$，比表面为 $450 \sim 650m^2/g$，主要用作空气湿度调节剂、催化剂及载体、宠物垫料，以及用作层析硅胶等精细化工产品的原料。

粗孔硅胶又叫C形硅胶，是一种高活性吸附硅胶材料。粗孔硅胶外观呈白色，有块状、球状和微球形三类产品。粗孔球形硅胶主要用于气体净化剂、干燥剂及绝缘油的除酸剂等；

粗孔块状硅胶主要用于催化剂载体、干燥剂、气体和液体净化剂。

1. 硅胶再生

（1）硅胶吸水后的再生　硅胶吸附水分后，可通过热脱附方式将水分除去，加热的方式有多种，如电热炉、烟道余热加热及热风干燥等。脱附加热的温度控制在120～180℃为宜，对于蓝胶指示剂、变色硅胶、DL型蓝色硅胶则控制在100～120℃为宜。各种工业硅胶再生时的最高温度，粗孔硅胶不得高于600℃，细孔硅胶不得高于200℃，蓝胶指标剂（或变色硅胶）不得高于120℃，硅铝胶不得高于350℃。再生后的硅胶，其水分一般控制在2%以下即可重新投入使用。

（2）硅胶吸附有机杂质后的再生

1）焙烧法。对于粗孔硅胶，可放在焙烧炉内逐渐升温至500～600℃，约经6～8h至胶粒呈白色或黄褐色即可。对细孔硅胶，焙烧温度不能超过200℃。

2）漂洗法。将硅胶在饱和水蒸气中吸附达到饱和后放热水中浸泡漂洗，并可结合使用洗涤剂以除去废油或其他有机杂质，再经净水洗涤后烘干脱水。

3）溶剂冲洗法。根据硅胶吸附有机物种类，选用适当的溶剂将吸附在硅胶内的有机物溶出，然后将硅胶加热以脱除溶剂。

（3）硅胶再生应注意的问题

1）烘干再生时，应注意掌握逐渐提高温度，以免剧烈干燥引起胶粒炸裂，降低回收率。

2）对硅胶焙烧再生时，温度过高会引起硅胶孔结构的变化而明显降低其吸附效果，影响使用价值。对于蓝胶指示剂或变色硅胶，脱附再生的温度应不超过120℃，否则会因显色剂逐步氧化而失去显色作用。

3）经再生后的硅胶一般应过筛除去微细颗粒，以使颗粒均匀。硅胶具有强的吸湿能力，因此应贮存在干燥地方，包装物与地面之间要有搁架。包装物有钢桶、纸桶、纸箱、塑料瓶、聚乙烯塑料复合袋、柔性集装袋等。运输过程中应避免雨淋、受潮和曝晒。大孔硅胶一般用作催化剂载体、消光剂、牙膏磨料等。因此应根据不同的用途选择不同的品种。

2. 硅胶用作干燥剂

硅胶可以用来作干燥剂，而且可以重复使用。硅胶是由硅酸凝胶 $mSiO_2 \cdot nH_2O$ 适当脱水而成的颗粒大小不同的多孔物质。具有开放的多孔结构，比表面很大，能吸附许多物质，是一种很好的干燥剂、吸附剂和催化剂载体。硅胶的吸附作用主要是物理吸附，可以再生和反复使用。在碱金属硅酸盐（如硅酸钠）溶液中加酸，使之酸化，再加入一定量的电解质进行搅拌，即生成硅酸凝胶；或者在较浓的硅酸钠溶液中加酸或铵盐也能生成硅酸凝胶。将硅酸凝胶静置几小时使之老化，然后用热水洗去可溶性盐类，在60～70℃下烘干并在约300℃时活化，即可得硅胶。将硅酸凝胶用氯化钴溶液浸泡后再烘干和活化，可得变色硅胶。用它作干燥剂时，吸水前是蓝色，吸水后变红色，从颜色的变化可以看出吸水程度，以及是否需要再生处理。硅胶还广泛用于蒸气的回收、石油的精炼和催化剂的制备方面。无机硅胶作为干燥剂来使用，主要用于仪器、仪表、设备等在密闭条件下的吸潮防锈；与普通硅胶干燥剂配合使用，指示干燥剂的吸潮程度和判断环境的相对湿度，作为包装用硅胶干燥剂，广泛用于精密仪器、皮革、服装、食品、药品和家用电器；硅胶因为其食品级用途可以用来做婴儿奶嘴等与人体直接接触的用品，另外，硅胶也可用来生产避孕套。

硅胶再生应注意，烘干再生时应注意掌握逐渐提高温度，以免剧烈干燥引起胶粒炸裂，降低回收率。对硅胶焙烧再生时，温度过高会引起硅胶孔结构的变化而明显降低其吸附效果，影响使用价值。对于蓝胶指示剂或变色硅胶，脱附再生的温度应不超过120℃，否则会因显色剂逐步氧化而失去显色作用。经再生后的硅胶一般应过筛除微细颗粒，以使颗粒均匀。

2.8 构成之八：接线盒

接线盒一般由盒盖、盒体、接线端子、二极管、连接线、连接器几大部分组成。盒体由热塑性聚合物工程塑料丙烯腈-丁二烯-苯乙烯共聚物（Acrylonitrile-Butadiene-Styrene, ABS）制成，并加有防老化和抗紫外线辐射剂，能确保光伏组件在室外使用25年以上不出现老化破裂现象。接线柱由外镀镍层的高导电解铜制成，可以确保电气导通及电气连接的可靠。接线盒用硅胶黏结在背板表面。国内常用的接线盒是86型的，在100mm×100mm左右，配接线盒盖，或者直接配开关和插座面板，一般是热塑性树脂聚氯乙烯（Polyvinyl chloride polymer, PVC）和白铁盒材质。在电气线路中，接线盒是电工辅料之一，因为电气线路中的电线是穿管或者走电缆桥架的，而在电线的接头部位，比如线路比较长，或者电线要转角，采用接线盒作为过渡用，电线引出线部分制作成专用的接头，与接线盒连接。光伏组件的接线盒，起到保护电线和连接电线的作用。

2.8.1 构成

一个功能齐全的接线盒构成有盒体、盒盖，它由高耐候性、高阻燃塑料材料制成，为盒内各元器件提供保护。接线盒内的旁路二极管，起旁路作用，确保光伏组件受阴影遮挡时不至于导致整个光伏组件不能工作。电缆线用于电能输出，具有良好的耐候性和阻燃性。连接器用于相邻光伏组件之间的连接，形成具有一定规模的发电系统，应具有良好的耐候性、阻燃性以及电性能。

目前世界上生产标准防水接线盒的原材料主要有ABS工程塑料、聚碳酸酯（PC）、（PC/ABS）、玻璃纤维增强聚酯、不锈钢。根据不同的现场环境，灌胶式防水接线盒选择满足现场使用要求的材料。

1. ABS工程塑料

ABS是一种通用型热塑性聚合物，ABS的性能特征如下：刚性好、冲击强度高、耐热、耐低温、耐化学药品性、机械强度和电器性能优良，易于加工，加工尺寸稳定性和表面光泽好，容易涂装、着色，还可以进行喷涂金属、电镀、焊接和黏结等二次加工。由于ABS的特性结合了其3种组分的特点，使其具有优良的综合性能，成为电器元件、家电、计算机和仪器仪表首选的塑料之一。

2. 聚碳酸酯材料

聚碳酸酯（PC）是分子链中含有碳酸酯基的高分子聚合物，根据酯基的结构可分为脂肪族、芳香族、脂肪族-芳香族等多种类型。其中由于脂肪族和脂肪族-芳香族聚碳酸酯的力学性能较低，从而限制了其在工程塑料方面的应用。目前芳香族聚碳酸酯获得了工业化生产。由于聚碳酸酯结构上的特殊性，现已成为五大工程塑料中增长速度最快的通用工程塑料。

3. PC/ABS 材料

PC/ABS 材料是聚碳酸酯和丙烯腈-丁二烯-苯乙烯共聚物的混合物，是由聚碳酸酯（PC）和聚丙烯精（ABS）合金而成的热可塑性塑胶，且结合了两种材料的优异特性：ABS 材料的成型性和 PC 的机械性、抗冲击强度、耐温、抗紫外线（UV）等性质，可广泛使用在汽车内部零件、事务机器、通信器材、家电用品及照明设备上。

4. 玻璃纤维增强聚酯材料

玻璃纤维增强聚酯（Fiberglass Reinforce Plastic，FRP，也称 GRP）材料是一种复合材料，包含基体和增强体两部分。GRP 材料的基体是树脂，起黏结作用，树脂（Resin）是一种热固性塑料。GRP 材料的增强体是玻璃纤维，起增强作用。GRP 具有良好的电绝缘性能和黏结性能，较高的机械强度和耐热性，可纺织性，耐一般酸碱及有机溶剂，耐霉菌，成型收缩率小，体积收缩率为 1%~5%，加入固化剂后须加压加热成型，也可在接触压力下常温固化。

5. 不锈钢材料

不锈钢材料产品牌号较多，一般以 3×× 命名。304 是一种通用性的不锈钢，它广泛地用于制作要求有良好综合性能（耐腐蚀和成型性）的设备和机件。301 不锈钢在形变时呈现出明显的加工硬化现象，被用于要求较高强度的各种场合。302 不锈钢实质上就是含碳量更高的 304 不锈钢的变种，通过冷轧可使其获得较高的强度。302B 是一种含硅量较高的不锈钢，它具有较高的抗高温氧化性能。303 和 303Se 是分别含有硫和硒的易切削不锈钢，用于主要要求易切削和表面光洁度高的场合。303Se 不锈钢也用于制作需要热镦的机件，因为在这类条件下，这种不锈钢具有良好的可热加工性。304L 是碳含量较低的 304 不锈钢的变种，用于需要焊接的场合。较低的碳含量使得在靠近焊缝的热影响区中所析出的碳化物减至最少，而碳化物的析出可能导致不锈钢在某些环境中产生晶间腐蚀（焊接侵蚀）。304N 是一种含氮的不锈钢，加氮是为了提高钢的强度。305 和 384 不锈钢含有较高的镍，其加工硬化率低，适用于对冷成型性要求高的各种场合。308 不锈钢用于制作焊带。309、310、314 及 330 不锈钢的镍、铬含量都比较高，为的是提高钢在高温下的抗氧化性能和蠕变强度。而 309S 和 310S 是 309 和 310 不锈钢的变种，所不同的只是碳含量较低，为的是使焊缝附近所析出的碳化物减至最少。330 不锈钢有着特别高的抗渗碳能力和抗热振性。316 和 317 型不锈钢含有铝，因而在海洋和化学工业环境中的抗点腐蚀能力大大地优于 304 不锈钢。其中，316 型不锈钢变种包括低碳不锈钢 316L、含氮的高强度不锈钢 316N 以及含硫量较高的易切削不锈钢 316F。321、347 及 348 是分别以钛、铌加钽、铌稳定化的不锈钢，适宜于做高温下使用的焊接构件。348 是一种适用于核动力工业的不锈钢，对钽和钴的含量有着一定的限制。

6. 防水接线盒在设计时应考虑的问题

PC/ABS 是通用性工程塑料，同时是热塑性塑料。所以 PC 和 ABS 的区别就是热固性塑料和热塑性塑料的区别。PC 和 ABS 的区别是 PC 透明度高但价格贵，ABS 耐溶剂性能好且易加工。

（1）材料的选择　目前的防水接线盒产品主要应用领域是环境相对恶劣的工程现场及露天现场。从产品安全性能方面考虑时，应考虑材料的抗冲击性能、静载荷强度、绝缘性能、无毒性、抗老化性能、耐腐蚀性能、阻燃性能（无毒性能已受到广泛的关注，主要是因为如果防水接线盒产品在遇到火灾的情况下，燃烧时不会释放有毒有害气体，一般在火灾发时往往是吸入大量有毒气体而死亡的占大多数）。

（2）结构设计　应考虑防水接线盒的整体强度、美观、易加工、易安装和可回收再利用。目前国际主流厂商生产的防水接线盒产品内不含有任何金属配件，这样可简化产品的回收过程。但现在国内大多数生产厂商所选用的材料不同，材料抗蠕变性能不佳，一般都在防水接线盒内的安装承窝中装有黄铜嵌件以增加安装强度，这会增加材料回收的时间与费用。选用正规厂商提供的高性能指标的原材料，可解决此类问题。

（3）壁厚　一般在设计产品，考虑产品整体成本时，应尽可能在满足产品抗冲击性能和抗蠕变性能的同时，尽量降低产品壁厚。国际上的防水接线盒在设计时，ABS 和 PC 材料产品壁厚一般是在 2.5~3.5mm 之间，玻璃纤维增强聚酯一般是在 5~6.5mm 之间，压铸铝材料产品的壁厚一般是在 2.5~6mm 之间。材料壁厚在设计时应满足大部分元器件和配件的安装要求。

（4）密封胶圈材料的选择　对于防水接线盒产品，常用的密封胶圈材料有：三元乙丙橡胶密封圈（EPDM）、天然橡胶密封圈（Neoprene 简称为 NR）、硅橡胶密封圈（Silicon，简称为 SIL）、聚氨脂橡胶密封圈（PUR）。选择密封胶圈时应考虑温度范围、抗张力、伸缩率、硬度、密度、压缩率、耐化学性。

2.8.2　功能

当光伏方阵中部分光伏电池片被云层、树叶或其他物体遮蔽时，由于光照的变化，其温度将明显不同于其他未被遮蔽的光伏电池片。这将引起内电场的变化，从而使被遮蔽部分热量急剧上升，形成热斑。为了避免热斑的产生，一般将多块光伏组件串联成光伏阵列，以达到更高电压。一旦光伏组件被遮住，就不再作为电源，而是变成负载，消耗其他正常光伏组件产生的电能。而此时，由于该光伏组件出现反偏，接线盒中二极管导通，电流将沿二极管继续形成回路，而不再消耗在被遮蔽的光伏组件上。

1. 传统接线盒的功能限制与局限性

传统接线盒由于设计以及技术的问题，有许多需要解决的问题，首当其冲的就是温度问题，即正常日照下的环境温度以及二极管工作而产生的温度。在户外环境中，光伏电池片的背板温度可能达到 70~80℃，再加上二极管工作后，结温可能升至 200℃，将会严重影响接线盒内部温度的上升，从而导致盒体材料以及内部结构的变形与损坏，严重的甚至导致光伏组件损坏。因而，如何解决接线盒温度的问题，成了一个刻不容缓的课题。

在光伏系统中，旁路需要的是"理想二极管"，即正向没有导通压降，反向没有漏电流。正向压降是由二极管本身决定的，硅管一般在 0.9V 左右，肖特基管一般在 0.5V 左右。反向漏电是二极管的主要反向特性，一般硅管为 3~5μA，肖特基管为 50~500μA。正向压降会导致接线盒的温度升高，从而影响寿命。反向漏电流会直接影响电池光伏组件的输出功率。

图 2-34 所示方案利用了低压大电流开关电源中二次侧整流的原理，由半桥驱动器控制输出一宽度随电流大小变化而变化的方波，来驱动模块内置 MOS 的栅极。通过控制模块的导通/截止，达到让较大电流通过的目的。MOS 管是电压控制器件，只需要从信号源取极小

电流,就能控制极大电路的流通。所以,在对效率要求较高(低压大电流开关电源),以及能源成本较高(光伏)的情况下,MOS 管的低压工作消耗很重要,内置 MOS 导通电阻极小,(可达 4mΩ 以下)。正因为有这样的特性,MOS 管功耗极低,特别是在大电流时尤为突出。在 MOS 管旁路模块设计中,DS 两端电压损耗小于 0.1V,即该线路的压降低于 0.1V。相比于传统二极管以及肖特基管的导通电压 VF 而言,MOS 管旁路的功耗更小。

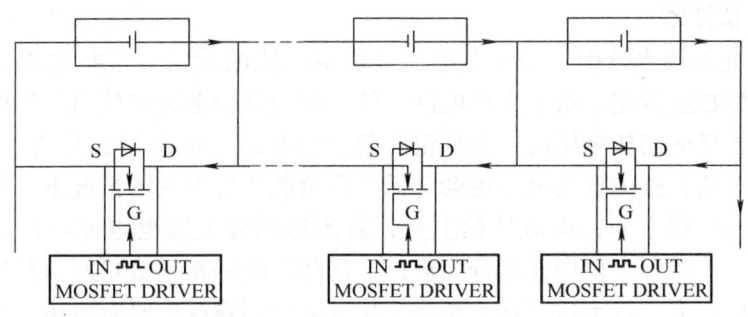

图 2-34 新型模块工作原理

以 10A 电流为例,普通整流二极管(STD)功率为:$1V \times 10A = 10W$;肖特基二极管(SKY)功率为:$0.45V \times 10A = 4.5W$;低功耗二极管(MOS)功率为:$0.1V \times 10A = 1W$。在光伏系统中,旁路二极管的结温是一个制约大电流二极管发展的因素。而 MOS 管旁路,由于它具有自身功耗小,$R_{ds(on)}$ 较小的优点,所以它的本体温度较低,且由于它压降低,所以换言之,MOS 管的结温也会比较低。并且,MOS 管本身可以比轴向二极管耐受更大电流。所以,与传统二极管以及肖特基二极管相比,使用内置 MOS 旁路技术为核心的智能模块,有更大电流承载力,更低的功率损耗(约为肖特基管的 1/5~1/6,传统二极管的 1/10)。

由于环境变化、光照条件变化和负载变化等外在因素,会造成串联系统光伏组件中,光伏组件端电压波动。当单一光伏组件端电压波动,达到接线盒内所使用二极管的门槛电压(V_f)时,该接线盒就会工作,将该光伏组件旁路掉,从而影响该电池光伏组件正常工作,损失有效发电量。使用传统接线盒作旁路技术的光伏组件系统,均面临这种非正常能量损失,导致电站发电能力达不到额定发电标准。

多种封装形式的二极管有普通整流二极管(STD 系列)、开关二极管(DO-34、DO-35 封装)、快速恢复二极管(FR)、高效率二极管(HER、UF)、超快速二极管(SF)、肖特基二极管(SKY)、双向触发管二极管(DB3)、整流桥二极管(BRIDGE)、高反压二极管(H.V.)、瞬间突波电压吸收二极管(TVS)以及稳压二极管(ZENER)。为适应 SMT 技术,有 SMA、SMB、SMC、SOD-123FL、SOD-123、SOD-323 系列片状二极管和 MBS、TBS、MBF、LBS、ABS 系列二极管整流桥。常用二极管型号有 LL4148、1N4148、DB3、1/2W,2V~1/2W、39V、1N4728~1N4754、3A1~9C1;整流二极管型号有 1N4001~1N4007、1N5399、RL207、1N5408、6A10;快速二极管型号有 FR107、BA159、1N4937、FR157、FR207、FR307、FR309、BY399;超快速二极管型号有 HER108、HER208、HER308、HER608、UF4001~UF4007、SF18、SF28、SF38;肖特基二极管型号有 1N5817~1N5819、SB/SR160、SB/SR240-260、SB/SR2100、1N5822、SB/SR340、SB/SR360、SB/SR3100、SB/SR5100;高压二极管型号有 R1200、R2000、R3000、R5000、R1200F、R2000F、

R3000F；TVS 二极管耐压 300V 以下的有 P6KE 系列、1.5KE 系列、P4KE 系列、SA 系列；桥堆二极管型号有 DB104、DB106S、DB107S、DB157、2W10、RS206、KBP210、KBP206、KBP04、RS307、KBL406、KBU606、GBU606、KBPC610、KBPC1510、KBPC2510、KBPC3510、KBPC5010、D15SBA60、MB6S、MB8S、MB10S、MB6M；贴片二极管型号有 SS12、SS14、SS24、SS26、RS1G、RS1M、US1M、M1、M2、M4、M7。

2. 智能型光伏技术

（1）智能型光伏技术分析　当充电电流或市网电流波动时，负载电流发生变化，光伏组件电流也会发生相应变化。由于光伏电池片的匹配问题会造成光伏组件端电压波动，当波动幅度达到接线盒导通门槛电压时，光伏组件就会被短路，从而损失光伏组件的输出功率。由于光伏组件被短路，整体输出电压也会降低。在负载功率不变的情况下，输出电流会有进一步变化，即电压持续下降，电流持续上升，直到达到最大发电电流。在串/并联系统中，当某串联组串电压下降后，根据并联分流理论，该降压组串将不会再对负载提供电流，从而使该组串能量整体损失。以上状况在大功率光伏发电应用系统中时有发生，直接损失逾亿美元，有 10% 的阴影将导致整个系统损失总电量 50% 的电量。利用电压监控，配合内置 MOS 管，能最大限度地减少非正常能量损失，从而变相提高有效发电总量。

光伏组件性能会随着年月而退化（一般来说光伏组件的性能会以每年 0.5%～1.0% 的速度逐渐退化），因此光伏系统的用户一般都会按照线性比率计算某一段时间内的系统损耗。所有光伏系统都受实际的操作环境影响，以致其光伏组件性能的衰退速度远比估计值高，令投资回报低于预期。这些影响实际操作的因素包括光伏组件之间的失配、旁路二极管的热能耗散。其他环境因素如浮在表面的雾气、污垢及碎片等也会降低光伏组件的性能。为解决系统效率低落的问题，智能集成电路逐渐被采用。

近年来，独立式的 DC/DC 和 DC/AC 变换的电源管理产品装入光伏系统，但要添加连接线路、接地回路、外壳和支架，会增加成本，线路设计较复杂，而且安装时间也更长。预先将智能电路内置于光伏组件内，可以使系统充分利用智能电路的优点，来提高光伏方阵的整体效率，同时降低系统寿命周期内的总成本。这是一个极具成本效益的解决方案，让光伏组件生产商可为市场提供不同的选择。系统寿命周期的总成本是指包括安装和设计时间以及所有物料成本在内的总成本。平衡的系统总成本更低意味着安装和设计时间更短，所需的电缆/机架更少，逆变器成本以至光伏系统的分类成本也更低。

智能型光伏组件即内置智能接线盒，因此可以充分利用模拟电路和电源管理技术，以及 DC/DC 电源优化器的优点。以灏讯集团（HUBER + SUHNER）为例，这是全球最大的接线盒供应商之一，该公司已成功开发出内置美国国家半导体 SolarMagic SM3320 芯片组的 RADOX SolarBoxNS3 接线盒。内置集成电路的接线盒可以支持更多功能，相比仅内置旁路二极管的接线盒更为优胜。智能接线盒采用无缝衔接的设计，可以轻易装入光伏组件内，以提高光伏组件的性能及发电量。除了灏讯集团之外，市场上还有 Shoals Technologies Group、Onamba 和 QCSolar 等智能接线盒生产商。智能接线盒供应商的产品都采用各自专有的设计，以确保系统能充分利用分布式集成电路的优点。部分接线盒采用单件式的设计，亦即由旁路二极管至集成电路的整个单元都置于同一个封闭的盒内，并通过一组接线连到下一个光伏组件。这种设计的优点是可以确保系统有极高的稳定性，因为所需的元器件及连接器极少。部分接线盒则采用双单元的设计，一般来说，这种设计将带状电缆和旁路二极管设于连接座内,与集成电路分开,其优点是在现场的系统升级或部件更换时比较容易。

市场上智能接线盒很多,从2009年开始,无锡尚德公司(Suntech)与美国国家半导体公司合作推出分布式集成电路,以提升光伏系统的性能。美国国家半导体公司SolarMagic技术的优点是可以提高光伏组件的峰值效率(99.5%),为光伏组件提供了3种操作模式(即降压、升压及直通模式),减少光伏组件电流及电压失配问题所产生的不利影响。

(2) 智能光伏组件对于生产商的价值　市场要求光伏组件具备更高发电量及更高的效率,光伏组件最初的10年内效率不低于规定的90%,在之后的15年不低于规定的80%。

光伏系统单位发电成本一般以每瓦多少元计,当光伏系统的单位发电成本接近传统电网的发电成本时,衡量成本便以每度电多少元计。光伏系统安装公司必须为用户提供发电效率最高的优质产品才能在市场上生存。

智能型光伏组件的优点是以整个寿命周期计的系统总成本较低,使安装公司及系统集成商可以节省更多成本,因为安装这类智能型光伏系统时无须避开可能会阻挡阳光的物体,例如烟囱及障碍物,这样便可充分利用整个屋顶的空间,有助于降低电缆、布线、机架等方面的物料成本,而且还可为用户提供一个包括各种优质产品的全方位解决方案。此外,安装公司也无须避开附近的障碍物或迁就屋顶的倾斜角度或方向,直接将智能型光伏组件安装于屋顶的任何位置,而且全部安装工程可以一次完成,无须爬上屋顶多次进行安装。由于每块光伏组件都内置智能电路,使串联组成的光伏方阵可以灵活选择运行的光伏组件,智能电路的MPPT算法也可缓解光伏组件失配问题。智能型光伏系统的总体成本较低,基于此,光伏系统服务公司可以获取更大的利润。

美国国家半导体这类公司都在不断研发新技术,致力于为系统的性能及稳定性创立新的技术标准,以确保更多业者会采用分布式集成电路。芯片厂商必须为任何内置于光伏组件的集成电路提供与光伏组件一致的25年维修保证,这是众所周知的业界共识。过去50年来,美国国家半导体公司一直为军用装置、航天设备和汽车电子系统提供各种集成电路,目前的服务范围更扩大至光伏系统,加上公司的财政稳固,而且所经营的业务具有极高的盈利能力,因此有足够的实力可以为大型的光伏发展项目提供支持。一直以来,智能电路被视为光伏系统的脆弱环节。但经过多年来的发展,这种技术现已发展成熟,系统的质量与可靠性都获得了保证,因为厂商都为其产品提供免费的维护,令智能电路渐受市场欢迎。

(3) 用户受益　光伏系统用户极为关注两个重要问题。第一,提供产品的光伏系统安装公司是否信誉可靠,它们的工程技术是否符合规定的质量要求;第二,如何尽量提高系统的发电量,以便减低电费支出,确保投资回报符合当初的估计。目前选购智能型光伏系统的用户从工程项目开始的一刻起,便可放心相信所安装的系统必定符合性能规定,而且每年提供的投资回报也符合要求。一直以来,许多选购光伏系统的用户都相信,系统一经安装之后其性能及效率可以在随后的25年内保持不变,但在很多情况下,直到保修期已过了一半,用户才意外地发觉实际的表现与原先的估计有出入。造成这个现象的原因很多,如光伏系统中各光伏组件逐年退化、导线/电缆的效率不断下降、物料老化和光伏组件之间出现失配都导致性能下跌。智能型光伏系统会不断调整一整列内或多列光伏组件之间的电流和电压,以减轻失配造成的影响。用户可以放心安装这类智能型光伏系统,因为系统能提高发电量,而且将kW·h计的单位发电成本降到最低。尚德、加拿大光伏发电系统厂商CanadianSolar和中国英利绿色能源太阳能公司GESOLAR开发的智能型光伏组件可以将光伏系统效率提高到

25%，并使系统故障减少。

2.8.3 检验

光伏接线盒的主要功能是用于将光伏组件产生电能输出至用电器，并在光伏组件受阴影遮挡时对光伏组件进行一定的保护。光伏组件接线盒主要由接线盒与连接器两部分组成，主要功能是连接并保护光伏组件，同时将光伏组件产生的电流传导出来供用户使用。接线盒应和接线系统组成一个封闭的空间，接线盒为导线及其连接提供抗环境影响的保护，为带电部件提供可接触性的保护，为与之相连的接线系统减缓拉力。接线盒如图2-35所示，接线盒外壳有强抗老化、耐紫外线能力；符合室外恶劣环境条件下的使用要求；自锁功能使连接方式更加便捷、牢固；必须应有防水密封设计，科学的防触电保护，更好的安全性。

光伏组件接线盒应为用户提供安全、快捷、可靠的连接解决方案。产品必须通过TUV、IEC认证和国家认证。以160~185W光伏组件接线盒为主，主要技术规格为：额定电流16A，额定电

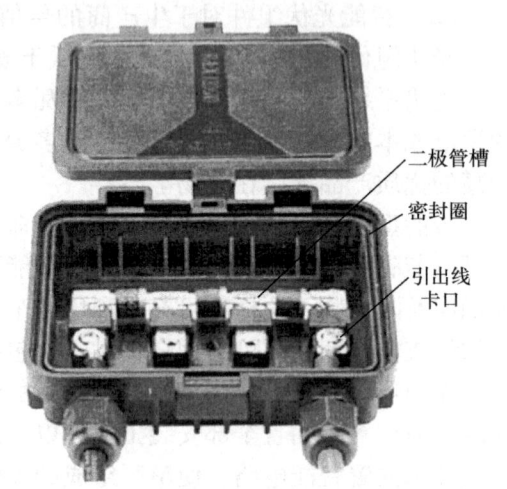

图2-35 接线盒

压为DC 1000V，使用温度为-40~85℃，安全等级为Calss Ⅱ，防水等级为IP65，连接线为直径4mm²电缆，电缆连接长度为90mm，原材料是美国GE或其他的PPO材料，具有抗紫外线的能力。

1. 接线盒的零部件分析

（1）接线盒二极管

1）额定正向工作电流。额定正向工作电流是指二极管长期连续工作时允许通过的最大正向电流值。因为电流通过管子时会使管芯发热，温度上升，温度超过容许限度（硅管为140℃左右，锗管为90℃左右）时，就会使管芯过热而损坏。所以，二极管使用中不要超过二极管额定正向工作电流值。

2）最高反向工作电压。加在二极管两端的反向电压高到一定值时，会将管子击穿，失去单向导电能力。为了保证使用安全，规定了最高反向工作电压值。

3）反向电流。反向电流是指二极管在规定的温度和最高反向电压作用下，流过二极管的反向电流。反向电流越小，管子的单方向导电性能越好。值得注意的是，反向电流与温度有着密切的关系，温度每升高10℃，反向电流约增大一倍。

（2）接线盒的连接器 如图2-36所示，连接器采用内鼓形簧片接插，公母头插拔带有自锁机构，使电气接触与连接更加可靠。连接器主要技术规格为：最大耐压为1000V，最大工作电流为16A，使用温度为-40~90℃，安全等级为Class Ⅱ，防水等级为IP65，连接线规格为4mm²。连接器主要特性有：强抗老化、耐紫外线能力；符合在室外恶劣环境条件下的使用要求；线缆的连接采用铆接与紧箍方式连接；公母头的固定带有稳定的自锁机构，开合自如。

图 2-36　光伏组件线缆连接器

（3）接线盒的安装　表 2-17 所示为接线盒的总技术参数，IP65 中，6 表示无灰尘进入，5 表示防护水的喷射。接线盒安装工具是 M4 一字螺钉旋具。安装时先开盒盖，将螺钉旋具按照接线盒上的标示插入盒盖上的安装孔内，将其一脚轻轻抬起，再将边上四角抬起即可打开盒盖，可看到 3 个接线端子。再检查接线盒各部件是否完全齐备，检查二极管是否符合技术使用要求以及正、负极位置。操作人员将黏结剂均匀连续涂抹在接线盒的底面，并根据黏结剂的物化性及使用要求将接线盒对准安装位置进行黏结。光伏组件接线时，需区分左右两个接线端子旁边的正、负极标志，它代表电池在工作状态下输出电压的正、负极，按照用电需求正极接正极，负极接负极。接线采用机械压紧方式，用 M4 一字螺钉旋具将接线柱的压紧卡簧旋开，将引出线穿过卡簧密封接头，插入接线孔中，将线压紧。电线接好后，将盒盖盖上，检查盒体和盒盖是否咬合牢固。

表 2-17　接线盒的总技术参数

项　目	参　数
工作电压	DC 1000V
工作电流	16A
防护等级	IP65（无灰尘进入）
连接电阻	<5mΩ
主要材料	磷青铜镀银（户外工程材料）
温度范围	-40～85℃
焊带宽度	2.5mm
电缆尺寸	4mm^2
连接器抗拉力	100N

2. 接线盒常规检验程序

接线盒检验要求接线盒在离地面 50~80cm 自由落体后不应损坏，接线盒在开合 3 次后，需要借助专用工具才能打开，引线应插入卡口 0.7~1cm，引线于卡口的咬合力大于 40N，连接器抗拉力大于 100N，并检验硅胶。首先检查接线盒型号，检查外观有无缺陷，标志、线缆规格是否正确，检查二极管数量及规格是否符合要求，以及接线盒内部标志是否正确，并将接线盒和硅胶做匹配性试验。然后检验硅胶，包括厂家、规格型号、包装、保质期限、外观、表干时间、延伸率、与背板的黏结试验。硅胶检验时使用胶枪、秒表、直尺、拉力计、背板。要确认来料的生产厂家、规格型号、外包装情况、保质期限。在明亮环境下，将产品挤成细条状进行目测，产品应为细腻、均匀膏状物或黏稠液体，无结块、凝胶、气泡，颜色一般为白色或乳白色，无刺激性气味。表干时间检查：将产品用胶枪在试验板上挤成细条状，立即开始计时，直至用手指轻触胶条不沾手指，记录从挤出到不沾手所用的时间（10min≤所用时间≤30min）。延伸率检查：在试验板上均匀打出一条硅胶，待完全固化后（记录固化时间、硅胶条粗细、原始长度、拉伸后的长度）进行拉伸测试，结果≥300%。黏结试验：在不同的背板上各打出3条硅胶，固化后观察黏结情况，用拉力计检测，要求数值大于10N。

本章小结

本章先介绍光伏组件的关键部分光伏电池片，包括电池片的发展历程、光电转换效率，晶硅光伏电池片的特点及等效电路、检验及质量分级和电池片的生产工艺。其次介绍光伏组件的面板玻璃（包括钢化玻璃的特点、低铁超白钢化玻璃的检验，以及检验所参考的国家标准）、胶膜（主要是EVA胶膜，包括胶膜的构成、性能、检验，以及EVA胶膜生产企业）、背板（主要是TPT背板膜，包括TPT特性及检验）、焊带（包括无铅焊带、有铅焊带、助焊剂，焊带的特点、使用以及检测方法）、边框（主要是铝边框，然后对铝合金做了详细介绍，包括工艺、分类、编号以及应用）、硅胶（主要介绍有机硅胶的构成、特性及检验，同时介绍了无机硅胶）、接线盒（主要介绍接线盒的构成、特性及检验，同时介绍了接线盒的功能）。

习 题

1. 光伏电池片为什么是光伏组件中最关键的部分？
2. 光伏电池片的光电转换效率有多大？
3. 晶硅电池片与非晶硅电池片的区别有哪些？
4. 晶硅电池片的检验包括哪些内容？质量如何分级？
5. 光伏电池片的生产工艺有哪些？
6. 新型光伏电池片有什么特点？
7. 面板玻璃在光伏组件中有何作用？
8. 低铁超白绒面钢化玻璃的特点是什么？
9. 钢化玻璃检验的内容有哪些？
10. 钢化玻璃的检验方法如何？
11. 钢化玻璃检验要遵守哪些规则？
12. 怎样理解钢化玻璃检验的国家标准？
13. 胶膜在光伏组件中的作用是什么？
14. EVA胶膜由什么材料构成？
15. EVA胶膜有什么特点？
16. EVA胶膜的生产企业有哪些？
17. 光伏组件背板有哪些？

18. TPT 背板的特点是什么？
19. 背板缺陷怎样检测？
20. 焊带有哪些名称？英文是什么？
21. 焊带的作用是什么？
22. 光伏组件的边框有哪些？
23. 铝边框有哪些特点？
24. 铝合金边框的生产流程是什么？
25. 铝合金有哪些编号？
26. 硅胶的作用是什么？
27. 硅胶的成分是什么？
28. 有机硅胶与无机硅胶的区别是什么？
29. 接线盒的作用是什么？
30. 接线盒材料的成分是什么？

第 3 章

光伏组件生产工艺与设备

光伏组件的生产场地是光伏组件生产线。生产线包含光伏组件生产的主要工序，可以进行光伏材料的准备，材料的裁切，电池的焊接，光伏组件铺设、层压、测试、装框、清洗，成品性能测试、品质测试，不合格品的修复。

3.1 光伏组件的生产工艺

具有内部连接及封装的，能单独提供直流电输出的最小不可分割的光伏电池组合装置称为光伏组件。光伏电池片、光伏组件、光伏方阵如图 3-1 所示。

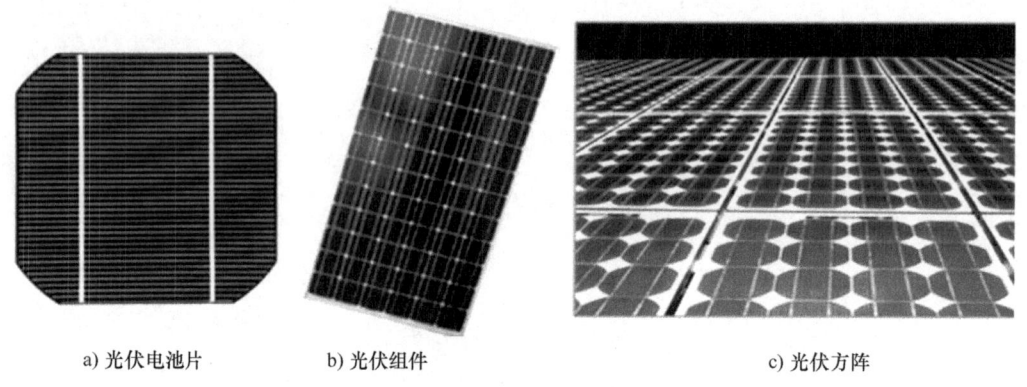

a) 光伏电池片　　b) 光伏组件　　c) 光伏方阵

图 3-1　光伏电池片、光伏组件、光伏方阵

光伏组件的生产工艺如图 3-2 所示，包括装框前工艺、层压工艺、入库工艺。装框前工艺从分检电池片后开始，有焊单片、串焊、电池片组板、铺玻璃、铺 EVA 胶膜、铺 TPT 背板、引出电源线、粘贴序列号八道工序。前面工艺检查合格，便开始层压工艺，包括层压、

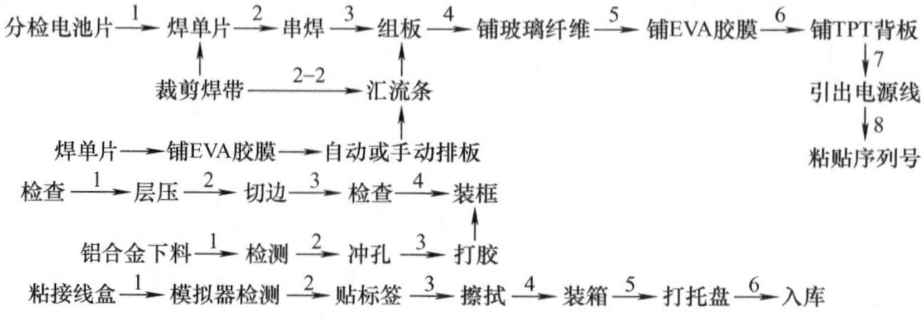

分检电池片 —1→ 焊单片 —2→ 串焊 —3→ 组板 —4→ 铺玻璃纤维 —5→ 铺EVA胶膜 —6→ 铺TPT背板
　　　　　　裁剪焊带 —2-2→ 汇流条　　　　　　　　　　　　　　　　　　　↓7
　　　　　　　　　　　　　　　　　　　　　　　　　　　　　　　　　　　引出电源线
　　焊单片 → 铺EVA胶膜 → 自动或手动排板　　　　　　　　　　　　　　　　↓8
　　检查 —1→ 层压 —2→ 切边 —3→ 检查 —4→ 装框　　　　　　　　　　粘贴序列号
　　铝合金下料 —1→ 检测 —2→ 冲孔 —3→ 打胶
　　粘接线盒 —1→ 模拟器检测 —2→ 贴标签 —3→ 擦拭 —4→ 装箱 —5→ 打托盘 —6→ 入库

图 3-2　光伏组件的生产工艺

注：数字表示光伏组件每种生产工艺中的工序号。

层压后切边、切边后检查、装框四道工序;装框材料铝合金下料后有三道工序,先对其进行检测,再冲孔,然后打胶。入库工艺前安装接线盒,包括模拟器检测、贴标签、擦拭、装箱、打托盘、入库六道工序。光伏组件生产工作现场如图3-3所示。

图3-3 光伏组件生产工作现场

光伏组件目前普遍采用的封装工艺为:以 TPT(复合氟塑料膜)或玻璃板材作为基板(也称背板、底板),光伏电池的正、反两面衬以 EVA 薄膜。封装过程在真空条件下进行,加热到一定的温度,当 EVA 胶膜熔化后,再将温度降低而固化 EVA 胶膜,从而将光伏电池片在光伏组件中紧密固定。最后在光伏组件的背板和正表面(顶板)的边缘涂抹胶体材料进行密封,并加边框。光伏组件封装工艺的主要步骤包括:

1. 光伏电池片分选

单体光伏电池片先进行测试。由于光伏电池片制作条件的随机性,光伏组件上游企业生产出来的光伏电池片性能不尽相同,为了将性能一致或相近的光伏电池片组合在一起,有必要根据单体光伏电池片性能参数进行分类。光伏电池片通过分选仪器测试后,按照电池片输出参数(电流和电压)的大小对其进行分类,以此提高单体光伏电池片的利用率,做出质量合格的光伏组件。选用的电池片测试设备按照一般的标准要求设置参数,光照不均匀度不超出 ±2%,重复精度不超出 ±1%。

2. 后续工艺

(1)单片焊接 将单体光伏电池片在焊接台上用恒温电烙铁焊接互连条(镀锡的铜带,即涂锡铜带,比汇流条窄),为后续电池片的串联做准备。清洗超白钢化玻璃,准备 EVA 胶膜、TPT 背板和汇流条(比互连条宽)材料,EVA 胶膜和 TPT 背板的裁剪尺寸应该略大于钢化玻璃的尺寸。互连条需要预先在助焊剂中浸泡(应使用专用的助焊剂,或用酒精泡松香粉应急),这样可以除去互连条表面的氧化物。焊接时,电烙铁的温度控制在 360~380℃。单体光伏电池片焊接的要求是互连条牢固,单焊后的电池片无毛刺、虚焊和锡渣,互连条的表面光洁美观。

如果使用焊锡,则采用无铅焊锡,先在电池片正面(负极)主栅线上焊上互连条,然后放在串焊模板上,将后一片电池片的互连条与前一片电池片的背电极(正极)焊接在一起,组成一个带有正负极引出线的电池串。

如果单焊使用焊接机,那么将互连条焊接到单体光伏电池片正面(负极)的主栅线上,焊接机可以将焊带(互连条)以多点的形式点焊在主栅线上。焊接机焊接用的热源为一个红外灯，利用红外线的热效应完成单焊。焊接机进行单焊所选用的焊带长度约为单体光伏电池片边长的 2 倍。多出的焊带在背面焊接时（串焊）与后面单体光伏电池片的背面电极相连。

（2）串联焊接 将单焊好的单体光伏电池片按照一定数量进行串联并焊接，也叫背面串焊。背面串焊是将单体光伏电池片串接在一起，形成一个串联的光伏电池串，可以采用手工工艺也可以采用机器的自动工艺完成串焊。手工串焊时，光伏电池串的定位主要靠一个模具板，上面有放置电池片的凹槽，槽的大小和电池片的大小相对应。串焊模具板槽的位置已经设计好，不同规格的光伏组件使用不同的模板，串焊工艺员使用恒温电烙铁和无铅焊锡丝将前面单体光伏电池片的正面电极（负极）焊接到后面电池片的背面电极（正极）上，这样依次焊接串接在一起，并在光伏组件串的正、负极焊接出引线，便于用汇流条连接光伏电池串。

（3）敷设 将串焊完的光伏电池串继续用汇流条进行电路连接，同时用钢化玻璃、EVA 胶膜、TPT 背板将它们保护起来，这是个叠层的过程，也叫作敷设。将串焊好的电池片定位，拼接在一起，且经过检验合格，将光伏电池串、钢化玻璃、切割好的 EVA 胶膜、玻璃纤维、背板按照一定的层次敷设好，准备接下来的层压工艺。

玻璃与光伏电池串之间隔一层 EVA 胶膜，或事先涂一层试剂（primer）以增加玻璃和 EVA 胶膜的粘接强度。敷设时保证光伏电池串与玻璃的相对位置，调整好电池间的距离，为层压打好基础。敷设层次由下向上为：钢化玻璃、EVA 胶膜、电池片、EVA 胶膜、背板，背板与 EVA 胶膜之间还可以加一层玻璃纤维。

（4）中间测试 由于光伏组件的输出功率取决于太阳辐照度和光伏电池温度等因素，因此光伏组件的测量在标准测试条件（Standard Test Condition，STC）下进行，即

- 大气质量 AM1.5；
- 光照强度为 $1000W/m^2$；
- 温度为 25℃。

在该标准测试条件下，光伏组件输出的最大功率称为峰值功率，光伏组件的峰值功率通常用太阳能模拟仪测定。中间测试主要是对生产线上敷设工艺后的未层压光伏组件进行红外线测试和外观检查。

（5）层压 将敷设完好并检查后的光伏组件（包括光伏电池串、钢化玻璃、EVA 胶膜、TPT 背板）在一定的温度、压力和真空条件下粘接融合在一起。具体操作是将敷设好的光伏组件放入层压机内，通过抽真空将光伏组件内的空气抽出，然后加热使 EVA 胶膜熔化；熔化后的 EVA 胶膜将光伏电池串、钢化玻璃和背板粘接在一起；最后层压机降温冷却才能取出层压好的光伏组件。层压工艺是光伏组件生产的关键一步，层压温度、层压时间根据 EVA 胶膜的性质决定。熔化后的 EVA 胶膜需要快速固化时，层压循环时间为 25min，固化温度为 150℃。层压机设备的性能选择很重要，其温控精度不超出 ±1℃，温度不均匀性不超出 ±2℃。层压完成后，光伏组件内应无气泡，电池串间距均匀，汇流条平直。

（6）修边 层压时，光伏组件成型过程中 EVA 胶膜熔化后，由于压力而向外延伸固化形成毛边，所以层压完毕应将其切除。最好是从层压机取出光伏组件再继续利用环境冷却一段时间再进行修边，手工修边要注意边角不要出现明显的凹凸，更不要在钢化玻璃表面留下划痕。

（7）层压后测试　层压后修好边的光伏组件利用专门的光伏组件测试仪进行测试，仪器要求设置在 STC 下，测试光伏组件输出的峰值功率、峰值电压、短路电流、品质因数，与层压前的参数对比。测试好的光伏组件进行合格与否分类。

（8）装边框　用铝边框保护光伏组件的正表面钢化玻璃和后面的背板，这样也便于安装。类似于给生活中用的玻璃装一个镜框，给层压后的光伏组件装铝框，作用是增加光伏组件的强度。装框时，用硅胶密封光伏组件的边角，边框和玻璃光伏组件的缝隙处用硅胶填充，各边框间用角键连接，于是便装好了铝边框，这样可以延长光伏组件的使用寿命。

（9）装接线盒　在光伏组件背面引线处焊接接线盒，以便光伏组件在后续使用中与其他设备或光伏组件间连接。安装接线盒时，用硅胶将接线盒外壳粘合在光伏组件背面的指定位置上，并将光伏组件内引出的汇流条连接到接线盒的电缆接口。

（10）清洗　清洗的作用是保证光伏组件外观清洁。接线盒装好的光伏组件残留了一些碎屑、灰尘以及多余的硅胶，需要清理，通常选用酒精进行清洗。待清洗的光伏组件要求硅胶涂完常温放置 3h 以后，这时硅胶已经固化，便于清洗，也不会由于清洗造成光伏组件损坏。

（11）最终测试　最终测试的光伏组件仍然在 STC 下进行，在此之前已经陆续进行了两个环节的测试。采用光伏组件测试仪对光伏组件的输出电特性和输出功率进行测试，同时还需要对光伏组件的耐压性能和绝缘强度参数进行测试，以保证生产出的光伏组件符合标准规定的要求。

光伏组件各项性能测试，一般都是按照 GB/T 9535—1998《地面用晶体硅光伏组件　设计鉴定和定型》和 IEC61730《光伏组件安全认证》中的要求和方法进行。基于光伏组件的基本性能指标，采用标准检测方法完成最终测试，并对光伏组件分类。

（12）包装入库　最后测试完的光伏组件的各项参数已经很完整，将峰值功率、开路电压、短路电流、填充因子等参数写清楚，并注明生产日期、生产企业，贴好标签。然后要将同类的光伏组件包装。最后入库，生产车间到库房可用光伏组件周转车运输。

3.1.1　分检与划片

1. 分检

由于电池片制作条件的随机性，生产出来的电池性能不尽相同，所以为了有效地将性能一致或相近的电池组合在一起，应根据其性能参数进行分类；电池测试就是通过测试电池的输出参数（电流和电压）的大小，对其进行分类，以提高电池的利用率，做出质量合格的电池光伏组件。由于电池片有档次之分，如果将档次相差太大的电池片做入同一块光伏组件，会导致高档次的电池片在光伏组件工作过程中不能彻底发挥其发电能力，从而造成浪费。电池片分选的作用就是将档次相同或相近的电池片分在一起，做入同一块光伏组件，充分发挥每片电池片的发电能力。

作为光伏组件加工环节的主要原材料，电池片的性能直接决定光伏组件的质量好坏，因此，除对它的外观、色差和电阻率进行检测外，还要测试电池在特定光照、温度条件下的输出电流、输出电压和稳定耐用性等参数，它的测试主要通过专业仪器和设备完成，要求仪器的重复精度≤1%，以确保测量的准确性。

分检步骤主要对晶体硅光伏电池片分选工艺规范进行解析，通过对电池片的电性能测试，按技术要求对电池片进行分档。所需设备是单体太阳测试仪，所需材料是待检测的电池片，个人劳保配置有工作服、工作鞋、工作帽、口罩和指套。

（1）作业准备　首先清理工作地面和工作台面，保持干净整洁，工具摆放有条不紊；检查辅助工具是否齐备、有无损坏，如不完全或齐备，应及时申领。

（2）作业过程　确认电池片测试仪连接线连接牢固，压缩空气压力正常；打开操作面板的"电源"开关，按下"量程"按钮；调节钳位电压，打开气阀；把电池面放在工作台面上，调整电池面位置，使测试仪探针与主栅线对齐，踩下脚阀测试；根据测得的电流值进行分档，每100片作为一个包装，用纸盒传递。作业完毕，按操作规程关闭仪器。

（3）作业检查　检查电池片有无碎裂和隐裂。

（4）工艺要求　按技术文件要求进行分档，不得裸手触及电池片，缺边角的电池片根据相关质量标准进行取舍。

2. 划片

晶体硅光伏电池片激光划片的工艺规范是以初检好的电池片为原材料，在激光划片机上编写划片程序，将电池片按要求的电性能及尺寸进行切割，所需设备是激光划片机，辅助工具是游标卡尺、镊子、刀片、酒精、无尘布，所需材料是初检好的电池片，个人劳保配置是工作服、工作鞋、工作帽、口罩和指套。

（1）作业准备　及时地清洁工作台面、清理工作区域地面，做好工艺卫生，工具摆放整齐有序；检查辅助工具是否齐全、有无损坏等，如不完全或齐备应及时申领。

（2）作业过程　按操作规程打开切片机，检查设备是否正常，输入相应程序，不出激光情况下，试走一个循环，确认电气机械系统正常。置白纸于工作台上，出激光，调焦距，调起始点。置白纸于工作台上，出激光（使白纸边缘紧贴 x 轴、y 轴基准线上，并不能弯曲），试走一个循环。取下白纸，用游标卡测量到精确为止。置电池片于工作台上（背面向上），出激光，调节电流进行切割，试划浅色线条后，再次测量电池片大小是否在公差范围内。切割完毕，按操作规程关闭机器。

（3）作业检查　检查电池片大小是否在公差范围内，检查电池片是否有隐裂。

（4）工艺要求　切断面不得有锯齿现象，激光切割深度目测为电池片厚度的2/3，电池片尺寸极限偏差为±0.02mm。每次作业必须更换指套，保持电池片干净，不得裸手触及电池片。

3.1.2　正面单片焊接

如图3-4所示，光伏电池片正面单焊是将汇流带焊接到电池正面（负极）的主栅线上，汇流带为镀锡的铜带，使用的焊接机可以将焊带以多点的形式点焊在主栅线上。焊接用的热源为一个红外灯（利用红外线的热效应）。焊带的长度约为电池边长的两倍。多出的焊带在背面焊接时与后面的电池片的背面电极相连。先单片焊接，将互连条与电池片的主栅线焊接起来，为电池片的串联做准备，工具是电烙铁。

焊接时，左手捏压焊带一端约1/3处，将焊带平放在电池片的主栅线上，焊带的另一端接触到电池片上的第一条栅线，也就是电池片右边边缘约2mm处；右手拿电烙铁，从左至右用力均匀地沿焊带轻轻压焊。焊接时，烙铁头的起始点应在单片左边边缘或超出边缘的0.5mm处；焊接中，烙铁头的平面应始终紧贴焊带。焊接应牢固、无毛刺、无虚焊及锡渣，

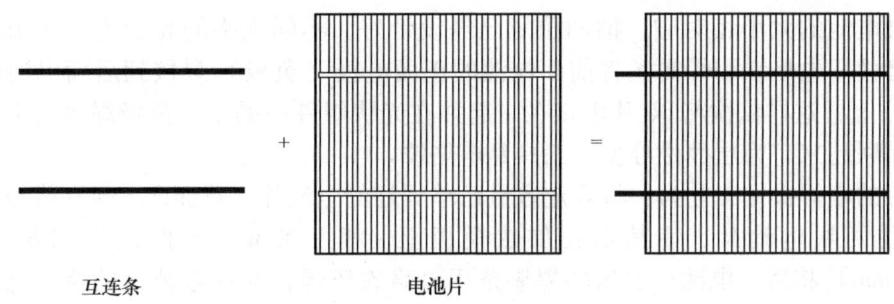

图 3-4 未进行划片的整片光伏电池片单焊

表面光滑美观。

单焊工艺规范是将互连带用电烙铁焊接在初检好的电池片上,将单体光伏电池片正面的主栅线(负极)焊上互连条,便于下道串接。所需设备是电烙铁,辅助工具是玻璃、棉签、玻璃器皿、无尘布、酒精壶、木盒,所需材料是初检良好的电池片、助焊剂、酒精、互连带(浸泡)、焊锡丝。个人劳保配置是工作服、工作鞋、工作帽、口罩和指套。

(1) 作业准备 及时地清洁工作台面、清理工作区域地面,做好工艺卫生,工具摆放整齐有序。检查辅助工具是否齐全,有无损坏等,如不完全或齐备及时申领。打开电烙铁,检查电烙铁是否完好,使用前用测温仪对电烙铁实际温度进行测量,当测试温度和实际温度差异较大时及时修正。将少量助焊剂倒入玻璃器皿中备用;将少量酒精倒入酒精喷壶中备用;将互连带在助焊剂中浸泡,包在塑料袋中,在焊台的玻璃上垫一张纸。

(2) 作业过程 将初检好的电池片放在垫纸上,负极(正面)向上,检查电池片是否完整,有无色斑。将浸泡过的互连带平铺在电池片的主栅线内(如发现互连带上助焊剂干涸,则在与主栅线接触的那一面涂上助焊剂)。互连带的拆痕对应电池片曲线,互连带的前端离电池片边缘距离为两条副栅线距离,约2mm(左手为前端)。用左手指从前端依次均匀地按住互连带,右手拿电烙铁,用烙铁头的平面平压在互连带的尾端,从尾端第3根副栅线处从右往左焊接。当烙铁头离开电池时(即将结束),轻提烙铁头,快速拉离电池片。

(3) 作业检查 检查电池片有无裂痕、毛刺、锡堆,有无虚焊,检查电池片上互连带折痕是否一致。

(4) 工艺要求 焊接平直、光滑、牢固,用手沿45°左右方向轻提焊带不脱落,电池片表面清洁,焊接条要均匀地焊在主栅线内。单片完整,无碎裂现象,不许在焊接条上有焊锡堆积。助焊剂每班更换一次,玻璃皿及时清洗。作业过程中都必须戴好帽子、口罩、指套。

3.1.3　背面串接

如图3-5所示,背面焊接是将若干(如36片)电池串接在一起形成一个光伏组件串,目前采用的工艺是手动的,电池的定位主要靠一个模具板,上面有36个放置电池片的凹槽,

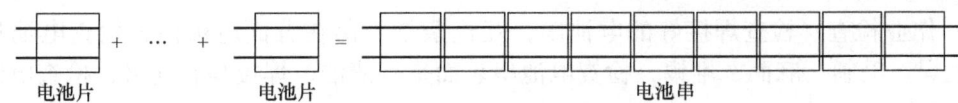

图 3-5　整片光伏电池片串联

槽的大小和电池的大小相对应，槽的位置已经设计好，不同规格的光伏组件使用不同的模板，操作者使用电烙铁和焊锡丝将前面电池的正面电极（负极）焊接到后面电池的背面电极（正极）上，这样依次将36片串接在一起并在光伏组件串的正、负极焊接出引线。串焊将电池片串联起来，为层叠做准备，工具是电烙铁。

电池片的串焊操作工艺为：将规定数量已单焊好的电池片，背面向上排在模板上，用一只手轻压住两块电池片，使其贴在加热模板上，相互紧靠，依照规定间距[一般为(2±0.5)mm]将后一电池片引出的焊锡条用电烙铁压焊在前一电池片的背面电极上。在焊接时要求焊锡条焊接平整，外观平直，无凸起、焊锡、疙瘩，无虚焊现象。

1. 串焊

晶体硅光伏电池片串焊工艺规范是以模板为载体，将单片焊接好的电池片串接起来，便于下道层叠。所需设备是电烙铁，还需配备工作所需装置（工装）有：串焊定位模板、放电池串及翻转用的泡沫板，辅助工具有镊子、棉签、玻璃器皿、无尘布、酒精壶，所需材料是焊接良好的电池片、互连条、助焊剂、焊锡丝、酒精，个人劳保配置是工作服、工作鞋、工作帽、口罩、指套。

（1）作业准备　清理工作区域地面、工作台面卫生，保持干净整洁，工具摆放有条不紊。检查辅助工具是否齐备，有无损坏，如不完全或齐备应及时申领。打开电烙铁，检查电烙铁是否完好，使用前用测温仪对电烙铁实际温度进行测量，当测试温度和实际温度差异较大时及时修正。在酒精壶中加适量酒精备用，在玻璃器皿中加适量助焊剂备用，根据所做光伏组件大小，确定选择相对模板。

（2）作业过程　将单焊好的电池片的互连条均匀地涂上助焊剂，将电池片露出互连条的一端向右，依次在模板上排列好，正极（背面）向上，互连条落在下一片的主栅线内。将电池片按模板上的对正块对齐。仔细检查电池片之间的间距是否均匀且相等，工艺要求为同一间距的上、中、下口的距离相等，作业无喇叭口现象。检查电池片背电极与电池正面互连条是否在同一直线，防止片之间互连条错位。焊接下一片电池时，还要顾及前面的对正位置要在一条线，防止倾斜。电池对正后，用左手轻轻由左至右按平互连条，使之落在背电极内，右手拿烙铁头的平面轻压互连条，由左至右快速焊接，要求一次焊接完成。烙铁头若有多余的锡要求及时擦拭干净。

电池片之间相连的互连条头部可有3mm距离不焊，在焊接过程中，若遇到个别尺寸稍大的电池片，可将其放在尾部焊接；若遇到频率较高，只要能保证前后间距一致无喇叭口，总长保持，即可焊接。若发现虚焊、毛刺、麻面，不得在泡沫板上直接修复，需放到模板上修复。虚焊时，助焊剂不可涂得太多，避免擦拭烦琐。擦拭电池片时，用无纺布蘸少量酒精小面积顺着互连条轻轻擦拭。接好的电池串，需检查正面，将其放在泡沫板上，再在上面放置一块泡沫板，双手拿好板轻轻翻转，放平即可。检查完的电池串放到泡沫板上，每块泡沫只能放一串电池，要求电池串正面向上。焊好后，电烙铁不用时需上锡保养，工作做完即可关闭电源。

（3）作业检查　检查焊接好的电池串，互连条是否落在背面电极内，检查电池片正面是否有虚焊、毛刺、麻面、堆锡，检查电池串表面是否清洁、焊接是否光滑，检查电池串中有无隐裂及裂纹。

（4）工艺要求　互连条焊接平直光滑，无突起、毛刺、麻面，电池片表面清洁，焊接条要均匀落在背面电极内。单片电池完整，无碎裂现象，不许在焊接条上有焊锡堆积。手套和指套、助焊剂需每天更换，玻璃器皿要清洁干净。电烙铁架上的海绵也要每天清洁，缺角电池片的使用要求参考相关质量标准，在作业过程中触摸材料需戴手套（指套）。

2. 焊带对光伏组件功率的影响

焊带是每一种主流光伏组件的重要部件，用来互连光伏电池并提供与接线盒的连接。焊带是镀锡铜带，宽度为 1~6mm，厚度为 0.08~0.5mm，有 10~30μm 厚的焊剂涂层。焊带在光伏组件上应用有两种形式：互连带（或汇流条）和汇流排。在典型的硅光伏电池中，二者均是需要的。互连带直接焊在硅晶体上，把光伏组件中的光伏电池互相连接起来。互连带将光伏电池产生的电流带到汇流排上。汇流排是绕光伏组件周边安装的热浸镀锡铜导体。汇流排把互连带连接到接线盒。薄膜光伏组件一般仅需汇流排。光伏组件中，焊带是关键部件，是提高光伏组件效率及耐用性的重要因素。光伏组件的高效率及耐用性只有用适当安装在光伏组件中的优质焊带才能实现。优质焊带也能提高光伏组件的生产效率和减少废品率。焊带的质量及其对光伏电池的焊接是保证光伏组件效率和持久性的重要因素。

目前市场的焊带主要分为含银和无银焊带。其中含银焊带除价格昂贵外，有自己的优势，可增加焊锡与被焊接金属的冶金结合度；焊接后机械强度、导电性会更好；加银后，三元合金的熔点比二元合金的熔点还要低一些，其可焊性、流动性有所提高；电阻率会有所降低，耐高温的性能提高。焊带电阻主要由焊带本身的尺寸规格和铜基材的材质决定，表面涂锡层的成分不会明显影响焊带电阻。增加焊带宽度或者厚度，能降低焊带电阻。这种改善无论对于传统的焊接方式，还是新型的导电银胶或者导电胶带连接等低温连接方式，都能起到同样作用。但宽于正面电极宽度的焊带会遮挡入射光，引起电流损耗。在不影响碎片率的前提下，推荐使用较厚的焊带。

光伏电池被焊带覆盖部分无法吸收太阳光，某些焊带公司推出了反光焊带，焊带的正面镀银并通过压延工艺制成纵向沟槽状结构，这种结构能将入射到焊带上的光线以一定角度反射到光伏组件的玻璃层内表面，在玻璃-空气界面上全反射后投射回电池表面。捕捉到的光能让光伏组件产生额外增加的功率，理论上可以提高光伏组件效率 2% 左右。焊带的关键质量参数（性能指标）就其本身来说均是重要的。铜的类型及其纯度决定了材料的导电性和焊带能达到的最大柔软程度。焊剂组分、其覆盖层厚度和覆盖组分会影响焊点质量，从而影响光伏组件的耐久性。光伏组件的工作温度振荡变化会导致延伸/张力故障，而光伏焊带的高延伸性可以预防汇流排与互连带间焊点的延伸故障。平均寿命为 25 年的光伏组件常年不间断使用，要求高性能焊点可防止激烈的温度振荡带来的不良影响。

对大多数焊带制造商来说，至关重要的两个参数是弯度和屈服强度。许多焊带制造商发现，难以在获得高水平焊带柔软度的同时又保证其直线度。是否能够获得足够的柔软度和低弯度可能意味着赢得和失去供货合同之间的差异。制造商因此必须努力改进他们的滚轧、退火、镀锡和材料处理技术，以满足不断增加的产品性能指标要求。所以，焊带对光伏组件发电功率的影响，不仅来自焊带本身的设计材料，也包括焊带的选择、层压的工艺、焊带生产的质量控制。因此，需要从各个方面来了解焊带，尽管行业内可能把更多的目光放在封装材料、电池片上。

3.1.4 敷设

背面串接好且经过检验合格后,将光伏组件串、玻璃和切割好的EVA胶膜、玻璃纤维、背板按照一定的层次敷设好,准备层压。玻璃事先涂一层试剂(primer)以增加玻璃和EVA胶膜的粘接强度。敷设时,保证电池串与玻璃等材料的相对位置,调整好电池间的距离,为层压打好基础。

敷设时,电池串与电池串之间的间距一般为2mm,电池片与电池片距离均等成直线排列。光伏组件敷设的过程是将电池组和钢化玻璃、EVA胶膜、TPT背板叠在一起的过程,敷设过程将直接影响光伏组件的外观质量,敷设后要做细致的检查。按设计图样,准备EVA、TPT等敷设辅助材料,EVA包装打开后30天内必须用完。钢化玻璃置于敷设台的移动滑板上,要求位置摆放正确;在钢化玻璃上垫的EVA胶膜要求超过玻璃边缘至少5mm;EVA胶膜在玻璃上要求敷垫平整,无明显褶皱;在使用敷设台移动电池片至EVA胶膜上后检查电池组是否在要求位置上(一般无汇流条的电池片距离玻璃边缘为10mm,有汇流条的电池片距离玻璃边缘为10mm)。

晶体硅光伏电池片的叠层工艺规范是以钢化玻璃为载体,在EVA胶膜上将串接好的电池串用汇流带按照设计图样要求进行正确连接,拼接成所需光伏方阵,并覆盖EVA胶膜和TPT背板材料完成叠层过程。为了保证叠层过程中拼接电极的正确,通过模拟太阳光源对叠层完成的光伏组件进行电性能测试检验。

敷设所需设备是叠层工作台,所需工装是叠层定位模板、电池串翻转泡沫板,辅助工具是钢直尺(规格300mm,精度0.5mm)、镊子、斜口钳(剪刀)、棉签、玻璃器皿、无尘布、酒精壶、普通透明胶带,所需材料是焊接良好的电池串、钢化玻璃、EVA胶膜、TPT背板、汇流带、TPT小条和EVA小条、条形码、助焊剂、酒精、焊锡丝。个人劳保配置是工作服、工作鞋、工作帽、口罩和指套。

(1)作业准备　清理工作区域地面、工作台面卫生,保持干净整洁、工具摆放有条不紊,检查辅助工具是否齐备,有无损坏等,如不完全或齐备应及时申领。插上电源,检查电烙铁完好。使用前用测温仪对电烙铁实际温度进行测量,当测试温度和实际测量温度差异较大时应及时修正。将少量助焊剂倒入玻璃器皿中备用,将少量酒精倒入酒精喷壶中备用,根据叠层图样要求选择叠层定位模板。

(2)作业过程　将钢化玻璃抬至叠层工作台上,玻璃绒面朝上,检查钢化玻璃有无缺陷,检验项目参照相关厂家"原材料检验标准"里的钢化玻璃检验标准。将玻璃四角和叠层台上定位角标靠齐对正,用无纺布对钢化玻璃进行清洁。在钢化玻璃上平铺一层EVA胶膜,EVA胶膜绒面向上。在玻璃两端EVA胶膜上,放好符合光伏组件板型设计的叠层定位模板,注意和玻璃四角靠齐对正。将放有电池串的泡沫板抬至叠层的工作台上,放稳。检查电池串一面有无裂片、缺角、隐裂、移位、虚焊。工序的质量标准执行,如果问题严重,应及时通知工艺员和质量员。完成后,清洁表面异物和残留助焊剂,将所测电压值填在光伏组件的流程单上的相对位置。

(3)作业检查　外观检测时,将光伏组件放在检查支架上,检查光伏组件极性是否接反;光伏组件表面有无异物、缺角、引裂;光伏组件串间距是否均匀一致,检查片间距是否均匀一致;光伏组件、EVA胶膜与TPT胶膜完全盖住玻璃;光伏组件表面无异物、引裂、裂片；检查合格后流入下道工序。

（4）工艺要求 电池串定位准确，串接汇流带平行间距与图样要求一致；汇流带长度与图样要求一致；汇流带平直无折痕，焊接良好无虚焊、假焊、短路；光伏组件内无裂片、隐裂、缺角、印刷不良、极性接反、短路、断路；电池串极性连接正确；光伏组件内无杂质、污迹、助焊剂残留、焊带头、焊锡渣；EVA 胶膜与 TPT 背板大于玻璃尺寸，完全覆盖；EVA 胶膜无杂物、变质、变色；TPT 背板无褶皱、划伤；光伏组件两端汇流带距离玻璃边缘符合图样设计尺寸要求；缺角电池片尺寸使用具体要求参考相关质量标准；玻璃平整，无缺口、划伤；所测光伏组件的电压必须在光伏组件测试电压的规定范围以内，不能小于光伏组件测试电压；触摸任何材料和作业过程，都必须佩戴干净的手套；线手套必须每班更换，保持手套的洁净干燥；助焊剂每班更换一次，玻璃皿及时清洗。

1. 串联

如图 3-6 所示，将电池串排列好以后用汇流条串联起来，为层叠做准备。

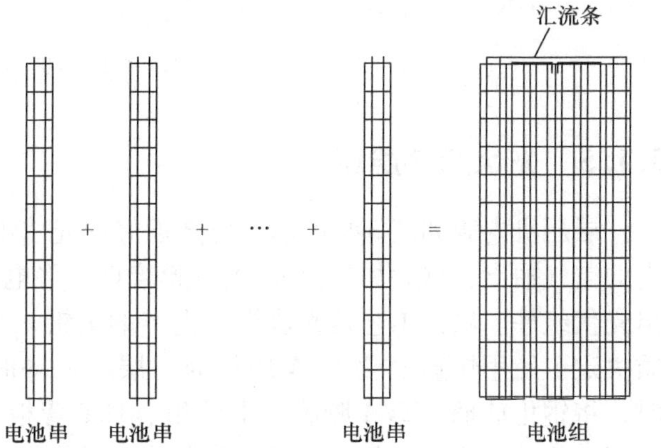

2. 层叠

如图 3-7 所示，层叠也叫叠层，将钢化玻璃、EVA 胶膜、电池组、TPT 背板等按照一定的次序排列起来，为层压做准备，使用工具为电烙铁、镊子、剪刀、万用表。

图 3-6 连接串焊好的电池串

如图 3-8 所示，层叠时，将清洗好的钢化玻璃抬到叠层工作台上，钢化玻璃绒面朝上，上面平铺一层 EVA 胶膜，EVA 胶膜在钢化玻璃四边的余量≥5mm；注意要将 EVA 胶膜的光面朝向钢化玻璃绒面，在 EVA 胶膜上放好符合光伏组件板型的定位模板，电池串分别与头、尾端模板对应。根据模板上标志的正、负极符号，将电池串正确摆放在 EVA 胶膜上，电池串的减反射膜面朝下。电池串放置到位后，按照图样要

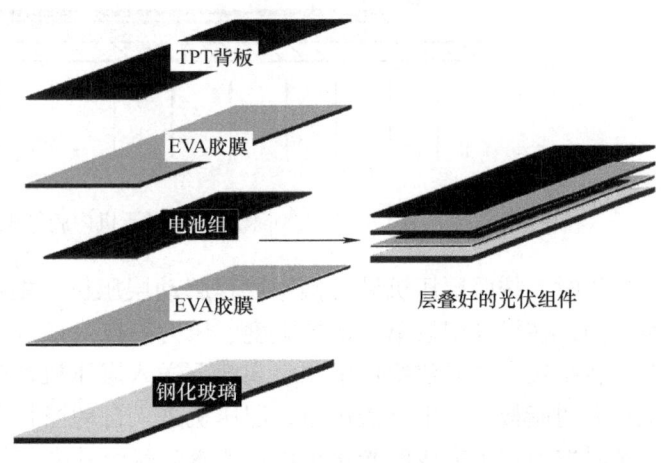

图 3-7 层叠顺序

求及定位模板，用钢板尺对电池片的距离进行测量，并调整电池串的位置。按照光伏组件的拼接图及电压要求，正确焊接汇流带，将条形码贴于 TPT 小条上，并将小条放于汇流带引出位置并紧贴电池片边缘，使汇流带从小条的开口处穿过，此时条形码面对钢化玻璃，在汇流带与 TPT 小条直接接触的地方垫一层 EVA 小条，铺好 EVA 胶膜，其绒面朝向电池串，再铺好 TPT 背板。

图 3-8 生产线上的敷设现场

3.1.5 光伏组件层压

层压机内腔如图 3-9 所示,将敷设好的光伏组件放入层压机内,通过抽真空将光伏组件内的空气抽出,然后加热使 EVA 胶膜熔化,将电池、玻璃和背板粘接在一起;最后冷却取出光伏组件。层压工艺是光伏组件生产的关键一步,层压温度、层压时间由 EVA 胶膜的性质决定。使用快速固化 EVA 胶膜时,层压循环时间约为 25min,固化温度为 150℃。层压时,将钢化玻璃、EVA 胶膜、电池组、TPT 背板等材料通过抽真空、加热和加压等一系列过程,使其黏合在一起,完成光伏电池的封装。

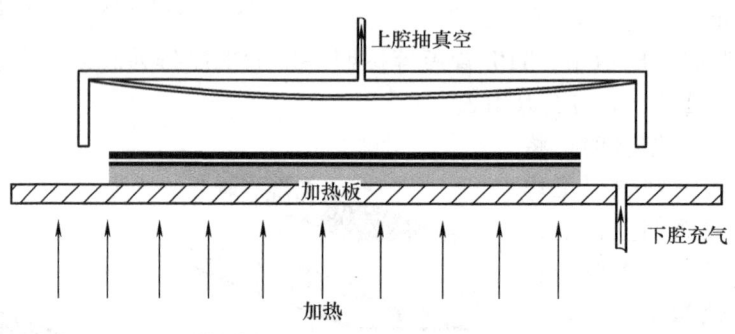

图 3-9 层压机内腔简图

层压时,按照层压机设备操作规程起动层压机,根据 EVA 胶膜特性调整层压温度和抽真空时间,在操作记录单上记录温度、压力等技术参数;在层压机内加热板上放 1~2 层水发布,将拼接好的光伏组件钢化玻璃朝下送入层压机加热板中间,再放上一层高温水发布,盖上环氧树脂板,按下合盖按钮,层压机进入自动控制系统。当层压结束后,层压机自动开盖,及时取出加工完成的光伏组件。要求光伏组件内芯片无垃圾、碎片、裂纹和并片,光伏组件内 $0.5 \sim 1mm^2$ 气泡不超过 3 个,$1 \sim 1.5mm^2$ 气泡不超过 1 个。

层压机内有一个固化过程,是在一定的时间和温度下,光伏组件 EVA 胶膜完成交联的过程,按照固化方式分为两类:一次固化是指光伏组件在层压阶段就已经完成固化;二次固化是指光伏组件在层压阶段不完成固化,需经过其他工序才完成固化。固化的设备是固化炉。层压时 EVA 胶膜熔化后由于压力而向外延伸固化形成毛边,所以层压完毕应将其切除。

层压固化温度如果过高,可调到 138℃,主机预热 120min 左右,打开真空泵、循环水泵、空气压缩机，空循环一次。手动打开层压机上盖，放入待压光伏组件，盖好玻璃布，关闭层压机上盖，走自动行程，层压时间 20～30min 后，关闭真空泵、循环水泵、加热器，自然降温到 100℃，关闭热油泵和层压机电源。

晶体硅光伏组件的层压工艺是将拼接好的电池光伏组件热压密封，所需设备是全自动光伏组件层压机，所需工装是计算机一台，辅助工具是光伏组件操作台、水发布（一种纤维布，上、下两层）、美工刀，所需材料是叠层检验好的电池光伏组件、酒精，个人劳保配置是工作服、工作帽、工作鞋、手套。

(1) 作业准备　清理工作区域地面、工作台面卫生，擦拭水发布和层压机各部分，使其表面干净整洁，工具摆放有条不紊。

(2) 作业过程　打开设备电源开关，选择按下开始运行进入工作方式选择界面，再按下参数设置进入参数设置界面，设置好参数；按返回状态选择返回工作，选择界面，按下"手动"按钮进入手动工作界面；并打开热油泵开关和加热开关；温度到达设定值后，打开真空泵开关；在手动状态下将上盖打开到位，并将层压控制手动运行到停止位，然后进入自动工作状态；进料控制有秩序地放入待压光伏组件，按下进料按钮，此时层压机自动将光伏组件送入加热板上并自动合盖，按照设定好的工艺参数开始层压。

层压完毕后，上盖自动打开，然后出料控制将光伏组件送出，同时进料控制另一炉光伏组件送入，进行下一个层压循环。每次层压完毕必须迅速将光伏组件取出，待冷却后用美工刀修边。检查叠层好的光伏组件进入机前是否完全被布遮盖；检查温度是否已达设定值，若温度已达到，检查真空泵开关是否已打开；作业中检查上室或下室处于真空状态时，检查真空表是否达到 99.0kPa 以上，充气状态时真空表是否接近 0。出现异常情况时，检查报警原因，通过紧急开盖处理故障。

(3) 作业检查　检查光伏组件是否有气泡；检查光伏组件表面有无异物、裂片、缺角；检查光伏组件串间距离是否均匀一致；检查片间距是否均匀一致；检查互连条汇流条是否弯曲，表面是否有锡渣、焊疤；检查 TPT 背板上是否有 EVA 胶膜及杂质，如有，可用酒精清除。检查合格后流入下道工序。

(4) 工艺要求　光伏组件内单片无碎裂、无明显移位；层压作业前，必须让层压机自动运行几次空循环，以清除腔体内残余气体；放入铺好的叠层光伏组件时，要迅速进入层压状态；开盖后，迅速拿出层压完的光伏组件。

层压后出现电池片移位的原因如下：电池片间无透明胶带固定；层压过程中光伏组件整体移位；由于压力影响，EVA 胶膜被挤出，导致汇流条间距变大；EVA 胶膜流动性太大；层压压力值太大。解决对策是在电池片之间的适当位置使用胶带固定；使用流动性偏小的 EVA 胶膜，避免整体移位；控制层压压力值，不得太大。相关试验有交联度试验，用废片或碎片代替光伏组件送入层压机进入层压；层压完成后，在每块玻璃的 4 条边各取一个 EVA 试样，每个试样约 1g；将试样送入化试验室进行分析，测出 EVA 交联度；将各项分析数据进行记录，填写试验报告。

3.1.6　装框

类似于给玻璃装一个镜框，给玻璃光伏组件装铝框，可增加光伏组件的强度，进一步地密封电池光伏组件，延长电池的使用寿命。边框和玻璃光伏组件的缝隙用硅酮树脂填充。各边框间用角键连接。由于钢化玻璃本身结构的原因，其边角部分只要受到很小的撞击就会发生碎裂，装边框也是为了保护光伏组件钢化玻璃的边角。无边框的光伏组件在一般情况下不太容易安装，装边框也是为了便于工程安装。装框的设备有装框机、打胶机或气动胶枪。装接线盒的作用是保护导电体，便于工程安装。上胶一般用手动胶枪。

晶体硅光伏组件的装框规范是将固化好的光伏组件进行装框，以便工程安装，所需设备是气压装柜台，所需工装是气动胶枪，辅助工具是平锉刀、橡皮锤，所需材料是固化好的光伏组件、铝合金边框、自攻螺钉、硅胶1527，个人劳保配置是工作服、工作鞋、工作帽、手套。

（1）作业准备　工作时必须穿工作服、工作鞋，佩戴手套、工作帽，做好工艺卫生，保持台面整洁。

（2）作业过程　在铝合金外框的凹槽中均匀嵌入硅胶，硅胶量约占凹槽的一半左右；把光伏组件嵌入铝合金外框的凹槽中，光伏组件正面朝外。安装边框时，在光伏组件背面TPT与铝合金交界处均匀涂上硅胶，硅胶厚度压到1mm左右为宜，在室温下固化45min后，用螺钉旋具将不锈钢自攻螺钉拧入铝合金安装孔。在相应规格的接线盒背面和引出线根部，周围均匀打上硅胶，粘上接线盒，把引线从接线盒内引出，待硅胶固化后把引线接入接线盒。用气动螺钉旋具或气压装框台完成铝合金外框的安装，用平锉刀轻锉框架的四角，使其光滑亮洁、无毛刺成品符合要求后，在"工艺流程单"上做好记录，并流转下一工序。

（3）作业检查　检查框架4个角是否安装到位，如没到，则需抬下置于胶垫上用橡皮锤轻敲铝合金边框，使之全部到位；检查光伏组件与边框连接处是否有胶略微溢出，如无则需补胶。

（4）工艺要求　外框安装平整、挺直；铝合金框4个安装孔的误差为±0.5mm；光伏组件与框架连接处必须有硅胶密封。

3.1.7　安装接线盒

在光伏组件背面引线处焊接一个盒子，以利于电池与其他设备或电池间的连接。接线盒装完后擦拭光伏组件，去除表面脏污，使光伏组件美观；增加光的透过率，增加光伏组件功率，用到的物品是无水酒精。安装接线盒时，首先将引出端的汇流带短接，对层压完毕的光伏组件进行放电，在接线盒边缘距光伏组件边缘≥20mm处引出的汇流带，将接线盒平放工作台上。背面朝上用注胶枪将硅橡胶均匀地打在接线盒的四周，并在接线盒的出线孔周围也均匀地打上一圈硅胶，将接线盒固定于光伏组件背板上汇流带引出端的正中间，要求位置端正并压紧。然后用金属镊子辅助，将汇流带接入接线孔，汇流带插入相应的接线孔后，用金属镊子试着拽动，检验已经接好的汇流带是否牢固，并调整裸露在外的汇流带位置，避免发生断路。

光伏组件接线盒是介于光伏组件构成的光伏方阵和太阳能充电控制装置之间的连接器，是一门集电气设计、机械设计与材料科学相结合的跨领域的综合性设计。光伏组件接线盒在光伏组件的组成中非常重要，主要作用是将光伏电池产生的电力与外部线路连接。接线盒通过硅胶与光伏组件的背板粘在一起，光伏组件内的引出线通过接线盒内的内部线路连接在一起，内部线路与外部线缆连接在一起，使光伏组件与外部线缆导通。接线盒内有二极管，保证光伏组件在被挡光时能正常工作。光伏组件接线盒的主要特性有外壳采用进口高级原料生产,具有极高的抗老化,耐紫外线能力;适用于室外恶劣环境条件,使用实效长达30年以上;根据需要可以任意内置2~6个接线端子;所有的连接方式采用快接插入式方式连接。

1. 接线盒类型

常见的光伏接线盒主要有传统型、封胶密封小巧型和玻璃幕墙专用型。

(1) 传统型光伏接线盒　传统型光伏接线盒如图3-10a所示,外壳有抗老化、耐紫外线能力,适合在室外恶劣的环境下使用。传统型光伏接线盒专门为光伏组件设计,内部接线座为线路板与塑料两种材料,电缆采用焊接式,装配不同的二极管可以改变接线盒的功率。

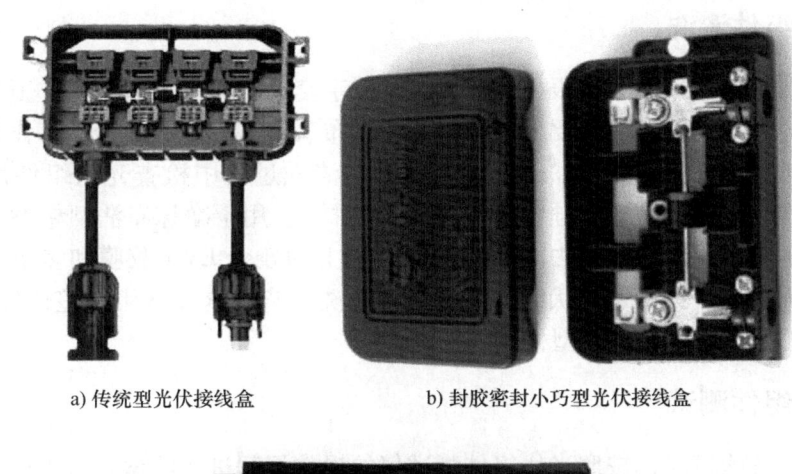

a) 传统型光伏接线盒　　b) 封胶密封小巧型光伏接线盒

c) 玻璃幕墙专用型接线盒

图3-10　接线盒

(2) 封胶密封小巧型光伏接线盒　封胶密封小巧型光伏接线盒如图3-10b所示,特点是具有卓越的耐高低温、防火、抗老化和耐紫外线性能,能满足室外恶劣环境条件下长期使用要求;优异的防水和防尘效果,采用灌胶方式密封;小外形,超薄设计,结构简洁实用,同时适用于90W的晶体硅光伏组件或者薄膜光伏组件;汇流条和线缆的连接分别采用焊接和压接方式,电气性能安全可靠。

(3) 玻璃幕墙专用型光伏接线盒　玻璃幕墙专用型光伏接线盒如图3-10c所示,主要用于小功率光伏组件,盒体制作得更加小巧玲珑,不会影响室内采光和美观,也是封胶密封的设计,具有良好的导热性、稳定性和防水性。只是由于采用锡焊连接的方式,电缆导线经两侧出线孔深入到盒体内,在狭长的盒体内焊接到金属端子上不方便。

2. 安装接线盒

晶体硅光伏组件安装接线盒的工艺规范是给已测好的光伏组件装上接线盒,以便电器连接,所需工具是气动胶枪、电烙铁,辅助工具是钢丝钳、镊子、剪刀,所需材料是接线盒、硅胶1527,个人劳保配置是工作服、工作鞋、工作帽、手套。

(1) 作业准备　工作时必须穿工作服、工作鞋,佩戴手套、工作帽,做好工艺卫生,用抹布擦拭工作台。

（2）作业过程　用硅胶涂在接线盒四周安装处；使接线盒引线孔穿过光伏组件引线，把接线盒与TPT背板粘接住；用电烙铁把光伏组件引线焊到接线盒上的对应位置（用镊子夹住汇流条焊接）；光伏组件可用钢丝钳将引线头部夹成重叠状，后穿入接线盒接线孔；盖上盒盖。

（3）作业检查　接线盒是否安装到位，避免倾斜；接线盒与TPT背板连接处四周硅胶要溢出。

（4）工艺要求　接线盒与TPT背板之间必须用硅胶密封；引线电极必须准确无误地焊在相应位置；引线焊接不能虚焊、假焊；引线穿入接线孔内必须到位，无松动现象。

3.1.8　光伏组件清洗

光伏组件清洗时必须穿工作服、工作鞋、佩戴手套、工作帽；做好工艺卫生，清洁整理台面。待清洗的光伏组件清洗需要无水酒精、无尘布、美工刀片、清洁球，作业过程中双手搬动光伏组件，轻放在工作台上，TPT背板朝上。清洗过程中检查光伏组件是否合格或异常，用刀刮去光伏组件正面残余硅胶（不要划伤型材）。用干净抹布沾酒精擦洗光伏组件正面及铝合金边框，再用干净抹布去除反面TPT背板上的残余EVA胶膜和多余硅胶，最后去除铝合金框表面贴膜。为确保光伏组件高质量，清洗完毕要求光伏组件整体外观干净明亮，TPT背板完好无损、光滑平整、型材无划伤。

3.1.9　光伏组件测试

成品光伏组件测试时，按照光伏组件测试仪的操作规程进行测试，首先用标准光伏组件在相同环境下对光伏组件测试仪进行校准，并做好校准记录。放入待测试的光伏组件，连接好正、负极，对光伏组件进行测试，通过对比和分析，计算出光伏组件的电性能参数，并在相应的位置进行记录和标注。光伏组件测试的目的是对电池的输出功率进行标定，测试其输出特性，确定光伏组件的质量等级。光伏组件成品测试时必须先确保高压测试达标。高压测试是指在光伏组件边框和电极引线间施加一定的电压，测试光伏组件的耐压性和绝缘强度，以保证光伏组件在恶劣的自然条件（雷击等）下不被损坏。终测的作用是测量光伏组件电性能参数，以此确定光伏组件的等级、给光伏组件分档，从而确定光伏组件定价的标准，设备是光伏组件测试仪。

1. 检测条件

（1）测试条件　STC是一个测试条件，光伏组件工作时的温度大小会影响功率输出，STC下，也要考虑温度因素。光伏组件效率会随温度升高有一定下降，它在使用温度后会升高，再由温度系数就可以得出它工作时的电压、电流和输出功率。STC指光伏组件的地面标准测试条件，为国际通用的标准，欧洲委员会定义为101号标准。太阳能在地面不同接收条件下的太阳光谱辐照度标准是GB/T 17683.1—1999。光伏电池表面光强度（总辐照度）为$1000W/m^2$。

（2）额定电池工作温度　额定电池工作温度（Normal Operating Cell Temperature, NOCT）指光伏组件的额定光伏电池片工作温度（标称工作温度），是指当光伏组件或电池处于开路状态，在以下情况时测得的平均平衡结温，是一个温度值：大气温度为20℃，大气质量为AM1.5，光伏电池表面光强度为$800W/m^2$，风速为1m/s，光伏组件电负荷为0

（开路），光伏组件倾角与水平面夹角为 45°，敞开式支架安装（支架结构为后背面打开的结构）。光伏组件正常工作时的功率，基本上不会达到标定功率的，与功率的温度系数有关。实际上，一般公司生产的光伏组件的 NOCT 都在 45~47℃，而理论上希望 NOCT 低于 45℃，越低越好。光伏组件的功率随温度的增加而降低，这个变化是线性的，所以有个温度系数。通过光伏组件某个温度下的功率和温度系数，就可以推导出任何温度下光伏组件的功率。光伏发电系统设计者可用 NOCT 作为光伏组件在现场工作的参考温度，因此在比较不同光伏组件设计的性能时，NOCT 是一个很有价值的参数。然而光伏组件在任何特定时间的真实工作温度取决于安装的方式、辐照度、风速、环境温度、天空温度、地面和周围物体的反射辐射与发射辐射。为精确推算光伏组件的电性能，现场因素应该考虑进去。

测定 NOCT 有两种基本方法。第 1 种称为 "基本方法"，可以用于所有光伏组件。当光伏组件不是设计为敞开式支架安装时，用光伏组件生产厂家说明的方法安装。NOCT 的基本方法仍可测定标准参考条件下光伏组件平衡状态的平均光伏电池片结温。第 2 种称为 "参考法"，比第 1 种方法更快，只用于与试验时所用的参考光伏组件有同样环境（在一定的风速和辐照度范围内）的温度响应的被测光伏组件。带有前玻璃和后塑料背板的晶体硅光伏组件属于此类。参考光伏组件（用来与普通光伏组件对照），其校准采用基本方法。

（3）STC 和 NOCT 的区别　STC 和 NOCT 主要是辐照度（irradiance）不同，STC 下的辐照度为 $1000W/m^2$，NOCT 条件下为 $800W/m^2$。STC 下，测得光伏组件功率为 180W，光伏组件功率温度系数为 $-(0.5±0.05)\%/K$，电压温度系数为 $-(115±10)mV/K$。NOCT 条件 $(47±2)℃$ 下，功率就达不到 180W，降低了 $180×0.5\%×(47-25)W = 19.8W$。

2. 测试

光伏组件测试的准备工作是必须穿工作服、鞋，佩戴手套、工作帽；做好工艺卫生，清洁整理台面；所需材料、工具和设备为清洗好的光伏组件、光伏组件测试仪、标准光伏组件、绝缘测试仪。光伏组件测试程序如下：先按顺序打开总电源开关→计算机电源开关→光伏组件测试仪电子负载电源开关→光伏组件测试仪光源电源开关（机器预热 15min，目的是让机器稳定一下）；打开测试软件，开始校正标准光伏组件；把待测光伏组件相对应的标准光伏组件放在测试仪上，将测试仪输入端的红色鳄鱼夹与光伏组件的正极连接，黑色鳄鱼夹与光伏组件的负极连接；触发闪光灯（闪光灯是模拟太阳光做的），调整电子负载和光源电压，使测试速度和光强曲线匹配；触发闪光灯，调整电压修正系数和电流修正系数使测试结果与标准光伏组件的开路电压、短路电流数值相一致；校正结束，取下标准光伏组件；将待测光伏组件放上测试仪，并将测试仪输入端的红色鳄鱼夹与光伏组件的正极连接，黑色鳄鱼夹与负极连接；检查光伏组件外观；触发闪光灯，使测试速度和光强曲线匹配，一般测 2~3 次，在右侧对话框内输入该光伏组件的序列号，单击保存按钮；取下光伏组件进行绝缘测试，绝缘测试仪的一端将光伏组件的输出端短接，另一端接光伏组件的铝边框，剩余电流为 0.5mA，以不大于 500V/s 的速率增加绝缘测试仪的电压，直到等于 2400V 时，维持此电压 1min，观察光伏组件有无击穿；在流程单上准确填写测试数据；把光伏组件放置在指定地点；关机时参考开机步骤逆向关机。

3. 质量要求

正确记录相关参数，按测得功率分档；测试数据在设计允许范围内；无绝缘击穿或表面无破裂现象。注意事项是测量不同的光伏组件须用与之功率对应的标准光伏组件进行校正；

开机测量前应对标准光伏组件重新校正；测试应在（25±2）℃密闭环境下；测试仪输入端与光伏组件的正、负极应连接正确，接触良好；测试时操作者不可直视光源，避免伤害眼睛；绝缘测试时，手不可触摸光伏组件，以防电击；保持光伏组件表面清洁，抬时注意不要划伤型材和玻璃；不测时，不可以将红色鳄鱼夹与黑色鳄鱼夹夹在一起。

光伏组件进行测试时，要求位置固定，测试两次取平均值。

（1）电性能测试　在规定的标准测试条件（AM1.5，光强辐照度$1kW/m^2$，环境温度25℃）下对光伏组件的开路电压、短路电流、峰值电流及伏安特性曲线等进行测量。在测试光伏组件的绝缘性能和发电功率基础上，再结合红外线（测试发热情况）、外观检查来判定光伏组件等级。

（2）电绝缘性能测试　以1kV直流电压通过光伏组件边框与光伏组件引出导线，测量绝缘电阻，绝缘电阻要求大于200MΩ，以确保在应用过程中光伏组件边框无漏电现象发生。

（3）热循环试验　将光伏组件放置于有自动温度控制、内部空气循环的室内，使光伏组件在-40～85℃之间循环规定次数，并在极端温度下保持规定时间，监测试验过程中可能产生的短路和断路、外观缺陷、电性能衰减率、绝缘电阻等，以确定光伏组件由于温度重复变化引起的热应变能力。

（4）湿热-湿冷试验　将光伏组件置于有自动温度控制、内部空气循环的室内，使电池光伏组件在一定温度和湿度条件下往复循环，保持恢复时间，监测试验过程中可能产生的短路和断路、外观缺陷、电性能衰减率、绝缘电阻等，以确定光伏组件承受高温、高湿和低温、低湿的能力。

（5）机械载荷试验　在光伏组件表面加载，监测试验过程中可能产生的短路和断路、外观缺陷、电性能衰减率、绝缘电阻等，以确定光伏组件承受风雪、冰雹等静态载荷的能力。

（6）冰雹试验　以钢球代替冰雹从不同角度以一定动量撞击光伏组件，检测光伏组件产生的外观缺陷、电性能衰减率，以确定光伏组件抗冰雹撞击的能力。

（7）老化试验　老化试验用于检测光伏组件暴露在温度高、紫外线强环境下的有效抗衰减能力。将光伏组件样品放在65℃、强紫外线太阳光下辐照，检测其光电特性，看功率下降损失。需要注意的是，在曝晒老化试验中，电性能下降是不规则的。

影响光伏组件输出性能的因素有负载阻抗、日照强度、温度、阴影、一般寿命。光伏组件的使用寿命由电池片、钢化玻璃、EVA胶膜、TPT背板等的材质决定，一般用好一点材料的厂家做出来的电池板使用寿命可以达到25年，但随着环境的影响，光伏组件的材料会随着时间的变化而老化。一般情况下用到20年功率会衰减30%，用到25年功率会衰减70%。

（8）高压测试　高压测试是指在光伏组件边框和电极引线间施加一定的电压，测试光伏组件的耐压性和绝缘强度，以保证光伏组件在恶劣的自然条件（雷击等）下不被损坏。测试的目的是对电池的输出功率进行标定，测试其输出特性，确定光伏组件的质量等级。目前主要就是模拟阳光的测试，一般一块电池板所需的测试时间为7～8s。测试系统的工作原理是：当闪光照到被测电池上时，用电子负载控制光伏电池中的电流变化，测出电池的伏安特性曲线上的电压和电流，以及当时的温度、光的辐射强度，测试数据送入微机进行处理并显示、打印出来。

光伏组件的测试环境参考表3-1。

表 3-1 参考标准测试条件

辐 照 度	1000 W/m²
环境温度（AM=1.5）	25℃
功率公差范围	±3%
最大可测光伏组件尺寸	1100mm×2000mm
光源	高能脉冲氙灯
光强可调范围	70~120W/（℃·m²）
光管寿命	≥300000 次
光均匀度	±3%
测量范围（电压）和精度	0~30V，±0.1%，0~60V，±0.1%
电流	0~2A，±0.1%，0~20A，±0.1%
测量误差	≤2%
重复测量误差	±1%
系统配置	卧式测试台，PC
电源要求	220V/50Hz/2kW
重量	320kg
外形尺寸	850mm×1500mm×2460mm

3.1.10 包装入库

光伏组件包装入库的准备工作是工作人员必须穿工作服、工作鞋，佩戴手套，做好工艺卫生，保持周围环境干净整洁；所需材料、工具和设备为包装箱、包装带、瓦楞纸板、标签、透明胶带、PE 膜、美纹纸、护角、托盘、手套、打包机、打印机、剪刀、美工刀。具体操作程序如下：将对应的标签贴在距接线盒 30cm 处，抹平，不能有气泡；将清洗完毕的光伏组件装上引出线，引出线自然弯成弧状，距末端 10cm 处用美纹纸固定；每个包装箱内装入两块光伏组件，光伏组件之间用瓦楞纸板隔开，光伏组件 4 个角用护角包住装入包装箱并用透明胶带固定（装箱之前记录所装入光伏组件的序列号）；包装箱抬上打包机工作台面打包；将装箱完毕的光伏组件堆放到指定托盘（按客户要求堆放）并贴上标签；取纸制护角（护角长度为从托盘顶部到最上面一层纸箱的高度）卡在堆放好纸箱的 4 个角；将 PE 膜绑在托盘的一个纸筒上，再用 PE 膜将货物与托盘缠绕在一起，PE 膜放出所绕边长的 1/2~2/3 向上呈 45°角均匀，用力拉伸到一个边长，把 PE 膜贴在纸箱上，从货物的低、中、高三个不同高度分别按 3 层、2 层、3 层的层数缠绕；绕完货物后用力将 PE 膜拉断，使 PE 膜自身粘接在一起；将缠绕好的光伏组件包装放在指定地点。包装质量要求如下：不允许有任何杂物带入包装箱内；包装箱胶带密封整齐，打包规范；标签的粘贴牢固、整齐、美观、无气泡；光伏组件装箱时，TPT 面向外，玻璃对玻璃；缠绕膜缠好后包装箱不可有外漏。测试完的光伏组件经过包装，便于储存、运输，包装光伏组件的设备是半自动打包机、PET 手动打包机、伸缩膜裹包机。最终入库，一个完整的光伏组件生产环节结束。

3.1.11 生产技术管理

光伏组件的加工工艺是光伏产业链的重要组成部分，通过将一片一片脆弱的光伏电池片封装，使其可在恶劣的户外环境下可靠运行。当前主流光伏组件的加工工艺采用的封装形式

是EVA胶膜封装，它由电池片检测、电池片单焊、电池片串焊、光伏组件层叠、光伏组件层压、安装边框和安装接线盒、成品测试和包装入库等多道工序构成。各道工序环环相扣，因此，各道工序工艺水平高低都直接影响产品的质量和档次，光伏组件质量控制需严格把关。光伏组件加工的企业众多，很多企业由于使用的生产设备、采用的工艺、选用的材料和管理等方面原因，生产的光伏组件常常存在质量问题和质量隐患，主要表现在虚标光伏组件功率、光伏组件电性能一致性差、功率衰减严重、热斑现象严重、EVA胶膜大面积发黄、光伏组件内部腐蚀、电池片栅线消失、背板鼓包等方面。由于光伏组件失效，轻者光伏组件达不到使用年限的要求，重者可致发生严重的安全事故。

高效和高寿命光伏组件需要高转换效率、高质量的电池片；高质量的原材料，例如，高的交联度的EVA、高黏结强度的封装剂（中性硅酮树脂胶）、高透光率高强度的钢化玻璃等；合理的封装工艺；员工严谨的工作作风。由于光伏电池属于高科技产品，生产过程中的一些细节问题如应该戴手套而不戴、应该均匀地涂刷试剂而潦草涂刷等都是影响产品质量的大敌，所以除了制订合理的制作工艺外，员工的认真和严谨是非常重要的。

1. 光伏组件常见问题的分析和试验

（1）电池片原料的因素　光伏组件电性能一致性差，功率衰减严重很大程度上与电池片相关，有些光伏组件标称使用期为25年，但2~3年后就出现了明显电性能一致性差、功率衰减严重的问题，从而达不到使用年限的要求。其主要原因为：电池片的质量不过关，品质不高；检测和分检标准不高，或执行标准不严格。生产厂家一致认为，在整个光伏组件生产的过程中，既然电池片的成本占到总成本的80%以上，那么尽量选用高品质的电池片是整个光伏组件生产中首要的质量保证和前提。

（2）EVA胶膜的因素　光伏组件内EVA胶膜大面积的黄变、热斑现象的产生，现象上是光伏组件内部的EVA胶膜与其他物质发生了化学反应，但本质上是由EVA胶膜的材料品质不良、生产工艺不当和EVA胶膜的储存环境差引起的。如果EVA胶膜的关联度不良，性能不稳定，抗紫外线性能很差，光伏组件在使用过程中很容易发生热胀冷缩，有的导致电池片接触电阻增大，有的导致电池片隐裂或短路，在强光的照射下，光伏组件内的局部温度可能迅速升高，甚至出现电池片爆裂，最终导致光伏组件的失效。另外，光伏组件电性能的下降也跟EVA胶膜的品质具有较大的关联性。因此，在使用EVA胶膜的过程中，要严格控制好储存环境，应将其放置于恒湿、恒温、避光、密封的环境中，打开包装后应在24h内使用完毕。

（3）助焊剂因素　光伏组件内部腐蚀、汇流条连接失效很大程度与助焊剂相关，许多生产厂家在选用助焊剂时过于强调助焊效果，忽视助焊剂的腐蚀性因素，在使用中，助焊剂在电池片表面与EVA胶膜直接接触，时间一长就会导致问题的产生。正确的方法是选用中性的免清洗助焊剂，提高焊接工艺要求，减少残留物的产生。

（4）生产环境与生产设备因素　保证工作环境的温度、湿度和洁净度，才能生产出高质量的光伏组件产品。在国内光伏组件的加工和生产过程中，其中很多工序采用的是人工操作，容易产生人体污染，工艺要求每道工序都应避免裸手直接接触电池片。生产设备的可靠性和先进性也是重要的一方面，如在层压工序中，对层压设备的性能选择很重要，其温控精度≤±1℃，温度不均匀性≤±2℃，才能保证光伏组件内无气泡和产品质量。

（5）加工工艺的因素　在焊接工艺中，焊接的温度和焊接的时间可能会影响光伏组件的焊接质量，温度太低可能导致操作效率低下，并可产生虚焊；温度太高，会使电池片产生变形，导致碎片的产生。实践证明，在单焊工序中，焊接温度应保持在370～385℃之间为最佳。又如在层压工艺中，通过真空泵将光伏组件内的空气抽出后，加热的温度也直接影响光伏组件的层压质量，温度太低，光伏组件内部材料粘接力度会降低，温度太高，又可能对光伏组件内的材料产生质变等影响，实践证明，加热温度应保持在150～155℃之间最佳。

只有高品质的原材料、高标准的生产环境、成熟的生产工艺、严格的质量管理和质量控制、高素质的操作人员才能生产出优质的产品。只有不断改进和提高加工工艺、加强创新力度，提高技术含量，重视细节的质量控制才能使企业立于不败之地。

2. 光伏组件生产浪费控制

如图3-11所示，光伏组件生产相关的浪费有七种，包括生产过剩、加工、搬运、动作、库存、等待、次品。

图3-11　光伏组件生产中的七种浪费

（1）生产过剩的浪费　生产过剩不仅产生更多的问题，也隐藏问题的根本原因，制造过程如图3-12所示。生产过多的原因是盲目地超量生产，多放余量，产品切换，关键设备的使用，觉得工人空闲是浪费，为超量生产设置奖励。生产过早的原因是生产订单不稳定，离岛式车间布局的影响，心理因素的影响。生产过剩的对策是以顾客为中心的弹性生产系

图3-12　制造过程

统,单件流动,即一个流生产线;看板管理的贯彻快速换线换模,少人化的作业方式,均衡化生产。生产过剩需要注意,生产速度快不代表效率高;设备余力并非一定是埋没成本;生产能力过剩时,要考虑更合理、更有效率地应用人员。

(2) 加工本身的浪费 加工本身会浪费更多的材料,更多的人力,更多的能源消耗。图 3-13 所示为焊带浪费,加工浪费的原因是工程顺序要求不规范,作业内容与工艺不规范,生产设备落后,生产过程标准化不彻底,以及材料未严格检查。加工浪费的对策是工程设计适当化,作业内容及时修正,生产设备改善及自动化,标准作业的贯彻。加工浪费需要了解同行的技术发展,公司各部门对于改善的共同参与及持续不断的改善。

(3) 搬运的浪费 搬运造成浪费如图 3-14 所示,需要更多的人力,增加了损坏可能,增加了工作时间。搬运浪费的原因是供应链管理问题,生产布局不合理,生产组织不合理,过量生产。搬运浪费的对策是 U 形设备配置,一个流生产方式,站立作业,避免重新堆积、重新包装。搬运浪费的注意点有:工作预置的废除,生产线直接化,观念上不能有半成品区,可以站立工作。搬运改善如图 3-15 所示,改善之前人力操作,之后机器自动化。

图 3-13 焊带浪费

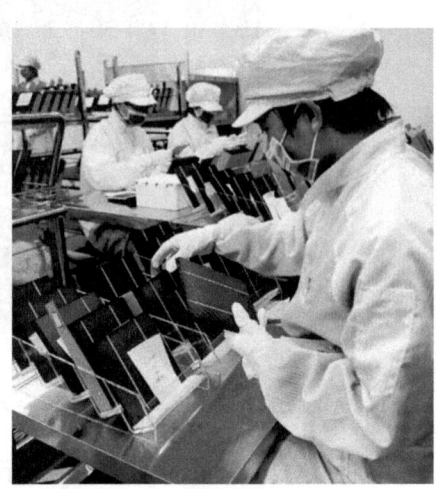

图 3-14 单焊后搬运造成浪费

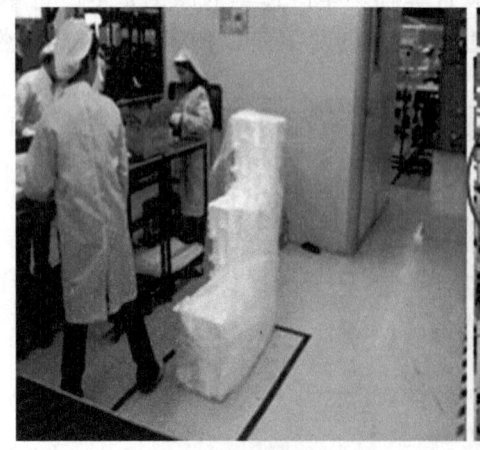

a) 搬运改善前

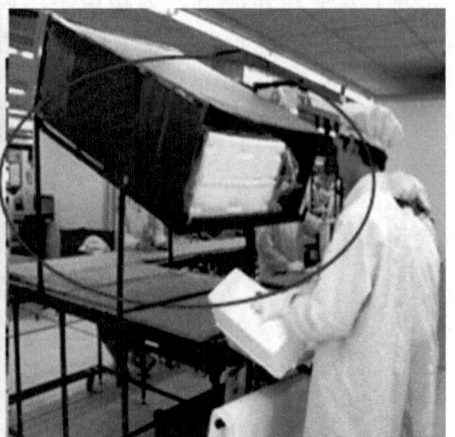

b) 搬运改善后

图 3-15 搬运改善对比

(4) 库存的浪费 如图 3-16 所示，过多库存的后果是产生不必要的搬运、堆积、放置、找寻、防护处理等浪费的动作；使先进先出的作业困难；损失利息及管理费用；物品之价值会减低，变成呆滞品；占用厂房、造成多余的工作场所、仓库建设投资的浪费。库存的隐藏的问题是没有管理的紧张感，这会阻碍改善的活性化。设备能力、人员需求、场地需求的误判，产品品质变差的可能性，呆滞物料，这些都会影响库存质量。多库存导致习惯性库存为当然，造成设备配置不当或设备能力差；大批量生产引发物流混乱，呆滞物品不能及时处理，生产无计划，客户需求信息未了解清楚。解决过多库存的对策首先是库存意识的改革，然后是 U 形设备配置和均衡化生产，务必使生产流程调整顺畅，贯彻看板管理，快速换线换模，生产计划安排考虑库存消化。最终，管理点数削减，生产风险消除，降低安全库存。如图 3-17 所示，通过降低库存让管理问题水落石出是当务之急。

图 3-16 库存

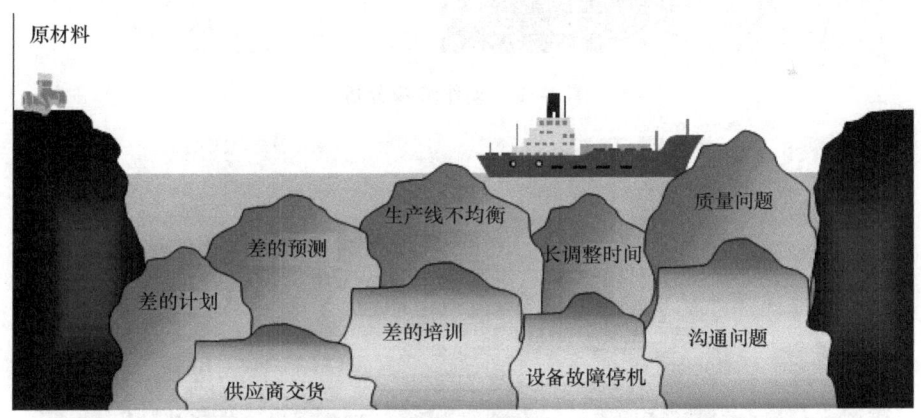

图 3-17 管理问题水落石出

如图 3-18 所示，库存改善前后对比，减少积压，做好分类。

(5) 动作的浪费 图 3-19 为动作浪费的分析图，动作浪费现场如图 3-20 所示，动作浪费的后果是需要更多的人力和设备、更多的工作时间，增加了劳动强度。动作浪费的原因是作业流程配置不当，无教育训练，设定的作业标准不合理。避免动作浪费的对策如下：编成一个流生产方式，生产线 U 形配置，落实标准作业，贯彻动作经济原则，加强教育培训与动作训练。动作浪费的注意点有：消除补助动作、运用动作经济原则和作业标准。动作改善对比如图 3-21 所示，靠手工调角度，改为用机器控制角度。

(6) 等待的浪费 如图 3-22 所示，等待浪费更多的人力和设备，更多的工作时间。等

a) 库存改善前　　　　　　　　　　　b) 库存改善后

图 3-18　库存改善前后

图 3-19　动作浪费分析

图 3-20　动作浪费现场

待的原因是设备布置不当、物流混乱，生产计划安排不当，工序生产能力不平衡，材料未及时到位，管理控制点过多，品质不良。解决等待浪费的对策如下：采用均衡化生产、一个流生产，通过自动化生产线来防止误操作发生；同时设备保养加强，实施目视管理，加强进料控制。自动化生产线不要闲置人员，供需准时化，削减管理点。

（7）次品的浪费　光伏组件次品如图3-23所示，原因有标准作业欠缺、过分要求品质、人员技能欠缺、品质控制点设定错误、检查方法或基准等不完备、设备或模夹治具造成不良。

第3章 光伏组件生产工艺与设备

a) 动作改善前　　　　　　　　　　　　b) 动作改善后

图 3-21　动作改善前后

图 3-22　等待浪费

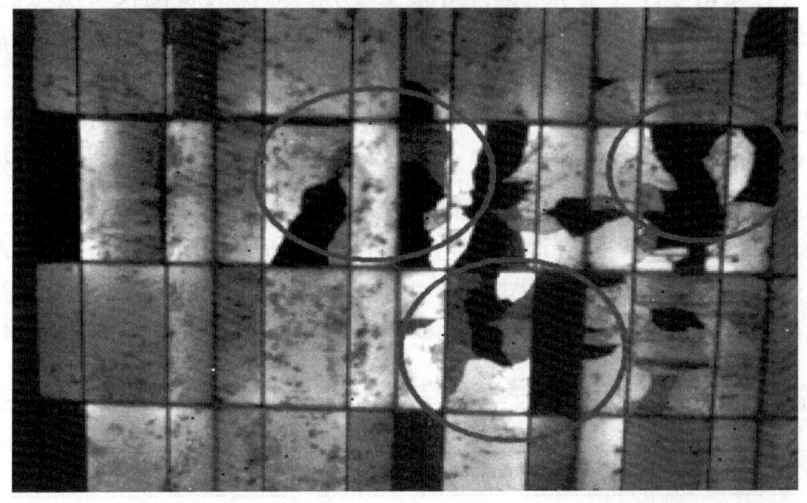

图 3-23　次品

3.2 光伏组件的生产设备

光伏组件生产的环节如光伏电池片的裁切、电池片的焊接、光伏组件敷设、光伏组件层压、光伏组件测试、光伏组件装框、光伏组件清洗、光伏组件性能测都依靠设备来完成。光伏组件生产线上的典型技术指标如下电源：三相380V，150~200kW；供水：循环水；水质：自来水；气源：0.8~1.2MPa压缩无水空气；环境：密闭、防尘、防滑、恒温。生产线设备组成有手工分选操作台1台、焊接台1台、串焊存放架2个、光伏组件层压机1台、电池片分选仪1台；激光划片机1台；光伏组件测试仪1台；裁剪台1张；镜面观察架1个；待装周转车1辆；待压周转车1辆；修边台1台。生产线的基本工艺路线是准备材料（将所需原材料准备到位）→材料裁切（将EVA胶膜、TPT背板、焊带、汇流条按设计尺寸进行切割）→焊接电池（将电池片检测分档，并焊接在一起，形成电池串）→光伏组件敷设（将准备好的材料按照技术要求进行排板、叠放，形成待层压光伏组件）→光伏组件层压（将准备好的待层压光伏组件在层压机中层压和固化）→光伏组件测试（将产品的性能进行初步测量）→装框（裁掉光伏组件边缘的多余部分并进行初检，打胶上边框和接线盒，完成层压后的装框工艺）→光伏组件清洗（将光伏组件上残留的硅胶、灰尘、EVA热熔胶清洗干净）→性能测试（测试装框后清洗好的光伏组件的光电性能，并按要求分选）→品质测试（在制作过程中执行其他测试，伏安曲线测试，外观和高电压隔离）→入库（合格品入库，不合格品进行修复）。

光伏组件加工首先要知道主要流程有哪些，每个流程必要的设备有哪些。光伏组件加工流程（不包括电池片等其他原材料加工）包括电池片焊接、排板、层叠、镜检（层叠后电池片通过镜面检查电池片是否错位）、电子发光（Electro Luminescence，EL）检测电池片裂纹、层压、层压后削边、外观检验、装框前的电子发光（EL）、检测、装框、清洗、终测、包装等流程。需要的设备又分为手动线和自动线两种（低配和高配）。手动线适合投资小的公司，主要设备有无铅焊台（用于电池片焊接工序）、EL隐裂检测仪、层压机、层压后EL隐裂检测仪、装框机、终测机（功率测试仪）。自动线投入大，主要设备有自动串焊机、自动排板机、玻璃上料机、自动流水线一套、EL隐裂检测仪、层压机 削边机、外观检测仪、层压后EL隐裂检测仪、装框机、终测机（功率检测仪）。以上设备不包括其他辅助型设备。

光伏产业链包括多晶硅原材料生产、单晶硅锭/多晶硅锭、硅片切割，光伏电池片、光伏组件、系统集成。完整的产业链建设需要耗费大量资金、对技术要求也很高。光伏企业很多，但没有一个厂家可以生产全套设备，光伏组件生产所需的附加设备有EVA胶黏度测试用的加热炉、过滤管、抽风柜，湿漏电测试用的水槽、耐高压测试仪，拉力测试用的拉力机，老化测试用的紫外线测试仪。光伏组件生产设备参考价格如表3-2~表3-4。

表3-2 生产设备清单

序号	设备名称	规 格	单价/万元	用 量	金额/万元
1	电池片分选台	1200mm×800mm×1340mm	0.3	4	1.2
2	电池片中转车	1200mm×600mm×600mm	0.4	2	0.8
3	单焊台	1200mm×700mm×1340mm	0.4	8	3.2

第3章 光伏组件生产工艺与设备

(续)

序号	设备名称	规格	单价/万元	用量	金额/万元
4	串焊台	2000mm×700mm×1340mm	0.3	4	1.2
5	电池串暂放架	200mm×410mm×1000mm	0.2	8	1.6
6	电池串放置架	1800mm×1160mm×1650mm	0.5	4	2
7	叠层台	1800mm×1290mm×900mm	0.8	4	3.2
8	叠层光伏组件放置架	1850mm×1000mm×1650mm	0.4	4	1.6
9	叠层光伏组件放置架	1850mm×1650mm×1650mm	0.6	4	2.4
10	叠层光伏组件检验架	1000mm×500mm×1650mm	0.2	4	0.8
11	层压光伏组件放置车	1610mm×1200mm×1200mm	0.2	8	1.6
12	修边台	1850mm×1000mm×900mm	0.25	4	1
13	装框台	1850mm×1200mm×800mm	0.3	4	1.2
14	清洗台	1850mm×1200mm×900mm	0.25	4	1
15	打包台	1850mm×1200mm×800mm	0.3	2	0.6
16	打包台	900mm×900mm×720mm	0.2	4	0.8
17	TPT裁剪台	3140mm×1200mm×1000mm	0.6	2	1.2
18	TPT存储柜	1000mm×350mm×900mm	0.2	2	0.4
19	串焊模板	(125mm×125mm)×12片	0.5	6	3
20	装框机	2300mm×1300mm×750mm	1	2	2
21	层压机配套水箱	1200mm×500mm×1100mm	0.7	2	1.4
22	辅助工作台	1000mm×600mm×900mm	0.2	2	0.4
23	焊台	SET205H	0.1	52	5.2
24	单片测试仪	JDSGC-9BG	15.6	2	31.2
25	光伏组件测试仪	JDSGC-9CM	16.9	2	33.8
26	大层压机	VLP-380	88.4	2	176.8
27	小层压机	BSL22360AC-Ⅲ	15.6	2	31.2
28	光焊机	日本NPC公司	360	1	360
29	高速电池片分选机	日本NPC公司	480	1	480
30	划片机	SFS10	15.6	2	31.2
31	交联度测试仪	QY-PV-EVA	2	2	4
32	玻璃清洗机	JTC-7060T	6	2	12
33	动力插车	3.5T	12	2	24
34	手拖车	BFG3T	0.2	4	0.8
35	服务器	IBM System I	181	1	181
36	中央空调	海尔	280	1	280
37	气路、储气罐	$8m^3/10kg$	3	2	6
38	自动点胶机	宁波天豪	38	2	76
39	自动设备及生产线	KMXIN	46	2	92
40	其他设备配置	定做	300		300
	合计				2146

表3-3 研发与检测中心的设备清单

序号	设备名称	规格	单价/万元	用量	金额/万元
1	高低温老化箱	定制	110	2	220
2	高低温老化箱	常规	65	4	260
3	环境试验箱	定制	120	2	240
4	冲击试验仪	定制	12	1	12
5	紫外老化仪	定制	36	2	72
6	冰雹测试仪	BR-PV-HT系统	28	1	28
7	贴片机	Juki-2050L	480	1	480
8	插件机	AI 西门子	220	1	220
9	波峰焊	红外预加热	35	1	35
10	回流焊机	12温区	46	1	46
11	进口自动点胶机	雅马哈	62	1	62
12	变频电源	HY9905(500V·A变频)	4	3	12
13	热斑测试仪	BR-PV-HS	270	1	270
14	机械载荷试验机	BR-PV-ML	16	1	16
15	耐压测试仪	杨子	1.3	3	4
16	示波器	泰克	2	3	6
17	电子负载仪	艾德克斯	1.2	5	6
18	红外成像仪	Fluke	64	1	64
19	电源测试系统	JC-9100	21	1	21
20	光谱测试系统	美国SP	13	1	13
21	电池动态测试仪	JC-98xx	24	1	24
22	逆变器老化系统	定制	240	1	240
23	自动XYZ振动仪	BR-xyz	13	1	13
24	万能材料试验机	WDW-1、2、5	17	1	17
25	分光光度计	CAAM-2001	140	1	140
26	暴晒色度试验机	CA3000+	97	1	97
27	盐雾试验机	BR-PC	12	2	24
28	电站测试系统	定制	210	1	210
29	弯曲试验机	WAW-D	7	1	7
30	跌落试验机	BR-PC-IMEA	4	1	4
31	张力试验机	BR-PC-EVA	8	1	8
	合计				2871

表 3-4 公用工程设备清单

序 号	设备名称	数 量	单 位	单价/万元	总价/万元
1	变配电设备	1	套	220	220
2	给水排水设备	1	套	120	120
3	环保设备	1	套	60	60
4	消防设备	1	套	20	20
	合 计				420

3.2.1 单片测试仪

光伏电池单片测试机是高可靠性、高精度的光伏电池片测试专用设备。设备采用大功率、长寿命的进口脉冲氙灯作为模拟器光源,进口超高精度四通道同步数据采集卡进行测试数据采集,专业的超线性电子负载保证测试结果精确,适用于光伏电池片的分选及分析检测。技术特点是恒定光强,在测试区间保证光强恒定,确保测试数据真实可靠。闪灯脉宽 0~100ms 连续可调,步进 1ms,适应不同的电池片测量。数字化控制保证测试精度;硬件参数可编程控制,简化设备调试和维护。采用 2MB×4 路高速同步采集卡,更多还原测试曲线细节,准确反映被测电池片的实际工作情况。采用红外测温,真实反映电池片的温度变化,并自动完成温度补偿。自动控制,在整个测试区间实时侦测电池片和主要单元电路的工作状态,并提供软、硬件保护,保证设备的可靠运行。单片测试仪技术参数见表 3-5,仪器标准术语见表 3-6。

表 3-5 典型技术参数

项 目	SCT-B	SCT-A	SCT-AAA
光源	300W 大功率脉冲氙灯,氙灯寿命 10 万次(进口)		
光强范围	100mW/cm² (调节范围 70~120mW/cm²)		
光谱	范围符合 IEC60904-9 光谱辐照度分布要求 AM1.5		
辐照度均匀性	±3%	±2%	±2%
辐照度稳定性	±3%	±2%	±2%
测试重复精度	±1%	±0.5%	
闪光时长	0~100ms 连续可调,步进 1ms		
数据采集	I-U、P-V 曲线超过 8000 个数据采集点		
测试系统	Windows XP		
测试面积	200mm×200mm		
测试速度	3s/片		
测量温度范围	0~50℃ (分辨率 0.1℃),红外线测温,直接测量电池片温度		
有效测试范围	0.1~5W		
测量电压范围	0~0.8V (分辨率 1mV) 量程 1/16384		
测量电流范围	200mA~20A (分辨率 1mA) 量程 1/16384		
测试参数	I_{sc}、V_{oc}、P_m、V_m、I_m、FF、EFF、T_{emp}、R_s、R_{sh}		
测试条件校正	自动校正		
工作时间	设备可连续工作 12h 以上		
电源	单相 220V、50Hz、2kW		

表 3-6　标准术语

符号	定义	单位
I_{sc}	短路电流	A
V_{oc}	开路电压	V
P_m	最大功率	W
I_m	最大功率时电流	A
V_m	最大功率时电压	V
R_s	光伏电池片的串联电阻	Ω
R_{sh}	光伏电池片的并联电阻	Ω
EFF	效率 = P_m/面积 × $P_{入射光}$	(%)
FF	填充因子 = P_m/V_{oc} × I_{sc}	(%)
I	入射光强 = 100mW/cm^2	mW/cm^2
t	测试时环境温度	℃

3.2.2　激光划片机

激光划片是利用高能激光束照射在工件表面，使被照射区域局部熔化、气化，从而达到划片的目的。因激光是经专用光学系统聚焦后成为一个非常小的光点，能量密度高，因其加工是非接触式的，对工件本身无机械冲压力，工件不易变形，热影响极小，划片精度高，广泛应用于光伏组件、薄金属片的切割和划片。激光划片机主要用于金属材料及硅、锗、砷化镓和其他半导体衬底材料划片和切割，可加工光伏组件、硅片、陶瓷片、铝箔片等，工件精细美观，切边光滑。采用连续泵浦声光调 Q 的 Nd:YAG 激光器作为工作光源，由计算机控制二维工作台，能按输入的图形做各种运动。输出功率大，划片精度高，速度快，可进行曲线及直线图形切割。激光划片机的型号分类、特点及应用如下。

1. 光纤激光划片机

光纤激光划片机产品特点如下：

1）高配置：采用进口光纤激光器，光束质量更好（标准基模）、切缝更细（30μm）、边缘更平整光滑。

2）免维护：整机采用国际标准模块化设计，真正免维护、不间断连续运行、无消耗性易损件更换。

3）操作方便：设备集成风冷设置，设备体积更小，操作更简单。

4）专用控制软件：专为激光划片机而设计的控制软件，操作简单，能实时显示划片路径。

5）工作效率高：T 形台双工位交替运行，提高工作效率，最大划片速度可达 200mm/s。

光纤激光划片机的应用是光伏行业单晶硅、多晶硅、非晶硅光伏电池片和硅片的划片（切割、切片）。

2. 半导体激光划片机

半导体激光划片机有如下特点：

1）高配置：采用进口新型半导体材料，大大提高电光转换效率。

2）运行稳定：全封闭光路设计，光纤传输，确保激光器长期连续稳定运行，对环境适应能力更强。

3)模块化设计:整机采取国际标准模块化设计,结构合理,安装维护更方便简洁。

4)高效率:低电流、高效率,工作电流小,速度快(达220mm/s),基本做到免维护,无材料损耗,零故障率,运行成本更低。半导体激光划片机应用及市场是光伏行业单晶硅、多晶硅、非晶硅带光伏电池片和硅片的划片(切割、切片)。

3. YAG激光划片机

YAG激光划片机特点如下:

1)高端配置:核心部件(聚光腔)采用进口新型材料,大大提高电光转换效率,激光器采用新一代的金属镀金聚光腔,避免脱金,更耐用。

2)专业控制软件:操控软件根据行业特点专门设计,人机界面友好,操作方便,划片轨迹显示,便于划片路径的设计、更改、监测。

3)运行成本低:工作电流小(小于11A),速度快(达140mm/s),延长氪灯使用寿命,减少维护,减少材料损耗,降低故障率,降低运行成本。YAG激光划片机应用及市场是光伏行业单晶硅、多晶硅、非晶硅带光伏电池片和硅片的划片(切割、切片)。电子行业单晶硅和多晶硅硅片的分离切割。

4. 划片机比较

2000年,武汉三工光电设备制造有限公司首台激光划片机问世,可以完全替代进口;2007年,华工激光自行研发成功具有自主知识产权的晶圆紫外激光划片机;2008年,LED紫外激光划片机由华工激光研发成功。目前激光划片机有三种,分别是灯泵浦、半导体泵浦和光纤激光器三种,各自的优点、价格、寿命有所不同。灯泵浦的特点是价格便宜、功率大,但是体积过大、用电量太大、发热也大,激光器相对寿命短。半导体泵浦相对来说性价比高、体积小、功率中等。光纤激光器比前二者精准,体积小,可移动,但功率相对小,价格较高。

激光划片机根据需要来选择机型。寿命要看工作量,一般如进口光纤机、半导体,一天工作十几小时,五年内不会出现故障,但要注意保养。激光发生器,要看平时是不是开足最大功率运行,还要看加工的材料。如果加工的是高反光材料,通常一年不到就会用坏一个。如果是其他材料,一般使用十来年都不会出现故障。激光划片机的振镜容易坏,因此用时最好不要调太高的速度。国产划片机的声音较大,振镜精确度不如进口的高,但是进口划片机的维修费用高、程序烦琐。

a) 大型层压机

3.2.3 光伏组件层压机

光伏组件层压机是在真空条件下对EVA胶膜进行加热加压,实现EVA胶膜的固化,达到对光伏电池封装的仪器,如图3-24所示。光伏组件由晶硅电

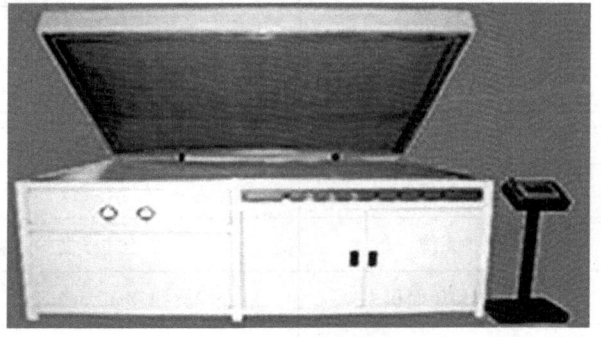

b) 小型层压机

图3-24 层压机

池片、钢化玻璃以及封装材料（EVA 胶膜、背板等）按照不同的顺序层叠后，经过层压形成成品，通过一定的方式和参数完成并达到需求的期望值的过程，称为光伏组件层压技术。简单地说就是电池的封装。对晶硅电池而言，层压顺序为钢化玻璃、EVA 胶膜、电池片（已做好电极）、EVA 胶膜、背板；对于薄膜电池而言，层压顺序为电池、EVA 胶膜、背板。

层压机的自动加工过程完全靠设备自身的程序来控制，层压开始前，操作者应设置好抽真空时间、加压时间、层压时间，运行方式调到自动，即可开始层压过程。当一件工件层压结束后，设备会自动打开上盖。具体操作过程是旋转控制面板上的自动、手动旋转钮到"自定"位置→设定抽真空计时、加压计时、层压计时 3 个时间继电器为需要的时间→加入待加工工件，同时用双手按下关盖按钮，直到上盖完全关闭，此时"关盖到位"指示灯亮→设备开始进入自动加工状态→取出工件→加入另一工件，开始下一循环操作。

设备的自动层压过程为：上、下室开始抽真空，此时上、下室的真空指示灯为点亮状态、抽真空完毕，上室自动进入充气状态，对工件开始加压，加压完毕，进入层压状态，层压结束后，上室又重新进入真空状态，同时下室开始进入充气状态。层压过程完成，设备自动打开上盖。在自动操作过程中，应注意的是自动操作过程中如将手动/自动开关由自动档旋至手动档。则程序将终止当前所有的自动操作并对程序中的所有计时器清零。在自动操作过程中，将屏蔽上室真空/充气、下室真空/充气的手动操作。关盖到位后，程序将屏蔽开盖操作。

层压机参数见表 3-7。

表 3-7　层压机参数

加热模式	油加热
控制模式	PLC 智能温度控制
操作模式	手动/半自动/自动
电源电压	380V，3 相
温度均匀性	±1℃，多点控温
压缩空气流量	0.22m³/s
温控范围	常温至 180℃
压缩空气压力	0.5~0.8MPa
可调层压压力	0.02~0.1MPa
极限真空	10Pa
层压面积	可根据客户要求定制
保护系统	安全电子防护，急停按钮，应急开盖系统，超温报警系统
层压机层压面积	3.2m×1.8m、3.6m×1.8m、3.4m×2.2m、3.6m×2.2m、4.5m×2.2m
工作功耗	20kW，最高功耗达到 70kW

1. 层压机结构

光伏组件层压机结构中极其重要的部分是气电转换高真空阀。层压机要求高密封、高真空度、加热速率快、温度均匀性好、安全性高。层压机必须具备应急系统和紧急按钮，设备在停电后，可手动打开上盖，取出光伏组件，还可在紧急情况下通过紧急按钮强制停机。气源、真空、油位、超温、变频器、电动机的故障均会引起报警。层压机的各部分结构如图图 3-25~图 3-27 所示，图 3-25 为层压机各部分连接图，图 3-26 为层压机结构简图，图 3-27 为层压机各部分实物图。表 3-8 罗列了层压机各项技术指标及其单位，不同机型指标所对应的参数不同。

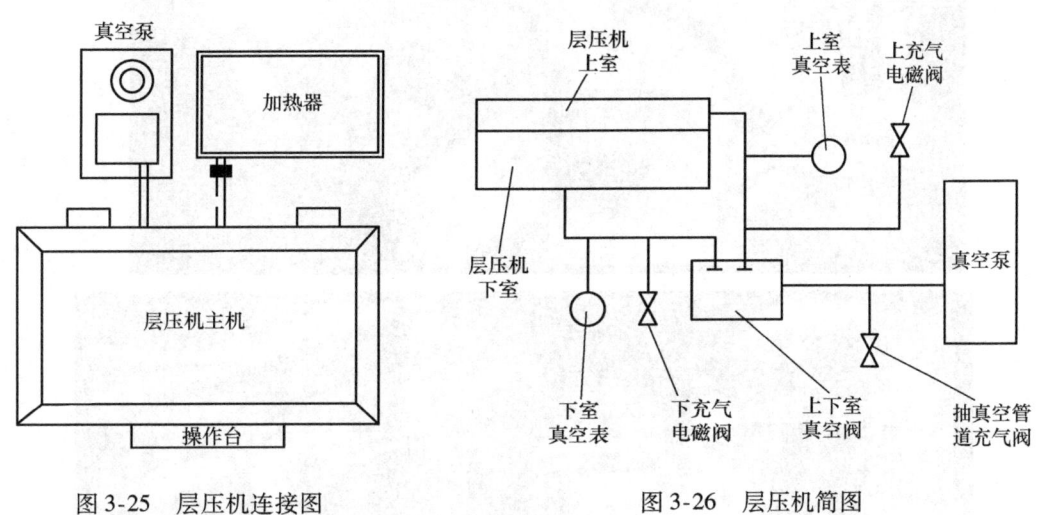

图 3-25　层压机连接图　　　　　　　　图 3-26　层压机简图

层压机产能根据全自动层压机、230W 光伏组件、250 个工作日来计算。$T_{次} = 25\min$，$P_{次} = 230W \times 4 = 920W$，$P_{天} = P_{次} \times 24h \div T = 52992W$，$P_{年} = P_{天} \times 250 = 13248000W$，计算出一台全自动层压机每年产能约为 13MW。光伏层压机内的材料如图 3-28 所示，国内知名供应商见表 3-9。

2. 工作原理

层压机是把多层物质压合在一起的机械设备。真空层压机就是在真空条件下把多层物质进行压合的机械设备。真空层压机应用于光伏电池组装生产线上，也称为光伏组件层压机。无论层压机应用于哪种作业，其工作原理都是相同的。那就是在多层物质的表面施加一定的压力，将这些物质紧密地压合在一起。所不同的是根据层压的目的不同，压合的条件各不相同。光伏组件层压机是实现从原材料到光伏组件过渡的关键设备，层压前要进行敷设准备，然后层压、固化、组框、成品测试。层压工艺的目的是将原材料制成光伏组件。从层压之前的敷设工序可以看到光伏组件的材料组成有玻璃、EVA 胶膜、连接好的单体电池、EVA 胶膜、背板，层压机的作用就是要把这些物质压合在一起，并要求压合后无气泡（<2 个/m²）。层压后相融物质要融为一体；无法相融物质间要有一定的黏结强度。

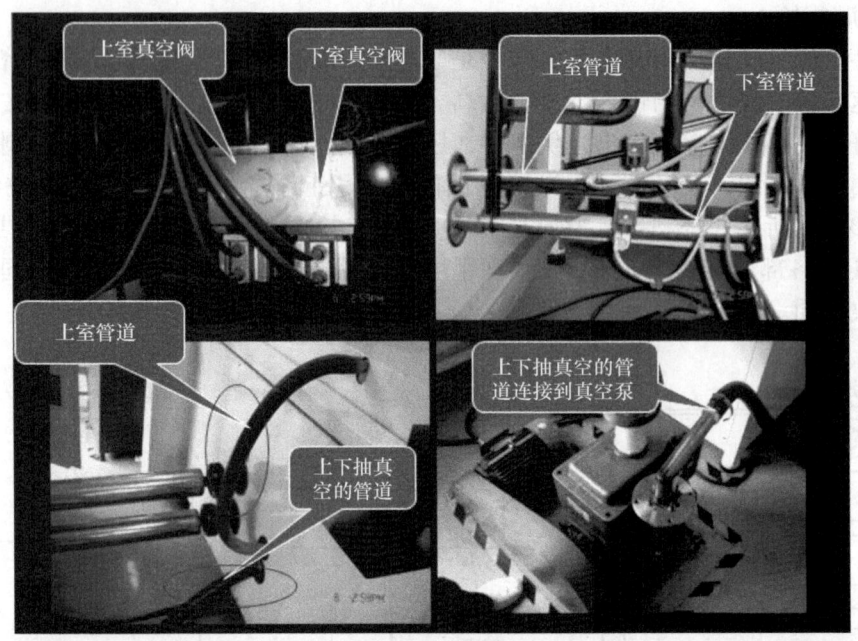

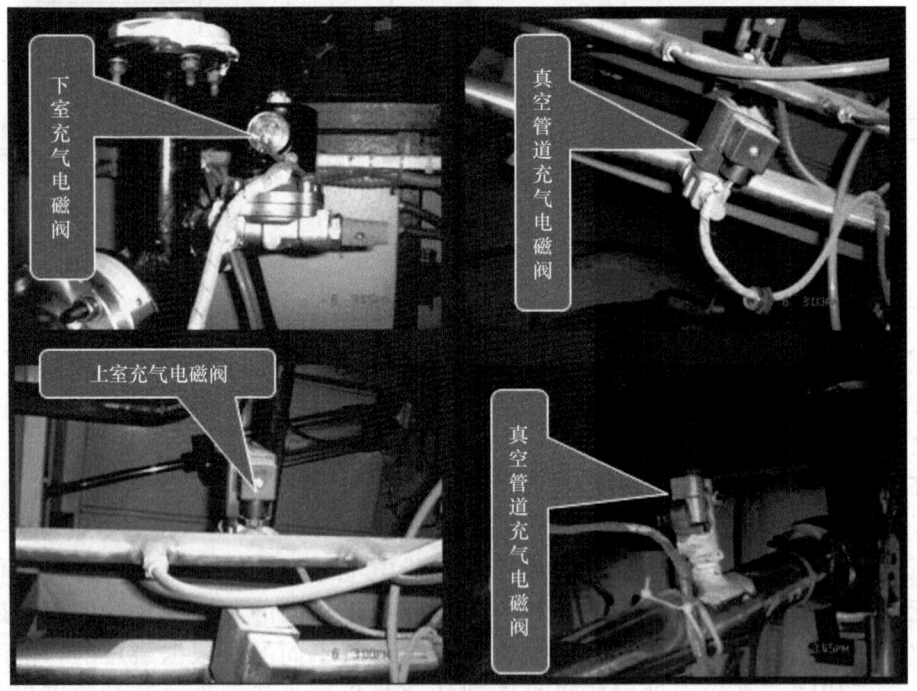

图 3-27　层压机各部分实物图

表 3-8　层压机技术指标

电源（380V.3 相 4 线/5 线）	压缩气源压力（MPa）	外形尺寸（mm×mm×mm）
压缩空气流量（L/min）	作业真空度（Pa）	有效层压面积（mm×mm）
装机总容量（kW）	正常工作功率（kW）	设备总功率（kW）

(续)

控制平台	温控范围（℃）	加热方式（油/电加热）
温度分布不均匀度（℃）	温控精度（℃）	抽真空速率（L/Sec）
上盖行程（mm）	层压腔高度（mm）	冷却水路流量（L/Min）
抽空时间（min）	机组质量（t）	层压时间（min）

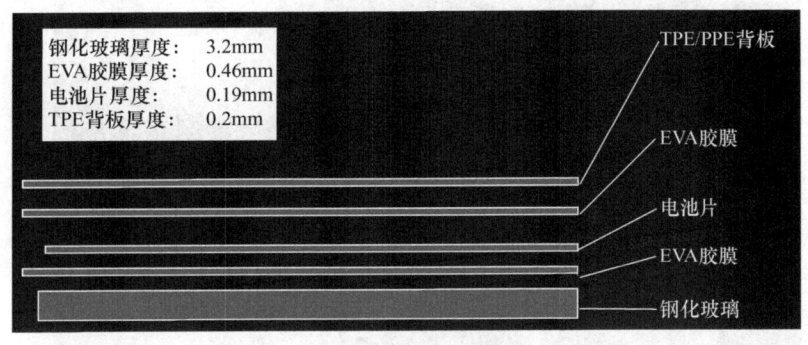

图 3-28　光伏组件层压材料顺序图

表 3-9　全自动三级联动/油加热层压机供应商

供 应 商	2013 年最低参考价格/万元
秦皇岛博硕光电设备有限公司	52
秦皇岛奥瑞特科技有限公司	64
秦皇岛瑞晶太阳能科技有限公司	50
秦皇岛中晟太阳能科技有限公司	50
秦皇岛赛维科技有限公司	48
上海申科技术有限公司	58
营口金辰机械有限公司	50
常州恒辉光电科技有限公司	55

　　层压机工作的压力、温度、真空度、时间 4 个条件必须符合要求。层压机的组成包括结构部分、温度控制系统、动力系统、真空系统、控制系统 5 个部分，其中结构部分包括上室真空、下室真空、上盖、下箱和架体。各结构部分在生产光伏组件时的工作过程如图 3-29 所示，包括开盖→上室真空→放入待压的光伏组件→合盖→下室抽空→上室充气（层压）→下室抽气→开盖→取出光伏组件。要理解上、下抽真空，需要理解层压机上室和层压机下室。层压机上室是指层压机上盖处，由硅胶板或橡胶板和上盖形成的腔室，层压机下室是指层压机上盖落下后，由硅胶板或橡胶板和层压机主体形成的腔室。也就是说，上室抽真空就

是层压机上室在真空泵作用下抽真空,下室抽真空就是层压机下室在真空泵作用下抽真空。将光伏组件放进层压机,关闭层压机上盖,选择层压机自动工作或手动工作程序:下室真空,上室真空(抽真空程序);下室真空,上室充气(加压程序);下室真空,上室"0"(层压过程);下室充气,上室真空(开盖过程)。

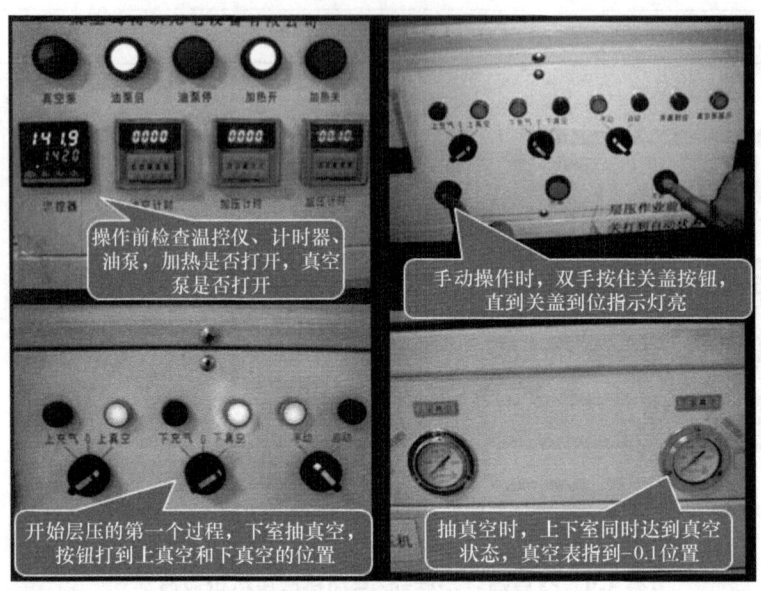

a) 层压前检查

b) 上室真空和上室真空指示灯(抽真空)

c) 下室真空和上室真空指示表

d) 下室真空和上室真空指示灯(加压)

e) 下室真空和上室真空指示表(加压)

图 3-29　层压机各结构部分

第3章 光伏组件生产工艺与设备

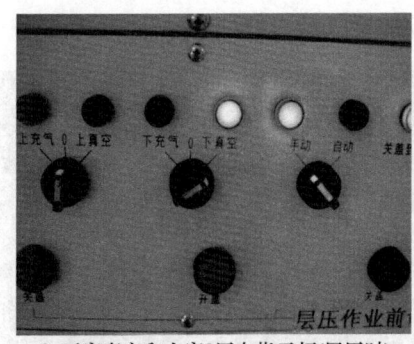

f) 下室真空和上室0压力指示灯(层压时)　　g) 下室真空和上室0压力指示表(层压时)

h) 下室充气，上室真空指示灯(开盖时)　　i) 下室充气，上室真空指示表(开盖时)

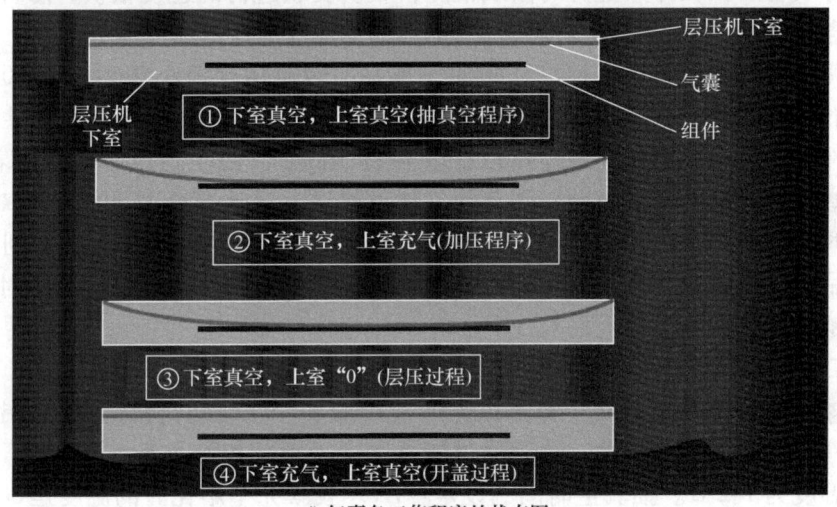

j) 气囊各工作程序的状态图

图3-29　层压机各结构部分（续）

抽真空时间：抽真空时间要严格控制。抽真空的作用一是排出材料间隙的空气和层压中产生的气体，并消除光伏组件的气泡；二是给层压机营造压力差氛围，产生层压中所需要的压力。

充气时间对应着层压时施加在光伏组件上的压力，充气时间越长，压力越大。因为像EVA胶膜交联后形成的这种高分子，一般结构比较疏松，压力的存在可以使EVA胶膜固化后更加致密，具有更好的力学性能，同时也可以增强EVA胶膜与其他材料的黏合力。

层压时间是施加在光伏组件上的压力的保持时间。抽真空时间、加压时间和层压时间之

· 199 ·

和就是 EVA 胶膜总的固化时间，如图 3-30 所示。

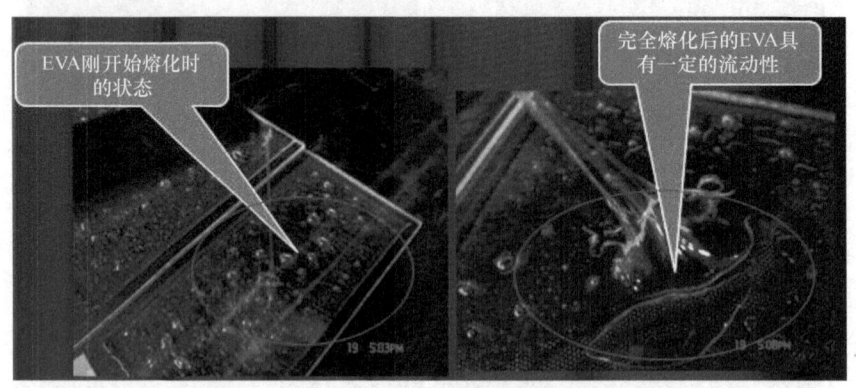

图 3-30 EVA 胶膜固化过程

使用硫化仪测试胶凝度变化，即是在 EVA 胶膜固化过程中通过测试转矩来反映 EVA 胶膜的黏度变化，并由此来间接测定交联程度（不同时间的转矩可以反映交联度），测试温度为 140℃；误差为 ±5℃。EVA 胶膜的转矩随着时间的变化是先下降，再上升。下降阶段对应着 EVA 胶膜熔化阶段，到最低点时 EVA 胶膜的流动性最好。上升阶段即为 EVA 胶膜的固化阶段，可以看出，在开始上升时曲线很陡，表明交联进行的速度很快，随着交联剂的消耗，交联剂含量减小，交联速度变慢。

抽气的关键点是动作要快，越早开始抽气越好。转矩达到最小转矩以上 10% 所需时间之前是最佳的抽气时间。在这段时间内，EVA 胶膜或者为固态，或者为流动性好的液体状态，光伏组件内部空隙里的残存气体可以比较容易地抽走。过了这段时间，随着 EVA 胶膜交联程度的增加，流动性越来越差，残存的气体就被陷在了光伏组件里面，很难再去除掉。这个最佳时间段是很短的，所以在层压机内放置样品时速度一定要快，要做到迅速地放样品，放好样品后马上合盖，合盖后马上开始抽气。抽气之前的这个过程占用的时间越少，抽气效果就会越好。

3. 层压工艺

（1）参数设定　温度的设定主要是根据所使用的 EVA 胶膜的特性、熔化温度、固化速度、光伏组件生产时的实际温度，最后通过层压试验，测试其胶凝度、拉力值，综合这些方面确定层压温度为 142℃。抽真空时间的设定：EVA 胶膜完全熔化时的温度是 80℃，所以必须等到 EVA 胶膜完全熔化，达到最佳的熔融态后，气囊才能下压，这时最有利于排出光伏组件内的气体，可以减少气泡的产生。根据测试温度的数据分析，在抽真空 5min 左右时，光伏组件上的温度即可达到 80℃，而这时 EVA 胶膜的流动性较大，气囊在这时下压，容易造成光伏组件的移位，为避免产生移位，将抽真空时间延长至 6min。

加压和层压计时的设定：气囊开始下压过程是将光伏组件内部残存的气体排出的过程，并对光伏组件施加一定的压力，使 EVA 胶膜固化后分子结构更加致密，具有更好的力学性能，增强 EVA 胶膜与其他材料的黏合力。根据拉力测试和胶凝度的测试结果，将加压和层压时间合定为 9min 即可使胶凝度达到 65%～95% 之间。层压时间和温度的联系如图 3-31 所示。

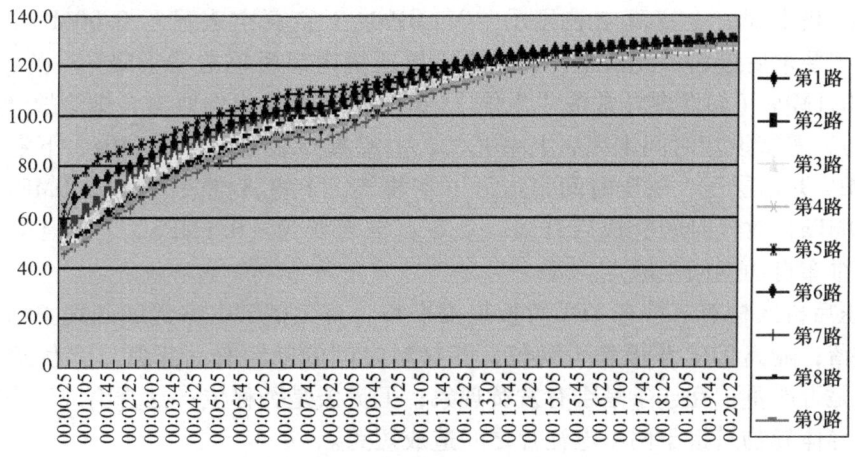

图 3-31 层压时间和温度的联系

(2) 层压准备工作　层压操作人员工作时必须穿工作服、工作鞋，戴工作帽，佩戴绝热手套；做好工艺卫生（包括层压机内部和高温布的清洁），确认紧急按钮处于正常状态；检查循环水水位。层压所需材料、工具和设备有：叠层好的光伏组件、层压机、绝热手套（橡胶材料）、纤维布（也称四氟布、高温布）、美工刀、1cm 文具胶带、汗布手套（棉布材料）、手术刀。层压操作程序如下：先检查行程开关位置；开启层压机，并按照工艺要求设定相应的工艺参数，升温至设定温度；走一个空循环，全程监视真空度参数变化是否正常，确认层压机真空度达到规定要求；试压，铺好一层纤维布，注意正反面和上下布，抬一块待层压光伏组件；取下流转单，检查电流电压值，察看光伏组件中的电池片、汇流条是否有明显位移，是否有异物、破片等其他不良现象，如有，则退回上道工序；戴上手套从存放处搬运叠层完毕并检验合格的光伏组件，在搬运过程中手不得挤压电池片（防止破片），要保持平稳（防止光伏组件内电池片位移）；将光伏组件玻璃面向下、引出线向左，平稳放入层压机中部，然后再盖一层纤维布（注意使纤维布正面向着光伏组件），进行层压操作；观察层压工作时的相关参数（温度、真空度及上、下室状态），尤其注意真空度是否正常，并将相关参数记录在流转单；待层压操作完成后，层压机上盖自动开启，取出光伏组件（或自动输出）；冷却后揭下纤维布，并清洗纤维布；检查光伏组件符合工艺质量要求并冷却到一定程度后，修边；（玻璃面向下，刀具斜向约 45°，注意保持刀具锋利，防止拉伤背板边沿）；经检验合格后放到指定位置，若不合格，则隔离等待返工。

(3) 层压过程检查

1) 层压前检查。检查光伏组件内的序列号是否与流转单序列号一致；流转单上的电流、电压值等是否未填或未测、有错误等；光伏组件引出的正负极（一般左正右负）引出线长度不能过短（防止装不入接线盒）、不能打折；TPT 背板是否有划痕、划伤、褶皱、凹坑，是否安全覆盖玻璃、正反面是否正确；EVA 胶膜的正反面、EVA 胶膜尺寸大小、有无破裂、污物等；玻璃的正、反面有无气泡、划伤等；光伏组件内有无锡渣、焊花、破片、缺角、头发、黑点、纤维、互连条或汇流条的残留等；隔离 TPT 背板是否到位、汇流条与互连条是否剪齐或未剪；还要检查各材料间距（包括电池片与电池片、电池片与玻璃边缘、串与串、电池片与汇流条、汇流条与汇流条、汇流条到玻璃边缘等）。

打开层压机上盖，上室真空表显示-0.1MPa、下室真空表显示0.00MPa，确认温度、参数符合工艺要求后进料；光伏组件完全进入层压机内部后单击"下降"；上、下室真空表都要达到-0.1MPa（如发现异常按"急停"，改手动将光伏组件取出，排除故障后再试压一块光伏组件），等待设定时间走完后上室充气，上室真空表显示0.00MPa，下室真空表仍然保持-0.1MPa开始层压。层压时间完成后下室放气，下室真空表变为0.00MPa，上室真空表仍为0.00MPa，放气时间完成后开盖，上室真空表变为-0.1MPa、下室真空表不变，出料；接着纤维布自动返回至原点。

2）层压后再次检查。检查TPT背板是否平整、有无褶皱、有无凹凸现象出现；光伏组件内有无残留；隔离TPT背板是否到位；各材料之间的间距是否正常；光伏组件色差、负极焊花现象是否严重；互连条是否有发黄现象；汇流条是否移位；是否出现气泡或真空泡现象，是否有导体异物搭接于两串电池片之间造成短路。

3）质量要求。TPT背板无划痕、划伤，正、反面要正确；光伏组件内无头发、纤维等异物，无气泡、碎片；光伏组件内部电池片无明显位移，间隙均匀，最小间距不得小于1mm；光伏组件背面无明显凸起或者凹陷；光伏组件汇流条之间的间距不得小于2mm；EVA胶膜的凝胶率不能低于75%，每批EVA胶膜测量两次。

需要注意的是，层压机由专人操作，其他人员不得进入操作区；修边时应注意安全；玻璃纤维布上无残留EVA胶膜、杂质等；钢化玻璃四角易碎，抬放时需小心保护；摆放光伏组件，应平拿平放，手指不得按压电池片；放入光伏组件后，迅速层压，开盖后迅速取出；检查冷却水位、行程开关和真空泵是否正常；区别画面状态和控制状态，防止误操作；出现异常情况按"急停"后退出，排除故障后，首先恢复下室真空；下室放气速度设定后，不可随意改动，经设备主管同意后方可改动，并相应调整下室放气时间，层压参数由技术部来定，不得随意改动；上室橡胶皮属贵重易耗品，进料前应仔细检查，避免利器、铁器等物混入、划伤胶皮；开盖前必须检查下箱充气是否完成，否则不允许开盖，以免损伤设备；更换参数后必须走空循环，试压一块光伏组件。

（4）层压过程中的问题　实际生产中经常遇到的一些问题：光伏组件中有碎片、光伏组件中有气泡、光伏组件中有毛发及垃圾、汇流条向内弯曲、光伏组件背膜凹凸不平。

1）问题分析。

① 光伏组件中有碎片。造成的原因：由于在焊接过程中没有焊接平整，有堆锡或锡渣，在抽真空时将电池片压碎；本来电池片都已经有暗伤，再加上层压过早，EVA胶膜还具有良好的流动性；在抬光伏组件的时候，手势不合理，双手已压到电池片。

② 光伏组件中有气泡。造成的原因：EVA胶膜已裁剪，放置时间过长，它已吸潮；EVA胶膜材料本身不纯；抽真空过短，加压已不能把气泡赶出；层压的压力不够；加热板温度不均，使局部提前固化；层压时间过长或温度过高，使有机过氧化物分解，产出氧气；有异物存在，而湿润角又大于90°，使异物旁边有气体存在。

③ 光伏组件中有毛发及垃圾。造成的原因有EVA胶膜、TPT背板、小车子携带的静电；头发、灰尘及一些小垃圾吸到表面；小飞虫钻到光伏组件中。

④ 汇流条向内弯曲。造成的原因：在层压中，汇流条位置会聚集比较多的气体；胶板往下压，把气体从光伏组件中压出，而那一部分空隙就要由流动性比较好的EVA胶膜来填补；EVA胶膜的这种流动，就把原本直的汇流条压弯；EVA胶膜的收缩。

⑤ 光伏组件背膜凹凸不平。造成的原因：多余的 EVA 胶膜会粘到高温布和胶板上。

2) 问题解决。

① 光伏组件中有碎片。首先要在焊接区对焊接质量进行把关，并对员工进行针对性的培训，使焊接一次成型；调整层压工艺，增加抽真空时间，并减小层压压力（通过层压时间来调整）；控制好各个环节，优化层压人员的抬板手势。

② 光伏组件中有气泡。控制好每天所用的 EVA 胶膜数量，要让每个员工了解每天的生产任务；材料是由厂家所决定的，所以尽量选择较好的材料；调整层压工艺参数，使抽真空时间适量；增大层压压力，可通过层压时间来调整，也可以通过再垫一层纤维布来实现。垫高温布，可使光伏组件受热均匀（最大温差小于 4°）；根据厂家所提供的参数，确定层压总的时间，避免时间过长；应注重 6S 管理，尤其是在叠层这道工序，尽量避免异物掉入。

③ 光伏组件中有毛发及垃圾。做好 6S 管理，保持周边工作环境的整洁，并勤洗衣裤做好个人卫生；调整工艺，对叠层工序进行操作优化，将单人拿取材料改为双人；控制通道，装好灭蚊灯，减少小飞虫的进入。

④ 汇流条向内弯曲。调整层压工艺参数，使抽真空时间加长，并减小层压压力；选择较好的材料。

⑤ 光伏组件背膜凹凸不平。购买较好的橡胶胶板；做好每次对高温布的清洗工作，并及时清理胶板上的残留 EVA 胶膜。

3) 实例。

① 气泡。电池片及间隙间的满板气泡。出现此气泡的原因为层压机未抽真空，属于层压机的操作方法不当，未关盖到位或真空泵未打开。或层压机本身的故障。气泡问题如图 3-32 ~ 图 3-35 所示，光伏组件中间的部分气泡，以及绝缘位置的气泡是由于抽真空太晚或抽真空时间不够造成的。涂锡带上的气泡，是由于 EVA 胶膜的湿度太大造成的；互连带上的气泡与焊接 L 形涂锡带时助焊剂的用量及模具的清洁有关。

图 3-32 光伏组件中间的部分气泡

图 3-33 涂锡带上的气泡

② 移位。光伏组件所有电池串整体移位，导致电池片到玻璃边缘距离小于 10mm。整体移位大部分是因为排板时的尺寸没有完全按要求做，或是在周转过程中造成的偏移。层压不会造成整体的偏移。

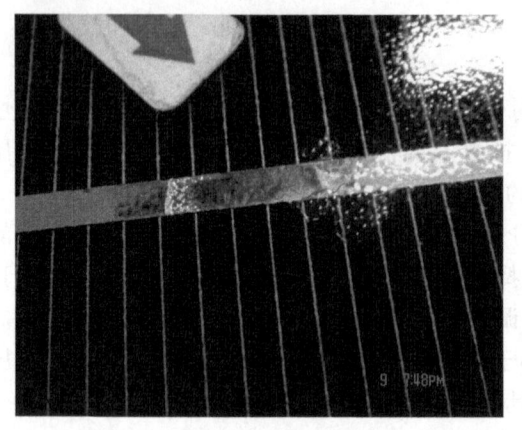 

　　图 3-34　互连带上的气泡　　　　　　　　图 3-35　绝缘位置的气泡

如图 3-36 所示，不同电池串间间隙小于 1mm，原因是未贴固定胶纸，或 EVA 胶膜在熔化时流动性大，收缩率太大，气囊下压时间过早，真空泵抽气速度过快。

如图 3-37 所示，同一电池串内，电池片间间隙小于 1mm。造成此不良的原因为串带时的间隙过小，可能是串带模板损坏或是操作时电池片没有完全顶住两边的柱子，或是来料电池片尺寸偏大而导致片间间隙过小，如图 3-38 所示。

　　图 3-36　不同串，串间间隙移位　　　　　　图 3-37　同串，片间间隙移位

3）断片。光伏组件边缘处断片，靠近光伏组件边缘的断片大部分是前面工序在生产中造成的暗裂或是来料引起的暗裂纹。图 3-39 所示的边角处断片大部分是层压组人为操作造成的；图 3-40 所示的引出线处断片引出线处的断片最主要的原因是气囊充气下压时间过短，对光伏组件引出线的冲击力太大。其他位置的断片如图 3-41 所示，光伏组件中间处电池片的断片一般为层压前的断片。人为操作造成的暗裂纹和周转过程中造成的断片可能性最大。

第3章 光伏组件生产工艺与设备

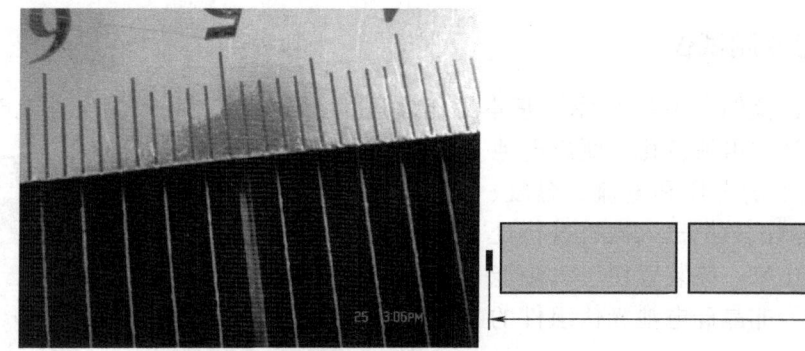

图 3-38　电池片空隙小于 1mm

图 3-39　光伏组件边角处的断片

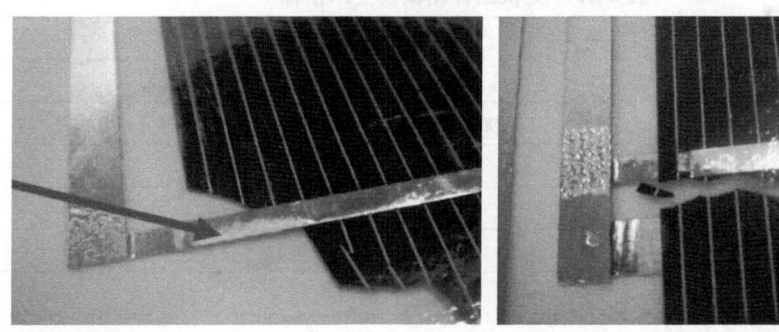

图 3-40　光伏组件引出线处断片

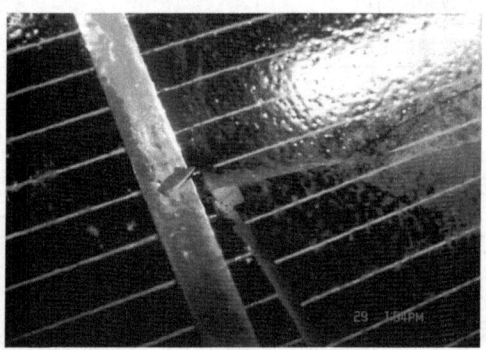

图 3-41　其他位置的断片

3.2.4 光伏组件测试仪

光伏组件测试仪如图3-42所示，基本工作原理是：当闪光照到被测电池上时，用电子负载控制光伏电池中电流变化，测出电池的伏安特性曲线上的电压和电流、温度、光的辐射强度，测试数据送入微机进行处理并显示、打印出来。该装置用于太阳能单晶硅、多晶硅、非晶硅电池光伏组件的电性能测试。

1. 功能特点

光伏组件测试仪可测量参数：伏安曲线，短路电流，开路电压，峰值功率，峰值功率点电压、电流，填充因子，转换效

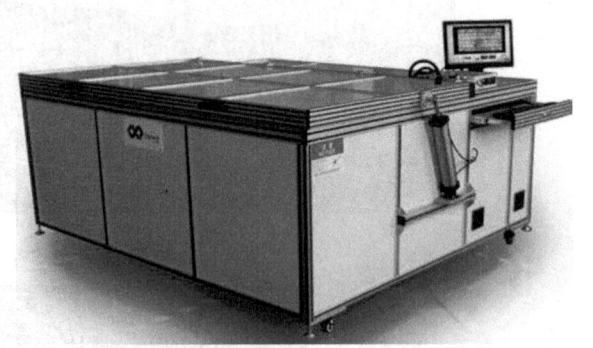

图3-42 光伏组件测试仪

率，串联电阻，并联电阻，光伏电池温度，光强度。光伏组件采用四线连接，确保了光伏电池电流测量的准确性。光伏组件测试仪是光伏组件生产的最终测试设备，有上打光、下打光或侧打光三种光学结构，其中上打光、下打光设备有利于流水线生产，同时该测试仪可以兼作层压前测试之用，可以大大提高一次封装成品率；同时测量温度和光强，确保光伏电池温度和光强自动修正的准确性；测试快捷，单次测试耗时小于1s，测试间隔小于5s。光伏组件测试仪分为EL检测仪与PL检测仪，技术指标见表3-10。

表3-10 光伏组件测试仪技术指标

型号规格	SMT-A
光谱范围	符合IEC60904-9要求（A级）
辐照强度	100mW/cm²（调节范围为70~120mW/cm²）
辐照不均匀度	≤±2%，A级
辐照不稳定度	≤±2%，A级
测试结果一致性	≤±0.5%
电性能测试误差	≤±1%
单次闪光时间	10ms
有效测试面积	1200mm×2000mm
有效测试范围	5~300W
测量电压	0~100V（分辨率为1mV）
测量电流	0~20A（分辨率为1mA）
测试参数	I_{sc}、V_{oc}、P_m、V_m、I_m、FF、EFF、T_{emp}
数据采集	含8000个数据采集点

2. 测试指标

开路电压（V_{oc}）：在光照下，电池片没有接负载时的电压；短路电流（I_{sc}）：在光照下，电池片短路时的输出电流；最大功率（P_m）：在光照下，电池片所能输出的最大功率；最大

功率下的电压（V_m）/电流（I_m）；填充因子（FF）：$P_m/(V_{oc}I_{sc})$，体现电池的输出功率随负载的变动特性；效率（EFF）：在光照下，电池片的工作效率；等效串联电阻：光伏电池片内部的等效串联电阻，会影响其正向伏安特性和短路电流，另外串联电阻的增大会使光伏电池的填充因子和光电转换效率降低。测试指标及检测有产品测试和环境测试。

(1) 产品测试　热循环测试时，光伏组件温度在 $-40 \sim 90$℃ 进行 200 次循环；湿度－冰冻测试时，光伏组件进行 10 次循环试验；冰雹撞冲时，冰球从冰球发射机放出到光伏组件玻璃前面中间和相互连接处；绝缘耐压测试时，面积大于 $0.1m^2$ 的光伏组件正常条件下绝缘电阻不得低于 40MΩ，面积小于 $0.1m^2$ 的光伏组件正常条件下绝缘电阻不得低于 400MΩ；绝缘电阻和耐压测试时，电压以稳定均匀的速率在 5s 内逐步升到试验电压，并维持该电压直到泄漏电流稳定的时间至少为 1min；光伏组件浸盐在盐水溶液中，要求普通盐占蒸馏水质量的 5%，pH 值在 $6.5 \sim 7.2$ 之间，并且在 35℃时的密度为 $1.026 \sim 1.040 g/cm^3$，室内温度保持在 $33 \sim 36$℃ 范围之内，浸盐时间 3 天。

(2) 环境测试　温度交变（高温到低温反复交替变化）范围为 (-40 ± 3)℃ $\sim (35 \pm 2)$℃，钢化玻璃光伏组件交变 200 次，优质玻璃光伏组件交变 50 次。高温贮存光伏组件应放在 (85 ± 2)℃环境下，低温贮存在 (-40 ± 3)℃环境下，存贮 16h；恒定湿热贮存在相对湿度 $90\% \sim 95\%$ RH、温度 (40 ± 2)℃的湿热环境下存放 5 天。试验结束后进行电性能测试、外观检查及绝缘电阻检查。振动、冲击的目的是考核光伏组件耐受运输的能力，振动频率为 $10 \sim 55Hz$，振幅为 0.355mm，法向振动时间为 20min，切向振动时间为 20min。冲击波形为半正弦、梯形、后峰锯齿波形，持续 11ms，冲击的峰值加速度为 $150m/s^2$，法向、切向冲击次数各 3 次。地面太阳光辐照试验在模拟试验箱中进行，模拟太阳光应垂直照射光伏组件，辐照功率为 $1.12(1 \pm 10\%)$ kW，并具有地面阳光光谱分布。扭弯试验在温度 $15 \sim 35$℃环境下进行，固定光伏组件的三个角，另一个角安装在扭弯测试仪上，使光伏组件的一个短边扭转 1.2°，试验完毕检查外观及电性能。风载光伏组件安装在框架上并经受到 2400Pa 相当于 200km/h 的风，前后交替 10000 次循环，模拟恶劣风情况和检查接触的疏松和可能的电池损坏。

3.2.5　焊接机

如图 3-43 所示，光伏电池片焊接机是高速度、高精度光伏组件的自动单、串焊接设备。设备配置 CCD 图像处理系统，可起到定位、及时检测电池片外观及焊接情况的作用。设备

a) 焊接机

b) 焊接现场

图 3-43　光伏电池片焊接机

采用红外灯方式焊接,焊带自动送料、自动切断。焊接时有焊带自动加压装置,使焊接更加牢固。动作全部由PLC自动控制,焊接完成后,电池串自动收料。

焊接机可实现一机代替三工序工作,破片率小于3‰;焊接质量可靠,一致性好;品种更换简单,更换时间小于20min;送料、焊接、收料,全部无干预自动化实现;人性化触摸屏式操作,简单易懂。采用光伏电池片焊接机的原因是手工焊接先单焊再串焊,耗时长、效率低;人工焊接质量受操作人员情绪影响,影响产品的一致性;一个技术娴熟的操作工需要长时间的培养;企业订单不稳定,人员累积加重企业负担。焊带裁切机是配合焊接机工作的辅助设备,是按照生产工艺尺寸裁切互连条和汇流条的仪器。

焊接机设备的工作形式是全自动单面焊接,设备情况见表3-11。

表3-11 焊接机设备情况

主体结构特点	结构紧凑,精度高、速度快
进料形式	电池片电动移载、视觉系统自动检
出料形式	自动移载至成品盒中
涂锡铜带供给形式	自动供给、自动折弯
助焊剂供给形式	助焊剂自动加注、涂锡带自动烘干
焊接方式	接触与非接触式焊接(均自动温度调节)
焊接机适用电池片规格	125mm×125mm、156mm×156mm
适用电池片的厚度	不小于0.16mm
适用涂锡铜带规格(厚×宽)	(0.18~0.20)mm×约2.00mm
电池片排板定位系统	视觉(CCD)系统检测,PC及PLC控制机械手自动校正
电池片排板精确度	偏差不大于±0.20mm
废片筛查系统	视觉(CCD)系统检测,PC及PLC控制机械手收集废片
涂锡铜带搭载准确度	偏差不大于±0.20mm
最多焊接汇流条数量	3条
焊接频率	约4s/片(不包括换料盒、废片处理等时间)
破损率	不大于0.30%(根据电池片质量而有所不同)
规格互换所需时间	小于30min
操控形式	工控机、PLC、触摸屏等
操控界面	人性化操作界面
所需操作人员	1名操作人员可同时值守6~8台
故障控制	设有提示不停机报警和故障停机报警
电源	交流380V,约8kW
气源	额定不小于0.5MPa
外形(长×宽×高)	2800mm×1100mm×1800mm

3.2.6 装框机

光伏组件装框机如图3-44所示,简单说就是光伏组件层压完毕以后,实现光伏组件的铝合金边框挤压定位,然后使用液压或气压动力将铝合金边框固定的仪器。常用装框机有全自动装框机、光伏组件装框机和专用的光伏组件装框机。

全自动装框机是角码铆接式铝合金矩形框组装的专用设备，由气缸、直线导轨及钢结构机架组成，可以实现光伏组件层压完毕后，光伏组件的铝合金边框固定，从而简化了人工的作业难度，节约时间，提高了产品的质量，适用于多种型材，有螺钉与无螺钉铝合金边框的组框。组框的外形尺寸在设定的范围内通过锁紧齿条定位，任意调整尺寸，并通过可调气缸进行精度微调，满足用于不同组框尺寸的要求。光伏组件装框机装有万向

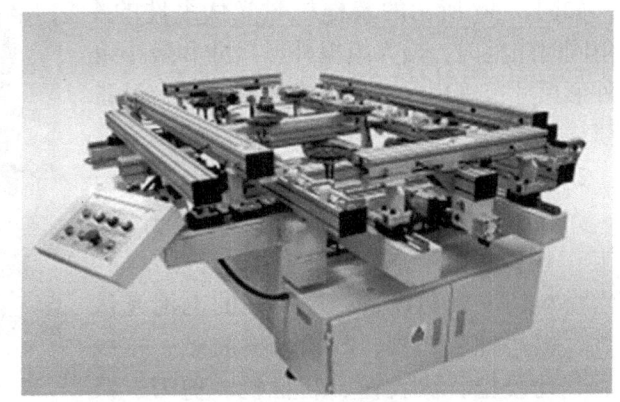

图 3-44　常用装框机

滚轮，可以保证光伏组件在各个方向的自由且保护光伏组件的表面，操作灵活方便。光伏组件装框机由双向固定端及双向活动组成，可以在较宽范围内适应光伏组件装框作业的需要，另外，还可以满足一些非标准光伏组件进行装框的工作需求。如 ZK-1020 型光伏组件装框机是角码铆接式铝合金矩形框组装的专用设备，可以实现光伏组件层压完毕之后，光伏组件的铝合金边框挤压铆接固定，适用于多种型材。它可以根据用户需要拓展，自动流水线作业，即自动上铝型材、上角码、型材翻转、打胶、光伏电池片移载、四角部位组框（角码间隙配合组框和角码过盈配合组框）、移载出框，简化人工，提高效率。光伏组件装框机的生产商有道康宁（美国），迈图（美国）、信越（日本）、天山（国内厂商，北京）、回天（国内厂商，上海）。

在线式装框机为自动生产线专用设备，可以组框、组角、铆角规格见表 3-12。

表 3-12　在线式装框机规格

传 输 方 式	小车形式，角件与铝合金框的槽处于间隙配合
铝料最大规格为	8.5mm（底边）×50mm（高），适用玻璃板朝下形式，带四角自动压平功能
设备速率	15～20s/块
最大组框外形尺寸（四角）	1100mm×2000mm×(30～50) mm
最小组框外形尺寸（四角）	800mm×1300mm×(30～50) mm
组框方式	气动
最大外形尺寸	3200mm×2000mm×1350mm
组框精度	对边尺寸之差 +1mm，对角线尺寸偏差 +1.5mm，四角角度偏差 +0.5°
液压压力	1.0～1.5 MPa
操作方式	触摸屏、PLC 自动控制
质量	2500kg

1. 装框机特点

如图 3-45 所示的装框机，融组框、压接于一体，四角同时矫平，长、宽尺寸无级可调，独特的定位锁，用于角码与铝边框的过盈配合。装框机由气缸、铝合金型材、直线导轨及钢

结构组装而成，使用气压动力将铝合金边框固定。

如图3-46所示的装框机对光伏组件的4个角同时组框时，最大组框外形尺寸和最小组框外形尺寸范围用户根据要求调整。一台设备需要2人操作，20s内完成一个工作循环。

2. 操作

光伏组件装框工作时穿工作服、工作鞋，戴工作帽，做好工艺卫生，清洁整理台面。所需材料、工具和设备：层压好的电池光伏组件、铝边框、硅胶、酒精、擦胶纸、接线盒、气动胶枪、橡胶锤、装框机、剪刀、镊子、抹布、小一字螺钉旋具、卷尺、角尺、工具台、预装台。

图3-45　工作中的装框机

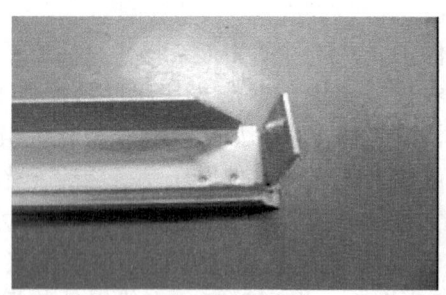 

图3-46　角铝

装框机操作前先选好铝型材，并对其检验，筛选出不符合要求的铝型材，将其摆放到指定位置。再对上道工序（层压）进行检查，不合格的返回上道工序返工。然后用螺钉将型材做直角连接，拼缝小于0.5mm，并保证接缝处平整。在铝合金外框的凹槽中，均匀地注入适量的硅胶，将光伏组件嵌入已注入硅胶的铝边框内，并压实。接着将光伏组件移至装框机上（紧靠一边，关闭气动阀，将其固定）再用螺钉将铝边框其余两角固定，并调整玻璃与边框之间的距离以及边框对角线长度，用补胶枪对正面缝隙处均匀地补胶。打开气动阀，翻转光伏组件，然后将光伏组件固定，用适当的力按压TPT背板四角，使玻璃面紧贴铝合金边框内壁，按压过程中注意TPT背板表面，用补胶枪对光伏组件背面缝隙处进行补胶（四周全补）。对光伏组件的4个边组框，四角同时矫平，取出光伏组件，将接线盒用硅胶固定在光伏组件背面，并检查二极管是否接反。检查装框完毕的光伏组件应无漏补、气泡或缝隙，除去光伏组件表面溢出的硅胶，并进行清洗。装框符合要求的光伏组件在"工艺流程单"上做好记录，将光伏组件放置在指定区域，流入下道工序。

装框机要求铝合金框小于1m的对角线误差小于2mm，大于等于1m的对角线误差小于3mm；外框安装平整、挺直、无划伤；电池片与边框间距相等；铝边框与硅胶结合，要求无可视缝隙；接线盒内引线根部必须用硅胶密封，接线盒无破裂、隐裂，配件齐全，线盒底部硅胶厚度为1~2mm，接线盒位置准确，与四边平行；铝合金边框背面接缝处高度落差小于0.5mm；铝合金边框背面接缝处缝隙小于1mm；铝合金边框4个安装孔孔间距的尺寸允许偏差为±0.5mm。需要注意的是，轻拿轻放抬未装框光伏组件时，不要碰到光伏组件的四角，手保持清洁，将已装入铝框内的光伏组件从周转台抬到装框机上时，应扶住四角，防止光伏组件从框内滑落。

3.2.7 打包机

我国包装机械行业的现状是起步较晚，但经过20多年的发展，中国包装机械已成为机械工业中十大行业之一，有些包装机械填补了国内空白，达到国内市场需求的指标，我国包装机械有些已经出口，但为了满足国内需求，进口额却与总产值大抵相当。截至2014年，我国包装机械出口额还不足总产值的5%，与发达国家相去甚远。打包机又称捆包机或捆扎机，是使用捆扎带缠绕产品或包装件，然后收紧并将两端通过热效应熔融或使用包扣等材料连接的机器。打包机的功用是使塑料带能紧贴于被捆扎包件表面，保证包件在运输、贮存中不会因捆扎不牢而散落，同时还应捆扎整齐美观。打包机系列产品有自动打包机、半自动打包机、全自动打包机、加压式打包机等，打包机产品通过CE、ISO9001等国内外认证。打包机的结构组成是送带、退带、接头连接切断装置、传动系统、轨道机架及控制装置。

1. 打包机种类

打包机按用途分为废纸打包机、金属打包机、秸秆打包机、棉花打包机和塑料打包机等；按性能分为半自动打包机、手动打包机和全自动打包机。按机理分为无人化打包机、全自动水平式打包机、全自动穿剑式打包机、全自动加压穿剑式打包机、全自动加压式打包机和手提式打包机等。

手动打包机使用手动操作，有电动热熔和铁扣夹紧的方式，属于分体式工具，手动打包机是打包机新型先进的气动包装机械，主要用于小规格的包装。使用时，手动拉紧器配合手动咬扣器使用，适用于钢管、钢卷、线材、裁剪分条等圆形或不规则平面包装。

半自动打包机需要手动插入包装带后才可以自动完成聚带、热合、切断、出带的捆扎过程，且能自动停机。由于每个产品都需手动操作，所以相对效率较低。半自动打包机是国内厂家在国外样机基础上制造而成，部分零件需要进口，后刀刃稳定可靠，调整方便。

全自动打包机如图3-47所示。捆包的最大尺寸由弓架决定，机器要求电动机、减速器、凸轮、紧缩臂工作可靠，打包紧力稳，动作柔和，打包结束后电动机马上停止，省电实用。全自动打包机无需人工插带，触发方式有点动、手动、连打、球开关、脚踏开关，只需按动开关就可以自动完成打包。图3-47c所示为光伏组件自动缠膜机，缠膜机即缠绕膜打包机，

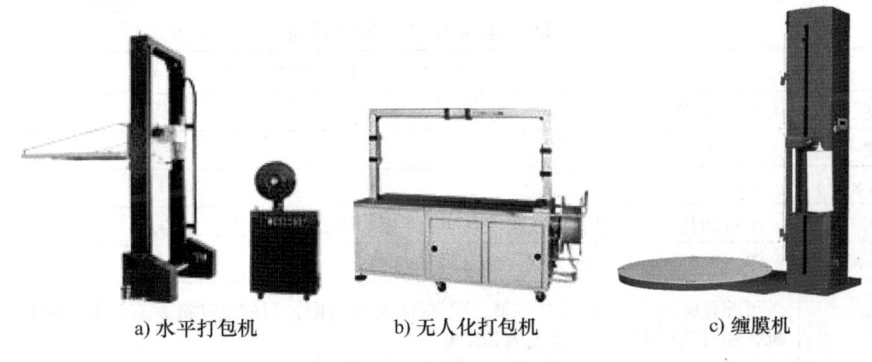

a) 水平打包机　　　　b) 无人化打包机　　　　c) 缠膜机

图3-47　打包机外观

是为实现机械化缠膜的一种专用包装机器。

(1) 金属打包机　金属打包机用于钢铁、金属制品等打包，拉紧切带一次完成，机身平衡性可靠，带宽及切刀可调整。使用捆扎带缠绕产品，然后收紧并将两端通过熔融或打包扣连接。当包装一般物件时，台面高度调至750～820mm，较大且重的物品先用低台型台面高度340～490mm，再变为高台型高度。当地面凹凸不平时，打包机四条腿支撑架可做高低微调，使机台保持水平。打包机可配合操作者身高及工作面的高度要求做调整，捆包松紧力可外部调节。一般情况下，60s内不操作，自动停机。

(2) 打包封箱机　打包封箱机用于食品、医药、日化等产品的箱体打包，设有多重保护装置，如超载、断相、漏电等，保证设备安全正常使用。打包封箱机采用免加油结构、清洁卫生，无触点开关保证工作可靠，可单机作业，也可与流水线配套使用。封箱能力可达1000个/h（标准箱体）；使用BOPP胶粘带宽度有36mm、48mm、60mm三种。电源规格为220V、50HZ、180W，最大封箱尺寸（宽×高）可达500mm×600mm，重量为120kg。双缸打包机尺寸（长×宽）一般为1100mm×600mm，油缸缸径为125mm（杆80mm），行程为1000mm，功率为10kW，选用聚丙烯打包带。

(3) 塑料带打包机　专业塑料机械的发展带动了打包机的发展，聚丙烯塑料带打包机是一种全自动打包机。1960年，聚丙烯材料出现，国外研制了聚丙烯塑料带打包机；1980年聚丙烯塑料带打包机开始在中国应用。截至2014年，我国永创机械的全自动无人化打包机已经达到国外水平，可自动定位、捆扎、转位；打包机在向全自动化、高级化和多样化发展。聚丙烯塑料带打包机采用了硬度（HRC洛氏硬度）65的高强度刀片提高切带的能力和刀片的寿命，树脂脚轮方便移动。塑料带组合打包机将传统的拉紧和锁扣分离的塑带打包机改革结合为一体重量轻、拉紧力大、锁扣牢固、操作方便，适用带宽为13～19mm，带厚为0.4～0.9mm，选用夹口钳规格有6～8in（1in=25.4mm）、5～8in、1～2in。塑料袋打包机可以选用塑钢带电动工具，自动束紧、电动熔接。

(4) PP/PET塑钢带气动打包机　PP/PET塑钢带气动打包机是一种摩擦熔接型打包机，重叠的热塑性PP/PET打包带通过摩擦运动产生的热量接合，因此称为"摩擦熔接"。气动打包机的动力是气源，因此它能够捆紧几吨重的物体而不会散包。钢带打包机采用钢带缠绕来收紧多余的钢带，再通过热效应熔融或使用钢扣将钢带两面连接。气动免扣钢带打包机工作时利用机器上下切刀的咬合，使钢带两端镶嵌而达到捆扎要求，适于平面或垂直的捆扎。经典气动打包机适用于常规物体捆包，规格见表3-13。

表3-13　经典气动打包机规格

电　源	380V, 50Hz, 750W, 5A
打包速度	≤2.5s/道
台面高度	750mm
框架尺寸（宽×高）	1070mm×668mm
捆扎形式	平行捆扎1圈或多圈可以选择点动、手动、连打、球开关、脚踏开关
适用包带（厚×宽）	厚（0.55～1.2）mm×宽（9～15）mm
电器配置	可配置韩国LG公司的控制器，美国TE电子有限公司的电动机，或日本OMRON公司的电动机，还可选用中国清华紫光的ZIK电动机
机器质量	240kg（毛重）、200kg（净重）

2. 打包机的使用

高台标准型打包机可以实现自动打包，台面无动力，但需要人工推一下使包装物品通过打包机。打包机使用捆扎带缠绕产品，然后收紧并将两端通过热效应熔融或使用包扣连接。全自动打包机比半自动打包机贵一倍多，标准型打包机接头牢固、电气安全系数高、工作噪声烟雾小。

（1）使用维护　先装打包带卷，上紧手柄，高度170mm和190mm的带卷应分别上紧。为防止卷带松散，装带前勿将包装纸及绳拆开，待放入带盘固定后拆除。高台型打包机先开左门，放入带盘，再开右门，将带头穿过两个导带轮，再将带头穿过右门下孔并关上右门，然后将带头穿过小架和右门上孔，再穿过第三个导带轮、倒带片和第四个导带轮，直到看见带头穿出台板。中台和低台型打包机，要先拆下带盘三角托架上限位螺钉，将制动杆扳正，再装回限位螺钉。然后将托架插入机架右侧槽内，并旋紧紧定螺钉，放上带盘。将带头穿过第一个导带轮，经过倒带片，再穿过第二个导带轮，直到看见带头穿出机器台板。

完成装带及穿带后，开电源，1min后发热头（烫头）温度即达到要求。为保障安全，要求机器接保护地线，如有漏电现象，务必检查电源插座是否接上保护地线。温度不足时，调节温度控制器（即机内烫头变压器上的旋钮），同时调节送带速度调节器，送带时间单位为s。临时带子送出不够长时，通过手动出带来任意送带。

（2）调整打包机　带子宽度及接合口调整：当带子宽度不匀或更换另一种宽度的带子时，必须调整左、右插带槽。太窄时，插带困难；太宽时，打包机捆包后带子接合处会搭接不齐。一般插带槽宽度应比带子宽度宽0.5~1mm。打包机烫头温度调整：烫头温度的高低对带子接头的质量很大影响。为使聚丙烯捆扎带接头粘牢，旋钮一般置于3~5档位置上。烫头温度是否合适，可检查烫头表面的粘合情况。若烫头表面有白色痕迹，其温度已偏高；若烫头表面呈潮湿状，则温度不足。

打包机捆包物的捆扎松紧调整时，打开台面板，用手将大螺母A上面的内六角紧定螺钉松开（往顺时针方向为紧，反之为松）。捆扎力适中后，将内六角紧定螺钉拧紧即可。送出带子的长度由前面板上送带长度调节器决定。如果带子太短，则容易将手捆住，这时，打包机可用手抓住带头沿送带方向将带子拉出。但需再重新调整送带长度，以保证下道捆扎的正常进行。如果带子太长，则不易对准位置，而且松下的带子容易绕在一起造成带子对不准或破裂。

（3）打包机的保养　随时保持机器内部干净、干燥，易在机器台板上放置潮湿或脏乱物件，电源线避免滚压，不用时应收卷，保持机器正常运作，选用正料捆扎带。打包机的日常维护需要做到：每星期将机器内之带屑或脏物清除一次；一个月将上滑板与中刀及前顶刀之清洁保养润滑做一次；除将以上两个保养做过后，每3个月再将所有轴、心及轴承处加点润滑油一次；每两年补充减速机轮箱内机油一次不可加油的部件包括导带轮、传送带、打滑片及周围；每次加油时，不要加太多，以免微开关因浸油而产生故障。

使用打包机确认机器所使用的电源，勿插错电源。打包机采用三相四线制，双色线为接地零线，做漏电保护。操作时，不可将头手穿过带子的跑道，不可用手直接触摸加热片，不可用水冲洗机器，操作人员不可赤脚工作；导带轮表面不可粘油。机器不使用时，应将储带仓内的带子卷回带盘，以免下次使用时变形，并拔掉电源。不可随意更换机器上的零件。主要零部件要经常用油润滑。只要严格按照正确的操作方法来使用，注意日常的维护保养，就

能有效地减少损坏，保证设备的正常运转。

3. 打包机的特点

常用打包速度是 1.5s/条，最小打包物边长为 60mm，最大打包体积为 1490mm×570mm×530mm，最大紧缩力为 588N，打包带宽度为 5~15mm，打包机质量为 80kg。打包机的设计特点是采用插入式电路板控制动作和烫头温度，5s 内进入打包状态，打包带选择 6~15mm 为宜。

4. 打包机的工作流程及故障排除

打包物体基本处于打包机中间，首先右顶体上升，压紧带的前端把带子收紧捆在物体上，随后左顶体上升，压紧下层带子的适当位置，加热片伸进两带子中间，中顶刀上升，切断带子，最后把下一捆扎带子送到位，完成一个工作循环。打包机是使用打包带缠绕产品或包装件，然后收紧并将两端通过热效应熔融或使用包扣等材料连接的机器。打包机的作用是使塑料带能紧贴于被捆扎包件表面。

（1）工作流程 带子送到位→收到捆扎信号→制动器放开，主电动机起动→右顶刀上升，顶住右带子滑板处→"T"形导板后退→接近开关感应到退带探头→主电动机停转，制动器吸合→打包机退带电动机转动，退带 0.35s→带子收紧捆在物体上→主电动机二次起动，制动器吸合→大摆杆二次拉带，收紧带子→左顶体上升，压紧下层带子→加热片伸进两带子中间→中顶刀上升，切断带子→中顶刀下降→中顶刀再次上升，使两带子牢固粘合→中顶刀下降，左右顶刀同时下降→加热片复位→滑板后退→"T"形导板复位→接近开关感应到送带探头→送带电动机起动，带动带子送带→大摆杆复位→带子到位，带头顶到"T"形导板上→接近开关感应到双探头→主电动机停转，制动器吸合。至此，打包机完成一个工作循环。

（2）故障排除

1）卡带。当带子卡在滚轮中间，或有异物塞住无法取出时，处理方法是拆开六角螺母的垫圈，松开中间连接轴心上的两个 M5 沉头螺钉。这两个螺钉固定在连接轴心的缺口部分，所以必须将螺钉转上些。然后取下连接轴心，将上轮机拿起，取出卡住物。依先出后进的方式装配复原。注意螺母与 L 形曲板保持 0.3~0.5mm 的间隙。

2）不自动出带。先检查"出带长度调整"是否在"0"处，然后再看穿带过程是否正确，如果正确，一般是导带轮附近卡住异物造成的。若送带长度控制的电位器在零位，顺时针方向调整则出带长，反之则短，在零位置不出带。若穿带不正确，打开右门，正确穿带。打包机器长期使用使机器内积有脏物，造成送带不顺畅自如。导带轮间隙不正确时，调间隙只比带子厚度多出 0.05~1mm 即可。若电磁铁不工作，检查电磁铁连线焊接头是否脱落，线圈是否烧坏、位移，电磁铁是否被脏物堵住。

3）捆紧后不切带。可能是松紧调整得太紧，也可能是松紧调整附近的打滑片或者打滑带有油，如果有油，必须拆下擦掉油。如果传送带太紧，将传送带传动座下调些，或将电动机后调。最后检查是否由于改用较薄的带子时，导带轮间隙太大。

4）黏合效果欠佳。工作电压不够会造成温度太高，或打包带温度准确，但打包带黏性较差。很多工厂电压本身不足，这种情况下还使用延长的电缆线，必然造成电压压降，使原先调整的温度变低。电压不够还会使电动机捆紧时烧掉，所以应避免使用电缆线，必须用延长线时，一定选择较粗电线。黏合效果欠佳还有其他原因，如中刀下方的 635 轴承破掉会造成加温但打包带无法黏合；电热怪手（摆杆）上的长拉弹簧疲乏无法将怪手拉至定位，导致黏合一半甚至更少；电热钢片定位不准造成打包带或刀具无法进入加温区域；排烟的微风扇故障时会使温度太高，黏合不良。

5）插带时不动作。上滑板右边微开关故障或弹片被挡住，而无法碰触触点。

6）连续工作无法停顿。第5个电动机（收带电动机）故障或第1个电动机（插带电动机）虽未故障，但触点及弹片间有脏物卡住，或弹片本身卡住，使其触点无法如常在插带后随之放开。离合器与导带轮的间隙太小时，适当在离合器与导带轮之间增加小垫片的数量即可。如果前面方法都不行，则更换收带感应器。

7）未捆紧即切断。机器松紧调得太松，调紧些即可。第3个及第5个电动机位置不当。退带磁感应开关故障。

8）送带不停。送带电位器故障，更换电位器；或送带按钮（绿键）故障，更换按钮。

9）切不断钢带。先检查切刀或切刀架，如磨损严重应更换。再检查工作压力是否降低，并检查封锁气缸。气缸对应的压力和打包机所需的钢带切断力有对应关系，通过查询使用手册来判断封锁气缸操作。

10）锁扣夹口承受的拉力不够。深度浅时检查卡紧块联接孔或联接销是否磨损，必要时更换。

3.2.8 恒温焊台

在光伏组件生产中，常用的焊接工具是恒温电烙铁，焊接是在恒温焊台上进行的。恒温电烙铁是以低电压方式工作的手工焊接工具，具有可调温、恒温及防静电的功能，它精致、小巧，适用于手工精细焊接。光伏组件生产中，恒温电烙铁的使用有一些技巧。

1. 烙铁头的使用和保养

焊接电池片的烙铁头一般都是选用斜口的烙铁头，直径为4~5mm，以保证最大面积地与焊带、电池片接触，最有效地传输热量，保证焊接质量。温度过高也会减弱烙铁头的功能，因此在焊接时，在保证焊接质量的前提下，应尽量选择较低的温度。电烙铁使用中，应定期使用清洁海绵清理烙铁头。焊接后，烙铁头的残余焊剂所衍生的氧化物和炭化物会损害烙铁头，使烙铁头导热功能减退。长时间连续使用电烙铁时，应每周一次拆开烙铁头清除氧化物，防止烙铁头受损而降低传热温度。不使用电烙铁时，不可让电烙铁长时间处在高温状态，否则会使烙铁头上的焊剂转化为氧化物，致使烙铁头的导热功能大为降低。电烙铁不用时，应抹干净烙铁头，镀上新锡层，以防止烙铁头氧化。

（1）烙铁头的检查和清理

1）烙铁头的检查。当烙铁头氧化后，切勿用锉刀进行打磨和剔除氧化物。首先将电烙铁加热温度设定为250℃，待温度稳定后，用清洁海绵清理烙铁头，并检查电烙铁状况。如果烙铁头的镀锡部分含有黑色氧化物，可镀上新锡层，再用清洁海绵抹净烙铁头。如此重复清理，直到彻底除去氧化物为止，然后再镀上新锡层。如果烙铁头变形或发生腐蚀使烙铁头镀锡表面呈坑洼状，必须替换新的。

2）烙铁头不上锡的原因。不上锡的烙铁头俗称为"烧死"，是指焊锡不能浸润的烙铁头，这时暴露的镀层因被氧化而使烙铁头的热传输失效。烙铁头不上锡的原因如下：在电烙铁闲置不用时，没有用新的焊锡覆盖烙铁头；烙铁头处于高温状态；在焊接工作期间没有充分地熔化焊锡；在干燥或不干净的海绵或布上擦拭烙铁头（应该使用清洁、湿润的工业级不含硫的海绵擦拭）；焊料或铁镀层不纯，或焊接表面不干净。

3）烙铁头不上锡的修复。电烙铁冷却后取下烙铁头，用聚亚安酯泡沫块或金刚砂纸除去烙铁头镀锡面上的污垢和氧化物。清理完毕后，将烙铁头装回手柄，准备好内含松香的焊锡丝，打开焊台电源，边加热边用焊锡丝涂抹烙铁头镀锡层表面，直至焊锡镀满镀锡面为止。在使用中经常适当地保养会有效地阻止烙铁头出现"烧死"现象。

（2）延长烙铁头寿命的方法　①每次使用后浸润新鲜的焊锡，这样可以阻止烙铁头的氧化而延长其使用寿命。在能够正常焊接的情况下，尽量使用较低的温度，低温可以减少烙铁头的氧化。②在满足焊接要求的前提下，尽量选用粗点的烙铁头，因为细小的烙铁头没有粗钝的烙铁头的镀层耐用。不要使用烙铁头作为其他工具，烙铁头弯曲会使镀层破裂，缩短使用寿命。③使用较少活性的松香助焊剂，因为含量高的活性松香会加速烙铁头的氧化。④在不使用烙铁的情况下尽量关闭电源，以延长烙铁的使用寿命。⑤不要对烙铁头施加重压，因为较大的压力不等于传热快，为提高热传输，必须使焊锡熔化，使烙铁头与焊点之间形成一个热传递的焊锡桥联。

2. 焊接常见故障及解决方法

（1）恒温焊台不能操作　检查熔丝是否烧断，如果烧断，找出原因进行修理后更换新熔丝；检查电烙铁内部是否短路；检查接地弹簧是否触及发热元件；检查发热元件引线是否扭曲和短路；检查电源线和电烙铁手柄引线是否破损。

（2）烙铁头不升温或断断续续地升温　检查导线是否破损或连接插头是否有松脱现象；检查发热或传感元件是否损坏。检查时拔出电源插头，测试连接插头的电路板上引脚与引脚之间的电阻值。正常时，发热元件正常阻值（4脚与5脚之间）小于4Ω，连接传感器的引脚（1脚与2脚之间）阻值小于10Ω，烙铁头与接地线（3脚）之间的阻值小于2Ω。

（3）烙铁头沾不上焊锡　检查烙铁头温度是否过高并重新设定温度；检查烙铁头是否已经清理干净，并按照维护保养方法进行清理。若烙铁头温度太低，可检查烙铁头是否衍生了氧化物，再检查电烙铁温度是否经过校准。如果温度显示灯闪烁，说明烙铁加热有问题，不能正常加热，焊锡不能沾上烙铁头。最后检查电烙铁引线是否破损，焊接点是否过大。

本章小结

本章介绍光伏组件的生产工序，主要介绍电池片分检、单片焊接、焊串、层叠、中检、层压、固化、装边框和接线盒、擦拭、终测、终检、包装。然后介绍光伏组件生产设备，包括光伏电池片分选仪、激光划片机、玻璃清洗机、光伏电池片焊接台、光伏组件层压机、光伏组件装框机、光伏组件测试仪，恒温焊接台，光伏组件打包机。光伏组件生产设备还有液压搬运车、真空泵、空气压缩机。

习　题

1. 光伏组件生产工序有哪些？
2. 光伏组件生产中哪些环节需要检测？
3. 光伏组件生产设备有哪些？
4. 光伏组件生产中的检测环节需要什么设备？

5. 标准条件下，一块额定电压为12V的光伏组件包含36块具有相同特性的光伏电池片。光伏电池片的短路电流为3.0A，其填充因子和开路电压类似于普通电池的特点（光伏电池片等效于普通电池）。请画出这个光伏组件在25℃时的伏安特性曲线，并在图中标注电压、电流和功率参数。

（1）假设生产者误将其中一个电池装反，指明添加对应的伏安特性曲线的方法。

（2）遮挡连接错误的电池会有什么效果，为什么？

（3）如果为接错的电池加装一个旁路二极管，会有帮助吗？

6. 光伏电池以稳定而著称，但是在过去几年的实际应用中，仍有许多故障，请举出故障实例，并讨论这些问题的解决方法。

7. 解释光伏学术语"额定电池工作温度"。这个参数为什么要尽可能低？指出在不同光伏组件设计中，这个参数会如何变化。为什么？

第 4 章

光伏组件实训

本章以实训的形式来介绍光伏组件的生产，主要任务是求在被遮挡的电池上所消耗的能量与被遮挡区域面积或总面积百分比之间的函数关系（设所有电池的理想因子都是1，忽略温度影响）；画出一个特定的光伏组件在25℃时的电压－电流特性曲线，并在画好的特性曲线图中适当标注；掌握光伏电池互连和光伏组件的装配技能。实训时能进一步熟悉光伏组件基本组成及特性、产生失谐损耗的原因、光伏电池片抗候性和温度因素、热点过热和失谐问题的处理方法，学会光伏组件装配技能。完成光伏组件生产的学习任务，还需要到图书馆查找光伏电池片互连和光伏组件生产相关资料。实训过程中学生分组完成光伏电池片互连和光伏组件装配并测试，确保达到光伏组件成品要求，写出每项学习任务报告。教师根据光伏组件生产完成情况，联合光伏企业工程技术人员共同为学生评分。

光伏组件生产的场地条件有一定要求。原材料库房室内应保持清洁卫生，物品统一放置在货架上，存放的物品包括焊带、白玻璃、背板纸、特氟龙高温布、层压机胶板、胶条、铝合金型材、硅胶、纸箱、打包带、木托盘。光伏电池片库房安装空调器，确保室内清洁、干燥，存放的物品包括光伏电池片、EVA胶膜。装配区主要用于光伏组件的装配生产，室内应保持清洁卫生，严格保持恒温。成品库用于存放光伏组件成品，是光伏组件装框后经检测合格的光伏组件成品的存放区。

4.1 实训一 场地及内容熟悉

1. 场地要求

光伏组件装配区内，各工序及设备的安装布局基本上遵循"U"形排布原则。光伏组件装配区内的分检区（单片电池块测试对环境要求高）和光伏组件测试区（严格环境要求）有独立空间，其他区域之间无需间隔。

（1）分检区　要求独立空间，主要设备是一台激光划片机。分检区应安装空调器以避免外界环境对光伏电池片测试结果的影响。由1~2人单班操作，完成单片电池的划片和电池片的测试。

（2）单焊区　由1~3人在单焊区域内将分检后的单片电池块进行焊接。

（3）串焊区　由1~3人在串焊区将单焊后的单片电池块焊接成电池串。串焊后的电池串放在电池串暂放台上，移动电池串时要轻拿轻放，注意保持电池串焊接完好，不要发生断裂。为了操作方便，电池串暂放台可根据实际情况确定数量及位置。

（4）叠层区　在该区域进行层压前的叠层，由3~4人配合操作，叠层好的光伏组件放在叠层支架上。

（5）玻璃清洗区　层压时，在EVA胶膜外面需要再覆盖一层玻璃，所以玻璃在层压前

要进行清洗,通过玻璃清洗机去除污垢。

(6)层压机工作区 常用的半自动层压机层压面积为1100mm×2200mm。层压机可以封装一块由72片156mm×156mm规格的光伏电池片构成的大功率光伏组件,并且可同时装配多块小功率光伏组件,效率较高。层压区占地面积约为4m×4m,区域内摆放两张工作台,用于放置层压后的光伏组件并切边。切边之后的光伏组件放在"待装框光伏组件支架/周转车"上。为了操作方便,层压区分配2~3人操作。

(7)装框区 将切边后的光伏组件装框。选用装框机进行操作。装框过程中用到的胶质有可能会污染玻璃表面,所以要用酒精进行清洗光伏组件表面。在装框区域内同时完成接线盒的安装。由4~6人完成光伏组件装框、玻璃表面清洗,并负责将清洗后的光伏组件由指定出口转送至光伏组件测试区。

(8)光伏组件测试区 光伏组件测试区要求有独立空间,区域内进行光伏组件测试并贴标签。为避免外界环境对测试数据的影响,要求在光伏组件测试区打开空调器,保持恒温状态。光伏组件测试由2~3人操作,完成后由指定出口运送到包装区。

(9)包装区 包装区由2~3人操作,进行光伏组件包装,完成后送往成品库。

2. 学习任务内容

根据国内光伏组件装配的实际流程,以及光伏实训室的基本配备情况,参考光伏组件资料,引入下列引导文件,共计九个单元的学习任务。

九个单元分别是:光伏组件设计(串并联电路设计)、光伏电池分选(YAG激光划片)、光伏电池块互连(单焊、串焊)、光伏组件叠层(包括待压光伏组件周转)、玻璃清洗(使用玻璃清洗机)、光伏组件层压、光伏组件组框(包括酒精清洗)、光伏组件测试(包括成品光伏组件周转)、光伏组件成品完善(修边、清洁、装线盒、贴标签)。光伏组件装配生产线主要设备见表4-1、辅助设备见表4-2。

表4-1 光伏组件装配生产线主要设备

序号	名 称	规格型号	数量	备 注
1	太阳光伏组件层压机	ZDL2.2-2.20B	1台	对光伏组件进行层压
2	台式光伏组件测试仪	SMT-B型	1台	对完成装配并清洗之后的光伏组件进行测试
3	装框机(最大组框长度2000mm)	ZDZK-Ⅲ	1台	对层压后的光伏组件装框
4	激光划片机	SYS50B	1台	对单体光伏电池片划片
5	玻璃清洗机	ZDF-Q	1台	对低铁含量卷制玻璃进行清洗

表4-2 光伏组件装配生产线辅助设备

序号	名称	数量	用 途
1	单焊工作台(加热)	2工位	单片光伏电池的焊接
2	串焊工作台	2工位	电池串焊接
3	叠层台(不带玻璃)	1个	电池光伏组件层压之前,将玻璃、EVA胶膜、电池串、EVA胶膜、背板叠层并固定
4	叠层放置架	2个	层压前电池光伏组件置于其上面,等待层压

(续)

序号	名称	数量	用途
5	电池串暂放台	2个	放置电池串,等待叠层
6	整理台(两层)	1个	上面放TPT背板和EVA胶膜,下层放玻璃
7	清洗台	1个	光伏组件清洗操作台
8	切边工作台	1个	层压之后,将光伏组件周边的EVA胶膜切除
9	运转推车	2个	将分选后的单片电池运转至单焊区
10	TPT柜	1个	储存TPT背板
11	串焊模板	2个	串焊时固定电池片位置的模板
12	互连条剪裁架	1台	剪裁互连条
13	叠层检查架(有调整脚)	1台	层压之前检查光伏组件的叠层质量
14	分切台(不包括玻璃)	1台	切割EVA胶膜、TPT背板工作台

4.2 实训二 光伏组件设计

光伏电池很少单个使用,把具有相似特性的光伏电池片连接起来(互连)并装配成光伏组件,形成光伏方阵的基本组体单元。单体单晶硅电池片的最大电压为0.61V,所以光伏组件生产中一般将多块电池片串联在一起获得较高电压值。实际情况下,36块单体电池串联在一起形成一个额定电压为21V左右的发电系统。

1. 光伏电池的串并联设计

光伏电池(PV Cell/Solar cell)产生的电流是直流电。光伏组件(PV Module又称为PV Panel)采用多只光伏电池串联的方式提升电压,并采用坚固的材料封装,符合实际应用要求。PV组列(PV String)将多片模板串联成一列,组列的目的在于提高电压,将3片电压20V、电流为5A的模板串联成组列,组列电压即有60V、电流为5A。光伏阵列(PV Array)采用多个组列并联的方式,即阵列(数组)。阵列的目的在于提高电流,将3串电压60V、电流为5A的组列并联成阵列,电压为60V、电流为15A。光伏阵列的形成过程如图4-1所示。

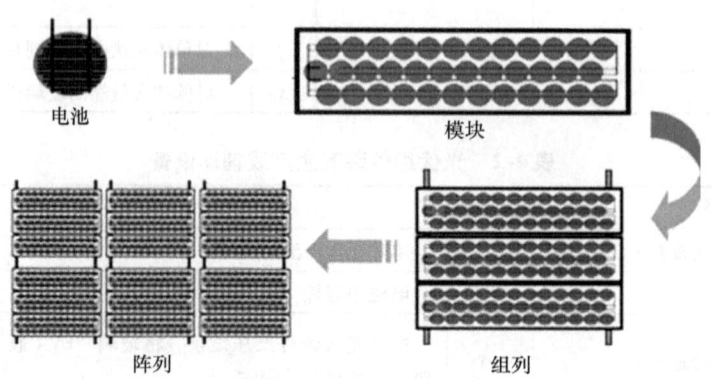

图4-1 光伏阵列成型过程

在峰值日照（100mW/cm²）情况下，光伏组件的最大电流约为30mA/cm²，再将光伏组件并联获得大电流。图4-2说明了串、并联连接的光伏组件电路设计的典型连接系统和标准分布。

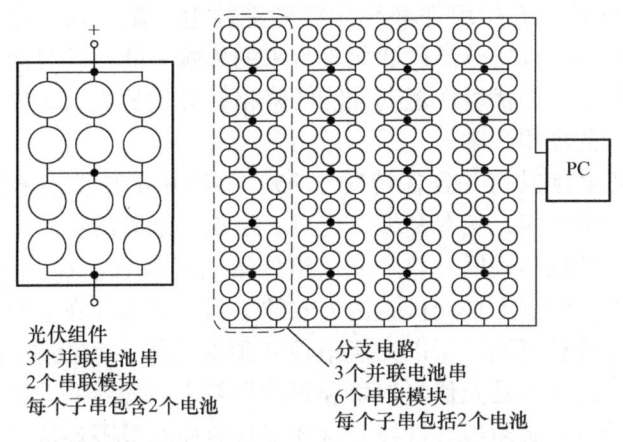

图4-2 光伏组件电路设计的典型连接系统

如图4-3所示，一般民用的光伏组件，是把光伏电池元件排列好并串联连接做成的。可见，为驱动电子装置，需要一定的高压，而该组装方法存在的问题是成本高，接线点太多，从可靠性的观点来看，接线点太多是不利的。

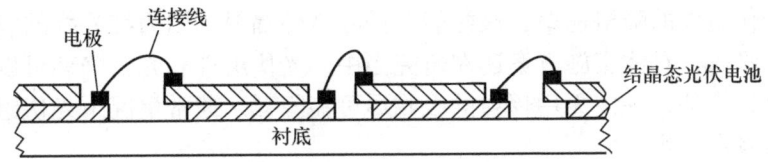

图4-3 一般民用的光伏组件连接

电力用的光伏组件一般安装在户外，除了光伏组件本身，还须采用能经受雨、风、砂尘、温度变化和冰雹袭击的框架、支撑板和密封树脂进行完好的保护。越来越多的电力系统用光伏组件的结构不断被研发出来，衬片式结构是在光伏电池的背后放一块衬片作为光伏组件的支撑板，其上用透明树脂将整个光伏电池封住，支撑板采用纤维钢化塑料（FRP）。

2. 光伏组件构造

光伏阵列经常用于荒芜和偏远环境，那些地方没有中央电网或不适合燃料系统的运行，这种情况下，光伏组件必须能够扩充和无维护运转。生产厂家已经能够保证光伏组件的寿命在20年以上，现在光伏产业界正努力研发30年寿命的光伏组件。光伏组件封装是影响电池寿命的主要因素。图4-4是一个典型的层状光伏组件封装示意图。

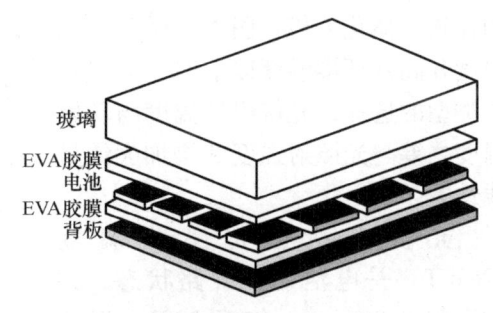

图4-4 层状光伏组件封装结构

光伏阵列安装标准是企业生产的原则，光伏组件一定是制造商测试合格的产品。一个光伏组件样品的合格标准要求电学、光学和机械结构检查合格,即光伏组件表面没有明显的缺陷;经过单个测试后的光伏组件的最大输出功率的降格小于5%,所有样品测试后的最大输出功率的降格小于8%;绝缘性测试和高压测试合格;光伏组件无明显的短路或接地故障。

(1) 光伏组件抗候性　光伏组件必须能够经受沙尘、盐、风、雪、雨、冰雹、鸟、湿气的冷凝和蒸发,以及每日及每季温度变化等带来的影响,能在长时间紫外线照射下保持性能。在城市和乡村环境下,光伏组件短期性能的降格,典型的光伏组件短期性能损失是由于城市和乡村环境中灰尘的堆积污染。

光伏组件顶部盖板必须具有并且保持对于350~1200nm波段太阳光的良好透过率。盖板必须具有良好的抗冲击性能,具有坚硬、光滑、平坦、耐磨的特性,以及能利用风、雨或喷洒的水进行自我清洁的抗污表面。整个光伏组件结构必须防止水、灰尘或其他物质存留,去除表面突出。长久湿气的渗入是光伏组件失效的原因。水蒸气在电池板或者电路上的冷凝会导致短路或者光伏组件被腐蚀,所以光伏组件必须对气体、蒸汽或液体有很强的抵御性。光伏组件最容易被破坏的地方是光伏电池块和封装材料之间的界面,以及所有不同材料相接触的界面。用于粘结的材料必须精心选择,这样保证界面在极限环境下良好附着。通常的封装材料是EVA、特氟龙(Teflon)和铸件树脂。EVA被广泛应用于标准光伏组件,通常在真空室中处理。Teflon用于小型特殊光伏组件上,它的前面不再需要覆盖玻璃。树脂封装有时被用在建筑一体化的大型光伏组件上。

(2) 温度因素　对于硅晶体而言,需要光伏组件尽可能在较低的温度运行,因为低温下电池的输出会有所增加,热循环和热应力减少,当温度升高10℃时,降格速率会增长一倍。为了减小光伏组件的降格速率,最好能够排除红外辐射,因为红外线的波长太长,不能被光伏电池很好吸收,具体实施方案还在研究当中。光伏组件和光伏阵列可以利用辐射、传导和对流机制进行冷却,并使无用辐射的吸收尽可能降低,通常情况下光伏组件热量的散失中,对流和辐射各占一半。

对于不同的封装类型,光伏组件的热特性不同,生产厂家正是利用了这点制造不同的产品来满足市场需求。光伏组件类型有海洋光伏组件、注塑成型光伏组件、袖珍型光伏组件、层压式光伏组件、光伏屋顶瓦片和建筑一体化薄板。图4-5说明了当温度升高到环境温度以上时,光伏组件类型的选择,光伏组件温度与环境温度之差与光照射强度的增加大约呈线性关系。

光伏电池额定工作温度(NOCT)是电池处于开路状态,并在光强800W/m²、气温20℃、风速1m/s的情况下,光伏组件支架后背面打开时达到的温度。图4-5中,性

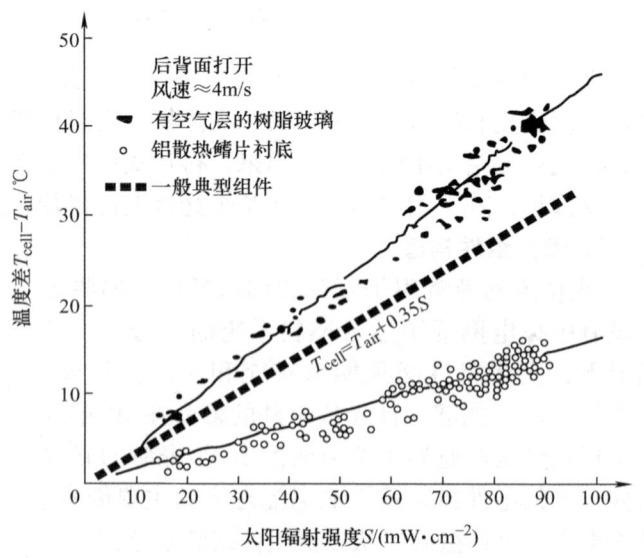

图4-5　光伏组件温度与环境温度差随着光照强度增强而增大

能最佳的光伏组件运行在33℃，典型的光伏组件运行在48℃，最差的光伏组件运行在58℃，用来估算光伏电池温度的近似表达式为

$$T_{cell} = T_{air} + \frac{T_{NOCT} - 20}{800}S \tag{4-1}$$

式中，T_{cell}为电池温度（℃）；T_{air}为空气或环境温度（℃）；S为光照强度（W/m²）；T_{NOCT}为光伏电池额定工作温度（℃）。当风速很大时，光伏组件的温度将会比额定工作温度低，但在静态情况下，温度会比额定工作温度高。对于嵌入建筑体的光伏组件，温度效应尤其要重视，必须确保尽可能多的空气流经光伏组件的背面，以防止温度过高。光伏电池的封装密度（即有效电池面积占光伏组件总面积的比值）同样对温度有影响，封装密度较低的光伏电池额定工作温度低（密度50%时额定工作温度为41℃、密度100%时额定工作温度为48℃）。图4-6是圆形和正方形电池的相对封装密度，即圆形和正方形电池片在光伏组件封袋时，光伏电池片之间的相对距离。

图4-6 光伏电池的典型封装

具有白色背面并在光伏组件中稀疏排列的光伏电池，通过"零深度聚光效应"，[⊖] 同样可以使输出有所增加，如图4-7所示。部分光线照射到光伏电池的电极部分以及电池之间的光伏组件区域，光线被散射后最终照射到光伏组件的有效区域。

热膨胀是设计光伏组件时必须考虑到的另一种温度效应，图4-8表明了电池随温度升高所发生的膨胀，随着温度的上升，使用应力减轻环以适应电池间的热膨胀。电池之间的空间可以增加一个定量δ，公式如下：

$$\delta = (\alpha_g C - \alpha_c D)\Delta T \tag{4-2}$$

式中，α_g、α_c分别为玻璃和电池的热膨胀系数；C为相邻电池之间的距离；D为电池的长度；ΔT为温升。

通常情况下，电池与电池之间采取环形互连来减少循环应力。双重互连（光伏电池片之间用两根互连条连接）是为了降低这样的应力下自然疲劳失效的概率。除了相互连接的应力，所有的光伏组件界面会受到与温度相关的循环应力，甚至最终会导致脱层。

（3）光伏组件电绝缘　光伏组件封装系统要求能够承受电压。在特殊环境中金属框架必须接地，因为光伏组件内部和终端的电势远高于大地的电势。光伏组件阵列输出电压小于50V时，无须专门安装接地泄漏安全装置；输出电压大于50V时，如果系统已经接地，但并

[⊖] 稀疏排列的光伏电池片旁边的空白面积，可以将没照射到电池片的光反射或散射到电池片表面，这就是零深度聚光效应。

不绝缘，那么在直流端需要安装接地故障保护，或者在交流端安装直流敏感剩余电流装置。阵列输出电压在大于120V的情况下，除了上述措施，还要设置浮地，绝缘的阵列安装一个绝缘监视器。

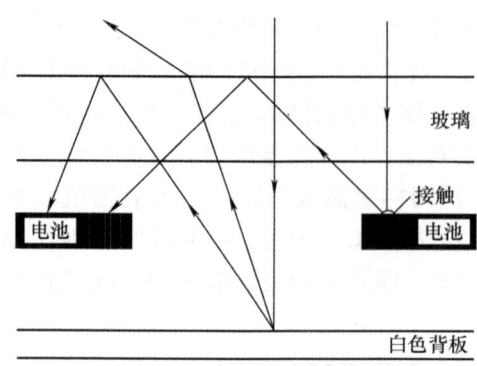

图4-7 白色背面的光伏组件中稀疏排列的电池零深度聚光效应

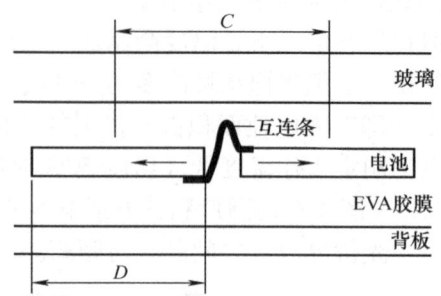

图4-8 光伏电池的热膨胀

（4）光伏组件机械保护 光伏组件要有足够的强度和刚性，这样才能在安装前和安装时正常搬用。如果玻璃用于外表面，那么要退火处理。光伏组件的中心区域比框架附近区域的温度高，由此产生的框架边缘的张力会导致裂缝。在光伏组件阵列中，光伏组件要承受支架结构中一定程度的扭曲，这样才能抵抗风所引起的振动和大风、雪、冰造成的载荷。

（5）降格与失效 光伏组件的寿命主要是由封装的耐久性决定的，自然光导致的退化会引起掺杂硅光伏电池的降格。实际应用表明，20年预期寿命后，光伏组件就会以不同的形式降格或失效，典型的性能损耗范围为每年1%~2%。在光伏组件前表面污染损坏的情况下，伴随着灰尘在前表面的积累，光伏组件的性能降低。光伏组件的玻璃表面通过风雨的洗刷实现自我清洁，可以将这些损失保持在10%以下，但其他材料的表面损失会更高。

光伏组件的降格由很多因素引发。金属接触附着力的降低或者腐蚀引起电阻变大；金属迁移透过PN结导致电阻减小；抗反射涂层会老化；电池中活跃的P型材料硼形成的硼氧化物也会造成降格衰减。

光伏组件的光学老化会随着封装材料的变色逐渐加重。暴露于紫外线、温度或湿度都会造成光伏组件变黄，光伏组件边缘的密封、架设或终端盒部分的外来物质扩散会使光伏组件局部发黄。

光伏电池短路容易在互连的地方出现（见图4-9a），这在薄膜光伏电池中常见，因为薄膜光伏电池顶电极和背电极距离近。由于针孔和电池的材料被腐蚀或区域损坏导致概率更大。

电池断路是很常见的故障。如图4-9b所示，互连主栅线对防止电池破裂造成的断路故障起到一定作用。尽管多余的连接点和互连的主栅线能确保电池正常运作，但电池的破裂仍可以导致断路。电池破裂可能是由于热应力、冰雹或碎石引起的，也可能是在生产或装配过程中造成的"隐形裂痕"。

互连的断路和寄生串联电阻会由循环热应力和风力负荷导致的连接件疲劳引起，寄生串联电阻会随着时间的推移增大。锡铅合金的老化使焊接处会变脆且破裂分离成锡和铅的碎片，导致电池电阻增加。

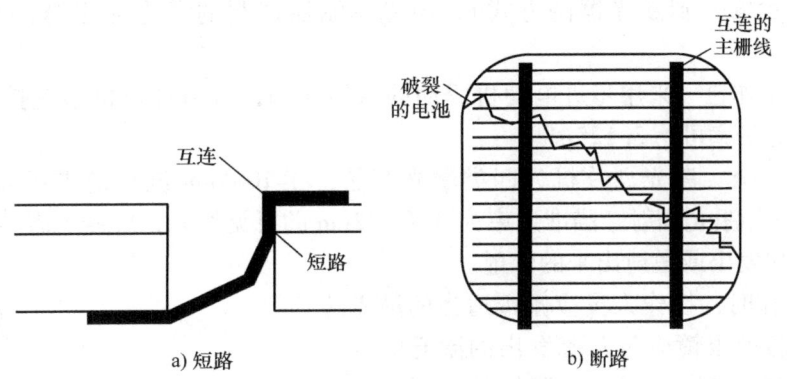

图 4-9 互连短路和断路

光伏组件的电路短路会由于生产缺陷引发，这些缺陷的出现是因为风化所致的绝缘老化，从而导致脱层、破裂和电化学腐蚀。光伏组件顶部玻璃的损坏可能是人为破坏、热应力、安装操作不当或者冰雹的影响所致。在较大风速下，屋顶的碎石被吹起，越过安装在屋顶倾斜的光伏组件表面，击中相邻光伏组件，造成光伏组件破裂。光伏组件脱层在早期光伏组件中是普遍存在的，现在已经得到改善。光伏组件脱层的原因一般是较低的焊点强度、潮湿和光热老化的环境问题，或者受热和潮湿膨胀，这在潮热气候里常见，湿气经过封装材料时，太阳光和热诱发的化学反应导致脱层。

用于克服电池失谐问题的旁路二极管故障通常是由于过热或规格不符造成的，如果把二极管运行温度控制在128℃以下，就可以降低问题产生的可能性。

封装材料的失效会因为自身的降解而加剧。紫外线的吸收剂和其他密封稳定剂能保证封装材料具有更长的寿命，但随着这些成分流失和扩散会逐渐耗尽，一旦浓度低于临界水平，封装材料就会快速降解。尤其是EVA层颜色的变深伴随着乙酸的形成，这会导致光伏方阵输出功率降低。对于聚光系统EVA的光稳定性的改进一直在积极探索。

4.3 实训三 光伏电池片划片

经过分选后的单体光伏电池片，同类电池片各项性能参数一致，保证了同类光伏组件的一致性。一块完整的单体光伏电池片用激光划片机进行划片。实训中，划片机采用数控X/Y工作台，步进电动机驱动，在计算机控制下精确运动。专用控制软件使程序的编辑和修改简单方便，并实时显示运动轨迹；划片速度快、精度高、功能全、操作简单方便，能24h长期连续工作；各项性能指标稳定可靠，故障率低，加工成品率高，适用面广，在光伏行业得到广泛的应用。图4-10所示是GCS系列激光划片机（YAG激光划片机），工作台采用双气仓负压吸附系统，T形结构双工作位交替工作。

YAG激光划片机广泛用于晶体硅光伏电池的划片加工，由计算机控制的二维工作台，能按预先设定的图形轨迹做各种精确运动。

1. 激光划片机的组成

（1）工作光源　激光器采用氪灯/半导体（根据不同机型选择）泵浦方式（外部能量通常会以电流形式输入到激光器的方式），声光调制器调制的激光输出脉冲峰值功率可达 10～50kW。

（2）两维工作台　采用步进电动机驱动的双层结构，可由计算机系统控制进行各种精确运动，系统分辨率可达 3.125μm。

（3）光学安全　激光划片机为四类激光产品，在 1064nm 波长范围可输出超过 10W、20W、50W 的红外激光辐射，瞄准光束为波长 632nm 的可见红光，应避免眼睛和皮肤接触到激光输出端直接发出或散射出来的辐射。

在系统工作时，操作人员应佩戴适当的激光防护眼镜，激光防护眼镜应与系统发出的激光的波长相匹配。即使在佩戴了激光防护眼镜的情况下，也不允许直接观看主光束或任何反射的激光光束（可能导致失明）。在工作范围激光辐射区，禁止镜面物体进入，防止因意外的镜面反射对人眼或人体的伤害。

（4）电力安全　激光划片机含有可致命性直流和交流电压，即使切断电源后，在一段时间内此危险仍可能存在，必须在规定的电气条件下使用。

（5）电源主控柜　电源主控柜由激光电源、声光驱动电源、主控电源及保护系统、工作台驱动系统、计算机及显示器（工控机箱）、专用控制软件

图 4-10　YAG 激光划片机

（工作界面友好，编程简单方便，运动轨迹实时显示）组成。

（6）恒温冷却系统　分体外挂式系统，机台安装位与外挂式制冷压缩机的距离小于 3mm。

（7）工作台　工作台由步进电动机驱动，由滚珠丝杠、矩形导轨、联轴器、负压吸附系统（带脚踏控制）、除尘系统组成。

2. 划片机的功能

（1）划片机的工作原理　激光电源产生瞬间高压（约 2 万 V）来触发氪灯，并以预先设定电流维持，使氪灯点燃；当工作电流达到阈值，光腔输出连续激光。调 Q 器件对连续激光进行腔内调制，产生频率可调的连续激光，以提高输出激光的峰值功率。计算机划片程序一方面控制工作台做相应运动，另一方面控制激光输出，输出的激光经扩束、聚焦后，在硅片表面形成高密度光斑，使加工材料表面瞬间气化，从而实现激光刻划工作的目的。

（2）划片机的技术参数　YAG 激光划片机的技术参数见表 4-3。

表 4-3　YAG 激光划片机的技术参数表

激光工作物质	掺入钕离子（Nd^{3+}）的钇铝石榴石（YAG）晶体为基质	工作台运动速度	≥120mm/s
激光波长	1064nm	工作台重复精度	±10μm
激光模式	低阶模	工作台行程	320mm×320mm

（续）

激光工作物质	掺入钕离子（Nd^{3+}）的钇铝石榴石（YAG）晶体为基质	工作台运动速度	≥120mm/s
激光最大输出功率	≥50W	切割厚度	≤1.2mm
激光调制频率	200Hz~50kHz	划片线宽	≤0.05mm
冷却方式	循环水冷	使用电源	3相380V, 50Hz, 5kW

3. 划片机系统使用

激光划片机由操作面板、电控柜、激光器、工件操作平台、恒温水冷机、负压吸尘风机、脚踏装置等系统组成（见图4-11~图4-17）。

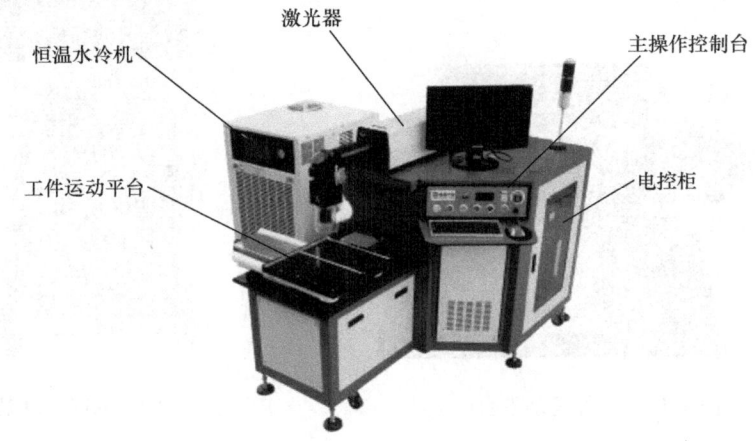

图 4-11 激光划片机组成

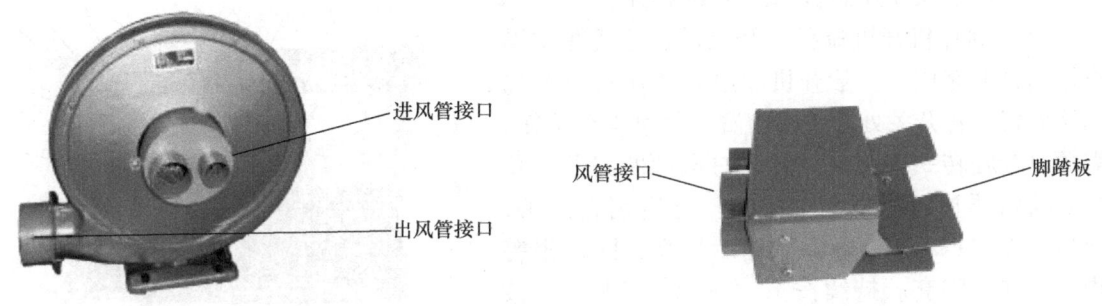

图 4-12 负压吸尘风机　　　　　　　图 4-13 脚踏装置

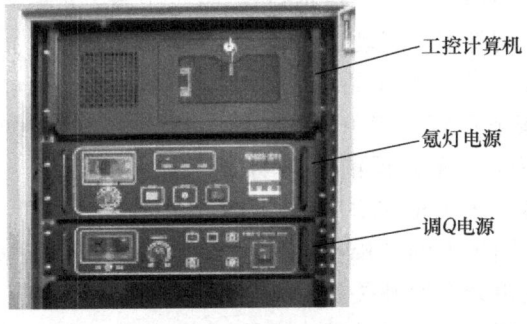

图 4-14 电控柜

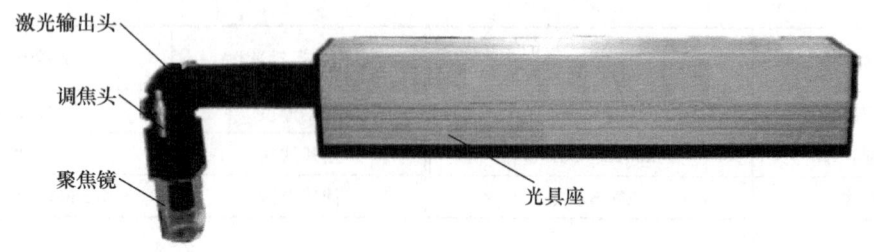

图 4-15 激光器

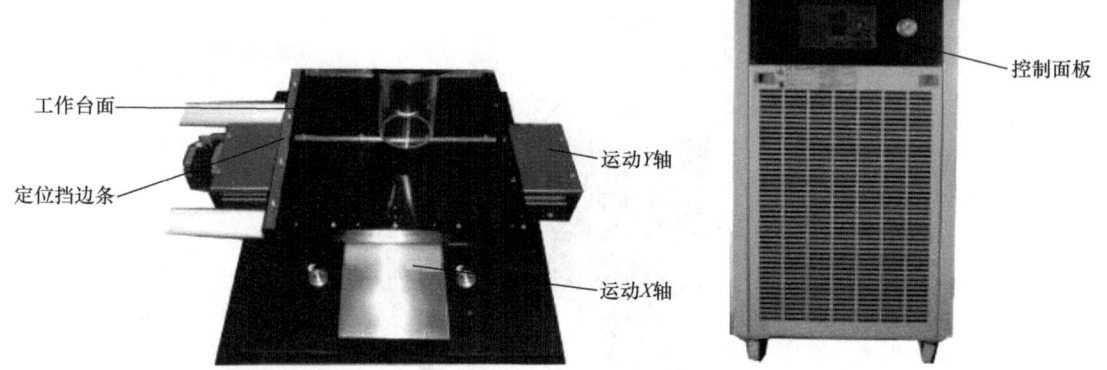

图 4-16 工件运动平台　　　图 4-17 恒温水冷机

划片机主操作控制台如图 4-18 所示。

（1）划片机开机流程　开机过程主要在主操作控制台上完成，一般开机顺序为"从右至左"。确认面板上各开关处于关闭位置。紧急制动按钮，需顺时针旋转一下弹起。开启总电源断路器。总电源断路器位于机器后部下方。开启钥匙开关，面板上方"POWER/电源"指示灯亮，同时报警指示灯红灯闪亮。持续按下"WATER/水冷"按钮开关直至按钮开关灯亮。持续按下约 5s 后制冷水箱起动，约 10s 后"WATER/制冷"指示灯亮，此时方可松开按钮。检查制冷水箱起动后水循环，水管是否弯折，制冷水箱面板显示是否正常，有无报警显示和蜂鸣声。按下氪灯触发开关"ON/开"，约 5s 后氪灯自动点燃（激光器前方透明窗口可观察氪灯是否点燃）。按下前确认控制柜内

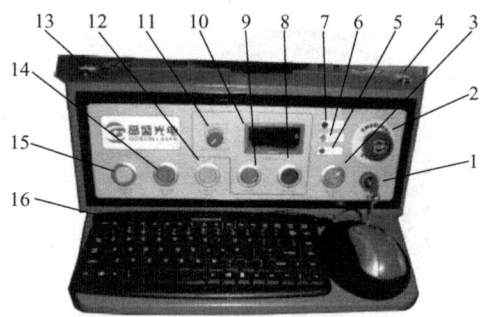

图 4-18 划片机主操作控制台
1—钥匙开关　2—急停开关　3—水冷开关
4—指示光开关　5—氪指示灯
6—制冷指示灯　7—总电源指示
8—氪灯关闭开关　9—氪灯开关
10—氪灯电流表　11—氪灯电流调节
12—调 Q 电源开关　13—运行按键
14—工作台开关　15—吸尘风机开关　16—键盘

激光电源断路器已合上，面板上的"Kr/氪灯"指示灯亮。按下"Q-SWITCH/Q 调制"按钮，按下前确认控制柜内声光电源开关处于开启位置。开启计算机，进入激光划片软件。按下"EXHAUST/吸尘"按钮开关，起动吸尘风机。

(2) 划片机操作　设备开启后，踩住脚踏开关踏板，以定位挡边条为基准将电池片放置于工作平台上，松开踏板，电池片即吸附于工作平板台面上。在激光划片软件中调出划片程序，单击主控制台上的运行按钮（见图4-19a）使设备运行，工作台即开始运动，进行激光加工。

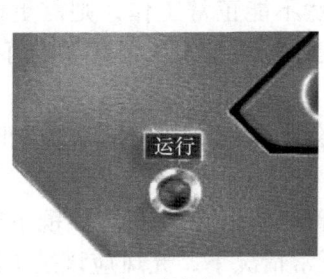

a) 运行按钮　　　　　b) 警告灯

图4-19　按钮与警告灯

划片完毕后，工作台退回预先设定的停靠位置。踩住脚踏开关踏板，拿出已加工好的电池片。重复以上过程可进行批量加工。在工作时，如发现设备有异常状况，应立即按下急停开关。

(3) 警告灯状态　当设备通电而恒温水冷机未正常工作时，警告灯（见图4-19b）处于警告状态——红灯闪烁。当设备正常工作时，警告灯处于工作状态（绿灯闪烁）。

(4) 基本参数设置

1) 划片速度。调Q频率及激光功率是决定划片效果的主要因素，对同一材料，若设定速度较高，则要求的调Q频率亦较大，以保证划片线条的连续性，同时要求的激光功率亦较大以保证划片深度。在此情况下，氪灯的损耗也较快。一般设定激光脉冲频率调Q频率在7~12kHz之间，设备工作时氪灯工作电流在8~10A之间，以此来设定相应的划片速度。

2) 恒温水冷机制冷水温设置。水温设定需根据环境综合考虑，应尽量保证与环境温度相当，即夏季适当调高（推荐温度为28℃），冬季适当调低（推荐温度为25℃）。若制冷水温度与环境温度相差过大，会在光学器件表面会发生凝露现象，影响激光功率输出，严重时甚至会损坏光学器件。

(5) 关机流程　关机过程主要在主操作控制台上完成，一般关机顺序为"从左至右"。逆时针旋转"ADJUST/电流"调节旋钮至最小。关闭划片专用软件，关闭计算机。关闭"EXHAUST/吸尘"按钮，按钮灯灭。关闭"MOTION/运动台"按钮，按钮灯灭。关闭"Q-SWITCH/Q调制"按钮，按钮灯灭。按下氪灯"OFF/关"按钮，氪灯熄灭。氪灯熄灭等待1min后关闭钥匙开关。拉下关闭总电源断路器。

4. 划片机及辅助设备的维护

(1) 划片机的维护　随时保持设备清洁。二维运动工作台的丝杆和导轨要定期添加润滑油脂（6月1次）。氪灯要及时更换，尤其当氪灯工作超过1000h后，氪灯电流达到18A时，一定要更换。聚焦镜下窗口镜片要定期擦拭，最好使用专用光学清洁棉和无水乙醇。

(2) 恒温水冷机维护　激光冷水机中的水要定期换水并清洗（1周1次），水质的清洁将会直接影响设备的正常使用及寿命。过滤芯要定期更换（3个月1次），更换滤芯时应使用过滤筒专用扳手。及时清除激光冷水机隔尘网上的灰尘（1个月1次），同时向内按住固定卡即可取下外罩，拿出隔尘网。

(3) 负压风机和吸尘管路维护　定期清理负压风机和吸尘管路内部灰尘（3月1次）。

5. 划片机易损器件

(1) 氪灯　当氪灯电流到达18A时，激光仍然不能正常工作，则需更换新灯。双手紧贴光具座盖两侧向上用力提便可取下光具座盖，最好是两个人从光具座盖两头用力提取和放下，这样操作比较方便。

(2) 光学镜片　若光学镜片上被污染，激光会损伤镜片上镀膜层，此时应更换。调节焦距及测试效果分以下步骤。

1) 保证聚焦镜下有完整的激光射出。手持激光转换片悬置在聚焦镜下窗口下面，边调电流，边观察激光转换片上有无绿色光斑出现。正常情况下，光斑应该是个圆的，如果只是半圆或是更小，说明光路需要调整。特殊情况下光斑不会太理想，如器件老化。如果电流调至13A以上还没有光斑显示出来，则说明光路严重偏移，需要调整。

2) 找准焦点。单位面积内焦点的能量最大，慢速便于找焦点，将电流调至8A，电流太大不便于观察焦点。这时便可运行程序了，工作台便按所编程序运动，工作台运动的同时旋转调焦尺向下运行。如果焦点找准了，激光会在电池片上刻下又深又细的痕迹，并在刻的过程中溅起比较大的火花。当一直旋转调焦尺向下运行至刻度线2mm下还没焦点出现，应反方向旋转调焦尺向上运行，观察激光在电池片上的变化。不要在工作台不运动的情况下旋转调焦尺，不然会错过焦点。如果旋转调焦尺向上、向下运行均感觉不到激光，可能是电流太小了，可以把电流调大点再找焦点。

3) 试切光伏电池片。焦点找好后，就可以试切光伏电池片。试切电池片尽量用不合格的电池片，避免不必要的成本开支。把之前编好的程序的速度10mm/s改为70~100mm/s，将激光电源电流调至9.5A左右，声光Q驱动电源频率调至12kHz左右。这些调好后就可以把电池片放在工作台板上试切了。要保证电池片在工作台板上是平整的，否则切不好，切完后首先看电池片反面有没有切透的痕迹。在没有切透的情况下，被切面朝上，沿着切割线掰开电池片，如果掰开的电池片没有破裂和残留、锯齿，说明切片效果很好，就可以进行正式切割了。如果切割后不好掰，在确定焦点正确的情况下，可以相应地调节激光电源电流和声光Q驱动电源频率。激光电源电流调整到电池片切过后反面没有痕迹为准，声光Q驱动电源频率参考值为8~12kHz。

4.4 实训四 光伏电池片互连

光伏电池块互连主要是单焊和串焊，在焊接时，熟悉光伏电池的特性至关重要。

1. 相同特性的电池

理想情况下，光伏组件中的每个电池块都会表现出来相同的特性，并且整个光伏组件与单个电池的电流－电压曲线，除了坐标轴的初始坐标及刻度有差异外，其余都应当有同样的线形。对于N个串联和M个并联在一起构成的光伏组件而言，电流可以用下式表示。

$$I_{\text{total}} = MI_{\text{L}} - MI_0\left[\exp\left(\frac{qV_{\text{total}}}{nkTN}\right) - 1\right] \tag{4-3}$$

式中，I_{total} 为电路的总电流；V_{total} 为电路的总电压；N 为串联电池片的个数；M 为并联电池片的个数；I_0 为单个电池片的饱和电流；I_L 为单个电池片的断路电流；n 为单个电池片的理想填充因子；T 为温度；q 为电压系数；k 为温度系数。

2. 光伏组件中的光伏电池特性

实际情况下，任意两个光伏电池块的特性都不相同，光伏组件中电压或电流输出最小的电池块限制了整个光伏组件的总输出。光伏组件中各个电池块输出总和的理想最大值与实际达到的最大输出值之间的差别，称为失谐损耗。

3. 失谐电池光伏组件

失谐电池可以是单个电池块的连接，也可能是光伏组件、光伏电池串、光伏模块或者源电路连接中出现的失谐现象，它们的失谐效果和失谐曲线形状类似。光伏电池块或光伏组件一般都来自于不同厂家，就算是额定电流相同，仍然可能会有不同的光谱效应，从而导致失谐损耗问题的出现（如热点过热）。

光伏组件里的失谐电池可导致一些光伏电池在产生能量，同时另一些光伏电池在消耗能量，最坏的情况是光伏组件或者光伏组件串被短路时，所有"好"电池的输出都会消耗在"坏"电池上。光伏组件串中的坏电池减少了通过好电池的电流，导致好电池产生较高的电压，使坏电池反偏。

能量在坏电池上的消耗导致电池 PN 结的局部击穿，在很小的区域会产生很大的能量消耗，导致局部过热（或者成为热点），最终导致光伏电池或玻璃开裂、钎料熔化。光伏组件也存在热点过热的问题，如图 4-20 所示，坏电池便是潜在的"热点"。

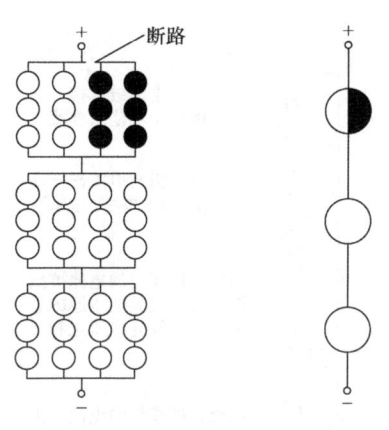

图 4-20 光伏组件的热点过热

对于热点过热问题和失谐电池，一个解决办法是在原电路基础上加装旁路二极管。光线不被遮挡时，每个二极管处于反偏压状态，每个电池都在产生电能。如果电池片被遮挡时，它会停止发电而成为高阻值电阻，同时其他电池会促使其反偏压，这时电池片两端的二极管导通，原本流过被遮挡电池的电流被二极管分流。有旁路二极管和故障电池的电路如图 4-21 所示，当总电流超过电池本身的电流 I_L 时，二极管导通；当电池片短路时，旁路二极管和坏电池消耗的能量约等于一个好电池的输出能量。

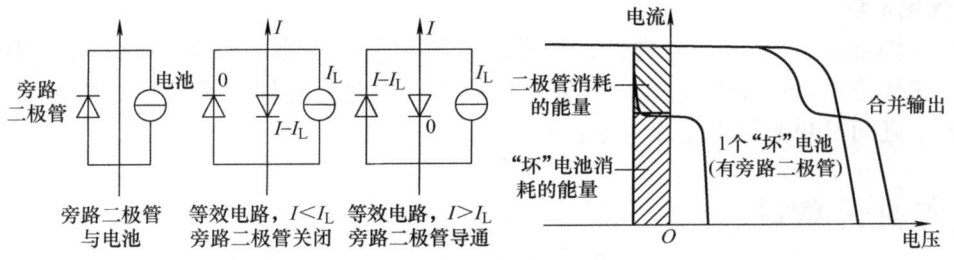

图 4-21 一个旁路二极管与一个电池并联

实际上,将每个电池配备一个旁路二极管会过于昂贵,所以二极管通常会连接于一组电池的两端,如图 4-22 所示,被遮挡的电池最大功率消耗大约等于该电池所在电池组的总发电能力。对于硅光伏电池,在不损坏的情况下,一个旁路二极管最多连接 15 个光伏电池块,所以对于通常的 36 块电池的光伏组件,至少需要 3 个旁路二极管来保证光伏组件不被热点破坏。

不是所有的光伏组件都具有旁路二极管,在没有配备二极管的情况下,一定要保证光伏组件不被长时间短接,并且那部分光伏组件不会被周边建筑物或邻近的光伏阵列遮挡。在每个光伏电池内部集成一个二极管的方案也是可行的,它是确保各个光伏电池都不被损坏的一个低成本方法。对于并联光伏组件,使用旁路二极管时会发生热失控,即一串电池的旁路二极管比其余电池串的热,承载了很大一部分电流,因此导致更热。应当选用能够承受光伏组件合并产生的并联电流的二极管,合格的二极管应当能承受起保护光伏组件的 2 倍开路电压或者 1.3 倍的短路电流。

如图 4-23 所示,一些光伏组件包含阻塞二极管,保证电流只会从光伏组件里流出(单向流动),这样可以防止夜间蓄电池对光伏电池放电。因为阻塞二极管会消耗一部分收集的电能,所以不是所有的电池串都配备。使用阻塞二极管与旁路二极管类似,应当可以承受其所保护光伏组件 2 倍开路电压或者 1.3 倍短路电流。

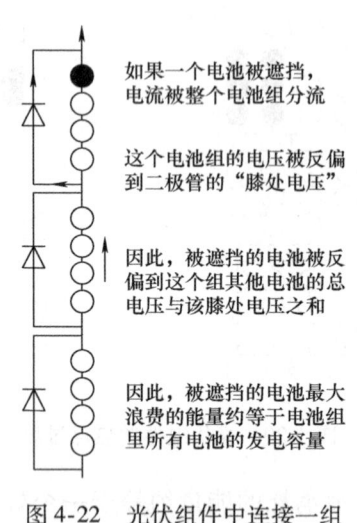

图 4-22 光伏组件中连接一组电池两端的旁路二极管

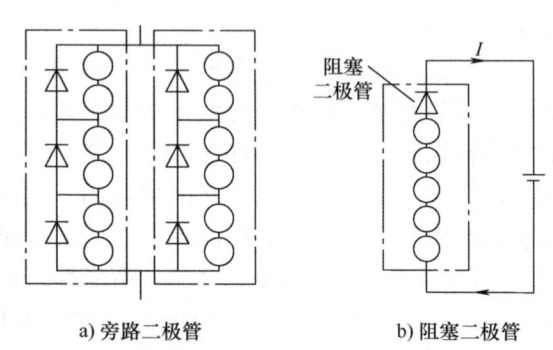

图 4-23 光伏组件中的旁路二极管和阻塞二极管比较

4. 光电池块互连

光伏电池互连在焊接台上进行,先单焊,再串焊。焊台尺寸为 1000mm × 2000mm × 920mm,主架是 40mm × 40mm 工业铝型材构成的,焊台上的铺设平台用于敷设光伏组件、检查虚焊,还可简单测试电池片电压、电流。

4.5 实训五 敷设

经过焊接台串焊后的光伏电池组需要经过叠层后成为待压光伏组件才可以用层压机层

压。光伏电池片层压前要进行叠层,之后用待压光伏组件周转车运送到层压区。待压光伏组件周转车如图4-24所示。

待压光伏组件周转车的外形尺寸为1500mm×1500mm×800 mm;材质为碳钢。铺设完光伏组件可以暂时存放在支架上,等待进入下一道工序。光伏电池片正面通过EVA胶膜和退水玻璃粘合,背面用软的东西封装。回火过的低铁含量卷制玻璃是当前光伏组件顶层表面的最佳选择,因为它相对便宜、坚固、稳定、具有高透光率、密封性好以及自清洁能力强。回火使玻璃能够抵御热应力,低铁含量玻璃可以使透光率达91%。最新研究成功的抗反射涂层玻璃,利用腐蚀处理或浸渍涂布,使透光率高达96%。聚氟乙烯保护膜和隔离膜(Tedlar)、聚酯类高分子物(Mylar)或玻璃可以用来防止光伏组件背面湿气的侵入,但是所有聚合物都有一定程度的可浸透性。敷设之前需要对退水玻璃有一个清洗的过程,一般使用玻璃清洗机。玻璃清洗机如图4-25所示。

图4-24 待压光伏组件周转车

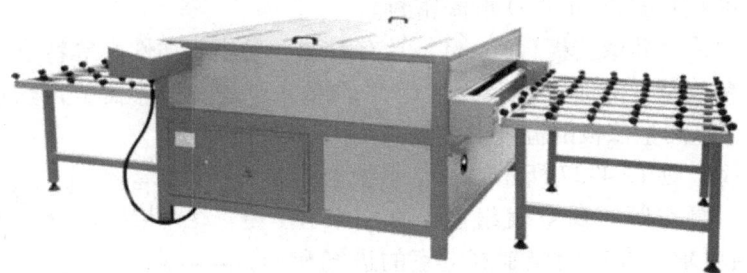

图4-25 玻璃清洗机

在熟悉玻璃清洗机技术参数的基础上,使用玻璃清洗机清洗玻璃。ZDF-Q型玻璃清洗机的参数如下:清洗玻璃厚度:3mm;清洗玻璃宽度:450～1500mm;机加热功率:6kW;水泵功率:0.36kW;水加热功率:5kW;玻璃行进速度:0.75～3.70m/min;电源电压:380V,50Hz;外形尺寸(长×宽×高):2000mm×1900mm×1100mm;重量:1500kg;总功率:13.03kW,主传动功率0.37kW、毛刷传动功率0.75kW、风机功率0.55kW。

4.6 实训六 层压

叠层后的光伏组件要在层压机里进行层压,排除空气及其他因素的干扰。层压工艺首先要解决层压机的使用问题。

层压机用于单晶(多晶)光伏组件的封装,能按照设置程序自动完成加热、抽真空、层压等过程;具有自动化程度高、性能稳定等特点。

1. 光伏组件层压机的技术参数

图4-26所示为层压机，层压尺寸为长<2200mm、宽<1100mm、厚<20mm；操作温度<200℃；封装压强约为1个大气压（真空压强<20Pa）。层压机电源为3相AC 380V，功率为30kW，气源0.5~0.7MPa、100L/min，设备质量约3000kg，层压循环时间<30min；真空泵抽气速度为15L/S。

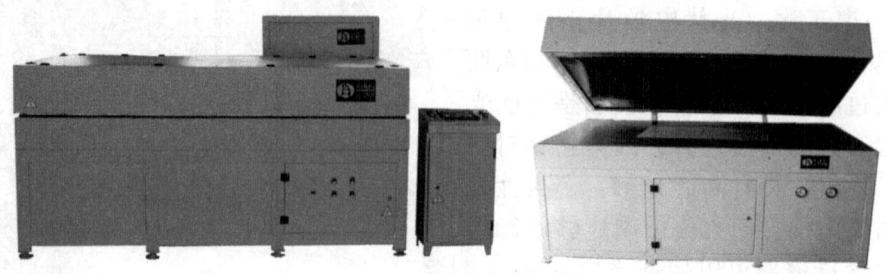

图4-26 层压机外观

2. 层压机配置

层压的配置包括主体设备一套，真空腔、控制箱一套、温控表、气动、真空泵、纤维布。

（1）真空腔 真空腔及其上盖采用钢结构，是为承受强大的大气压力并防止腐蚀生锈；上盖与真空腔之间采用φ10mm的O形圈密封。

（2）层压膜 采用硅橡胶板（3mm），具有耐油、耐热、弹性好等特点。

（3）加热平台 是支持加热封装光伏组件的部分，是由加热器、匀热钢板组成，热偶探头在钢板侧面，以测量该板的温度。

（4）真空系统 如图4-27所示，真空系统由真空泵、真空管路、真空阀、真空表组成。真空泵在60s以内达到真空要求。真空阀控制真空室的进气和排气，真空表显示上、下真空室的工作状态。

（5）加热系统 本系统采用PLC内部PID调节控制加热。

（6）开关盖系统 单个气缸用来开盖和关盖控制。气缸采用三位五通双电控电磁阀进行控制；开盖和关盖速度用气缸和电磁阀上截流阀进行调节。

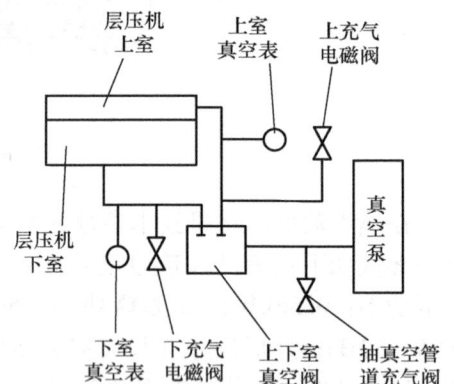

图4-27 真空系统

3. 层压机系统的安装与调试

（1）安装 层压机应安装在干燥的地点，避免雨淋、阳光直射，应有良好的接地线。安装时，要检查连接真空系统和各连接处是否牢固，连接电源线、连接压缩空气、设备放置应平稳牢固。使用时，一切连接（电源、气源）要接好，避免受外力影响，连接要牢固。接线的同时检查控制箱内是否有接线松动或脱线现象，若有，务必及时处理。

（2）调试 打开控制面板上电源开关，触摸屏上电，显示开机画面，同时进入"自动控制"画面。观察触摸屏上温度显示是否为室温温度，电源指示灯亮，面板上的上、下真空压力表显示正常。设定好温度（130~180℃），打开加热器断路器，按下机器前面油泵开关的绿色起动按钮，当加热板温度上升至设定度后转到手动画面。接通气源，检查各气动连接，及时处理漏气。进入控制画面后，按触摸屏上手动画面的开盖按钮，打开上盖，之后按下层压机前面板上的真空泵起动按钮使真空泵工作。按开盖按钮上盖应升起到位，按关盖按钮上盖应落下（关盖应一人操作，不准将手放进真空平台上），若放开关盖按钮，上盖便停止在原位。打开真空泵断路器，检查电动机是否正向旋转。打开加热器断路器，检查各加热管是否加热正常，温控表显示是否正常（随加热器加热温度显示应随之增加）。将封装的光伏组件放在加热板上，保证纤维布平整，然后进行加热、抽真空、层压，最后将封装件取出，放到固化炉中固化。

4. 层压机维护

（1）日常维护　维修和维护之前应切断一切电源。电气系统最常见的故障是连接松弛。在考虑复杂故障之前，首先要检查电路是否连接完好。每日维护，检查并确保真空泵油位在规定范围内，油位要尽可能高，只使用真空泵制造商建议型号油。检查加热板和橡胶板上堆积的灰尘和层压板的材料，在冷却状态下，用绒布擦干净。检查加热板上的残液，如有，可用丙酮或酒精擦除。切勿用利器擦洗加热板上的 EVA 溶液，以免损坏其表面平整度，影响光伏组件质量。为防止 EVA 残液堆在加热板上，须在作业时加玻璃布进行隔离。下室加热板及下室其余空间要每班用高压空气吹除残留物，吹时一定要关闭真空泵，防止异物进入。应做到经常清洁 O 形圈及密封槽，定期使用真空硅脂进行密封；清洁时应用柔软清洁布蘸酒精进行擦拭。

（2）每周维护　检查顶盖 O 形环的密封表面，是否有灰尘和划痕，如有，要用柔软清洁布蘸酒精擦拭；检查橡胶板是否有破损并及时擦洗；检查真空室四角的灰尘和堆积残余颗粒；检查所有皮管和夹子，是否有松动。

（3）每月维护　更换真空泵油，只能使用真空泵制造商建议型号油。维护过程要注意，上、下真空放气阀腔体要定期用酒精刷洗干净，清除吸入的灰尘。要适当上紧上室气囊压条螺钉，以防加热后橡胶软化导致上、下室之间漏气。真空泵在泵静止时，需定期检查泵油液面；如有缺少或污染，需进行添加或更换。橡胶板更换。建议每工作 300h 更换一次，不要在加热板高温时更换胶板。加热板在工作温度时，会引起严重灼伤。当发现加热明显不均或加热时间明显延长时，应考虑更换加热器。

5. 层压机故障检修

（1）气缸维修　首先考虑气缸维修。如气缸在开启和放下过程中速度变慢，检查各气源接头有无漏气现象，如有，应更换新的接头。如在按下开盖和关盖按钮时，气缸无动作，检查气源压力是否正常、控制信号有无、电磁阀是否正常，经以上检查确认故障点后，及时处理。如真空度达不到设定值，应检查一下真空管道（包括接头）是否漏气，密封胶圈是否严重磨损或老化。如真空泵是否工作正常，应检查上室和下室充气阀是否关闭严，若关闭不严，可能是吸入灰尘，轻轻敲击或频繁开闭几次即可正常工作；否则该充气阀已损坏，需更换。

（2）温度故障维修　工作温度达不到设定值是常见的温度故障。首先应检查电热是否断路，可用交流电压 250V 档，测量固体继电器输出端（蝴蝶电源端）是否有 220V 输出（脉冲型）；可在断电情况上用万用表检测两组加热器电阻是否均衡。也可检查是否断相，可用万用表检查固体继电器输出电源端一侧是否有 220V。也可检查控制器是否坏，若温度未达到设定值,控制器应输出15V直流控制电压,如没有,则控制器损坏。若开盖、合盖困难或者不动作,应检查气泵压力是否足够,检查气动管路及其连接件是否漏气,电磁阀是否正常,可用手动的方法进行检测。

(3) 时间设定　下真空时间是在层压前的抽取真空时间,所设定时间越长,真空度越高,一般为8~12min。层压时间是热合时间,一般为4~8min。层压力设定是热合时的压力,1Pa到1个大气压(0.1MPa)之间可调。实际运用一般在0.5个大气压左右,可根据需要自行设定。

4.7　实训七　光伏组件组框

层压之后的光伏组件可以进行组框工艺,主要设备是装框机。

1. 装框机的结构

装框机是角码铆接式铝合金矩形框组装的专用设备,由气缸、铝合金型材、直线导轨及钢结构组装而成,可以在光伏组件层压完毕以后,将光伏组件的铝合金边框挤压定位,然后使用气压动力将铝合金边框固定,在一台设备上实现了组框、铝合金边框固定,从而简化了工人的作业强度,节约时间,提高产品质量,适用于多种型材端面。装框机刚性高、调整范围大,满足用户不同组框尺寸要求。

装框机为组框铆角一体机,机器外形尺寸为2900mm×1900mm×920mm,可以组框边长最大为2100mm,最小为350mm,质量为1200kg,最大铆接力为25kN,电动机功率为1.5kW。例如,ZK-2装框机可以对已经涂胶装框的光伏组件实现组框定位、边框四角挤压固定。型号ZK代表装框机,2为序列号,对应装框尺寸,最小为350mm×650mm,最大为1100mm×2100mm,两种宽度的铝合金边框(35mm、50mm)均可。

2. 装框机的安装与调试

调整设备的地脚高度,以设备4个角的油缸上平面为基准,使设备处于水平放置,然后对设备动力参数进行设定。

(1) 压缩空气源　储气罐容积为60L、功率为1.5kW、额定压力为8.0kg/cm²。气源调整时,给气源处理元件(给油器)加油的油牌号ISOVG32或同级用油,油位加至油杯的2/3处。调整气源处理元件(调压阀如图4-28所示),使压力表显示5.0~8.0kg/cm²。

(2) 调整组角、辅助压头的速度　调整各气缸上的单向节气阀,即可控制气缸杆的伸出速度(见图4-29)。气缸杆的伸出速度可通过调整右侧阀控制(顺时针旋转速度变慢,反之速度变快)。

(3) 液压动力源　常用的抗磨液压油有YB-N32、YB-N46,液压动力功率为1.5kW,额定压力为15.0MPa。液压动力源如图4-30所示,油箱内未加油,开机前将油料加至液位计的1/2~2/3位置,起动油泵电动机,按下组框锁按钮。点动"刀进",如果刀伸出,则电动机旋转方向正确;如果刀不伸出,则电动机旋转方向不正确,更换380V电源的相序,调整电动机的旋转方向。组框试压,溢流阀(顺时针旋转压力增大,反之减小)反复,调整直至得到满意的压角质量,压力表显示在5.0~15.0MPa范围。

3. 调整边框尺寸

闭合位于电气箱内的两个断路器,打开急停按钮使电源指示灯处于亮的状态。将压缩空气源用胶管引至气源处理元件,压力表显示 5.0~8.0kg/cm²。按下组框锁按钮,此时短边压头、长边压头、组角压头均处于压进至死点状态。

图 4-28 气源调整

图 4-29 单向调节阀调整

(1) 调整组装铝合金边框的长边尺寸

1) 打开移动横梁上的定位锁,如图 4-31 所示向上扳气阀手柄。

图 4-30 液压动力源

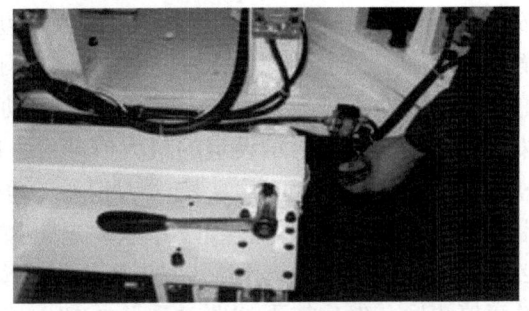

图 4-31 上扳气阀手柄

2) 以固定横梁上的 90°组角压头为基准,测量其工作面距移动横梁上的 90°组角压头之间的距离,沿导轨挪动移动横梁,使所测量的尺寸接近铝合金边框的长边尺寸,关闭移动横梁上的定位锁(向下扳气阀手柄)。

3) 使用棘轮扳手正(反)旋转丝杠副,直至满足铝合金边框的长边尺寸。若组合时,两个铝合金边框的长边尺寸不一致,需要对设备进行调整。先断开丝杠副的同步链条,检查是否因为两个丝杠副受力不均匀造成,分别调整,然后重新连接同步链条。再调整两个外侧气缸的初始位置,如图 4-32 所示。

4) 调整短边辅助压头。松开尼龙压头后面的锁紧螺母,测量压头的工作面与对面的固定工作面之间的距离,用扳手钳住活塞杆,旋转尼龙压头直至满足铝合金边框长边的尺寸要求(见图 4-33)。

(2) 调整组装铝合金边框的短边尺寸 旋转各手轮。测量压头工作面距对面工作面的

· 237 ·

距离，达到铝合金边框的短边尺寸后拧紧锁紧螺母。调整组装铝合金边框的长边的辅助压头尺寸。旋转各手轮，测量压头工作面与对面固定工作面的距离，达到边框的短边尺寸后拧紧锁紧螺母。按"联动退"按钮，直至各压头全部退回。反复操作、调整，确认尺寸符合要求。

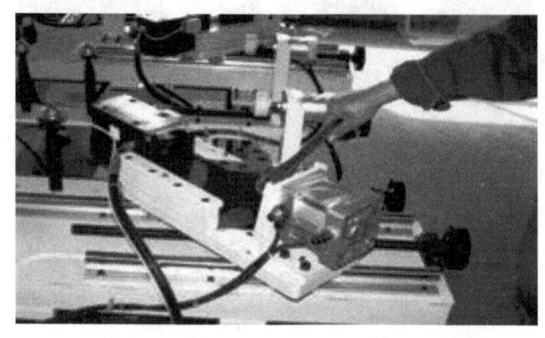

图 4-32 调整气缸位置

图 4-33 调整短边辅助压头

（3）试验效果 取一副欲组框的铝合金边框（装角码），不装电池板，试验组框效果。

4. 装框机操作

按下"联动退"按钮，确认各压头全部退回。放置一块电池光伏组件，按下"长边进"按钮，直至到达气缸死点位置。按下"短边进"按钮，直至到达气缸死点位置。按下"组角进"按钮，直至到达气缸死点位置。按下"组框锁"按钮，此时短边压头、长边压头、组角压头均处于"压进"至死点状态。起动油泵电动机。按下"刀进"（角码连接件结构）按钮，直至压力表指示设定的最大值即可，应注意不能长时间处于最大值状态，否则电动机过热，报警器发出蜂鸣声。按"刀退"（角码连接件结构）按钮，直至 4 个压刀全部退回，报警器发出的蜂鸣声停止。按"联动退"按钮，确认各压头全部退回。取出电池光伏组件。必须按下"组框锁"按钮后，按"刀进"按钮才生效。按"刀退"按钮，报警器发出的蜂鸣声停止后，然后按下"联动退"按钮，确认各压头全部退回。

4.8 实训八 光伏组件测试

光伏组件组框完成后接近成品，但在光伏组件成品入库前要用光伏组件测试仪器进行测试。

图 4-34 所示的光伏组件测试仪是 SMT-B 型光伏组件测试仪，主要用于单晶硅和多晶硅光伏组件的电性能参数的测试和结果记录。光伏组件测试仪整机配置见表 4-4，通用参数见表 4-5。

检测通过的光伏组件借助专用的成品光伏组件周转车运送到成品库。图 4-35 所示为光伏设备公司典型的成品光伏组件周转车，其外形整体喷塑象牙白，尺寸为（1800mm × 1000mm × 1200mm），碳钢材质。

第4章 光伏组件实训

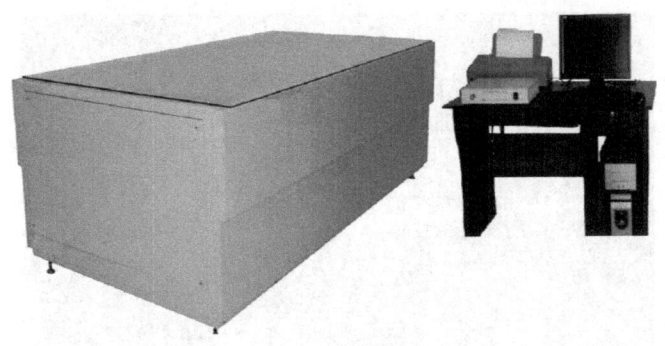

图 4-34 光伏组件测试仪

表 4-4 光伏组件测试仪配置表

序 号	设 备 名 称	数 量
1	测试主机（含电子负载）	1
2	光源	一套
3	计算机	1
4	14 位同步高速 A-D 板卡	1
5	专用测量软件	一套
6	打印机（A4 喷墨彩色打印机）	1
7	标准电池（用于调整光强和校正光强均匀度）	1

表 4-5 光伏组件测试仪通用参数

最大测试面积	70cm×40cm（光照面积 94cm×55cm）
重复精度	≤±0.5%
模拟光源	采用大功率脉冲氙灯，光谱范围符合 IEC60904-9 光谱辐照度分布要求 AM1.5
光强	100mW/cm^2（调节范围 70~120mW/cm^2），光强不均匀度 ±3%，辐照不稳定度 ±2%
出光方向	垂直下打光，具有闪光次数记数功能（更换归零重置）
设备电源	单相 220V，60Hz，2kW，可连续工作 12h 以上
可测电压	0~60V
测试方式	四线测量方式，测试条件自校正
可测参数	I_{sc}、V_{oc}、P_m、U_m、I_m、FF、EFF、T、R_s、R_{sh}
测试时间	最短测试时间 ≤6s，每次间隔 3 秒/片
数据采集	数据采集时间 ≤2ms，$I-U$ 曲线含 8000 个数据采集点。具备自动测试温度、温度补偿和显示功能，可对测试温度进行温度修正

图 4-35 成品光伏组件周转车

4.9 实训九 成品完善

光伏组件测试之后的光伏组件再进行最终完善，在辅助工作台上修边、清洁、装线盒和贴标签。图 4-36 所示为生产人员在辅助工作台上的工作场景。实验室工作台尺寸为 1100mm ×2200mm×720 mm，整体喷塑象牙白，碳钢材质。光伏组件完善后，要求成品率达到 90% 以上。光伏电池块互连与光伏组件装配的整套工艺流程到这里应该很清楚了。光伏电池是一小块一小块，电流和电压都很小，然后我们把它们先串联获得高电压，再并联获得高电流后，通过一个二极管（防止电流回输）然后输出。通常把光伏电池块封装在一个铝合金或不锈钢金属体壳上，安装好上面的玻璃，密封，然后充入氮气，最后密封。整个包括架子在内就是光伏组件。

图 4-36 工作台

本章小结

本章介绍光伏组件生产实训，包括场地及内容熟悉、光伏组件设计、光伏电池片划片、光伏电池片互连、敷设、层压、光伏组件组框、光伏组件测试、成品完善。

 习　　题

1. 假设一个光伏组件包括 40 个串联的相同特性的光伏电池，在明亮的日光下，每个电池的开路电压是 0.61V，短路电流是 3A。整个光伏组件在明亮日光下被短路，其中一个电池被部分遮挡，假设所有的电池的理想因子都为 1，忽略温度影响，求出在被遮挡的电池上消耗的能量与遮挡百分比（被遮挡区域面积/总面积）之间的函数关系。

2. 讨论硅光伏电池的特性对它的光谱响应的影响，并解释什么时候需要考虑电池间的光谱响应的差别，为什么？

3. 解释为何局部的热点会发生在大型光伏阵列中的一个被部分遮挡的电池中。为了防止热点引起的损坏，要采取哪些措施？

附 录

附录 A 光伏组件术语

1. AM：Air Mass，大气质量，太阳光通过大气层的路径长度，外层空间为 AM0，阳光垂直照射地球时为 AM1（相当于春/秋分阳光垂直照射于赤道上之光谱），太阳电池标准测试条件为 AM1.5（相当于春/秋分阳光照射于南/北纬约 48.2°上之光谱）。

2. Irradiance：日照强度，单位面积内日射功率，一般以 W/m^2 或 mW/cm^2 为单位，AM0 的日照强度超过 $1300W/m^2$，太阳电池的标准测试条件为 $1000W/m^2$（相当于 $100mW/cm^2$）。

3. Radiation：日射量，单位面积于单位时间内的日射总能量，一般以百万焦耳/年·平方米（$MJ/Y·m^2$）或百万焦耳/月·平方米（$MJ/M·m^2$）为单位。

4. Solar Cell：太阳电池，具有光伏效应（Photovoltaic Effect）将光（Photo）转换成电（Voltaic）的光伏组件，又称为光伏电池（PV Cell），太阳电池产生的电皆为直流电。

5. Photovoltaic：太阳光电，简称为 PV（photo = light 光线，voltaic = electricity 电力的），由于这种电力方式不会产生氮氧化物，以及对人体有害的气体与辐射性废弃物，被称为清净发电技术。

6. PV System：是将太阳光能转换成电能的整套系统，称为太阳光电系统或光伏系统，有独立型、并联型与混合型。

7. PV Module：光伏组件，将多只光伏电池串联提升电压，并以坚固外材封装，方便应用，又称为光伏板（PV Pannel）。

8. PV String：光伏组列，将多片光伏模板串联成一列，组列的目的在提高电压，将 10 片电压为 20V、电流为 5A 的模板串联成组列，组列电压即有 200V、电流为 5A。

9. PV Array：光伏方阵，也叫光伏数组，将多个光伏组列并联即为数组。数组目的在提高电流，将 5 串组列电压为 200V、电流为 5A 并联成数组，数组电压为 200V、电流为 25A。由 1 个组列构成的数组，数组就相当于组列。

10. Stand Along System：独立型系统，系统发出的直流电可以通过逆变器转变为交流电压驱动交流负载，但不连通到通用电网即与电网是互相独立的。

11. Grided System：并联型系统，PV 数组输出经换流器转换成交流与市电或自备发电机并联，系统无须配置蓄电装置。

12. Hybrid System：混合型系统，独立型与并联型混合体，遇到天灾，市电停止供电时，并联型系统会停止运作，混合型可切换于独立型继续供电，因此又称为防灾型。

13. kW：千瓦，发电设备容量的计算单位；1kW = 1000W。

14. kWp：千瓦匹，p 代表峰值。指装设的光伏电池模板在标准状况下（即模板温度为 25℃、转换效率为 15%）的最大发电量总和。通常 1 千瓦匹可发 3~5 度电。

15. kW·h：千瓦时，为衡量发电用量的单位，指使用 1000W 的电器设备 1h 所消耗的电力，俗称"度"。

16. MW：百万瓦，在衡量光伏公司产能时通常采用的单位。

17. A·h：安时，另一种电能量表示方式，通常用于蓄电池容量，50A·h 表示 5A 10h 容量或 1A 50h 容量，不用于描述蓄电池时使用较少。

18. Load：负载，特定时间内，每单位时间输出的电力或电流。

19. BIPV：Building Integrated Photovoltaics，光伏建筑一体化，将光伏系统结合建筑设计的一种节能建材产品，可直接取代传统屋顶、窗户、外墙及遮阳（雨）棚等。可大幅改善传统太阳光电系统笨重外型，不但美观，还可以增加空间效益；打造另一个光伏建筑产业的市场商机。

20. Power Conditioner：电力调节器，负责电力调节功能设备的统称，对蓄电池充电、放电调节的控制器，或将直流转换交流调节的换流器都是电力调节器。

21. Charger：充电控制器，具有蓄电池充电控制功能，可控制充电电流大小和充电时间，当蓄电池电压达饱和电压时，能予切断充电功能的控制器，这是独立型配置蓄电池的必要设备。

22. Discharger：放电控制器，具有蓄电池放电控制功能，可限制放电电流大小和放电时间，当蓄电池达到截止电压时，能予切断放电功能的控制器，这是独立型配置蓄电池的必要设备。

23. Charger/Discharger：充、放电控制器，具有蓄电池充电与放电控制功能，可限制充电、放电电流大小或时间，当蓄电池达到截止电压时，能予切断充、放电功能的控制器，这是独立型配置蓄电池的必要设备，常用于独立型系统上。

24. Inverter：变流器，将直流电转换成交流设备，又称为逆变器，用于并网型 PV 系统的换流器是专属规格，不同于一般市售。

25. Solar：太阳能，来自太阳的能量。

26. Solar Collectors：太阳能收集器，是太阳能热水器的关键组件。为了最大利用太阳能，收集器最好朝向正南方，东西偏转 10°以内。收集器与水平面的夹角，大致与纬度相当，不必过于精确，上下 10°都能接受。平板式收集器对朝向的要求比真空管收集器严格。

27. Solar Heating Panel：太阳能加热板，阳光透过盖板照射在表面涂有高太阳能吸收率涂层的吸热板上，吸热板吸收太阳能辐射能量后温度升高，将热量传递给集热器内介质，使介质温度升高，作为热载体输出有用能量。太阳能加热板安装规模大，主要用于集体供暖。

28. Solar Module or Solar Panel：光伏发电模块或光伏发电板，一些由太阳能发电板单元所组成的光伏发电板板块。

29. Solar Cell，也称 Photovoltaic Cell：光伏电池，即太阳电池。光伏电池是光伏发电板中最小的光伏组件。太阳电池是通过光电效应或者光化学效应直接把光能转化成电能的装置。

30. Solar Panel，也称 Photovoltaic Module，Photovoltaic Panel：光伏电池板，光伏电池板是光伏发电系统中的核心部分，也是光伏发电系统中价值最高的部分。光伏电池板是有多块光伏电池串联起来的集合体。其作用是将太阳的辐射能力转换为电能，或送往蓄电池中存储起来，或推动负载工作。光伏电池板的质量和成本将直接决定整个系统的质量和成本。

31. Photovoltaic Array：光伏方阵，光伏电池板串联或并联连接在一起形成方阵。

32. Blocking Diode：阻流二极管，用来防止反向电流，在光伏方阵中，阻流二极管用来防止电流流向一个或几个出现热斑效应的光伏组件，或者光伏方阵，电流输出较低时，防止电流从蓄电池流向光伏方阵。

33. Balance of System-photovoltaic：光伏发电系统平衡，简称为 BOS，光伏发电系统除发电板矩阵以外的部分，例如开关、控制仪表、电力温控设备、矩阵的支撑结构和储电光伏组件等。

34. Bypass Diode：旁路二极管，是与光伏组件并联的二极管，用来在光伏组件被遮影或出故障时提供另外的电流通路。

35. DC：直流电，两种电流的形态之一，常见于使用电池的物件中，如收音机、汽车、笔记本式计算机、手机等。

36. Converter：交–直流转换器，将交流电转换成直流电的装置。

37. Grid-Connected-photovoltaic power：电网连接–光伏发电，是一种由光伏发电板阵向电网提供电力的光伏发电系统，这些系统可由供电公司或个别楼宇来运作。

38. Parallel Connection：并联连接，一种发电板连接方法，这种连接法使电压保持相同，但电流成倍数增加。

39. Series Connection：串联连接，电流不变电压倍增的连接方式。

40. Peak Power：峰值输出功能，持续一段时间（通常是 10~30s）的最大能量输出。

41. Stabilized Energy Conversion Efficiency：稳定能量转换效率，长期的电力输出与光能输入比例。

42. Systems, Balance of Systems：系统，平衡系统，光伏电力系统包括了光伏发电板矩阵和其他部件，这些部件可使这些光伏发电板得以应用在需要可控直流电或交流电的住家和商业设施中。用于光伏电力系统的其他部件包括：接线和短路装置、充电调压器、逆变器、仪表和接地部件。

43. Thin-Film：薄膜，在基片上形成的很薄的材料层。

附录 B 晶硅光伏组件参数

1. 单晶硅光伏组件如图 B-1 所示，表 B-1 列出了 1~300W 单晶硅光伏组件的参数。

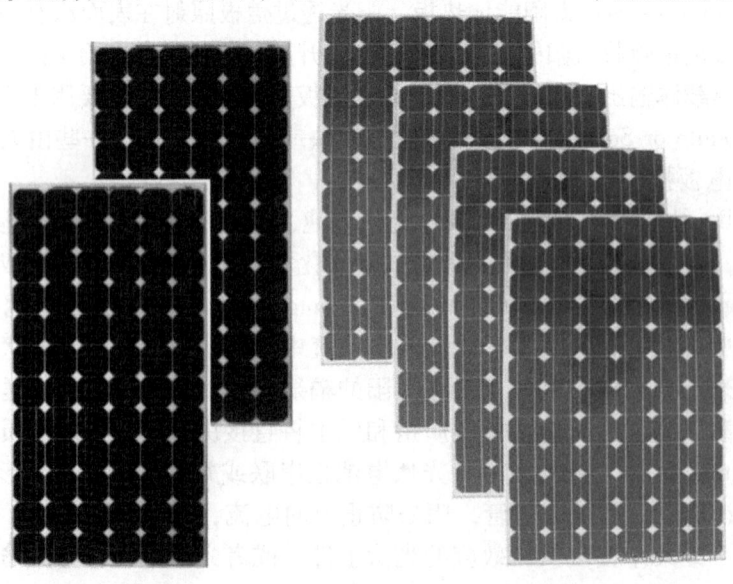

图 B-1 单晶硅光伏组件

附 录

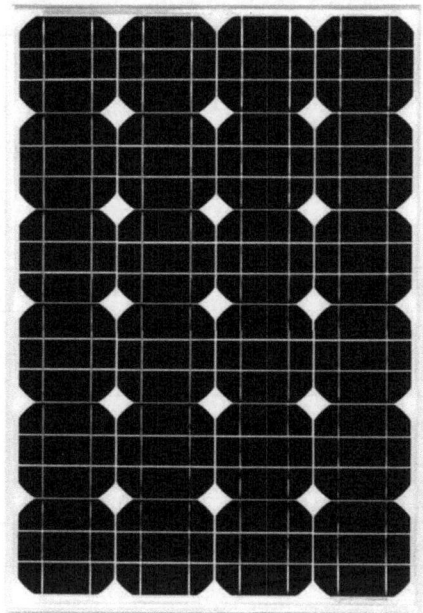

图 B-1 单晶硅光伏组件（续）

表 B-1 单晶硅光伏组件参数

型 号	最大功率（Maximun Power）P_m/W	最佳工作电压（Maximun Power Voltage）V_m/V	最佳工作电流（Maximun Power Current）I_m/A	开路电压（Open Circuit Voltage）V_{oc}/V	短路电流（Short Circuit Current）I_{sc}/A	光伏组件尺寸 $W \times L \times H$/mm	安装孔纵向间距 A/mm
LRZG - TD03 - 6	4	9	0.45	10.62	0.51	215×195×25	71.67
LRZG - TD05 - 6	6	9	0.67	10.62	0.77	285×195×25	61.67
LRZG - TD10	10	18	0.34	21.24	0.36	350×290×25	116.67
LRZG - TD15	15	18	0.84	21.24	0.91	420×350×25	140
LRZG - TD25	25	18	1.34	21.24	1.53	535×350×35	178.33
LRZG - TD30	35	18	1.95	21.24	2.23	535×515×35	178.33
LRZG - TD35	45	18	2.50	21.24	2.24	655×535×35	218.33
LRZG - TD40	50	18	2.78	21.24	3.19	655×535×35	218.33
LRZG - TD60	60	18	3.33	21.24	3.83	1000×515×35	200
LRZG - TD70	70	18	3.89	21.24	4.47	1000×515×35	200
LRZG - TD80	80	18	4.44	21.24	5.11	1000×680×35	200
LRZG - TD90	90	18	5.00	21.24	5.75	1000×680×35	200
LRZG - TD100	100	18	5.56	21.24	6.39	1000×680×35	200
LRZG - TD130	130	18	7.22	42.48	8.31	1480×680×35	292
LRZG - TD140	140	18	7.78	42.48	8.94	1480×680×35	292
LRZG - TD150	150	18	8.33	42.48	9.58	1480×680×35	292

（续）

型 号	最大功率（Peak Power）P_m/W	最佳工作电压（Maximum Power Voltage）V_m/V	最佳工作电流（Maximum Power Current）I_m/A	开路电压（Open Circuit Voltage）V_{oc}/V	短路电流（Short Circuit Current）I_{sc}/A	光伏组件尺寸 $W \times L \times H$/mm	安装孔纵向间距 A/mm
LRZG–TD170	170	36	4.72	42.48	5.43	1350×1000×45	269
LRZG–TD180	180	36	5.00	42.48	5.75	1350×1000×45	269
LRZG–TD190	190	36	5.28	42.48	6.07	1350×1000×45	269
LRZG–TD200	200	36	5.56	42.48	6.39	1350×1000×45	269
LRZG–TD210	210	30	7.00	42.48	8.05	1670×990×50	334
LRZG–TD220	220	30	7.33	42.48	8.43	1670×990×50	334
LRZG–TD240	240	30	8.00	42.48	9.20	1670×990×50	334
LRZG–TD260	260	36	7.22	42.48	8.31	1950×995×50	390
LRZG–TD280	280	36	7.78	42.48	8.94	1950×995×50	390
LRZG–TD290	290	36	8.06	42.48	9.26	1950×995×50	390
LRZG–TD300	300	36	8.33	42.48	9.58	1950×995×50	390

2. 多晶硅光伏组件如图 B-2 所示，表 B-2 列出了 1~300W 多晶硅光伏组件的参数。

a) LRZG–30/LRZG–35　　　　　　b) LRZG20/LRZG22/LRZG25

图 B-2　多晶硅光伏组件

附 录

c) LRZG15-1   d) LRZG10-12

图 B-2　多晶硅光伏组件（续）

表 B-2　多晶硅光伏组件参数

型　号	最大功率 （Peak Power） P_m/W	最佳工作电压 （Maximum Power Voltage） V_m/V	最佳工作电流（Maximum Power Current） I_m/A	开路电压（Open Circuit Voltage） V_{oc}/V	短路电流（Short Circuit Current） I_{sc}/A	光伏组件尺寸 $W \times L \times H$/mm
LRZG-TP03-6	4	9	0.45	10.62	0.51	215×195×25
LRZG-TP05-6	6	9	0.67	10.62	0.77	285×195×25
LRZG-TP10	10	18	0.34	21.24	0.36	350×290×25
LRZG-TP15	15	18	0.84	21.24	0.91	420×350×25
LRZG-TP25	25	18	1.34	21.24	1.53	535×350×35
LRZG-TP30	35	18	1.95	21.24	2.23	535×515×35
LRZG-TP35	45	18	2.50	21.24	2.24	655×535×35
LRZG-TP40	50	18	2.78	21.24	3.19	655×535×35
LRZG-TP60	60	18	3.33	21.24	3.83	1000×515×35
LRZG-TP70	70	18	3.89	21.24	4.47	1000×515×35
LRZG-TP80	80	18	4.44	21.24	5.11	1000×680×35

（续）

型　号	最大功率 (Peak Power) P_m/W	最佳工作电压 (Maximum Power Voltage) V_m/V	最佳工作电流(Maximum Power Current) I_m/A	开路电压 (Open Circuit Voltage) V_{oc}/V	短路电流 (Short Circuit Current) I_{sc}/A	光伏组件尺寸 $W \times L \times H$/mm
LRZG－TP90	90	18	5.00	21.24	5.75	1000×680×35
LRZG－TP100	100	18	5.56	21.24	6.39	1000×680×35
LRZG－TP130	130	18	7.22	42.48	8.31	1480×680×35
LRZG－TP140	140	18	7.78	42.48	8.94	1480×680×35
LRZG－TP150	150	18	8.33	42.48	9.58	1480×680×35
LRZG－TP170	170	36	4.72	42.48	5.43	1350×1000×45
LRZG－TP180	180	36	5.00	42.48	5.75	1350×1000×45
LRZG－TP190	190	36	5.28	42.48	6.07	1350×1000×45
LRZG－TP200	200	36	5.56	42.48	6.39	1350×1000×45
LRZG－TP220	210	30	7.00	42.48	8.05	1670×990×50
LRZG－TP210	220	30	7.33	42.48	8.43	1670×990×50
LRZG－TP220	240	30	8.00	42.48	9.20	1670×990×50
LRZG－TP230	260	36	7.22	42.48	8.31	1950×995×50
LRZG－TP250	280	36	7.78	42.48	8.94	1950×995×50
LRZG－TP260	290	36	8.06	42.48	9.26	1950×995×50
LRZG－TP280	300	36	8.33	42.48	9.58	1950×995×50

参 考 文 献

[1] 杨金焕. 太阳能光伏发电应用技术 [M]. 2版. 北京：电子工业出版社，2009.
[2] 王文静. 太阳电池及其应用 [M]. 北京：化学工业出版社，2014.
[3] 刘恩科. 半导体物理学 [M]. 北京：电子工业出版社，2011.
[4] 薛春荣. 太阳能光伏组件技术 [M]. 北京：科学出版社，2014.
[5] 李钟实. 太阳能光伏发电系统设计施工与应用 [M]. 北京：人民邮电出版社，2012.
[6] 王侃夫. 机床数控技术基础 [M]. 北京：机械工业出版社，2001.
[7] 王宜. 设备振动简易诊断技术 [M]. 北京：机械工业出版社，1990.
[8] 一般社团法人太阳光发电协会. 太阳能光伏发电系统的设计与施工：原书第4版 [M]. 宁亚东，译. 北京：科学出版社，2013.